POLITIQUE DE LA CONCURRENCE DANS LES PAYS DE L'OCDE

1989-1990

ORGANISATION DE COOPÉRATION ET DE DÉVELOPPEMENT ÉCONOMIQUES

ORGANISATION DE COOPÉRATION ET DE DÉVELOPPEMENT ÉCONOMIQUES

En vertu de l'article 1er de la Convention signée le 14 décembre 1960, à Paris, et entrée en vigueur le 30 septembre 1961, l'Organisation de Coopération et de Développement Economiques (OCDE) a pour objectif de promouvoir des politiques visant :

— à réaliser la plus forte expansion de l'économie et de l'emploi et une progression du niveau de vie dans les pays Membres, tout en maintenant la stabilité financière, et à contribuer ainsi au développement de l'économie mondiale ;
— à contribuer à une saine expansion économique dans les pays Membres, ainsi que les pays non membres, en voie de développement économique ;
— à contribuer à l'expansion du commerce mondial sur une base multilatérale et non discriminatoire conformément aux obligations internationales.

Les pays Membres originaires de l'OCDE sont : l'Allemagne, l'Autriche, la Belgique, le Canada, le Danemark, l'Espagne, les Etats-Unis, la France, la Grèce, l'Irlande, l'Islande, l'Italie, le Luxembourg, la Norvège, les Pays-Bas, le Portugal, le Royaume-Uni, la Suède, la Suisse et la Turquie. Les pays suivants sont ultérieurement devenus Membres par adhésion aux dates indiquées ci-après : le Japon (28 avril 1964), la Finlande (28 janvier 1969), l'Australie (7 juin 1971) et la Nouvelle-Zélande (29 mai 1973). La Commission des Communautés européennes participe aux travaux de l'OCDE (article 13 de la Convention de l'OCDE). La Yougoslavie a un statut spécial à l'OCDE (accord du 28 octobre 1961).

Also available in English under the title:

COMPETITION POLICY
IN OECD COUNTRIES
1989-1990

Avant-propos

Le Comité du droit et de la politique de la concurrence de l'OCDE examine l'évolution de la politique de la concurrence, ainsi que la législation et la jurisprudence relatives aux pratiques commerciales restrictives dans les pays Membres de l'OCDE à chacune de ses réunions semestrielles à partir des rapports soumis par les Délégués.

Cette publicaion comporte des rapports qui ont été examinés par le Comité en juin et octobre 1990. Ils concernent 20 pays — Allemagne, Australie, Autriche, Belgique, Canada, Danemark, Espagne, Etats-Unis, Finlande, France, Grèce, Irlande, Japon, Norvège, Nouvelle-Zélande, Pays-Bas, Portugal, Royaume-Uni, Suède, Suisse — et les Communautés Européennes. Les rapports couvrent généralement l'année calendaire 1989, mais quelques-uns contiennent des informations sur les états marquants concernant la première moitié de l'année 1990. Les rapports sont précédés d'un résumé des faits marquants qui soulignent les aspects nouveaux de la politique de concurrence et de la législation sur la concurrence et les tendances nouvelles qui apparaissent dans l'application de la législation.

Les rapports sont rendus publics par chacun des gouvernements des pays Membres. Le résumé est rendu public sous la responsabilité du Secrétaire général de l'OCDE, qui a également pris la décision de publier le présent volume sous cette forme.

ÉGALEMENT DISPONIBLES

L'Agriculture et le consommateur (1990) (24 90 02 2) ISBN 92-64-23411-X	FF65	£8.00	US$14.00	DM25
Politique de la concurrence dans les pays de l'OCDE **1988-1989** (1991) (24 90 04 2) ISBN 92-64-23447-0	FF180	£22.00	US$38.00	DM70
Politique de la concurrence et déréglementation des transports routiers (1990) (24 90 03 2) ISBN 92-64-23438-4	FF75	£9.00	US$16.00	DM30
Prix d'éviction (1989) (24 89 02 2) ISBN 92-64-23245-1	FF70	£8.50	US$15.00	DM29

Prix de vente au public dans la librairie du siège de l'OCDE.

LE CATALOGUE DES PUBLICATIONS de l'OCDE et ses suppléments seront envoyés gratuitement sur demande adressée soit à l'OCDE, Service des Publications, soit au distributeur des publications de l'OCDE de votre pays.

Table des matières

Faits marquants se rapportant à la politique de la concurrence en 1989 et dans les six premiers mois de 1990

I. Résumé

Au cours de la période étudiée, d'importantes lois nouvelles sur la concurrence ont été adoptées ou sont entrées en vigueur dans cinq pays — Allemagne, Autriche, Danemark, Espagne et Nouvelle-Zélande — ainsi que dans les Communautés européennes ; des modifications mineures ont été apportées à la législation de quatre autres pays — Australie, Pays-Bas, Portugal et Royaume-Uni. On a noté aussi au Canada, aux Etats-Unis et au Japon une intense activité dans le domaine de l'établissement et la publication de règles, de principes directeurs et de bulletins d'information concernant le contrôle de l'application de la législation relative à la concurrence. De nouveaux projets de loi sont également à l'étude en Belgique, aux Etats-Unis, en Grèce, en Irlande et en Norvège.

Les enquêtes et les sanctions visant les accords horizontaux de fixation des prix et de partage des marchés, ainsi que le contrôle des fusions ont continué de dominer les activités des autorités chargées de faire respecter les règles de la concurrence. Les pratiques restrictives dans le secteur de la distribution, notamment les prix imposés, ont aussi été souvent examinées, de même que certains arrangements visant, dans certaines professions bilatérales, à limiter l'entrée, la publicité et les prix.

De nombreux pays ont poursuivi leurs efforts de réforme de la réglementation et de privatisation en vue de renforcer la concurrence et l'efficience dans divers secteurs et de supprimer ou de réduire les exemptions à l'égard des lois sur la concurrence. Dans bon nombre de pays, préconiser le développement de la concurrence dans des secteurs partiellement réglementés demeure une tâche importante des autorités compétentes dans ce domaine.

II. Droit de la concurrence : textes nouveaux et en projet

En **Australie**, la modification législative la plus importante a été la promulgation par le Parlement du Trade Practices (Misuse of Trans-Tasman Market Power) Act (Loi de 1990 sur les pratiques commerciales — abus d'une puissance économique dans les échanges trans-Tasman). Cette loi modifie la Loi sur les pratiques commerciales dont elle étend les dispositions relatives à l'abus de puissance économique au marché appelé «trans-Tasman», c'est-à-dire un marché en Australie ou en Nouvelle-Zélande ou dans les deux pays, de marchandises ou de marchandises et de services (mais pas de services uniquement). La loi a été modifiée pour permettre à la Commission des pratiques commerciales de recueillir en Nouvelle-Zélande des informations sur des infractions éventuelles à la disposition relative à l'abus de puissance économique. La Nouvelle-Zélande a adopté une loi identique. Cette nouvelle législation est considérée comme une étape importante dans l'harmonisation du droit commercial australien et néo-zélandais dans le cadre de l'Accord commercial sur le resserrement des relations économiques.

Aucune modification n'a été apportée à la législation sur la concurrence en **Autriche** en 1989, année de l'entrée en vigueur, le 1er janvier, de la nouvelle Loi sur les ententes (voir les rapports de l'OCDE des années précédentes). Il n'est pas exclu, toutefois, que dans le cadre de son évaluation des différentes dispositions législatives affectant la concurrence, la Commission parlementaire de la Justice se prononce en faveur d'amendements à la Loi sur les ententes et, en particulier, d'un réexamen de l'ensemble des exemptions prévues par la Loi de 1988, de l'introduction d'un système de contrôle des fusions et de l'élargissement du droit de recours en cas d'abus de position dominante.

En **Belgique**, aucune modification n'a été apportée à la loi du 27 mai 1960 sur la protection contre l'abus de puissance économique. Le Comité interministériel que le Conseil des ministres a chargé d'étudier le projet de loi sur la concurrence économique a poursuivi ses travaux.

Au **Canada**, aucune modification de fond n'a été apportée à la législation canadienne sur la concurrence au cours de la période examinée. La publication de bulletins d'information sur la manière dont la Loi sur la concurrence doit être appliquée s'est poursuivie et, en juin 1989 a été publié un troisième bulletin traitant du Programme de respect de la législation établi par le Directeur. Un projet de bulletin consacré aux prix d'éviction a été distribué pour examen en avril 1990 et un projet de directives concernant les dispositions de la Loi qui traitent de la discrimination par les prix a été publié en août 1990.

Au **Danemark**, comme indiqué dans le rapport de l'an dernier, une nouvelle Loi sur la concurrence, adoptée en juin 1989, est entrée en vigueur le 1er janvier 1990, en remplacement de la Loi de 1955 sur les monopoles et de la Loi de 1974 sur les prix et les bénéfices. La nouvelle Loi a supprimé l'ancienne autorité — l'Office de contrôle des monopoles — et établi un Conseil de la concurrence composé d'un Président désigné par le Roi et de 14 membres désignés par le Ministère de l'industrie. Un secrétariat placé sous l'autorité d'un Directeur général est attaché au Conseil.

Comme la législation précédente, la nouvelle Loi vise, d'une manière générale, à lutter contre les abus, sauf dans le cas des pratiques de prix de vente imposés qui sont généralement interdites. On ne peut donc prendre de mesures contre des pratiques commerciales (autres que des prix de vente imposés) que s'il est démontré dans le cas particulier que ces pratiques portent préjudice à la concurrence et aux échanges. Les accords et pratiques qui permettent d'exercer une influence dominante sur un marché, ainsi que les modifications apportées à ces accords et pratiques, doivent être notifiés au Conseil de la concurrence. Le Conseil possède des pouvoirs étendus d'enquête et de contrôle, il peut notamment infliger des amendes en cas d'infraction. Il peut être fait appel des décisions du Conseil devant le Tribunal d'Appel de la concurrence.

En **Finlande**, aucune modification n'a été apportée à la législation. Le gouvernement a cependant adopté un programme visant à renforcer la concurrence et il a été demandé aux ministères de faire établir par l'Office de la libre concurrence une déclaration assurant que la liberté de la concurrence est prise en compte dans l'élaboration des dispositions légales.

En **France**, le décret du 31 août 1989 a aboli le monopole de la collecte des huiles usées ; la mise en concurrence des opérateurs devrait conduire à une amélioration du rendement de la collecte. Il est par ailleurs envisagé de modifier la loi du 28 décembre 1904 confiant aux communes le monopole du service public des pompes funèbres. De même, une réforme du système des abattoirs, tendant à supprimer les zones de protection, est en cours.

Les prix ont fait l'objet d'une réglementation dans des secteurs où il est admis que la concurrence par les prix est limitée : les péages autoroutiers et le dépannage sur autoroutes et routes express.

En **Allemagne**, le cinquième amendement à la loi contre les restrictions à la concurrence est entré en vigueur le 1er janvier 1990. Cet amendement vise en particulier à améliorer l'efficacité du dispositif de contrôle des fusions et du comportement des entreprises dominant le marché ainsi qu'à réduire les dérogations dont bénéficient les secteurs des transports, de la banque et des assurances et pour les services publics. Il étend aussi le contrôle des fusions aux acquisitions de parts minoritaires de moins de 25 pour cent si ces acquisitions permettent à l'acquéreur d'exercer du point de vue de la concurrence une influence importante sur l'entreprise absorbée.

En **Grèce**, pendant la période considérée, aucun changement n'est intervenu dans la Loi sur le contrôle des monopoles et des oligopoles et sur la protection de la concurrence (Loi 703/77). Toutefois, étant donné la libéralisation progressive des prix depuis l'adoption de la nouvelle réglementation n°14/89 d'une part, et la nécessité d'ajuster la législation nationale aux dispositions communautaires d'autre part, il est envisagé d'amender la législation de la concurrence en vigueur. Ainsi, devraient être introduites des dispositions rendant obligatoire la notification préalable des fusions, de même que des dispositions exemptant globalement de l'application de la Loi 703/77 certains accords comme les franchises et les contrats de distribution exclusive.

En **Irlande**, aucune modification n'a été apportée à la Loi sur la concurrence durant la période considérée ; toutefois, en décembre 1989, la Fair Trade Commission a soumis au Ministère de l'industrie et du commerce un projet de nouvelle législation.

Au **Japon**, aucune modification n'a été apportée à la législation relative à la concurrence en 1989. Toutefois, pour en accroître l'effet dissuasif et prévenir les infractions, le Gouvernement envisage de réviser la Loi antimonopole au cours de l'exercice fiscal 1991 : les surtaxes que doivent payer certaines ententes seraient majorées, ce qui les rendrait plus efficaces.

Par ailleurs, pour répondre aux préoccupations suscitées tant au Japon qu'à l'étranger, par les pratiques commerciales et les systèmes de distribution, la Fair Trade Commission a établi le Groupe consultatif sur les systèmes de distribution, les pratiques commerciales et la politique de la concurrence, et le Groupe s'est réuni à plusieurs reprises depuis septembre 1989.

A partir de ses propositions, la Commission a l'intention d'élaborer et de publier dans les meilleurs délais de nouvelles directives donnant des indications précises sur les pratiques commerciales déloyales et les autres infractions aux pratiques du commerce et de la distribution ainsi que des directives révisées sur les contrats conclus avec les distributeurs exclusifs de produits importés.

Aux **Pays-Bas**, une nouvelle Loi sur les prix de vente imposés est entrée en vigueur le 15 juin 1990. Elle introduit dans la Loi sur la concurrence économique l'interdiction des formes collectives de prix de vente imposés et la faculté d'interdire ces pratiques au niveau individuel, qui faisaient auparavant l'objet d'arrêtés du Conseil. La Commission de la concurrence économique a proposé une interdiction générale des pratiques individuelles de prix de vente imposés, sous réserve d'exemptions.

La Commission a aussi proposé que les ententes horizontales sur les prix soient déclarées non obligatoires de manière générale, avec des exemptions possibles dans des cas particuliers. Elle a également recommandé une approche cas par cas pour les accords restreignant l'ouverture de nouveaux établissements ainsi que pour les accords d'achat et de vente en exclusivité. Le Gouvernement examine actuellement ces deux propositions.

Le Gouvernement a annoncé qu'il soumettrait au Parlement, au second semestre de 1990, un document sur la politique de la concurrence traitant des questions susmentionnées ainsi que de l'établissement d'un registre public des ententes et de la suppression des prix minimum imposés pour le pain et le lait.

En **Nouvelle-Zélande**, la Loi de 1986 sur le Commerce («Commerce Act») a fait l'objet, à la suite d'un bilan dressé en 1988 et 1989 (voir le rapport annuel de 1988-1989), d'une série de modifications qui ont donné lieu à la Loi, de 1990, amendée, sur le Commerce («Commerce Amendment Act 1990»).

Le changement le plus significatif concerne le système de prénotification des fusions à la Commission du Commerce («Commerce Commission») lequel, d'obligatoire deviendra volontaire à compter du 1er janvier 1991 ; plusieurs mesures d'incitation ont été introduites simultanément, notamment une aggravation des amendes qui passent de 300 000 à 5 millions de dollars néo-zélandais pour les entreprises et de 100 000 à 500 000 dollars néo-zélandais pour les particuliers.

Alors que la Loi de 1986 ne donnait aucune définition de la notion d'intérêt général («public benefit»), la Loi, amendée, de 1990 stipule qu'en analysant une fusion ou une pratique commerciale, la Commission doit apprécier les éventuels gains d'efficience qui pourraient en résulter.

L'harmonisation des législations de la concurrence australienne et néo-zélandaise a également constitué un volet important des changements introduits en 1990.

En **Norvège**, depuis la promulgation, en 1988, d'une disposition instituant un contrôle des fusions, aucune modification n'a été apportée à la Loi sur les prix. Le Gouvernement a toutefois chargé une Commission de la réexaminer sous ses différents aspects et de lui faire des propositions avant le 1er juin 1991.

Au **Portugal**, la législation de la concurrence a été amendée par le décret-loi n° 329-A du 26 septembre concernant les manuels scolaires qui désormais ne sont plus assujettis à l'interdiction de prix minimum, et peuvent de ce fait être vendus à des conditions concurrentielles dans les grandes surfaces.

En **Espagne**, une nouvelle Loi de défense de la concurrence est entrée en vigueur le 8 août 1989, en remplacement de la Loi de 1963. Cette loi vise à adapter le cadre législatif de l'Espagne à celui des Communautés européennes. En tant que telle, elle est calquée sur les règles de concurrence énoncées par la CEE. La nouvelle Loi interdit les accords restrictifs qui prévoient des possibilités d'exemption, elle interdit les abus de position dominante, traite de la concurrence déloyale, établit un mécanisme de contrôle des fusions et prévoit l'examen des aides que l'Etat fournit aux entreprises. Du point de vue organique, la Loi maintient deux instances différentes chargées de faire appliquer les dispositions — le Service de la défense de la concurrence, qui est chargé d'effectuer des enquêtes, de faire appliquer les décisions prises en vertu de la Loi et de coopérer avec les autorités étrangères et les institutions internationales, et le Tribunal de défense de la concurrence qui peut autoriser des pratiques ou accords particuliers et arrêter des décisions concernant les fusions et les aides de l'Etat dont les dossiers lui sont soumis par le Ministère des affaires économiques. Le Tribunal peut aussi infliger des amendes à des entreprises et à des particuliers en cas d'infraction à la Loi, amendes dont le montant peut atteindre jusqu'à 150 millions de pesetas ou 10 pour cent maximum du chiffre d'affaires de l'entreprise. Le Tribunal peut donner son avis sur des projets de lois concernant la concurrence et il peut publier des rapports sur les questions de concurrence.

En **Suède**, aucune modification n'a été apportée au droit de la concurrence au cours de la période examinée.

En **Suisse**, l'application de la nouvelle loi sur les cartels, entrée en vigueur en juillet 1986, a soulevé certaines questions de procédure qui n'avaient pas été réglées par le législateur ; les dispositions de la loi ont en revanche doté les autorités compétentes d'un instrument efficace pour favoriser la concurrence.

Pendant le deuxième semestre de 1989, deux faits nouveaux importants sont intervenus au **Royaume-Uni** : l'adoption d'une législation qui a amélioré les procédures d'examen des fusions, notamment un système volontaire mais à caractère officiel, prévoyant la pré-notification des projets de fusion, et des pouvoirs concernant les engagements, à prendre par les parties, de se déssaisir d'une partie des activités faisant l'objet de la fusion, de préférence à une saisine de la Commission des monopoles et des fusions (CMF) ; un Livre Blanc a été publié, après consultation publique sur les propositions émanant du Gouvernement en mars 1988, lequel préconisait que la question du contrôle des accords restrictifs, y compris l'interdiction des accords contraires à la concurrence, soit abordée de façon plus radicale. Si elles étaient adoptées, ces dernières propositions auraient pour effet d'aligner plus étroitement le droit de la concurrence du Royaume-Uni sur l'article 85 du Traité de Rome.

Aux **Etats-Unis**, aucune modification importante n'a été apportée à la législation relative à la concurrence. Toutefois, un texte de loi a été pris dans le cadre du projet de loi de finances pour l'exercice fiscal de 1990, lequel prévoit le versement de redevances lors de l'enregistrement des notifications préalables aux fusions.

En 1989, la Federal Trade Commission a publié un avis préalable relatif à un projet de réglementation visant à améliorer l'efficacité du programme Hart-Scott-Rodino (H-S-R) de notification préalable des fusions. Elle a également pris un règlement définitif modifiant légèrement les procédures de publication en matière de résiliation anticipée au titre du programme de notification H-S-R.

Les projets officiels de modification des lois ont donné lieu à des commentaires du Ministère de la justice, commentaires que le Congrès a approuvés dans certains cas, en particulier l'augmentation du maximum de la peine civile sanctionnant les violations de la Loi H-S-R ainsi qu'une disposition visant à prolonger le délai d'attente pour certaines opérations. Le Ministère a soutenu énergiquement le projet de loi visant à porter à 10 millions de dollars l'amende maximale qui peut être infligée à des entreprises enfreignant à la législation antitrust.

Dans les **Communautés européennes**, le Conseil a adopté le 21 décembre 1989 la proposition de la Commission relative au contrôle des concentrations entre entreprises et le Règlement est entré en vigueur le 21 septembre 1990. Le Règlement s'appuie sur le concept fondamental consistant à distinguer clairement entre les fusions à l'échelon de la Communauté, qui relèvent de la compétence de la Commission, et celles dont l'impact principal se situe sur le territoire d'un Etat Membre, qui relèvent de la compétence des autorités nationales. Le Règlement vise les fusions satisfaisant aux trois critères suivants : un seuil d'au moins 5 milliards d'écus pour le chiffre d'affaires global à l'échelle mondiale de toutes les entreprises en cause (des critères spécifiques sont définis pour les institutions financières et les compagnies d'assurance) ; un seuil d'au moins 250 millions d'écus pour le chiffre d'affaires global à l'échelle de la Communauté de chacune d'au moins deux des entreprises en cause ; enfin un critère de transnationalité. Le contrôle communautaire ne s'applique pas si chacune des entreprises en cause réalise les deux tiers de son chiffre d'affaires sur le territoire d'un seul et même Etat Membre. Les fusions seront évaluées pour déterminer si elles créent ou renforcent une position dominante à l'intérieur du marché commun ou sur une partie importante de ce marché. Le Règlement stipule que les projets de fusion et d'acquisition doivent être notifiés préalablement à la Commission et il fixe des délais rigoureux à respecter par la Commission dans le cadre de sa procédure.

Dans le secteur du transport aérien, la Commission a proposé un deuxième ensemble de mesures de libéralisation visant les temps, l'accès et la prolongation des trois réglementations relatives aux exemptions par catégorie adoptées en 1987 (voir Politique de la concurrence dans les pays de l'OCDE, 1987-1988, p. 310) qui doivent venir à expiration le 31 janvier 1991.

La Commission a décidé de soumettre au Conseil une proposition de Règlement instituant une exemption par catégorie pour certains accords, décisions et pratiques concertées dans le secteur des assurances.

III. Application des lois et des politiques de la concurrence

En **Australie**, la Commission des pratiques commerciales a examiné un certain nombre de demandes d'autorisation visant des pratiques qui sans cela seraient interdites au titre de la loi sur les pratiques commerciales et elle a procédé au réexamen des autorisations accordées ces dernières années. De plus, des procédures ont été engagées devant les tribunaux fédéraux contre une infraction présumée à la disposition relative à l'abus de puissance économique, contre des prix de vente imposés et contre un accord présumé concerté en matière de fixation des prix.

Dans le domaine des fusions et des acquisitions, la Commission des pratiques commerciales a examiné 117 acquisitions et projets d'acquisition. Dans l'un des cas, le Tribunal fédéral a jugé que l'acquisition par Arnotts Ltd des anciennes marques de biscuits Nabisco était contraire à l'article 50 de la loi sur les pratiques commerciales. La décision a été jugée en appel à la fin de la période faisant l'objet du rapport. Dans un autre cas intéressant l'industrie sidérurgique, les tribunaux ont formulé des observations importantes sur le champ d'application extra-territoriale de l'article 50 a) de la loi.

En **Autriche**, la Commission paritaire saisie des affaires relatives aux cartels a recensé 60 cartels, soit nettement moins qu'auparavant. Cette diminution s'explique essentiellement par le fait que les entreprises reconsidèrent leur stratégie en prévision de l'adhésion éventuelle de l'Autriche à la CEE, par l'accroissement de productivité et de concurrence sur le marché intérieur qui entraîne des pratiques de prix inférieurs à ceux enregistrés par la Commission paritaire et par un renforcement des pressions exercées par la Commission sur les entreprises pour qu'elles accélèrent le rythme de leur ajustement structurel.

La Commission paritaire s'est surtout intéressée aux contrats de vente comportant des restrictions à la revente qui, malgré la loi de 1988 sur les cartels, tentent parfois d'intégrer des clauses limitant le libre-échange avec la CEE et l'AELE.

La Commission a également étudié de façon approfondie le secteur pétrolier, et elle a conclu que ce secteur se caractérisait par une absence de concurrence liée à i) sa structure (une seule raffinerie ; approvisionnements assurés par un oléoduc géré par de grandes compagnies qui traitent et transforment aussi le pétrole acheminé ; saturation de la raffinerie qui ne peut plus accepter de nouveaux contrats ; formation des prix faussée) et ii) des normes de qualité, qui se justifient du point de vue de la protection de l'environnement mais qui constituent des obstacles non tarifaires aux échanges.

Quarante-cinq requêtes ont été présentées au Tribunal des cartels au titre de la Loi relative à l'approvisionnement local et, en particulier, de son article 3a ; dans l'un des cas, il a été demandé au Conseil constitutionnel de se prononcer sur la constitutionnalité de cet article. Le Conseil l'a jugé inconstitutionnel, se fondant sur le principe selon lequel les entreprises — et plus particulièrement les petites entreprises — doivent être libres d'exercer leurs activités comme elles l'entendent.

En **Belgique**, le Commissaire-rapporteur a examiné deux affaires : la première, concernant une allégation d'abus de puissance économique de la part de sociétés importatrices de tabac et de cigarettes, a été classée ; la seconde, visant elle aussi une présomption d'abus de position dominante, mais dans le secteur de la boulangerie, a conduit au dépôt de conclusions auprès du Conseil du contentieux économique qui examine actuellement cette affaire.

Au **Canada,** au cours de l'année se terminant le 31 mars 1990, le Bureau a enregistré 957 plaintes (à l'exclusion des cas de publicité mensongère et de pratiques commerciales trompeuses), il a procédé à 184 examens préliminaires et ouvert 15 enquêtes officielles. Au cours de la même période, les tribunaux ont examiné 27 procédures au titre de la loi (à l'exclusion de cas visant des pratiques commerciales) dont 16 ont été réglées. Six ont abouti à une condamnation, sept à un acquittement et trois à la publication d'une ordonnance d'interdiction non assortie d'une condamnation. Dans une affaire, la Cour du Banc de la Reine du Manitoba a déclaré coupable la Shell Canada Products Limited et l'a condamnée à une amende de 100 000 dollars pour avoir tenté de faire monter le prix de l'essence vendue par un de ses détaillants. Le 8 juillet 1990, l'appel interjeté par Shell a été rejeté par la Cour d'appel qui par ailleurs, a porté l'amende à 200 000 dollars, amende la plus élevée qu'une Cour canadienne ait jamais imposée au titre de la disposition relative au maintien des prix.

Selon le Registre des fusions, géré par le Bureau, 1091 acquisitions ont eu lieu au Canada en 1989, soit une augmentation de 4 pour cent par rapport à l'année précédente. 219 examens de fusions ont été entrepris au cours de la période faisant l'objet du rapport, dont 109 avis préalables et 87 demandes de certificats de décision préalable. En outre, l'examen de 32 dossiers ouverts pendant l'exercice précédent s'est poursuivi. L'une des fusions examinées a été classée à la suite d'une restructuration ultérieure à la réalisation. Deux projets de fusions ont été abandonnés et trois ont été classés après un règlement amiable émis par le Tribunal de la concurrence.

Au **Danemark**, le Conseil de la concurrence a, au cours de ses six premiers mois d'existence, statué dans 25 affaires concernant une large gamme de secteurs et de pratiques et visant en particulier des accords de livraison dans le secteur de la chaux vive, un accord de distribution exclusive dans le secteur des produits de parqueterie, des barèmes d'honoraires recommandés par une association d'agents immobiliers, les règles adoptées par l'Ordre des avocats et un accord de distribution exclusive dans le secteur du téléphone.

Aux termes de l'article 7 de la loi sur la concurrence, le Conseil de la concurrence peut ordonner à une entreprise ou à une association d'entreprises de soumettre pendant une période de deux ans des informations sur les prix, les bénéfices, et autres conditions commerciales dans les cas où la concurrence est réputée ne pas être suffisamment efficace. Le Conseil s'est prévalu de cette disposition pour ordonner à des entreprises opérant dans un certain nombre de secteurs de soumettre des informations de type précis.

En application de l'article 8 de la loi, le Conseil de la concurrence peut ouvrir des enquêtes et publier des rapports d'enquête sur les conditions de concurrence existant dans certains secteurs. Ont été ainsi publiés des rapports sur le marché des équipements électriques, sur les fusions et les prises de contrôle au Danemark en 1989, sur le secteur financier et sur les frais afférents au changement de résidence par des propriétaires occupants.

En ce qui concerne les prix de vente imposés, le Conseil de la concurrence a décidé d'abroger, à compter du 1er janvier 1991, l'exemption à l'interdiction visant le tabac. De ce fait, les prix de vente imposés sont actuellement autorisés uniquement pour les livres, les journaux et les revues, ainsi que pour les cahiers de musique et les partitions.

Le rapport sur les fusions et les acquisitions, publié en juillet 1990, fait état de 425 fusions et acquisitions au Danemark en 1989 (à l'exclusion du secteur financier), soit trois fois plus qu'en 1987. Environ 60 pour cent des prises de contrôle et des acquisitions étaient de type horizontal. Plus de 20 pour cent des acquisitions ont été réalisées par des entreprises étrangères, dont la moitié était des entreprises scandinaves, et 25 pour cent par des entreprises de pays de la Communauté européenne.

En **Finlande**, l'Office de la libre concurrence a fait porter la majeure partie de ses efforts sur la suppression des accords horizontaux, de sorte que quelque 80 accords ont été annulés. Il a également accordé une attention particulière aux restrictions verticales à la concurrence, comme par exemple les refus d'approvisionnement et les abus de position dominante.

L'Office de la libre concurrence a obligé 18 entreprises occupant une position dominante sur le marché à notifier leurs acquisitions d'entreprises.

En **France,** la lutte contre les pratiques anticoncurrentielles s'est intensifiée à travers une action menée sur trois plans :

— augmentation du nombre des enquêtes (164 en 1988 et 212 en 1989 par la Direction Générale de la Concurrence de la Consommation et de la Répression des Fraudes ; 34 saisines du Conseil de la Concurrence en 1989 par le Ministre de l'Economie et des Finances contre 30 en 1988) et élargissement de leur champ économique, allant des marchés publics au secteur des biens de consommation en passant par les activités de services ;

— aggravation des sanctions pécuniaires prononcées dans les affaires de grande ampleurs : contrôle technique de la construction du bâtiment et des travaux publics (sanctions d'un montant total de 15 millions de francs infligées à 15 entreprises) ; travaux routiers (sanctions d'un montant total de 167 millions de francs infligées à 71 entreprises) ; entretien électrique (128 millions de francs au total infligées à 43 entreprises). Au total, ces sanctions se sont élevées à 358 millions de francs en 1989 contre 22.5 millions de francs en 1988 ;

— l'efficacité du droit de la concurrence a été augmentée sensiblement par une décision de la Cour d'Appel de Paris assouplissant les conditions de mise en oeuvre des mesures conservatoires. Jusqu'alors la prise des mesures conservatoires de l'article 12 de l'ordonnance du

1er décembre 1986 était soumise à des conditions très strictes qui en rendaient l'application très rare. Dans l'arrêt du 15 novembre 1989 (affaire La Cinq c/ORTF), la Cour d'Appel de Paris a estimé que la demande de mesures conservatoires était recevable, dès lors que ces mesures se rattachaient à la demande au fond et que celle-ci était elle-même recevable.

La Cour d'Appel de Paris qui a rendu 20 jugements en 1989 (contre 22 en 1988), a fait preuve de diligence alors que se dessine une tendance des justiciables à recourir de plus en plus à la nouvelle voie de droit qui leur est offerte pour contester des décisions du Conseil de la Concurrence.

La Cour de Cassation a, pour la première fois en 1989, été saisie de pourvois (huit pourvois ont été formés, six sont actuellement pendants) contre des arrêts de la Cour d'Appel sur des décisions du Conseil de la Concurrence ; l'unique décision à ce jour de la juridiction suprême qui portait sur la distribution exclusive en pharmacie de produits de sociétés de dermopharmacie a confirmé la jurisprudence de la Cour d'Appel.

Le Conseil de la Concurrence qui a fait l'objet en 1989 d'une centaine de saisines, a pris 59 décisions contentieuses et a émis 13 avis. Elle a ainsi été amenée à préciser sa jurisprudence sur plusieurs points et notamment, la preuve fondée sur le parallélisme de comportements, l'abus de position dominante et la distribution sélective où il a estimé que la règle de raison devait s'appliquer.

En l'absence de notification obligatoire des concentrations, le dispositif de recensement et d'analyse des opérations a été renforcé (personnel, méthodes). Ainsi la D.G.C.C.R.F. recense systématiquement les différentes concentrations observées sur le territoire national (801 en 1989 contre 388 en 1985). Après un premier tri destiné à éliminer la majorité d'opérations sans effet sur la concurrence, 68 projets ont donné lieu à une étude interne approfondie (recherche des parts de marché), puis à une étude contradictoire avec les représentants des entreprises et le cas échéant des autres départements ministériels. Dans la plupart des cas cette étude a permis de constater l'absence d'effets sensibles sur la concurrence. Dans les autres cas il a été recommandé aux entreprises de notifier formellement leur projet et l'étude contradictoire a été poursuivie (22 cas). Ainsi, en 1989 l'ensemble des opérations de fusion a été examiné sans toutefois que le Conseil de la Concurrence ait eu à être saisi pour avis au cours de cette année.

En **Allemagne**, après l'affaire relative au ciment dans laquelle 11 producteurs ont été condamnés à verser une amende globale de 224 millions de DM en 1989 pour avoir conclu des ententes illicites sur les quotas, l'Office fédéral des ententes (OFE) a condamné 47 fabricants d'équipements de chauffage, d'air conditionné, de ventilation et de matériel sanitaire, ainsi que certains employés, à une amende globale de 56 millions de DM pour soumissions frauduleuses à l'occasion de contrats tant publics que privés. Au début de 1990, l'OFE a également recueilli de nombreuses preuves indiquant des accords d'entente illicites dans les secteurs du commerce de gros de produits pharmaceutiques et de verre.

Le nombre total de fusions notifiées à l'OFE est passé de 1 159 en 1988 à 1 415 en 1989, soit un taux de progression de 22 pour cent (en baisse par rapport au taux de 30 pour cent de 1987 à 1988), qui était supérieur au taux annuel de progression depuis 1975. A la fin de juin 1990, le taux de croissance est de quelque 10 pour cent supérieur à celui de 1989. Au cours de la période considérée, l'OFE a interdit sept fusions dont trois étaient devenues définitives.

Après l'interdiction par l'OFE de la fusion Daimler-Benz/MBB (voir rapport de 1988-1989, p. 38), le Ministre fédéral de l'Economie l'a autorisée à certaines conditions.

En **Grèce**, le Service de la protection de la concurrence a étudié 30 affaires ; sur la base de ces enquêtes, il en a porté 19 devant la Commission de la Concurrence. Les cas les plus significatifs portaient sur des abus de position dominante.

La Commission de la Concurrence a examiné 11 demandes d'attestation négative dans le domaine de la distribution exclusive et en accordé six ; elle a, à cette occasion, précisé ses critères d'attribution.

En **Irlande**, le Directeur chargé des affaires intéressant les consommateurs et la loyauté dans le commerce a privilégié l'application des Arrêtés sur les pratiques restrictives en vigueur, en donnant la priorité à l'Arrêté de 1987 sur les pratiques restrictives (articles d'épicerie).

A la demande du Ministre de l'Industrie et du Commerce, la Fair Trade Commission a entrepris une enquête publique sur l'offre et la distribution de carburants pour moteur ; dans le rapport intérimaire qu'elle lui a remis, elle lui recommande une déréglementation complète des prix de l'essence et du carburant diesel. Un barème de prix corrigé est actuellement appliqué.

En matière de fusions et de concentration, les affaires les plus importantes ont porté sur l'industrie de la viande et l'acquisition de Walkersteel par British Steel plc.

Au **Japon**, la Fair Trade Commission a déployé une importante activité contre les pratiques anticoncurrentielles. Dans six cas, elle a enjoint aux entreprises de mettre fin à des pratiques illégales, et dans 114 cas, elle a formulé des avertissements sans engager d'action juridique. Elle a également condamné 54 chefs d'entreprise impliqués dans six affaires d'entente, à verser une surtaxe de 803 490 000 yen.

Parmi les décisions les plus importantes, il y a lieu de relever celle concernant l'affaire Marine Reclamation Construction Association. Lors des travaux d'aménagement de l'île artificielle prévue dans le projet de construction de l'Aéroport international de Kansai, il a été constaté que la Marine Reclamation Construction Association avait imposé des barèmes de prix à ses adhérents pour le transport de la terre par voie maritime, ceci en infraction de l'article 8, para. 1, al. 1 de la Loi antimonopole (restriction injustifiée du commerce par des associations professionnelles). La FTC a condamné l'Association à payer une surtaxe de quelques 300 millions de yen.

A la fin de 1989, on dénombrait 265 ententes bénéficiant d'une dérogation, soit 20 de moins qu'à la fin de 1988. Pour la plupart, il s'agissait soit d'ententes concernant des petites et moyennes entreprises soit d'ententes à l'exportation créées pour éviter des conflits dans les échanges internationaux. Au cours de la période examinée, deux ententes en cas de crise ont été constituées ; elles sont maintenant disssoutes. En revanche, aucune entente de rationnalisation n'a été enregistrée.

Les fusions qui, conformément aux dispositions de la Loi antimonopole, doivent être notifiées à la FTC, n'ont fait l'objet au cours de la période considérée d'aucune mesure légale. Sur les 1 432 opérations réalisées, les plus notables ont été les fusions entre Yamashita Shinnihon Steamship Co. Ltd. et Japan Line Ltd d'une part, et entre Mitsui Bank. Ltd. et Taiyo Kobe Bank Ltd. d'autre part.

Aux **Pays-Bas**, aucune décision officielle n'a été prise au titre de la loi pendant la période examinée. Toutefois, un certain nombre de plaintes concernant des restrictions à l'accès à certains secteurs industriels et aux professions libérales ont été réglées. Une enquête a été ouverte sur les frais prélevés par les banques commerciales pour les opérations effectuées par les clients commerciaux et les particuliers.

En **Norvège**, la direction des prix a poursuivi durant l'année 1989 l'examen des statuts et des règles déontologiques de plusieurs professions libérales, qui pour certains, comportent des dispositions interdisant à leurs membres de se livrer à une concurrence par les prix ou par d'autres moyens. L'Association des avocats norvégiens qui avait fait appel de la décision de la Direction, s'est vue contrainte à mettre fin aux dispositions qui limitaient le droit de ses membres de faire de la publicité et de conclure des formes individuelles de contrats avec leurs clients.

La Direction des prix a accordé 68 exemptions à l'interdiction d'accords sur les prix, la plupart dans le secteur de l'épicerie. Certains groupes de franchise dans le secteur de la location de voitures en ont également bénéficié.

La Direction des prix a été amenée à se prononcer dans une affaire de refus de vente concernant le refus de Nora, embouteilleur de Coca Cola, de vendre le produit à un détaillant ; celui-ci ne souhaitait pas, en effet, passer par l'embouteilleur concessionnaire dans sa propre région qui pratiquait des prix plus élevés. La Direction a estimé que les accords de licence Coca-Cola en Norvège compromettent l'exercice d'une concurrence efficace sur les marchés de la bière et les boissons non alcoolisées et que dans le cas particulier, le refus de vente devrait être interdit car il contribue à protéger les brasseries et les usines d'embouteillage régionales contre une concurrence efficace, ceci au détriment des consommateurs.

En 1989, la Direction a été saisie de 418 cas de fusion ou projets, 27 ont fait l'objet d'une enquête dont 22 ont été abandonnées ultérieurement. Trois sont en cours d'examen et deux ont été présentées au Conseil des prix accompagnées d'une proposition d'intervention ; dans ces deux cas, il s'agit de brasseries.

En **Nouvelle-Zélande**, la Commission a instruit 489 plaintes concernant des pratiques restrictives ; un grand nombre d'entre elles portant sur des entreprises publiques ou des entreprises récemment privatisées (les postes et télécommunication notamment), une unité spéciale a été créée pour les traiter.

Durant la période considérée, quatre importantes décisions ont été rendues par les tribunaux concernant notamment l'abus de position dominante et le critère d'intérêt général ; sur ce point, le tribunal a estimé dans Simpson Appliances Ltd v Fischer and Paykel Ltd que l'intérêt général pouvait être servi par des profits privés correspondants à des économies de coûts, réalisées grâce à une plus grande efficacité, même s'ils ne semblaient pas être directement répercutés aux consommateurs.

Quatre cent onze opérations de fusions ont été notifiées à la Commission au titre de l'article 66 de la Loi sur le Commerce et 24, au titre de l'article 67. Les ventes d'actifs publics ont donné lieu à un grand nombre de projets dans le secteur des assurances, des télécommunications, des forêts ou de la radio télédiffusion.

Au **Portugal**, la Direction Générale de la Concurrence et des Prix a engagé huit procédures dont deux seulement ont abouti au Conseil de la Concurrence ; l'une portait sur l'application de rabais discriminatoires et un refus de vente, l'autre concernait un accord d'exclusivité.

Durant la même période, le Conseil de la Concurrence s'est prononcé dans cinq affaires dont trois ont donné lieu à condamnation. Trois recours introduits contre ses décisions ont par ailleurs été rejetés par la Cour d'Appel ; les pratiques anticoncurrentielles en cause concernaient les marchés des produits cosmétiques et du sucre et la distribution de bière et de boissons non alcoolisées.

Le contrôle des concentrations n'a donné lieu à aucune mesure car 1989 était la première année d'application de la nouvelle législation.

En **Espagne**, la Direction générale de la concurrence a ouvert 53 enquêtes et en a achevé 48 en 1989, soit bien davantage qu'en 1988. Sur ces 48 enquêtes, 19 ont été portées devant le Tribunal (contre sept en 1988). Treize visaient des accords restrictifs et six des abus de position dominante. Seize des 59 enquêtes en cours au 31 décembre 1989 avaient été engagées au titre de la loi nouvelle et 43 au titre de la loi antérieure.

Le Tribunal de défense de la concurrence a rendu 19 décisions en 1989. Ces décisions portaient sur une large gamme de questions de fond et de procédure dans des secteurs économiques variés — fabrication de matériel électrique, opérations immobilières, accords d'entente dans la presse, agences de voyage, industrie vinicole, distribution et commerce de café, pratiques restrictives en usage dans les auto-écoles, location de coffres-forts et répartition des activités dans un centre commercial. Huit de ces décisions sanctionnaient des comportements interdits. Dans six cas, la Cour n'a pas imposé de sanctions faute de preuves de l'existence des activités contraires à la concurrence. Dans sept cas jugés en appel, les amendes ont été confirmées.

En **Suède**, la Cour du Marché a traité de deux affaires : l'une relative à une entente sur les prix (price collaboration) dont l'Ombudsman chargé de la concurrence l'avait saisie et pour laquelle elle a estimé qu'il n'en résultait pas nécessairement d'effets négatifs pour la concurrence dans la mesure où cette pratique favorisait une plus grande efficacité ; l'autre concernant un refus de fournir à un vendeur au rabais qui obtient en définitive gain de cause.

Dans trois cas, les tribunaux ont condamné à des amendes des dirigeants d'entreprises qui s'étaient rendus coupables de fixation de prix.

L'Ombudsman a réglé un certain nombre d'affaires portant en particulier, sur des accords de licence entre brasseurs de bière, comportant des clauses de répartition de marchés ; des allocations de quotas pour la fourniture de produits de l'acier ;

des ventes de pièces détachées pour automobiles ; des primes d'assurances sur la vie.

En 1989, 336 acquisitions ont été relevées contre 338 en 1988 ; celles qui concernaient le plus grand nombre de travailleurs sont intervenues dans le secteur des pates et papier, de l'imprimerie et des publications, du transport et des communications. Les acquisitions faites par des étrangers l'ont été pour l'essentiel par des sociétés américaines et finlandaises.

Bien que la législation de la concurrence n'impose pas de notification préalable à une opération de fusion, l'Ombudsman peut poser certaines conditions voire demander au Tribunal du Marché de l'interdire s'il estime qu'elle peut créer ou renforcer une position dominante sur le marché qui affecterait l'intérêt public. Trois cas de ce type se sont présentés durant la période considérée.

En **Suisse**, depuis octobre 1989, date de présentation du dernier rapport, la Commission des Cartels a ouvert trois nouvelles enquêtes portant respectivement sur l'assurance maladie, sur le marché du lait, et sur les produits diététiques. L'enquête sur les banques s'est poursuivie ; au début de 1990, les banques ont libéralisé quelques unes de leurs conventions ; la Commission a estimé que ces mesures étaient insuffisantes et a demandé au Ministre d'imposer quatre recommandations refusées par les banques ; le Ministre a souscrit à cette demande, en accordant cependant un délai de mise en oeuvre de deux ans pour permettre aux petites et moyennes banques de s'adapter aux conséquences de la décartellisation.

En 1989, la Commission des cartels a mené 22 enquêtes préalables dont quatre sur des cas de fusions ; en règle générale, la Commission limite ses interventions aux cas de fusions susceptibles de créer une position abusivement dominante sur le marché.

La Commission s'est d'autre part, prononcée sur deux projets de lois portant respectivement sur la protection des marques et la surveillance des prix, et sur deux ordonnances concernant le marché des oeufs et l'introduction des caisses de santé (Health Maintenance Organisation) dans l'assurance maladie.

Au **Royaume-Uni**, le Directeur général pour la loyauté dans le commerce a reçu en 1989 1 207 plaintes et demandes de renseignements concernant des pratiques anti-concurrentielles dans une large gamme d'industries et d'activités de services.

En vertu de la Loi de 1976 sur les pratiques commerciales restrictives, 996 accords ont été inscrits au Registre en 1989, dont 520 concernant des biens et 478 des services. Les enquêtes sur des accords que l'on soupçonne n'avoir pas été déclarés constituent un volet important et en extension des activités de l'Office. Lorsque le Directeur général a tout lieu de croire que les personnes sont parties à un accord non déclaré, mais soumis à enregistrement, il peut les sommer de lui communiquer tout renseignement utile. En 1989, il a procédé à des sommations de ce genre à 32 reprises au sujet de dix accords qui n'auraient pas été enregistrés.

Le Tribunal des pratiques restrictives avait à examiner trois grands accords et groupes d'accords dont il avait été saisi par le Directeur général. Outre la procédure concernant le béton prémélangé (voir le rapport de 1988-1989), il s'agissait d'accords de fixation des prix ou d'échanges d'informations sur les prix entre fabricants et distributeurs opérant dans l'industrie du verre, et entre fabricants de ronds à béton.

Aux termes de la Loi de 1986 sur les services financiers, le Directeur général a présenté trois rapports au cours du deuxième semestre de 1989. Ces rapports concernaient les règles provisoires de divulgation du Conseil des valeurs mobilières et des investissements (Securities and Investment Board) pour les commissions de l'assurance-vie et des placements collectifs ; une demande déposée par le Chicago Mercantile Exchange, qui souhaitait être agréé en qualité de bourse de valeurs étrangères, et une demande introduite par Stockholm Options Marknad London pour être agréé en qualité de bourse de valeurs au Royaume-Uni.

Trente-neuf plaintes au total ont été reçues au titre de la Loi de 1976 sur les prix imposés, soit un peu moins qu'en 1988. Pendant le deuxième semestre de 1989, le Directeur général a obtenu des assurances écrites de la part de quatre fournisseurs qui s'engageaient ainsi à ne pas chercher à imposer aux revendeurs des prix de vente minimums.

Trois rapports ont été publiés pendant le deuxième semestre de 1989 au titre de la Loi de 1980 sur la concurrence. Ces trois rapports visaient le transport routier de passagers. Une affaire a été portée devant la Commission des monopoles et des fusions (CMF). Dans l'affaire Black and Decker, dont elle avait été saisie pendant le premier semestre de 1989, la CMF a entériné le point de vue du Directeur général selon lequel était contraire à la concurrence la pratique par laquelle Black and Decker refusait ou menaçait de refuser un produit à des détaillants qui, croyait-elle, pratiquaient des prix sacrifiés. La CMF a également recommandé de réviser la loi sur les prix de revente pour autant qu'elle concernait la pratique des prix sacrifiés.

Aux termes des dispositions relatives aux monopoles qui figurent dans la Loi de 1973 sur la loyauté dans le commerce, le Directeur général a, de juillet à décembre, saisi la CMF de deux affaires de monopole concernant l'offre de services de transbordeurs dans la Manche et la fourniture de placoplâtre au Royaume-Uni. Deux rapports sur des affaires de monopole ont été publiés au cours de la période considérée, ils visaient des services relatifs aux cartes de crédit et les transbordeurs transManche. La CMF a jugé certaines règles et pratiques des sociétés de cartes de crédit contraires à l'intérêt général et a recommandé d'y renoncer. En ce qui concerne les services de transbordeurs transmanche, la CMF a conclu que la fourniture, à partir de 1991, d'un service commun de transport de voitures par transbordeur sur les courtes traversées transManche, proposée par P & O et Sealink, serait contraire à l'intérêt général.

Des mesures de suivi et de surveillance ont été prises au titre de la loi sur la concurrence et de la loi sur la loyauté dans le commerce pour donner suite à des rapports antérieurs de la CMF, visant notamment les fournitures de machines utilisées par l'industrie de la chaussure, la fourniture d'embrayages et British Telecom.

En 1989, l'Office a examiné 427 cas de fusions, projets de fusions et participations, contre 456 en 1988. 281 dossiers devaient faire l'objet d'une enquête au titre de la loi sur la loyauté dans le commerce (306 en 1988). Dans l'ensemble, l'activité de fusion dans le secteur industriel et commercial a diminué par rapport à l'année précédente. En 1989, 14 dossiers ont été transmis à la CMF pour enquête.

Pendant le deuxième semestre de l'année, la CMF a publié six rapports d'enquêtes sur des fusions, portait ainsi à 13 le nombre total des rapports de l'année (à l'exclusion des rapports sur les deux fusions de journaux). Dans deux de ces rapports sur six, la CMF a jugé que la fusion risquait d'aller à l'encontre de l'intérêt général et elle a recommandé certains dessaisissements en préalable à la fusion.

Aux Etats-Unis, la Division antitrust du Ministère de la Justice a engagé 97 actions antitrust en 1989 et ouvert 142 enquêtes. Durant cette année, elle a intenté des poursuite pénales pour 91 affaires ; les accusés ont été condamnés à des peines correspondant à 15 880 jours de prison, dont 4 746 devront être effectivement purgés ; les amendes ont dépassé 28 500 000 dollars.

La Federal Trade Commission (Commission) a, toutes affaires confondues, émis six avis, déposé sept plaintes administratives, approuvé définitivement 14 réglements amiables et en accepté cinq. Elle a lancé 63 enquêtes préliminaires et procédé à 54 enquêtes complètes.

Au nombre des affaires portées devant la Cour Suprême, il y a lieu de relever celles qui ont amené le Ministère ou la Commission a déposé à titre *d'amicus curiae*. Ainsi, dans Atlantic Richfield Co. contre USA Petroleum Co., No. 88-1668, le Ministère et la Commision ont soutenu qu'un plaignant ne subit un préjudice au regard de la législation antitrust que s'il est lésé par le comportement en cause sous ses aspects anticoncurrentiels ; des prix peu élevés qui ne sont pas des prix de bradage, n'étant pas anticoncurrentiels, le concurrent qui avait porté plainte n'avait pas qualité pour agir même si les détaillants ou les consommateurs lésés auraient eu, eux, qualité pour demander réparation au titre de la législation antitrust. De même, dans une autre affaire de distribution d'essence (Texaco Inc. contre Hasbrouck, No. 87-2048), le Ministère et la Commission ont fait valoir que la Loi Robinson-Patman consacrait en général la légitimité des remises fonctionnelles et n'exigeait pas des producteurs qu'ils surveillent les prix ou les coûts de leur clientèle de grossistes.

En 1989, le Ministère a engagé des actions pénales contre la fixation horizontale de prix et la répartition des marchés dans toute une série de marchés de produits et de services. Il a également intenté des actions pénales contre les soumissions frauduleuses et la répartition de clientèle qui leur était associée. De même, il a poursuivi ses efforts de lutte contre les ententes visant à fixer le prix des boissons non alcoolisées sur les marchés locaux de nombreux Etats.

En 1989, au titre des dispositions de la Loi Hart-Scott-Rodino sur la notification préalable des fusions qu'ils se sont particulièrement attachés à faire respecter, le Ministère et la Commission ont reçu 5 364 dossiers concernant 2 818 opérations notifiées.

Au nombre des affaires les plus notables ayant fait l'objet d'une action du Ministère, il y a lieu de relever le projet d'entreprise commune entre Ivaco Inc. et Jackson Jordan Inc., une société américaine de matériel d'entretien des voies ferrées. Le tribunal a donné raison au Ministère en jugeant que les effets anticoncurrentiels probables de l'entreprise commune sur la concurrence au niveau des prix l'emportaient sur les effets favorables invoqués par les défendeurs.

En juin 1989, le Ministère a également engagé une action pour faire obstacle à un projet d'entreprise commune portant sur les systèmes de réservation informatisées d'AMR Corporation et de Delta Airlines, estimant que ce projet réduirait sensiblement la concurrence tant pour la vente de services de réservation informatisés aux agents de voyage que pour la fourniture de services de transport aériens réguliers pour passagers.

Durant la période examinée, la Commission s'est efforcées de faire obstacle à huit fusions ; elle a déposé cinq demandes introductives d'instances administratives pour essayer de revenir sur des fusions réalisées et accepté neuf accords amiables pour mettre fin aux difficultés d'ordre anticoncurrentiel soulevées par des projets de fusions.

En 1989, la Commission de la **CEE** a pris 15 décisions au titre des articles 85 et 86 du Traité de la CEE. Treize décisions avaient été arrêtées par application de l'article 85 du Traité. Il s'agissait de deux décisions d'interdiction assorties d'amendes, d'une décision d'interdiction non accompagnée d'amende, d'une attestation négative, de six décisions de dérogation au titre de l'article 85(3) et de trois décisions de rejet de plainte. Les deux décisions prises au titre de l'article 86 du Traité étaient des décisions de rejet de plainte. Quarante-six procédures ont été clôturées par envoi d'une lettre administrative. Trois cent quatre vingt deux autres affaires ont été réglées, soit parce que les accords en cause n'étaient plus en vigueur, soit parce que la Commission a jugé leur incidence trop faible pour justifier un complément d'examen. La Commission a également arrêté 15 décisions au titre des articles 65 et 66 du Traité CECA.

Dans l'une des affaires, la Commission a condamné les 14 entreprises productrices de treillis soudés dans les six pays Membres d'origine à une amende globale de 9.5 millions d'écus pour avoir participé à une série d'accords et de pratiques concertées. La procédure engagée contre Coca-Cola Export Corporation s'est terminée après que la société se soit engagée au sujet de ses accords de distribution qui ne comportent plus de remises de fidélité ni d'autres rabais contestés par la Commission. Après que la Commission ait contesté les accords sur les droits de télédiffusion conclus entre l'Association publique de télédiffusion en Allemagne et Metro-Goldwyn-Meyer/United Artists, les organisations ont accepté de permettre l'octroi de licences d'exploitation de films à d'autres stations de télévision pendant certaines périodes. La Commission a alors accordé une dérogation en faveur des accords au titre de l'article 85(3). A la suite d'une action de la Commission, plusieurs associations de banques néerlandaises ont renoncé à une série d'accords prévoyant des commissions minimales, des taux et des marges pour divers services.

En ce qui concerne les fusions, les acquisitions et les entreprises communes enregistrées de juin 1988 à juin 1989, le nombre total d'opérations a été de 1 122, soit une augmentation de 9.5 pour cent comparée à la période précédente. Le nombre de prises de participations majoritaires et de fusions a été de 666, contre 558 au cours de la période précédente. Ce résultat s'explique uniquement par l'évolution dans l'industrie ; dans le secteur des services, le nombre de concentrations est resté à peu près stable. Les opérations communautaires dans l'industrie ont représenté 40 pour cent du total, contre 20 pour cent en 1987/1988.

IV. Déréglementation, privatisation et politique de la concurrence

En **Australie**, le Gouvernement a mis en oeuvre au cours de la période examinée un certain nombre de réformes micro-économiques de grande importance et il a examiné plusieurs autres initiatives en faveur de la déréglementation et de l'ajustement structurel, notamment dans les secteurs de l'aviation, des télécommunications et de l'activité portuaire.

Au **Canada**, le Directeur des enquêtes et recherches a continué d'adresser des observations à diverses agences de réglementation, notamment la Commission ontarienne de la commercialisation du poulet, la Royal Commission on the British Columbia Tree Fruit Industry, la Commission de radio-télévision et des télécommunications canadiennes (sur cinq questions différentes) et le Nova Scotia Board of Public Utilities. De plus, le personnel du Bureau de la politique de concurrence a, pour les aspects intéressant les politiques de la concurrence, participé à l'élaboration de la loi sur la protection des circuits intégrés, la loi concernant la protection des obtentions végétales ainsi qu'aux droits de négociation collective pour les artistes. De plus, le personnel du Bureau a continué à participer à la mise en oeuvre de la loi dérogatoire de 1987 sur les conférences maritimes, qui prévoient une exemption limitée à la loi sur la concurrence en ce qui concerne les activités des ententes internationales en matière de transport maritime.

Au **Danemark**, la loi sur la concurrence s'applique aussi bien aux entreprises publiques qu'aux activités commerciales des autorités publiques. Ces autorités sont également tenues de notifier au Conseil de la concurrence les accords, les décisions ou autres pratiques qui pourraient avoir un effet dominant sur la concurrence, bien que le Conseil ne soit pas habilité à prendre des mesures contre les effets préjudiciables qui auraient pu être constatés. Toutefois il peut prendre contact dans ce cas avec l'organisme public en cause.

Pour obtenir des informations sur le secteur public, le Conseil de la concurrence envisage d'ouvrir des enquêtes dans certains secteurs, notamment les transports, les produits pharmaceutiques et les télécommunications.

En **Finlande,** une nouvelle Loi sur les Transports de Marchandises a été soumise au Parlement en 1989 ; la Commission chargée par le Ministère du Commerce et de l'Industrie d'élaborer un programme pour le secteur des produits alimentaires vient de remettre son rapport dans lequel elle préconise des mesures de déréglementation, notamment l'abrogation de la réglementation des heures d'ouverture des commerces ; un groupe de travail composé de membres de l'Office de la libre concurrence et du Ministère du Commerce et de l'Industrie a proposé en aout 1989 la suppression du système actuel d'autorisation d'importations de produits pétroliers.

En **Allemagne**, comme indiqué dans le rapport de 1988-1989, le Gouvernement fédéral a presque achevé la vente des actions qu'il détient dans les entreprises industrielles. Reste encore toutefois d'autres possibilités de privatisation du fait des participations des Länder.

Le gouvernement fédéral a pris d'autres mesures de déréglementation conformément à la législation communautaire ; il en a été ainsi notamment dans les professions libérales où la prestation des services transfrontières par des avocats étrangers a été libéralisée ; par ailleurs, la directive communautaire sur la reconnaissance réciproque des titres professionnels a été mise en oeuvre pour les avocats et les comptables. Le secteur des assurances et celui des marchés financiers ont eux aussi été libéralisés.

En **Irlande**, diverses mesures ont été prises en faveur du secteur de la télédiffusion (autorisation et installation de plusieurs stations de radio, lancement d'une deuxième chaîne de télévision), des solicitors (avocats) désormais autorisés, sous réserve de certaines conditions, à faire de la publicité pour leurs services, et des sociétés de prêts immobiliers dont le champ d'action a été élargi.

Au **Japon**, le sous-comité du Conseil provisoire chargé de promouvoir la réforme administrative a publié en novembre 1989 son rapport dans lequel il recommandait de limiter au strict minimum les exemptions à la loi anti-monopole. La Fair Trade Commission a également étudié les sytèmes de réglementation en vigueur au moyen d'un groupe d'étude. Le groupe a publié son étude en février et en octobre 1989. Concernant l'industrie des télécommunications un autre groupe d'étude spécial a été créé en son sein pour examiner les problèmes de réglementation dans le secteur ; ce groupe a publié son rapport en septembre 1989.

En **Nouvelle-Zélande**, le Ministère du commerce a participé à l'examen des régimes de réglementation dans plusieurs branches d'activité, notamment l'électricité, le gaz, les télécommunications et la radiodiffusion. Pour les transports publics, le Ministre des transports a publié un document de travail exposant les diverses solutions permettant de réorganiser les licences de transport public, y compris les taxis. De plus, se poursuit depuis 1988 un réexamen de tous les régimes de réglementation des professions. Dans la plupart des examens achevés, les conclusions ont été qu'il était nécessaire de maintenir une certaine forme de contrôle réglementaire et qu'il était indispensable de prévoir une plus grande participation des non-professionnels dans le processus de réglementation.

En ce qui concerne la privatisation, le Gouvernement a annoncé en 1988 que sous réserve d'un examen des conditions de réglementation, il vendrait les parts qu'il détient dans les trois aéroports internationaux de Nouvelle-Zélande.

Au **Portugal**, des mesures de déréglementation ont été prises dans les secteurs du transport routier, du transport aérien (suppression du monopole de la TAP sur la plupart des vols intérieurs et sur les vols internationaux), des télécommunications et de l'énergie.

Depuis la révision de la Constitution intervenue en juin 1989, a été mis en oeuvre un programme de privatisation aux termes duquel l'Etat s'est dessaisi en 1989 de 49 pour cent des parts qu'il détient dans le capital d'une banque, de deux compagnies d'assurance et d'une brasserie ; d'autres mesures de ce genre sont envisagées en 1990.

En **Espagne**, ont été adoptées en 1989 un certain nombre de mesures qui ont pour objet de remanier le cadre de réglementation dans divers secteurs, notamment dans le secteur bancaire, les valeurs mobilières, les télécommunications, la radiodiffusion, les transports routiers et aériens.

En **Suède**, l'Ombudsman (NO) chargé de la concurrence s'est particulièrement attaché à promouvoir la concurrence dans le domaine du transport aérien intérieur, dans le secteur des taxis, en liaison avec le dispositif de déréglementation des tarifs introduit en juillet 1990, et en matière d'importation parallèle de voitures. Le secteur des produits agro alimentaires a également fait l'objet d'une vigilance particulière de la part des autorités compétentes qui s'accordent pour estimer nécessaire sa déréglementation. L'année 1989, enfin, a été marquée par la libération du secteur des télécommunications, désormais exposé aux forces du marché.

Au **Royaume-Uni**, la loi sur les eaux (Water Act) entrée en vigueur le 22 novembre 1989, prévoit la privatisation des activités régionales en matière d'adduction d'eau et d'eaux usées en Angleterre et dans le Pays de Galles, ainsi que la création de la National Rivers Authority chargée de la surveillance ainsi que du contrôle de la qualité dont s'acquittaient précédemment les autorités compétentes en la matière. La loi prévoit un régime spécial de contrôle des fusions pour les entreprises de distribution d'eau et de traitement des eaux usées de façon à laisser subsister un nombre suffisant d'entreprises distinctes pour permettre la comparaison de leur efficacité à des fins réglementaires. La loi prévoit également la création d'un poste de Directeur général des adductions d'eau chargé de gérer un régime de réglementation pour les adductions d'eau et les eaux usées et qui sera habilité à saisir la CMF de ces questions au titre de la législation relative à la concurrence.

La loi sur l'électricité (Electricity Act), qui a reçu l'Approbation royale le 27 juillet 1989, prévoit une restructuration de l'industrie avant sa privatisation et instaure la concurrence dans le secteur de la production et de la fourniture d'énergie électrique. Les sociétés de distribution régionale existantes seront privatisées sous la forme d'entreprises publiques de distribution d'énergie électrique. Elles seront autorisées à fournir de l'énergie électrique à tous les établissements situés sur leur territoire, mais d'autres fournisseurs, y compris des entreprises de production d'électricité, pourront également recevoir l'autorisation de fournir de l'énergie électrique dans ces régions. La loi prévoit la nomination d'un Directeur général pour l'approvisionnement en énergie électrique qui réglementera et encouragera la concurrence dans cette branche d'activité. Il sera habilité à saisir la CMF. La loi autorise également le Directeur général pour la loyauté dans le commerce de saisir la Commission sur le monopole relatif à l'industrie de la fourniture d'électricité.

Aux **Etats-Unis**, le Ministère de la justice ainsi que la Commission fédérale de commerce n'ont pas cessé de préconiser un renforcement de la concurrence dans les industries réglementées, notamment dans les secteurs des télécommunications, des banques, des transports et de l'énergie. Dans le cadre de son programme en faveur de la concurrence et des consommateurs, la Commission a adressé 85 observations à divers Etats et agences dans certains domaines tels que la publicité, les communications, la santé, les autorisations en matière de professions libérales, le contrôle des loyers, les transports, l'environnement et la télévision de pointe. Le Ministère a continué à participer aux discussions inter-agences et à la prise de décision ayant trait à l'élaboration et à la mise en oeuvre de la politique commerciale internationale des Etats-Unis.

Dans les **Communautés européennes**, la Commission a adopté le 26 juin 1989 une Directive inspirée de l'article 90 du Traité de la CEE ainsi que du Livre vert de 1987 sur le développement du marché commun des services et équipements de télécommunication. La Directive identifie les services que les Etats Membres peuvent réserver en exclusivité aux autorités publiques des télécommunications et celles qui doivent être ouvertes à la concurrence.

ALLEMAGNE

(juillet 1989 — juin 1990)

I. Modifications du droit et de la politique de la concurrence adoptées ou envisagées

Le cinquième amendement à la loi contre les restrictions à la concurrence (LRC) est entré en vigueur le 1er janvier 1990. Les travaux préparatoires concernant cet amendement ont déjà été décrits (voir le rapport annuel de l'OCDE pour la période 1987-88, Allemagne, para. 4 et suivants). L'amendement est destiné tant à améliorer l'efficacité du dispositif d'encadrement des fusions et des comportements, en particulier compte tenu de l'état actuel du secteur du commerce de détail, qu'à éliminer les dérogations excessivement généreuses en faveur de secteurs déterminés de l'économie. Pour l'essentiel, les modifications prévoient ce qui suit :

- introduction de nouveaux critères à prendre en compte pour déterminer l'existence d'une position dominante sur le marché, y compris en ce qui concerne le pouvoir d'achat, destinés à améliorer le contrôle des fusions ;
- amélioration de l'efficacité des dispositions empêchant les concurrents détenant une position prépondérante sur le marché d'entraver de manière déloyale les activités des petites et moyennes entreprises ;
- allégement de la charge de la preuve incombant au plaignant là où il existe un comportement anticoncurrentiel dans les rapports entre fournisseurs et acheteurs ;
- adoption d'une dérogation pour des accords d'achats en commun entre petites et moyennes entreprises, visant à améliorer leur compétitivité par rapport aux grosses entreprises ayant une position de force sur le marché.

A coté des modifications touchant le secteur du commerce de détail, l'amendement limite les dérogations à la législation régissant la concurrence en faveur des secteurs des transports, des banques et des assurances, ainsi que des services publics. Les dispositions arrêtées dans ces secteurs faisant l'objet de dérogations ont été alignées sur la législation communautaire en matière de concurrence qui ne prévoit pas de dérogation sectorielle à l'interdiction des ententes.

Enfin, en ce qui concerne l'encadrement des fusions, l'amendement définit la fusion en y incluant les acquisitions de parts minoritaires inférieures à 25 pour cent dans le capital d'un concurrent, en subordonnant ces acquisitions à la réglementation en matière de fusion si elles permettent à l'acquéreur d'exercer une influence sensible sur l'entreprise absorbée.

II. Application du droit et des politiques de concurrence

Actions contre les pratiques anticoncurrentielles

Violations de l'interdiction des ententes

Ainsi qu'il a été signalé dans le précédent rapport annuel (1988-89, l'Allemagne, para. 6), l'Office Fédéral des Ententes (OFE) a condamné 11 cimenteries à 224 millions de DM au cours de l'été 1989 pour avoir pratiqué des accords de quotas illicites. Il s'agit de la plus forte amende administrative qui ait frappé des accords cartellaires depuis la création de l'OFE. Celui-ci a constaté que depuis le début de 1981, les producteurs en cause s'étaient partagés le marché du ciment de l'Allemagne du Sud en s'entendant sur des quotas déterminés de fournitures. Il en est résulté une disparition de la concurrence au niveau des prix. Les amendes administratives, y compris une amende de 110 millions de DM frappant Heidelberger Zement AG, ont été payées lorsque la décision en cause est devenue définitive.

L'OFE a également condamné à des amendes 47 fabricants d'équipements de chauffage, de climatisation et de ventilation et de matériel sanitaire ; de même que leurs cadres responsables ont eu à payer une amende de 56 millions de DM pour soumissions frauduleuses. Trois des entreprises en cause sont des filiales de groupes étrangers (voir le Rapport Annuel de l'OCDE pour la période 1987-88, Allemagne, para. 15 et Rapport Annuel de l'OCDE pour la période 1988-89, Allemagne, para. 8).

L'OFE a constaté que de 1979 à 1986 les firmes en cause avaient présenté des soumissions frauduleuses concernant un bon millier de contrats portant sur de l'équipement de climatisation ; elles prévoyaient à l'avance quelle firme devait se voir attribuer un contrat particulier et à quel prix, habituellement excessif. Il en est résulté un dommage considérable, non seulement pour les organismes fédéraux ainsi que pour les organismes de Länder et de municipalités, mais aussi pour des intérêts privés. La plupart des condamnations à des amendes administratives sont devenues entretemps définitives.

En 1977, l'OFE avait déjà infligé des amendes administratives pour un total de 1.5 million de DM à la plupart des firmes susvisées au motif qu'il s'était avéré qu'elles étaient coupables de soumissions frauduleuses.

Les principaux accords cartellaires ne concernent pas exclusivement l'industrie du bâtiment. Au début de 1990, l'OFE a mené des opérations d'enquêtes et de saisies de grande envergure, en mettant à jour de manière irréfutable l'existence d'accords cartellaires illégaux dans le secteur du commerce de gros de produits pharmaceutiques et du verre.

Infractions administratives diverses

L'OFE a condamné Basler Handelsbank Beteiligungs- und Finanz- gesellschaft, une filiale de la Schweizerischer Bankverein, ainsi que l'ancien président et un autre membre du conseil d'administration de Co op AG à des amendes administratives d'un total de 540 000 DM pour lui avoir communiqué de faux renseignements dans le cadre d'une procédure de vérification de la fusion.

Pendant des années, l'OFE a reçu de faux renseignements, selon lesquels l'acquisition d'une chaîne de magasins de vente au détail de produits alimentaires n'avait pas été réalisée pour le compte de Co op AG. et à ses risques. Les personnes en cause s'en sont tenues à leurs fausses déclarations jusqu'en février 1989 dans l'intention d'éviter que l'OFE ne prononce des interdictions dans d'autres procédures de vérification de fusion. Le montant de l'amende administrative témoigne de la gravité de la violation d'une disposition qui a été arrêtée plus de 15 années auparavant.

Il peut être encore formé un recours contre les condamnations aux amendes administratives.

Statistiques concernant les différents types d'ententes légalisées

Le tableau 1 indique le nombre et les catégories d'ententes légalisées par l'OFE et par le Ministre Fédéral de l'Economie.

Comme au cours des années précédentes, le nombre d'ententes en vigueur est resté pratiquement inchangé pendant la période considérée. Toutefois, la structure des ententes légalisées s'est légèrement modifiée de sorte que, le nombre d'accords de coopération entre petites entreprises (Article 5b de la LRC) a encore augmenté.

Exploitation abusive de positions dominantes sur le marché

Au cours de la période considérée, comme au cours de la précédente, les actions de l'OFE visant à parer à l'exploitation abusive de positions dominantes sur le marché ont été l'exception et non la règle. L'ouverture des frontières aux biens et aux services des Etats Membres de la Communauté Européenne et des pays tiers reste la meilleure garantie de l'arrêt des abus naissants en matière de prix. Une concurrence intense des importations fait obstacle à la création de positions retranchées sur le marché qui pourraient être exploitées abusivement afin d'imposer des prix excessifs ou à d'autres fins.

Ce n'est que dans les secteurs partiellement privilégiés tels que les assurances, la banque, les services publics qui sont caractérisés par la réglementation et non par la concurrence que l'OFE a eu des motifs d'engager une procédure fondée sur l'exploitation abusive dans un petit nombre d'affaires. Néanmoins, les entreprises en cause ont mis fin au comportement que l'OFE avait jugé critiquable avant qu'il ne prononce des interdictions en bonne et due forme.

Fusions et concentration

Statistiques et récapitulatif des fusions relevant des dispositions en matière de contrôle

Le nombre total des fusions notifiées à l'OFE est passé de 1 159 en 1988 à 1 415 en 1989. Le taux de croissance d'environ 22 pour cent est en baisse par rapport à la période 1987-88 (30 pour cent), mais reste encore inférieur au taux annuel moyen de croissance relevé depuis 1975. A la fin de juin 1990 seulement, 729 fusions avaient été notifiées, de sorte que le nombre total pour 1990 devrait vraisemblablement être de quelque 10 pour cent supérieur à celui de la période antérieure considérée (voir les tableaux 2 et 3).

Tableau 1. **Ententes situation en 1989**

Catégories	Ententes nouvelles	Ententes supprimées	Total depuis 1958	Ententes encore en vigueur en 1989
Ententes sur les conditions générales Article 2	1	-	65	43
Ententes sur les remises Article 3	-	-	33	5
Ententes sur les conditions générales et les remises	-	-	15	3
Ententes de crise Article 4	-	-	2	-
Ententes de normalisation Article 5 (1)	-	-	11	2
Ententes de rationalisation Article 5 (2)	-	-	22	3
Ententes de rationalisation Article 5 (2) et (3)	_	3	34	5
Ententes de spécialisation Article 5a (1) Première phrase	-	3	63	18
Ententes de spécialisation Article 5a (1) Deuxième phrase	-	1	54	20
Accords de coopération Article 5 b	9	1	95	84
Ententes sur les exportations Article 6 (1)	-	-	110	42
Ententes sur les exportations Article 6 (2)	-	-	12	-
Ententes sur les importations Article 7	-	-	2	-
Ententes autorisées à titre exceptionnel Article 8	-	-	4	2
	10	5	522	227

Tableau 2 : **Fusions notifiées en application de l'Article 23 de la LRC**

Année	Nombre de fusions
1973	34
1974	294
1975	445
1976	453
1977	554
1978	558
1979	602
1980	635
1981	618
1982	603
1983	506
1984	575
1985	709
1986	802
1987	887
1988	1 159
1989	1 415
1 janvier-30 juin 1990	729

Tableau 3 : **Nombre de fusions notifiées en 1989 conformément à l'Article 23 de la LRC**

(a) Forme de la fusion		(b) Type de fusion (1)		
Total	1 415	Total		1 415
Acquisition d'actifs	324	Horizontale		1 022
Acquisiton d'actions	741	dont :		
Co-entreprises (y compris créations de nouvelles entités)	325	(a) sans extension de la production	735	
		(b) avec extension de la production	287	
Liens contractuels	17			
Participations croisées au conseil d'administration - Article 23 (2) N° 4		Verticale		166
Liens divers	8	Conglomérats		227

(1) *Fusion horizontale sans extension de la production* = l'entreprise absorbée opère sur les mêmes marchés que l'acquéreur (par exemple, une entreprise acquiert une autre brasserie).

Fusion horizontale avec extension de la production = l'entreprise absorbée et l'acquéreur opèrent sur des marchés voisins d'un même secteur économique (par exemple, une brasserie acquiert une entreprise produisant des jus de fruits).

Fusion verticale = l'activité de l'entreprise absorbée est située en amont ou en aval de l'activité de l'acquéreur (par exemple, une brasserie acquiert un grossiste en boissons).

Près de 80 pour cent des fusions notifiées en 1989 concernaient des acquéreurs dont le chiffre d'affaires annuel dépassait 2 milliards de DM. Pour quelque 70 pour cent de toutes les fusions, le chiffre d'affaires de l'entreprise absorbée était inférieur à 50 millions de DM. Les entreprises absorbées d'un chiffre d'affaires annuel dépassant 2 millions de DM n'ont compté que pour 2 à 3 pour cent des fusions notifiées en 1989. Une comparaison avec les chiffres pour la période précédente ne révèle qu'une évolution négligeable. La part déjà relativement importante d'entreprises absorbantes au chiffre d'affaires élevé (dépassant 2 millions de DM) a légèrement augmenté.

En 1989, sur les 1 415 fusions enregistrées,

871	(637 en 1988)	ont été notifiées, à titre obligatoire ou facultatif, avant leur réalisation,
277	(275 en 1988)	ont été notifiées après leur réalisation et jugées, à cette occasion, devoir faire l'objet d'un contrôle,

267	(247 en 1988)	n'ont pas été soumises à un contrôle, car leur chiffre d'affaires était en-deça du seuil prévu à l'Article 24 (8) de la LRC.

En comparaison avec 1988, le nombre de fusions notifiées après leur réalisation et de fusions ne faisant pas l'objet d'un contrôle n'a guère évolué, alors que le nombre de projets de fusions notifiés avant leur réalisation a sensiblement augmenté.

Depuis l'instauration en 1973 du contrôle des fusions jusqu'à la fin de 1989, le nombre total de fusions notifiées et réalisées s'est élevé à 10 849 (voir le tableau 4).

Depuis la mise en place du contrôle des fusions en 1973, l'OFE a officiellement prononcé 99 interdictions de fusions, sur lesquelles 44 sont, depuis, devenues définitives. Vingt-six décisions ont été annulées par les juridictions. Douze ont été retirées par l'OFE ou ont fait l'objet d'un autre type de règlement. Dans six cas, le Ministère fédéral de l'Economie a accordé une autorisation totale ou partielle pour des fusions interdites par l'OFE. Pour ce qui est des 11 interdictions restantes, les procédures judiciaires sont toujours en cours.

Outre les fusions interdites officiellement, cinq projets de fusions ont été abandonnés à l'issue d'entretiens officieux avec l'OFE. Le nombre de fusions anticoncurrentielles évitées de cette manière est donc passé à 155 au total.

Dans 5 autres cas, les entreprises concernées ont abandonné leur projet de fusion notifié à l'OFE après que celui-ci ait fait part de son intention de prendre une mesure d'interdiction.

Tableau 4 : **Nombre de fusions notifiées de 1973 à 1989 conformément à l'Article 23 de la LRC :**

(a) Forme de la fusion		(b) Type de fusion (1)		
Total	10 849	Total		10 849
Acquisition d'actifs	2 571	Horizontale		7 325
Acquisiton d'actions	5 370	dont :		
Co-entreprises (y compris créations de nouvelles entités)	2 549	(a) sans extension de la production	5 453	
		(b) avec extension de la production	1 872	
Liens contractuels	233			
Participations croisées au Conseil d'administration - Article 23 (2) N° 4	12	Verticale		1 550
Liens divers	124	Conglomérats		1 974

1. *Fusion horizontale sans extension de la production* = l'entreprise absorbée opère sur les mêmes marchés que l'acquéreur (par exemple, une entreprise acquiert une autre brasserie).

Fusion horizontale avec extension de la production = l'entreprise absorbée et l'acquéreur exercent leurs activités sur des marchés voisins d'un même secteur économique (par exemple, une brasserie acquiert une entreprise produisant des jus de fruits).

Fusion verticale = l'activité de l'entreprise absorbée correspond au stade de production située en amont ou en aval de l'activité de l'acquéreur (par exemple, une brasserie acquiert un grossiste en boissons).

Description d'affaires

Interdictions de fusions

Au cours de la période considérée, l'OFE a interdit sept fusions. Trois seulement de ces décisions d'interdiction sont déjà devenues définitives (voir les affaires visées aux paragraphes 24, 27 et 29). Les sept fusions en question sont les suivantes (par ordre chronologique) :

Westdeutscher Rundfunk (WDR) s'est vu interdire l'acquisition d'une participation de 30 pour cent dans le capital de Radio NRW GmbH. De l'avis de l'OFE, cette participation ferait obstacle à la concurrence entre la radiotélédiffusion publique et la radiotélédiffusion privée dans le Land Nord Rhin-Westphalie, concurrence qui est possible au titre de la loi de ce Land au sujet de la radiotélédiffusion.

a) WDR est un organisme de radiotélévision publique, diffusant quatre programmes radiophoniques et deux programmes télévisés dans le Land Nord Rhin-Westphalie.

b) Radio NRW a l'intention de proposer aux nouvelles stations locales de radiotélédiffusion du Land Nord Rhin-Westphalie un programme général pour l'ensemble de ce Land.

c) Seul fournisseur jusqu'à présent d'annonces radiophoniques du Land Nord Rhin-Wesphalie, WDR détient une position dominante sur le marché. Cette position serait encore renforcée par l'acquisition d'une participation dans le capital de son futur et probablement de son seul concurrent, parce que toute concurrence entre WDR et le nouvel exploitant privé de station de radiodiffusion serait écartée d'emblée.

d) La décision à cet égard n'est pas encore devenue définitive. Les parties en cause soutiennent que la Loi contre les restrictions à la concurrence n'est pas applicable à une fusion, qui est autorisée au titre de la loi sur la radiotélédiffusion dans le Land.

MAN Aktiengesellschaft s'est vu interdire l'acquisition de la division de moteurs diesel maritimes de l'entreprise suisse Gebr. Sulzer Aktiengesellschaft. Après la fusion, MAN aurait été le seul fournisseur de turbines diesel à deux temps de plus de 500 kw. Ces turbines sont utilisées pour la propulsion dans presque tous les types de gros navires marchands et représentent environ 10 pour cent du coût de construction de ces navires.

a) A côté de Mitsubishi, MAN et Sulzer sont les seules firmes dans le monde qui mettent au point des turbines diesel à deux temps pour des applications maritimes. Néanmoins, Mitsubishi met au point des diesels au titre de licences MAN et Sulzer et ne les écoule pas en Europe.

b) Dans le cadre d'un réseau mondial d'accords de licences, MAN et Sulzer font obstacle à la vente par des constructeurs étrangers de moteurs MAN et Sulzer fabriqués sous licence ailleurs que dans leurs pays d'origine respectifs. Il en résulte que ces moteurs ne sont pas offerts sur le marché allemand.

c) Même compte tenu des marchés européens et internationaux, MAN détiendrait une position dominante sur le marché à la suite de la fusion.

d) MAN et Sulzer ont demandé une autorisation au Ministère fédéral des affaires économiques en faisant valoir des raisons d'intérêt général, mais le Ministère la leur a refusée.

Nordfleisch EG Raiffeisen Vieh- und Fleischzentrale Schleswig-Holstein et Centralgenossenschaft Vieh und Fleisch EG se sont vues interdire la constitution d'une entreprise d'exploitation commune. Ces deux coopératives exercent leurs activités dans les secteurs de l'abattage et de la commercialisation de la viande. Leurs affiliés sont des coopératives d'abattage et de commercialisation de la viande et, dans le cas de Nordfleisch, des exploitations et organisations agricoles du Schleswig-Holstein.

a) De l'avis de l'OFE, la fusion déboucherait sur un renforcement de la position dejà prépondérante de Nordfleisch pour l'achat d'animaux destinés à l'abattage par rapport aux entreprises agricoles du Schleswig-Holstein qui sont pour l'essentiel de moyenne importance.

b) L'OFE a par la suite annulé sa décision après la perte par Nordfleisch de sa position prépondérante sur le marché à la suite d'une autre fusion sur le même marché.

Württembergische Metallwarenfabrik AG, à Geislingen (WMF), s'est vu interdire l'acquisition d'une participation de 50 pour cent dans le capital de Hutschenreuther AG, Selb, au motif que l'acquisition renforcerait encore la position dominante sur le marché de Hutschenreuther en sa qualité de fournisseur d'articles d'hôtellerie et de restauration.

a) WMF est le principal producteur allemand d'articles de coutellerie et de grands distributeurs de café.

b) Hutschenreuther fabrique et écoule des articles de céramique.

c) Avec plus de 60 pour cent du marché des articles d'hôtellerie et de restauration et en sa qualité de grossiste spécialisé, Hutschenreuther est tenue pour une entreprise dominant le marché. Le deuxième grand fournisseur est WMF, qui distribue des articles de porcelaine fabriqués par Rosenthal AG.

d) De l'avis de l'OFE, la position dominante de Hutschenreuther sur le marché serait encore renforcée à la suite de l'acquisition car Hutschenreuther serait, alors, en mesure d'écouler également ses produits dans le cadre du réseau de distribution bien organisé de WMF.

Deutsche Unilever Gesellschaft, société à responsabilité limitée, qui est une filiale d'Unilever N.V., Rotterdam/Unilever PLC, Londres s'est vue interdire l'acquisition de Martin Braun Backmittel und Essenzen KG, à Hanovre. Braun KG produit des ingrédients pour les produits de la boulangerie.

a) A la suite de la fusion, Unilever obtiendrait une part de marché moyenne de 44 pour cent sur les marchés des produits préparés pour le secteur de la pâtisserie et de la biscuiterie, marché qui correspond à un montant d'environ 500 millions de DM. De l'avis de l'OFE, il en résulterait une domination sur le marché alors que ses concurrents sont pour la plupart des petites et moyennes entreprises, ainsi que de nombreuses boulangeries et pâtisseries, tributaires de l'approvisionnement en ingrédients utilisés dans la boulangerie.

Il a été interdit à Kaufhof AG d'acquérir une participation majoritaire dans le capital de Saturn Elektro-Handelsgesellschaft mbH et de Hansa-Foto Handelsgesellschaft, deux entreprises de Cologne. Kaufhof AG est un membre du groupe Metro.

a) Saturn Hansa est, en termes de chiffre d'affaires, le principal distributeur allemand spécialisé d'appareils électriques et d'équipements photographiques.

b) A la suite de la fusion, les firmes en cause obtiendraient une part de 23 pour cent du marché de l'électronique de consommation dans la région de Cologne. A Cologne même, leur part de marché atteindrait 43 pour cent, soit au moins quatre fois la part du marché détenue par n'importe lequel de leurs concurrents. De l'avis de l'OFE, elles occuperaient ainsi une position prépondérante sur le marché, en particulier par rapport aux distributeurs spécialisés qui sont en général des entreprises réduites ou moyennes, mais aussi par rapport aux grands magasins ainsi qu'aux chaînes de points de vente au détail de produits alimentaires, qui écoulent également des produits de l'électronique de consommation.

Il a été interdit à Tengelmann Warenhandelsgesellschaft d'acquérir la totalité du capital de Gottlieb Handelsgesellschaft mbH.

a) Le groupe Tengelmann se range parmi les principales entreprises allemandes de vente au détail des produits alimentaires. Gottlieb appartient à la même branche d'activités.

b) A la suite de la fusion, les entreprises en cause détiendraient des parts de marché s'échelonnant entre 29 et 39 pour cent dans les différentes régions du Bade-Wurtemberg, ce qui leur assurerait une position prépondérante sur le marché par rapport à l'ensemble de leurs concurrents.

En outre, l'OFE a, dans trois cas, interdit à de grands éditeurs d'acquérir de petits quotidiens.

Autorisations ministérielles

Après l'interdiction par l'OFE de la fusion entre Daimler-Benz et MBB (voir le Rapport Annuel de l'OCDE pour 1988-89, Allemagne, paragraphe 27), le Ministère fédéral de l'Economie a autorisé cette opération moyennant plusieurs restrictions, en exigeant

— que Daimler-Benz renonce à ses activités dans le domaine de la technologie maritime en se dessaisissant de la division de la technologie maritime de Telefunken Systemtechnick et des activités maritimes et technologiques spéciales de MBB;

— que Daimler-Benz renonce à la construction de réservoirs, Daimler Benz/MMB devant rompre ses liens avec Krauss Maffei, qui est la firme dominante dans ce domaine, et

— que la firme issue de la fusion renonce à siéger dans les Conseils de surveillance d'autres grandes entreprises du secteur de la défense afin d'empêcher que Daimler-Benz/MBB n'exerce une influence sur leurs Conseils d'administration et leurs Conseils de surveillance.

On a estimé qu'il était conforme à un intérêt général primordial de préparer le terrain pour la liquidation des subventions à Airbus après la prise des risques associés à Airbus par le secteur privé (Deutsche Airbus GmbH est une filiale de MBB). Tout en exigeant le déssaissement afin de laisser le champ libre à la concurrence intérieure et en améliorant les règles régissant les procédures d'approvisionnement dans l'intérêt des fournisseurs, le Ministre a été également attentif à la future concurrence internationale sur les marchés européens de la défense.

Faits nouveaux particuliers dans le domaine du contrôle des fusions

L'intention du nouveau gouvernement de la RDA de réduire les activités de l'État dans le domaine de l'entreprise aussi rapidement et aussi complètement que possible et de les transférer aux entreprises privées a entraîné l'élaboration d'un grand nombre de projets de participation et de coopération entre les entreprises occidentales et les anciennes entreprises étatiques de la RDA. Afin d'éviter de nouvelles difficultés en matière de concentration au cours de cette évolution, les autorités envisagent de démembrer les anciens monopoles d'Etat dans toute la mesure du possible.

En outre, en Allemagne de l'Est, une législation en matière de concurrence arrêtée par le Parlement est-allemand est désormais en vigueur. Elle est largement identique à la loi fédérale allemande contre les restrictions à la concurrence. Toutefois, en ce qui concerne les fusions d'entreprises, la loi est-allemande contient des dispositions souples de contrôle des fusions, qui sont adaptées aux conditions particulières régnant en Allemagne de l'Est.

La législation de la République Fédérale d'Allemagne en matière de concurrence est applicable à toutes les restrictions à la concurrence (par exemple, en matière de fusions d'entreprises) qui s'exercent en République fédérale, même si les transactions dans ce domaine sont réalisées à l'étranger. Ces dispositions s'appliquent aux transactions conclues en Allemagne de l'Est dans la même mesure qu'aux autres fusions étrangères. Dans la mesure où ces transactions sont sans effet en République fédérale, elles relèvent du Bureau pour la Protection de la Concurrence, qui est le nouvel organisme est-allemand compétent en matière de concurrence. Il travaille en coopération étroite avec l'Office Fédéral des Ententes. Un échange de personnel a déjà eu lieu.

En vue de mettre au point et d'uniformiser d'emblée les modalités d'application, dans toute la mesure du possible, les organismes ouest-allemand et est-allemand compétents coordonnent leurs activités au sein d'un groupe de travail inter-allemand sur la concurrence. Le groupe doit également examiner les problèmes généraux de la concurrence dans le cadre de l'ouverture du marché est-allemand, afin de permettre l'apport de capital occidental et de découvrir des solutions communes aux problèmes qui se posent à cet égard. L'objectif commun est de mettre en place en Allemagne orientale une structure commerciale, dans laquelle un large éventail de petites et moyennes entreprises allemandes et étrangères est appelé à jouer un rôle capital à côté des grandes entreprises. De l'avis du groupe de travail, les investissements d'entreprises des pays de la Communauté ou de pays tiers méritent d'être spécialement encouragés.

Décisions judiciaires

Dans le cadre d'affaires importantes, les juridictions compétentes en matière de concurrence ont confirmé les avis juridiques exprimés par l'OFE.

Dans l'affaire relative à l'»accord global», l'interdiction arrêtée par l'OFE est devenue définitive après le rejet par la Chambre des Ententes de la Cour Suprême Fédérale du recours sur des points de droit. L'»accord global» conclu entre les organismes publics de radiodifffusion et la Fédération sportive allemande (Deutscher Sportbund) au sujet du monopole de télé-reportage avait été déclaré de nul effet par l'OFE, dans la mesure où il restreignait la possibilité de la Fédération sportive allemande et de ses affiliés d'accorder le droit de diffuser les manifestations sportives à des chaînes non affiliées à la ARD et à la ZDF (les premier et deuxième chaînes de télédiffusion allemandes) (voir le Rapport annuel 1986-87, Allemagne, paragraphe 17, et le rapport annuel 1987-88, Allemagne, paragraphe 26). La Cour suprême fédérale a maintenant confirmé que ce système fera obstacle, selon toute probabilité, a l'accès au marché des autres fournisseurs de programme.

Dans l'affaire de la fusion entre Linde AG/The Kaye Organisation Ltd. (voir le Rapport annuel 1988-89, Allemagne, paragraphe 27), la Cour d'Appel de Berlin a rejeté les recours formés par les parties à la fusion, en confirmant ainsi l'interdiction par l'OFE du projet d'acquisition par Linde de German Lansing GmbH.

Dans une autre affaire, dont la Cour d'Appel de Berlin avait été saisie, celle-ci a jugé que l'OFE avait à juste titre estimé qu'une acquisition de marque commerciale était une acquisition d'un actif important, laquelle tombait sous le coup de la législation relative au contrôle des fusions. L'OFE avait interdit à Melitta Werke Bentz & Sohn d'acheter à Kraft GmbH, une filiale d'Amercan Kraft Inc., le label Frapan ainsi que la division des feuilles et films à usage alimentaire correpondante (voir le rapport annuel 1988-89, Allemagne, paragraphe 27).

Nombre et portée des fusions internationales

Sur les 1 415 fusions notifiées en 1989, 1 203 (85 pour cent) ont été réalisées sur le territoire national et 212 (15 pour cent) à l'étranger (voir le tableau 5). Pour une période de cinq années, la part relative des fusions étrangères notifiées oscille de 15 pour cent à 18 pour cent, ce qui signifie qu'il n'y a pas eu de modification sensible.

Hormis les deux interdictions de projets de fusion impliquant des partenaires étrangers mentionnées aux paragraphes 24 et 27, parmi les affaires importantes examinées par l'OFE, mais n'ayant pas fait l'objet d'une interdiction, figurent : General Motors Corp/Saab Automobile AB, Komatsu/Hanomag, BSN/Birkel.

Tableau 5 : **Ventilation des fusions notifiées en 1988 et 1989 et intéressant les entreprises étrangères**

1988	1989	
1. Fusions réalisés sur le territoire national (fusions nationales)	953 (82%)	1 204 (85%)
dont :		
(a) avec la participation directe d'entreprises étrangères	93 (8%)	144 (10%)
(b) avec la participation indirecte d'entreprises étrangères	225 (19%)	315 (22%)
(c) sans aucune participation étrangère	635 (55%)	745 (53%)
2. Fusions réalisées à l'étranger (fusions étrangères)	206 (18%)	212 (15%)
dont :		
(a) avec la participation directe d'entreprises nationales	56 (5%)	59 (4%)
(b) avec la participation indirecte d'entrerises nationales	11 (1%)	22 (2%)
(c) sans aucune participation nationale	139 (12%)	131 (9%)
Total	1 159	1 415

Définitions :

Le lieu de la fusion est celui du siège social de l'entreprise dont les actifs ou les actions sont acquis.

Il y a participation étrangère directe à une fusion nationale, lorsqu'un participant au moins est une entreprise étrangère, et participation indirecte lorsqu'il s'agit d'une entreprise liée à une entreprise étrangère qui la contrôle.

Ces définitions sont également applicables aux fusions effectuées à l'étranger.

III. Privatisation et déréglementation

Le programme de privatisation du Gouvernement Fédéral était près d'être achevé après la liquidation des participations de l'Etat dans les entreprises industrielles annoncée dans le Rapport de l'année précédente (Rapport annuel 1988-89, Allemagne, paragraphe 36). L'État a réduit la participation dans le capital de Lufthansa AG à 51.62 pour cent en ne prenant pas part à une augmentation du capital, et sa participation dans le capital de Deutsche Siedlungs- und Landesrentenbank (DSL) est passée de 99 pour cent à 51 pour cent. La Deutsche Bundesbahn a vendu une part de capital de 22.5 pour cent dans la société de transports Schenker à VEBA AG. La participation de 100 pour cent de l'Etat dans le capital de Salzgitter AG a été cédée à Preussag AG. Deutsche Industrieanlagengesellschaft (DIAG), qui était jusqu'ici la propriété du Fonds Spécial ERP, a été cédée à MAN AG. La privatisation de Deutsche Pfandbrief- und Hypothekenbank AG est également envisagée.

Les principales possibilités de privatisation relèvent désormais de la compétence des Länder. La République Fédérale étant organisée sous une forme fédérale, le Gouvernement Fédéral n'exerce que peu d'influence sur les efforts hésitants déployés jusqu'ici par les Länder dans ce domaine.

A côté des mesures de privatisation susvisées, le Gouvernement Fédéral a pris d'autres mesures de déréglementation conformément à la législation communautaire. Dans le domaine des professions libérales, la fourniture de services transfrontière par des avocats étrangers a notamment été facilitée. Les avocats autorisés à pratiquer en République fédérale et tenant à proposer leurs services à l'étranger sans exercer leurs activités à partir d'un cabinet établi en République fédérale sont relevés de l'obligation d'avoir une résidence permanente et un cabinet dans ce pays. La mise en oeuvre nationale de la directive communautaire régissant la reconnaissance réciproque des titres professionnels doit de même faciliter la libre circulation des personnes et des services dans des secteurs bénéficiant prétendument d'une dérogation, par exemple, pour les avocats et les comptables.

La réglementation allemande mettant en oeuvre les directives communautaires en matière de droit des assurances est essentiellement destinée à libéraliser le secteur des assurances des «gros risques» dans le domaine de l'assurance de la responsabilité et abolit dans une large mesure la distinction entre les différents types d'assurances.

La souplesse, le fonctionnement et la compétitivité des marchés financiers ont été renforcés notamment par des mesures visant à faciliter l'accès au Marché des Valeurs Mobilières et à améliorer les possibilités d'investissements des investisseurs institutionnels et par l'ouverture de la «Deutsche Terminbörse» (Marché à terme et à options de l'Allemagne occidentale).

IV. Nouvelles études concernant la politique de concurrence

Konzeption einer europäischen Fusionskrontolle Sondergutachten der Monopolkommission gem. § 24 bAbs. 5 Satz 5 GWB (Conception d'un contrôle européen de fusion. Rapport spécial établi par la Commission des Monopoles conformément à l'Article 24b (5) phrase 4 de la LRC) Nomos Verlag, Baden-Baden. 1989.

Zusammenschlussvorhaben der Daimler-Benz AG mit der Mersserschimitt-Bölkow-Blohm Gmbh. Sondergutachten der Monopolkommission gem. § 24 b Abs. 5 Satz 7 GWB (Projet de fusion entre Daimler-Benz et MBB. Rapport spécial établi par la Commission des Monopoles conformément à l'Article 24b (5) phrase 7 de la LRC) Nomos Verlag, Baden-Baden. 1989.

HORNSCHILD, Kurt et NECKERMANN, Gerhard (1988), Die deutsche Luft- und Raumfahrtindustrie. Stand un Perpektiven (L'industrie aérospatiale allemande. Situation et perspectives). Campus Verlag, Frankfurt/M.

RICHTER, Hermann (1989) Prese, Konzentration und neue Medien. Der Einfluss neur Wettbewerbsimpulse auf die Konzentration bei Tageszeitungen (la presse, la concentration et les nouveaux médias, l'influence des pulsions concurrentielles sur la concentration de la presse quotidienne) Vandenhoeck & Ruprecht, Göttingen.

KAUFER, Erich (1988) Der Wettbewerb bei oralen Antidiabetika (La concurrence dans le secteur des médicaments antidiabétiques administrés par voie orale) Nomos Verlag, Baden-Baden.

AUSTRALIE

(juillet 1989 — juin 1990)

I. Modifications apportées au droit et à la politique de la concurrence

1. Nouvelles dispositions législatives

La modification législative la plus importante a été la promulgation par le Parlement du Trade Practices (Misuse of Trans-Tasman Market Power) Act, (Loi de 1990 sur les pratiques commerciales)(abus d'une puissance économique dans les échanges trans-Tasman). Cette loi, entrée en vigueur le 1er juillet 1990, doit donner effet aux obligations souscrites par l'Australie au titre de l'Article 4 du Protocole à l'Accord commercial sur le resserrement des relations économiques entre l'Australie et la Nouvelle-Zélande, ce Protocole prévoyait l'accélération de la libération des échanges de marchandises et stipulait le remplacement des dispositions anti-dumping concernant les marchandises en provenance d'Australie ou de Nouvelle-Zélande par des dispositions du droit de la concurrence. La Nouvelle-Zélande a adopté une législation complémentaire au même effet. La promulgation des deux lois-cadres constitue une étape importante vers l'harmonisation du droit commercial australien et néo-zélandais dans le cadre de l'accord CER.

La loi sur les pratiques commerciales (abus de puissance économique dans les échanges trans-Tasman) a modifié la loi sur les pratiques commerciales en vue d'en étendre les dispositions relatives à l'abus de puissance économique (article 46) à un marché dénommé marché trans-Tasman. Il s'agit d'un marché en Australie ou en Nouvelle-Zélande ou dans les deux pays, de marchandises ou de marchandises et de services (mais pas uniquement de services). Un nouvel article 46A interdit à une société qui détient une puissance économique substantielle en Australie, en Nouvelle-Zélande, ou en Australie et en Nouvelle-Zélande de profiter de cette puissance pour :

a) éliminer ou léser substantiellement un concurrent sur un «marché cible» («impact market») qui est un marché de biens, ou de biens et de services (mais pas de services uniquement) en Australie ;

b) empêcher l'accès des personnes à un «marché cible» ; ou

c) dissuader ou empêcher une personne d'adopter un comportement concurrentiel sur un «marché cible».

La loi a également été modifiée pour permettre à la Commission des pratiques commerciales de recueillir en Nouvelle-Zélande des informations sur des infractions éventuelles aux dispositions du nouvel article 46A. Aux termes de la législation néo-zélandaise, la New Zealand Commerce Commission (Commission du commerce néo-zélandaise) sera habilitée à obtenir, en Australie, des informations sur les infractions éventuelles à la disposition équivalente de la loi néo-zélandaise. Le Gouvernement estime qu'une action d'exécution engagée au titre de l'article 46A par la Commission des pratiques commerciales est un élément important dans la création et le maintien d'un marché trans-Tasman concurrentiel.

Des amendements ont été apportés à l'article 90 de la loi sur les pratiques commerciales de façon que lorsque le délai de quatre mois donné à la Commission pour examiner une demande d'autorisation dans des affaires autres que des fusions sera invoqué dans l'avenir, il pourra être prolongé dans les cas où la Commission a demandé des informations au requérant.

Une légère modification a été apportée à la loi sur les pratiques commerciales sous forme de disposition complémentaire (Article 51(I)(d) compte tenu du nouveau statut d'autonomie dont jouit l'Australian Capital Territory (ACT). Les dérogations qui s'appliquent aux activités expressément autorisées par la législation des Etats, ou par les ordonnances des Territoires) ont été étendues aux textes édictés par l'ACT.

2. *Mesures connexes*

Outre qu'elle a modifié la loi sur les pratiques commerciales, la loi de 1990 sur les pratiques commerciales (Abus de puissance économique dans les échanges trans-Tasman) a modifié plusieurs autres textes de loi, de façon à donner pleinement effet aux obligations souscrites par l'Australie au titre de l'Article 4 du Protocole à l'Accord CER.

La législation douanière a été modifiée pour protéger de l'action anti-dumping les marchandises en provenance de Nouvelle-Zélande. Toutes les procédures engagées contre ces marchandises ont été suspendues.

La loi de 1976 sur la Cour fédérale d'Australie et la loi de 1905 sur les preuves (Evidence Act) ont été également modifiées pour faciliter les procédures engagées au titre des nouvelles dispositions relatives aux échanges trans-Tasman. Diverses procédures nouvelles ont été mises au point. La Cour Fédérale d'Australie est désormais habilitée à citer à comparaître en Australie des personnes se trouvant en Nouvelle-Zélande. Des preuves et des témoignages détenus en Nouvelle-Zélande peuvent être communiqués par vidéo ou téléphone lors de procédures engagées devant la Cour fédérale. Le cas échéant, la Cour fédérale peut mener sa procédure en Nouvelle-Zélande. De même, la High Court de Nouvelle-Zélande est habilitée à siéger en Australie et à obtenir par vidéo ou téléphone des preuves ou des témoignages de personnes se trouvant en Australie. Les jugements et ordonnances rendus par chacune de ces instances lors de procédures intéressant le marché trans-Tasman seront immédiatement exécutoires par enregistrement auprès de l'autre instance.

Enfin, des amendements ont été apportés à l'Evidence Act de 1905 pour administrer plus facilement la preuve de l'existence de lois et de documents et de lois publics, officiels et judiciaires de la Nouvelle-Zélande.

3. Projets de modifications

L'harmonisation du droit des affaires australien et néo-zélandais au titre de l'Accord CER reste l'un des objectifs permanents et les responsables des deux pays examineront s'il est souhaitable d'apporter à ce titre d'autres modifications au droit de la concurrence dans les deux pays.

Le gouvernement examine aussi les recommandations (présentées dans le Rapport de l'année dernière) formulées par le Comité permanent des affaires juridiques et constitutionnelles de la Chambre des représentants chargé d'une enquête sur les fusions, les prises de contrôle et les monopoles. (L'enquête Griffith). Des amendements à la loi sur les pratiques commerciales pourraient découler de cet examen.

II. Mise en oeuvre des lois et des politiques de la concurrence

1. Action contre les pratiques anticoncurrentielles

a) Résumé des activités

Commission des pratiques commerciales (Trade Practices Commission — TPC)

La TPC est une instance indépendante ayant pour principale mission de faire respecter les dispositions de la loi sur les pratiques commerciales [Trade Practice ACT (TPA)] ; elle a notamment pour double fonction de se prononcer sur les pratiques anticoncurrentielles et sur les fusions et de leur appliquer les dispositions de la loi.

Décisions contentieuses

La fonction contentieuse consiste pour la TPC qui a la compétence à ce titre, d'autoriser certaines formes de comportement interdites par ailleurs par la loi sur les pratiques commerciales. La TPC statue sur chaque demande d'autorisation en mettant en balance les avantages pour l'intérêt général découlant de ce comportement et tout effet contraire à la concurrence. En ce qui concerne l'autorisation des fusions, la TPC doit être convaincue que l'acquisition aurait ou devrait avoir pour effet de bénéficier au public au point qu'elle devrait être autorisée. L'autorisation peut être également demandée pour des accords anticoncurrentiels, des boycottages secondaires, et des clauses d'exclusivité. L'autorisation n'est pas accordée s'il y a fixation de prix des produits, abus de puissance économique, prix de vente imposés ou discriminations en matière de prix.

Dans le cadre d'une procédure connexe, notification peut être donnée de clauses d'exclusivité relevant de l'article 47 autres que la pratique des ventes forcées (third line forcing). La notification confère la même protection que l'autorisation aussi longtemps que la TPC ne l'a pas révoquée.

Autorisations

La TPC a autorisé TRW Australia Ltd à acquérir les actions, ou bien les actifs, de James N. Kirby Products Pty Ltd. TRW et Kirby sont les seuls fabricants de boites de direction en Australie. La TPC a conclu que l'acquisition, du fait de la rationalisation des deux opérations, permettrait de réaliser des économies. La concurrence potentielle des importations et le pouvoir compensateur des constructeurs de voitures, aussi bien en Australie que par l'intermédiaire d'autres compagnies et des filiales à l'étranger, a conduit la TPC à estimer que ces économies seraient répercutées sur le public.

La TPC a autorisé l'accord conjoint de commercialisation internationale conclu par BHP Petroleum Pty Ltd pour les ventes de pétrole brut provenant du gisement de Challis (situé dans la mer de Timor). Conformément à la position qu'elle avait adoptée précédemment à l'égard de l'exploitation conjointe des ressources naturelles, la TPC a reconnu que les efforts de prospection et de mise en valeur devaient souvent s'accompagner d'une utilisation commune des produits. Toutefois, elle a noté qu'il n'en était pas toujours ainsi et elle a fait savoir que dans certaines circonstances, il pourrait être non seulement possible, mais aussi souhaitable d'encourager la commercialisation individuelle.

La TPC n'a pas autorisé un projet de l'Australian Stock Exchange (ASX) (Bourse australienne) tendant à n'accorder qu'à ses adhérents le droit de patronner les sociétés demandant leur introduction en bourse. Le dispositif proposé par l'ASX prévoyait que l'agent de change chargé de cette tâche devait notamment :

— confirmer que la société pouvait être admise en bourse ;
— aider la société à présenter des informations concrètes et détaillées à la bourse pour appuyer sa demande.

L'agent de change devait être rémunéré par la société pour ces services.

L'ASX soutenait que ce patronnage par un agent de change présentait des avantages pour le public parce que les agents de change sont des experts et parce qu'elle-même exerce sur ses membres un contrôle disciplinaire. Toutefois, la TPC n'a vu dans cette obligation qu'une charge coûteuse venant s'ajouter à l'activité déjà exercée par l'ASX, par les diverses Commissions chargées des affaires intéressant les sociétés et par d'autres experts financiers et elle a estimé qu'en définitive les frais facturés à la société seraient payés par les investisseurs privés. La TPC n'a pas été convaincue que les avantages pour le public étaient suffisants pour justifier un monopole d'agent de change.

La TPC a autorisé un groupe de producteurs représentant les ostréiculteurs de Sydney à mettre en place un dispositif facultatif de prix conseillés. Après avoir examiné la demande des ostréiculteurs, la TPC s'est déclarée convaincue que le comportement ne renforcerait pas un mécanisme de fixation des prix entre les ostréiculteurs et les transformateurs, et que l'avantage qui en résulterait pour le public compensait tout risque d'effet anticoncurrentiel.

En septembre 1989, la TPC a autorisé un accord entre Pacific Chemical Industries Ltd (PCI) et Australian Fluorine Chemicals Pty Ltd (AFC), accord par lequel AFC, en échange d'une rémunération versée par PCI, a accepté de se retirer de la fabrication de certains chlorofluorocarbones (CFC). La TPC a conclu que l'accord réduirait sensiblement la concurrence, même s'il était probable que la demande de CFC allait diminuer. Toutefois, les effets anticoncurrentiels étaient compensés par les avantages que retirait le public de la protection de l'environnement, du maintien d'un fabricant local et de la rationalisation industrielle dans une branche d'activité en perte de vitesse.

Réexamen des autorisations

La plupart des autorisations accordées ces dernières années prévoyaient une procédure de révision, se traduisant soit par un délai soit par certaines conditions. La TPC procède à un réexamen des autorisations accordées avant que cette politique n'ait été adoptée car la concurrence ou les avantages pour le public peuvent avoir évolué depuis l'octroi de l'autorisation et il est possible que certains arrangements ne soient plus appliqués.

En mars 1990, la TPC a supprimé l'autorisation accordée en 1981 au système Bankcard (système de cartes de crédit bancaire géré par plusieurs banques). La déréglementation du secteur financier avait entraîné des modifications importantes qui rendaient inutile l'autorisation.

La TPC a examiné les autorisations accordées entre 1976 et 1980 concernant des contrats de location de diverses sociétés de remorquage. Au cours des dix dernières années, la demande de remorquage a diminué avec l'apparition de navires plus grands et plus faciles à manoeuvrer.

La TPC a fait savoir à la Victorian Stock Agents Association et à la Stock and Station Agents Association de NSW (l'Association des éleveurs de l'Etat de Victoria et l'Association des éleveurs et des fermiers de la Nouvelle-Galles du Sud) qu'elle allait réexaminer l'autorisation accordée en 1983 et en 1984 aux règles d'organisation et d'agrément qu'elles appliquent aux acquéreurs d'animaux de boucherie. Selon la TPC, l'évolution dans la branche d'activité a diminué les risques de défaut de paiement, intensifié l'intégration verticale des centres d'élevage et rendu inefficace la gestion du dispositif.

La TPC a l'intention d'examiner les conséquences qu'entraîne pour d'autres Etats la décision du Tribunal des pratiques commerciales de refuser d'autoriser les accords sur les taux de négociation proposés par les Concrete Carters (transporteurs de béton) de l'ACT.

Tribunal des pratiques commerciales

Le Tribunal des pratiques commerciales révise les décisions rendues par la Commission des pratiques commerciales (c'est-à-dire les décisions d'autorisation et de notification).

En novembre 1988, le Transport Workers' Union (Syndicat des ouvriers du transport) avait demandé au Tribunal de réexaminer la décision par laquelle la TPC avait refusé d'autoriser des projets d'accords de négociation et d'arbitrage des tarifs appliqués au transport de béton prémélangé dans l'Australian Capital Territory et les régions voisines. En juillet 1990, le Tribunal a refusé d'autoriser les accords. Il n'était pas persuadé que des accords de fixation de prix entraîneraient nécessairement une harmonie importante de longue durée dans la branche d'activité et s'est déclaré convaincu que la fixation de prix pour les services de transport de béton sur l'ensemble du marché avait des effets anticoncurrentiels notables.

En août 1989, AE Bishop Holdings, concurrent à l'échelon mondial de TRW Australia, a demandé au Tribunal de réexaminer l'autorisation donnée à TRW d'acquérir des actions ou des actifs dans la société James N. Kirby Products Pty Ltd (voir ci-dessus paragraphe 15). Après que le Tribunal eut autorisé l'acquisition, le Trésorier a décidé de bloquer le projet de fusion (en recourant à la législation sur les prises de contrôle par des sociétés étrangères) à moins que TRW et AE Bishop ne se mettent d'accord sur certains arrangements commerciaux. Il n'a pas été possible de parvenir à un accord de ce genre et TRW ne pouvait voir aucune raison au maintien de l'autorisation. TRW a accepté que le Tribunal annule l'autorisation.

b) Affaires importantes

Exploitation abusive d'une puissance économique (article 46)

Le 19 décembre 1989, le Tribunal a engagé une procédure contre Carlton et United Breweries Ltd (CUB) pour infraction présumée à l'Article 46. Le Tribunal soutenait que CUB avait réduit de façon substantielle ses achats de boîtes de bière en aluminium auprès de J. Gadsden Australia Ltd afin d'empêcher South Australian Brewing Co Ltd (SAB) de vendre de la bière sous une marque générique à Payless Superbarn (chaîne de supermarchés). Gadsden est une filiale de SAB qui en est l'unique propriétaire. Il était allégué que cet élément revenait à «tirer parti» de la puissance économique substantielle de CUB afin de dissuader ou d'empêcher Payless Superbarn d'adopter un comportement concurrentiel en vendant et en fournissant de la bière sous la marque «Payless».

L'affaire a été entendue en juillet 1990. La société CUB a reconnu avoir enfreint l'Article 46. Elle a été condamnée à une amende de 175 000 dollars.

En décembre 1989, le TPC a engagé une action contre CSR Ltd en demandant une injonction et une sanction pécuniaire pour infraction aux Articles 46 et 47 qui régissent les abus de puissance économique et les clauses d'exclusivité. Jusqu'au début de 1988, CSR était l'unique fournisseur de placoplâtre en Australie occidentale. En avril 1988, North Perth Plaster Works Pty Ltd a commencé à importer du placoplâtre de l'Etat de Victoria et à le vendre en concurrençant CSR. Le Tribunal des pratiques commerciales soutenait que CSR avait par la suite refusé de vendre son placoplâtre à North Perth Plaster Works. Il soutenait aussi que CSR détenait une puissance économique substantielle sur le marché de la fourniture des matériaux pour plafond en Australie occidentale et qu'en refusant d'approvisionner North Perth Plaster Works, il exploitait abusivement cette puissance économique pour empêcher et dissuader la concurrence sur le marché. CSR a plaidé coupable et on attend actuellement le prononcé d'une sanction.

Prix de vente imposés (Article 48)

En mars 1990, la Cour fédérale siégeant toutes chambres réunies a rejeté l'appel interjeté par Commodore Business Machines Pty and Ltd contre l'arrêt pris à son encontre par la Cour fédérale en août 1989 pour plusieurs infractions aux dispositions de la loi sur les pratiques commerciales relatives aux prix de vente imposés. Toutefois, la Cour fédérale a ramené de 250 000 à 195 000 dollars le total des sanctions pécuniaires qui avaient été prononcées.

Le 12 mai 1989, le Tribunal des pratiques commerciales a engagé des poursuites contre Sony (Australia) Pty Ltd. Il soutenait que Sony avait exigé de deux détaillants de Brisbane qu'ils s'abstiennent de vendre des produits Sony en-dessous d'un certain prix. Le 31 mai 1990, Sony a été jugé coupable d'avoir enfreint l'Article 48 en six occasions. En septembre 1990, cette société a été condamnée à une amende de 250 000 dollars à laquelle s'ajoutaient des sommes moins élevées à payer à des particuliers.

Contrats, arrangements ou ententes restreignant la concurrence (Article 45)

En décembre 1989, le Tribunal a engagé des poursuites contre douze sociétés et cinq particuliers qui auraient conclu un accord concerté de fixation des prix, accord par lequel les détaillants défendeurs acceptaient de ne pas approvisionner les consommateurs en peinture automobile de la marque Dulux en-deçà du prix conseillé par le fabricant. Lors du procès en juillet 1990, les défendeurs ont reconnu ces infractions. La décision concernant la sanction a été différée.

Pont Data Australia Pty Ltd a engagé une action contre l'Australian Stock Exchange (ASX) et une filiale, ASX Operations Pty Ltd (ASXO), en soutenant que les deux avaient exploité de façon abusive leur puissance économique en tant que fournisseurs d'informations boursières aux services de données électroniques concernant le marché des actions. En 1988, ASXO avait demandé aux abonnés, et notamment à Pont Data, de signer de nouveaux contrats de fourniture s'ils voulaient continuer à recevoir le Signal «C» (signal général qui transmet des informations instantanées sur les opérations, cotations et indices boursiers). Les nouveaux contrats limitaient substantiellement la possibilité pour les abonnés d'utiliser les données communiquées par ASXO et leur imposaient aussi d'autres obligations inhabituelles, notamment celle de révéler à ASXO les noms et les adresses de leurs clients ainsi que le nombre de terminaux recevant le signal. De plus, ASXO avait majoré de

400 pour cent la redevance des abonnés et percevait un «droit de mise en mémoire» de 45 000 dollars.

La Cour fédérale a jugé que ASX détenait une position dominante sur le marché boursier, ce qui lui permettait de contrôler le marché de l'information sur les activités des bourses, et qu'en concluant les nouveaux contrats, l'un de ses objectifs était de protéger ses propres services d'information contre la concurrence, cela en infraction avec l'Article 46.

La Cour a également noté qu'ASXO modifiait ses tarifs en fonction du nombre de clients de chaque abonné et selon que l'abonné mettait ou non en mémoire les données qu'il recevait. Elle a estimé que ce comportement constituait une discrimination en matière de prix et était contraire à l'Article 49. Cette conclusion était surtout fondée sur le fait qu'ASXO fournissait des biens plutôt qu'un service. «...les 'biens' en cause étant les impulsions électriques transmises depuis les ordinateurs ASXO vers ceux de Pont Data», a déclaré la Cour. La décision est en appel.

2. *Fusions et concentration*

a) Résumé des activités

L'Article 50 de la Loi sur les pratiques commerciales interdit les fusions et les acquisitions qui auraient pour effet de conférer une position dominante à la société absorbante ou d'accroître cette position si celle-ci existait déjà.

La TPC a examiné 117 acquisitions ou projets d'acquisitions. Dans 103 des cas il s'agissait de fusions horizontales, cinq étaient des fusions verticales et neuf des conglomérats.

b) Affaires importantes

Le 31 janvier 1990, la Cour fédérale a jugé que l'acquisition de l'ancienne marque de biscuits Nabisco par Arnotts Ltd était contraire à l'Article 50 de la Loi sur les pratiques commerciales. A son avis, les faits prouvaient qu'Arnotts serait en mesure de dominer le marché de la biscuiterie car ses dimensions et son importance étaient telles que les autres entreprises ne pourraient ni ne voudraient se porter concurrentes. L'argumentation a porté essentiellement sur la définition du marché (Arnotts soutenant que le marché couvrait non seulement les biscuits mais aussi la confiserie et les biscuits d'apéritif) ainsi que sur le point de savoir si Arnotts détenait une position dominante ou occuperait une position dominante du fait de l'acquisition. Arnotts a interjeté appel devant la Cour fédérale et la Commission s'est elle aussi pourvue en appel. La Cour a été entendue par la Cour d'Appel qui doit se prononcer.

Le 4 septembre 1989, la Commission a, au titre de l'article 50 de la Loi sur les pratiques commerciales, engagé des poursuites à l'encontre du projet d'acquisition de parts par Helenus Corporation dans la société New Zealand Steel. La Commission redoutait que, du fait de l'importance des intérêts détenus dans la société Helenus

Corporation par la Broken Hill Proprietary Company (BHP), la position dominante occupée par celle-ci sur le marché australien des produits en acier ne soit substantiellement renforcée. Helenus est un consortium composé de :

— Australian Iron and Steel Pty Ltd (filiale de BHP à 100 pour cent) ;
— Steel and Tube Holdings Ltd (49.98 pour cent des actions détenues par Tubemakers of Australia Ltd, qui à son tour est la propriété de BHP à hauteur de 48.75 pour cent) ;
— Fisher and Paykel Ltd ; et
— la Banque ANZ.

Le 7 février 1990, la Cour fédérale a rendu deux ordonnances rejetant la demande de la Commission, en formulant à cette occasion d'importantes observations importantes sur le champ d'application extraterritoriale de l'article 50 de la Loi.

L'article 50 interdit à une société d'acquérir directement ou indirectement des actions ou des actifs d'une autre personne morale. Il n'y aurait pas acquisition indirecte par une société holding quand une filiale acquiert des actions ou des actifs sauf si les actions ou les actifs acquis font l'objet d'un accord de propriété, de gestion ou d'agence. La preuve de l'existence d'un accord entre Helenus Steel et BHP n'étant pas faite, la Cour a estimé que BHP n'avait pas acquis indirectement des actions dans la New Zealand Steel.

La Cour a également noté que l'article 50 interdisait l'acquisition extraterritoriale d'actions ou d'actifs si l'acquisition est le fait d'une société immatriculée en Australie ou y exerçant des activités, et si l'acquisition lèse un marché en Australie de façon contraire à la loi. En l'espèce, l'article 50 ne s'appliquait pas car Helenus était une société constituée en Nouvelle-Zélande et n'était pas présumée exercer des activités en Australie.

Le 21 mai 1990, la TPC a annoncé qu'elle était parvenue à un règlement avec BHP et AIS, règlement par lequel les deux sociétés avaient pris divers engagements destinés à préserver la faculté de New Zealand Steel de se porter concurrente sur les marchés australiens.

Le 19 janvier 1990, la Commission a obtenu le prononcé d'une injonction interlocutoire ex parte interdisant à West Australian Newspaper Ltd (WAN) de porter de 49.9 pour cent à 100 pour cent sa participation dans la société Community Newspaper (1985) Ltd. La Commission soutenait que, du fait de l'acquisition, WAN serait en mesure de dominer le marché des quotidiens métropolitains à Perth ainsi que le marché de la publicité dans ces journaux. La procédure a été suspendue jusqu'en décembre 1990. Une demande d'autorisation a été introduite en mai 1990.

III. Mesures réglementaires, commerciales et industrielles

Au cours de la période examinée, le Gouvernement a mis en oeuvre un certain nombre de réformes micro-économiques de grande importance et il a examiné plusieurs autres initiatives de grande ampleur en matière de déréglementation et d'ajustement structurel de l'économie australienne. Les réformes viennent s'ajouter à la restructuration, déjà de grande ampleur qui est en cours depuis 1983 dans l'économie australienne afin de la rendre plus compétitive dans un contexte économique global de plus en plus international. Le Gouvernement compte que la TPC jouera un rôle de premier plan dans l'application du droit de la concurrence dans les industries récemment déréglementées. Les services du Procureur général n'ont cessé de rechercher comment appliquer le plus largement possible les principes de la concurrence lors de l'élaboration de la politique gouvernementale conduisant à ces réformes. On trouvera exposés ci-après certains des faits nouveaux les plus importants.

Aviation

Dans les derniers rapports annuels, on a signalé que le Gouvernement avait annoncé en octobre 1987 sa décision de ne plus intervenir dans la réglementation économique du transport aérien inter-Etats, l'industrie du transport aérien devant être entièrement soumise à la loi sur les pratiques commerciales à compter de novembre 1990. Du fait de la réglementation, deux compagnies aériennes seulement étaient autorisées à se faire concurrence sur les principales lignes intérieures. A compter de novembre 1990, de nouvelles compagnies pourront pour la première fois se porter concurrentes sur ces lignes. L'un des exploitants (Compass Airlines) doit commencer ses activités en novembre et fera réellement concurrence aux deux compagnies existantes. D'autres compagnies ont également fait savoir qu'elles étaient prêtes à exploiter des lignes aériennes intérieures.

L'évolution récente a été marquée par l'annonce d'une étude conjointe sur un marché aérien unique entre l'Australie et la Nouvelle-Zélande. Parmi les problèmes examinés figurent les droits nationaux pour la compagnie Qantas et pour Air New Zealand, les droits de transport international pour les exploitants nationaux et la non-application à l'aviation de l'Accord commercial sur le resserrement des relations économiques entre l'Australie et la Nouvelle-Zélande. Cette étude doit être réalisée en tenant compte de l'accélération du commerce de services trans-Tasman.

L'encombrement que connaît le Kingsford Smith Airport de Sidney a posé des problèmes. Une troisième piste doit être construite pour atténuer le problème à long terme, mais dans l'intervalle le Gouvernement a annoncé des propositions prévoyant le prélèvement d'une surtaxe sur tous les appareils en période de pointe et incitant les compagnies aériennes elles-mêmes à rationaliser leurs horaires. Si ces mesures ne parviennent pas à réduire les encombrements, on recourra à un système d'attribution de créneaux géré par la Federal Airports Corporation. Du point de vue de la politique de la concurrence, la TPC surveillera la procédure de rationalisation des horaires et, si cette mesure est mise en oeuvre, l'attribution des créneaux. La Commission veillera à ce que les nouveaux entrants puissent accéder au marché et à éviter que les créneaux ne soient attribués à titre permanent.

Parmi les problèmes actuellement examinés dans le cadre général de la réforme des transports aériens en vue d'accroître la compétitivité de l'aviation intérieure et internationale de l'Australie, figurent la privatisation éventuelle des compagnies aériennes à capitaux publics (Qantas et Australian), le niveau des investissements étrangers, le rôle des compagnies aériennes internationales sur le marché intérieur,

Annexe

Choix de livres et d'articles

«Arnotts Merger Case: Is the Market Snack Foods or Biscuits?», (1990), 6 Company Director 9.

BAXT, R. (1989),«Status quo for the trade practices merger and misuse of power provisions recommended by the House of Representatives Standing Committee on Legal and Constitutional Affairs — a short term solution?», 63 Australian Law Journal 777.

BAXT, R. (1990), «The Professions and Competition», 25 Australian Law News 14.

BUREAU OF INDUSTRY ECONOMICS. MERGERS AND ACQUISITIONS, (1990), Research Report 36, Australian Government Publishing Service.

CORONES, S.G. (1988), «Are corporations with a substantial degree of market power free to choose their distributors and customers?», 4 Queensland University of Technology Law Journal 21.

KORAH, V. (1988), «Recent Developments in European Monopolisation and Mergers Law — Lessons for Australia?», 4 Queensland University of Technology Law Journal 1.

LEE, S.J. (1988-1989), Queensland Wire Industries: A Breath of Fresh Air, 18 Federal Law Review 212.

PENGILLEY, W. (1990a), «Resale Price Maintenance Law and Dealership Problems», February Price Maintenance Law and Dealership Problems», February, New Zealand Journal 60.

PENGILLEY, W. (1990b), «Restrictive and Unfair Practices in Commercial Leasing», 18 Australian Business Law Review 153.

PENGILLEY, W. (1990c), «Exclusive Dealing Practices», 6 Australian and New Zealand Trade Practices Law Bulletin 19.

PENGILLEY, W. (1990d), «Merger Provisions of the TPA», 6 Australian and New Zealand Trade Practices Law Bulletin 22.

WAYE, V.C. (1989), «Australian Meat Holdings v Trade Practices Commission: A significant development with respect to Section 50?», 2 Corporate and Business Law Journal 169.

AUTRICHE

(1989)

I. Législation

Depuis l'entrée en vigueur le 1er juillet 1988 des lois nouvelles modifiant la loi contre la concurrence déloyale, la loi sur l'approvisionnement local et la loi de rabais et l'entrée en vigueur le 1er janvier 1989 de la loi nouvelle anti-trusts, on n'a pas procédé à d'autres amendements de loi dans le domaine du régime légal de la concurrence. Cependant de premières considérations pourraient aboutir à la création d'une loi nouvelle pour modifier la loi anti-trusts actuellement en vigueur. Les points essentiels de cette loi nouvelle seraient les suivants :

— vérification du catalogue d'exceptions
— introduction éventuelle d'un système de contrôle relatif aux fusions
— élargissement du droit d'action en cas d'abus d'une position dominante sur le marché

La Commission parlementaire de la justice s'est proposé de procéder à une évaluation des conséquences des lois sur la concurrence et il est très possible qu'il reprenne ce thème après les élections législatives.

II. Exécution de la loi

En 1989 le nombre des cartels s'élevait à 60 (17 cartels de prix, 25 cartels de contingentement, 12 cartels de rationalisation, 6 cartels de bagatelle). Selon les expériences de la Commission paritaire saisie des affaires relatives aux cartels il peut être constaté que l'importance des cartels traditionnels diminue sensiblement. Ce fait est dû à plusieurs phénomènes :

Au cours des travaux préparatifs de plusieurs entreprises pour faire face aux exigences d'un marché intérieur européen l'importance de cartels nationaux par rapport au maintien de la compétitivité internationale semble minime. Des membres rénommés de cartels actuellement existants s'engagent aux affaires de participation et de coopération internationales et sont de moins en moins disposés de maintenir des engagements liés aux conventions de cartel qui restreignent leur marge de manoeuvre. Cette tendance visible a déjà entraîné des modifications au sein de cartels existants, mais cause également des sentiments d'insécurité quant aux conventions toujours pleinement appliquées.

Des cartels de prix existants ont également la fonction de protéger légalement moyennant des contrats les changements de prix dont on a pris connaissance dans le cadre d'un contrôle de prix volontaire de la Commission paritaire. Une reprise de l'activité économique durable, des croissances de productivité considérables et une concurrence croissante sur le marché national de même que sur le plan international ont largement contribué à diminuer l'importance de tels arrangements pour la formation des prix effective sur le marché. Les prix qui peuvent être atteints sur le marché sont souvent inférieurs au niveau de prix accepté par la Commission paritaire. La politique des prix poursuivie par des cartels enregistrés est de ce fait devenue manifestement plus difficile. Par rapport à leur justification en matière de politique économique les prix enregistrés ne doivent pas à long terme être nettement supérieurs au niveau de ceux qui peuvent être réalisés sur le marché.

Lors de l'élaboration de ses avis consultatifs la Commission paritaire a notamment tenu compte de la question à savoir si les buts en matière de politique d'amélioration des structures économiques poursuivis par des cartels (tels que rationalisation, assainissement structurel) ont été effectivement atteints et si en général il est possible de réaliser les mesures correspondantes à bref délai. Dans plusieurs de ses avis consultatifs la Commission paritaire s'est prononcée en faveur d'une plus courte durée de validité s'il s'agit de prolonger les contrats pour augmenter la pression en faveur d'une adaptation en matière de politique d'amélioration des structures économiques.

L'an dernier la Commission paritaire saisie des affaires relatives aux cartels a mis l'accent sur les contrats de vente avec restrictions sur la revente. Le dépôt effectué en vertu de la loi sur les cartels de 1988 a apporté une nette transparence dans le domaine des contrats de vente susmentionnés. A cette occasion il est devenu évident que dans certains domaines des clauses restrictives pour le libre commerce avec les pays de la Communauté européenne et de l'AELE faisaient partie intégrante des contrats malgré les dispositions légales en vigueur de la loi sur les cartels. Ces clauses ont déjà été supprimées en raison de l'insistance de la Commission paritaire. Lors de l'étude de la justification en matière d'économie politique de contrats de vente avec restrictions pour la revente, on essaie d'accorder le plus possible les mêmes droits aux commerçants ayant conclu ces contrats.

En Autriche les contrats de vente avec restriction pour la revente relatifs aux véhicules à moteur relèvent — contrairement aux réglementations en vigueur dans les pays de la Communauté européenne — de la loi sur les cartels, vu que le décret de libération du 6-4-1989 (bulletin des lois nr. 185) actuellement en vigueur n'admet pas l'existence de réglementations de protection territoriale.

Conformément à l'article 112 paragraphe 2 de la loi sur les cartels la Commission paritaire saisie des affaires relatives aux cartels a effectué en 1989 pour la première fois un examen par branches de la situation en matière de concurrence dans l'industrie pétrolière. Après avoir étudié en détail la matière relative au marché de gazoil de chauffage autrichien la Commission en est arrivée au résumé suivant.

Le marché autrichien de gazoils de chauffage et de carburants est marqué par quelques facteurs particuliers tels que:

a) Il n'existe qu'une grande raffinerie qui approvisionne le marché à environ 75 pour cent. Dans le domaine du gazoil extrêmement léger il y a à côté de l'OeMV six autres installations qui sont autorisées en vertu de la loi sur la faveur fiscale en matière de gazoil de teinturer du gazoil de chauffage à poêle.

b) L'approvisionnement de l'Autriche en pétrole brut étranger est assuré par un oléoduc auquel participent de grandes entreprises de marque qui réalisent en total un quota d'environ 75 pour cent.

c) Les contrats correspondants (tels que le contrat sur l'oléoduc Adriatique-Vienne-AWP, l'accord sur la transformation rémunérée par salaire de même que sur les achats de produits, mémorandum) régissent non seulement le transport, mais également le traitement et la transformation de la quantité transportée.

d) La capacité de conversion de la raffinerie de Schwechat est entièrement saturée depuis plusieurs années, de sorte qu'elle n'accepte plus de commandes de transformation de la part d'entreprises non signataires du contrat sur l'oléoduc Adriatique-Vienne-AWP et parfois elle n'est même pas en mesure de satisfaire entièrement ses partenaires.

e) La capacité de l'oléoduc se situe au-dessus de la capacité de transformation de l'OeMV. Même si des tiers faisaient usage de l'article XVIII du contrat sur l'oléoduc Adriatique-Vienne-AWP ou pouvaient y avoir recours ils n'auraient pas de chance de voir en Autriche leurs produits transformés sans interruption.

f) Les grandes entreprises pétrolières sont d'une part les importateurs de produits pétroliers et de pétrole brut ; en même temps elles passent des commandes de transformation à la raffinerie de l'OeMV de Schwechat, sont en plus les grossistes de leurs propres produits et sont également des commerçants détaillant (réseau de stations-service).

g) Mais l'étude démontre également que vu sous l'angle de la politique relative au commerce extérieur il ne peut pas être parlé d'un marché autrichien protégé puisqu'en général il n'existe ni de restrictions d'importations en ce qui concerne la quantité, ni de charge douanière vis-à-vis les pays de l'Europe occidentale.

h) Le marché de gazoil se caractérise par le fait qu'en raison de réflexions concernant la politique de l'environnement, les mesures de restriction relatives à la teneur en soufre sont plus sévères qu'à l'étranger. Ce fait rend les importations plus difficiles vu que peu de producteurs se déclarent disposés à fournir ces produits. Toute restriction supplémentaire dans ce domaine entraîne des difficultés quant à l'importation.

i) Les sousmissionaires autrichiens de carburants et de gazoil (sauf du gazoil de chauffage à poêle extra léger pour lequel existe une réglementation législative compensatrice de transport) pratiquent une compensation interne susceptible d'éviter une forte différenciation régionale des prix. En plus, à l'heure actuelle très souvent les stations-service ayant un chiffre d'affaires considérable se voient accordées des commissions inférieures à celles que reçoivent des stations-service réalisant un chiffre d'affaires moins important. Grâce à l'octroi de commissions pour des stations-service plus favorables aux petites entreprises un approvisionnement à grande échelle peut certes être assuré, tandis qu'en même temps se ralentit le processus d'assainissement structurel devenu nécessaire.

j) L'étude démontre que les différentes entreprises pétrolières achètent le pétrole brut et les produits pétroliers à des prix de revient différents et qu'elles ont en plus des structures des coûts différentes. Fait qui permet une marge de manoeuvre convenable et l'existence des prix compétitifs.

k) La formation des prix relative à la gamme de produits examinés au cours de cette étude se réalise différemment : la formation des prix pour les carburants légers s'effectue sans influence aucune de la part des institutions tandis que les prix de vente de raffinage pour les carburants Diesel et les prix de gazoil dépendent tout comme avant du procédé de contrôle volontaire de la Commission paritaire. Cette dernière régit également les bénéfices bruts sur le prix de vente et le prix pour le consommateur final de gazoil (gazoil de chauffage à poêle extra léger). Dans le domaine de ce dernier cette démarche requiert une coordonnation des entreprises organisées au sein du groupement corporatif de l'industrie pétrolière.

l) L'égalité des prix largement constatée dans cette analyse est favorisée par le fait qu'environ 80 pour cent des quantités de carburant se vendent par l'intermédiaire de succursales. Il en résulte que la formation des prix se réalise de fait par les entreprises d'huile minérale et non pas de façon autonome par les détenteurs de stations-service. Par conséquent il suffit de notifier brièvement les changements de prix aux stations-service pour assurer dans une large mesure l'égalité des prix. Un exemple en est la soi-disant formation d'entonnoir dans le domaine des affaires effectuées par les stations-service. Si un détenteur d'une station-service réduit le prix du carburant, les stations-service voisines recevront également des remises sur le prix par les entreprises pétrolières pour qu'elles puissent également procéder à une réduction de leurs prix. De cette façon les escompteurs se voient privés de l'intérêt d'obtenir des gains sur le chiffre d'affaires moyennant des réductions de prix, puisque la réaction immédiate prévisible des concurrents met en question le succès d'une démarche active du point de vue politique des prix.

m) Est également d'un intérêt particulier pour le marché des carburants une réglementation spéciale relative à l'affichage des prix. Aux termes de la disposition arrêtée par le ministre fédéral du commerce et de l'industrie datant du 30 octobre 1981 sur une indication visible des prix dans les stations-service pour certains carburants, les détenteurs de stations-service sont obligés d'»afficher les prix de l'essence normale et super de même que du carburant Diesel dans les terrains des stations-service de sorte que les prix puissent être bien et clairement lisibles pour les conducteurs à partir du tracé de la route dans le cas où ceux-ci réduisent la vitesse pour un éventuel accès à la station-service.» Cela requiert une transparence de prix extrêmement grande et permet à tout concurrent sans qu'il fasse un grand effort d'effectuer par exemple des achats faisant l'objet d'un test ou de se renseigner sur les prix actuels. La plus grande transparence offerte aux clients permet une réaction rapide de ces derniers de sorte que des adaptations quant aux prix et aux rabais puissent être rapidement effectuées et «un comportement actif vis-à-vis la formation des prix» ne garantisse guère des gains sur les quotas à plus long terme.

n) Les grandes entreprises pétrolières proposent pourtant chaque mois aux grossistes, sans engagement, les prix de vente pour les détaillants. Les propositions de prix des entreprises pétrolières ne se distinguent que très peu les uns des autres.

III. Jurisprudence

Jurisprudence relative à l'article 3a de la loi nouvelle — modifiant la loi sur l'approvisionnement local (NVG) — Vente au dessous du prix de revient

Depuis l'entrée en vigueur de la loi nouvelle-NVG environ 45 requêtes ont été présentées devant le tribunal de cartel.

Dès qu'il fut mis au point par l'arrêt de la Cour de cassation du 13-09-1988 que des infractions de l'article 3a de la loi nouvelle-NVG doivent également être poursuivies comme infractions du régime portant concurrence telles qu'elles sont définies à l'article 1 de la loi sur la concurrence déloyale [UWG] une série de plaintes a été portée devant les tribunaux de commerce. La Cour de cassation est même saisie de quelques-unes de ces plaintes qui toutefois font l'objet d'interprétations divergentes de la Cour de cassation d'une part et du tribunal supérieur de cartel de l'autre. Lors des procès devant le tribunal de cartel de même que devant les tribunaux de commerce des objections liées au droit constitutionnel ont été formulées. Le tribunal supérieur de cartel et la Cour de cassation n'avaient pas d'objections à formuler ni du point de vu de la loi sur la non-discrimination, ni de celui de la protection de la propriété ni de celui de la liberté d'exercer une activité professionnelle et se sont donc abstenus d'en saisir la Cour constitutionnelle. Cependant la Cour constitutionnelle a examiné lors d'un arrêt relatif à une plainte individuelle (requête d'un particulier) prétendant l'inconstitutionnalité d'une loi) la constitutionnalité de l'article 3a NVG.

Par un arrêt du 15 Juin 1990 la Cour constitutionnelle a levé la disposition légale contestée. Selon son opinion l'interdiction de la vente au dessous du prix de revient constitue une immixtion considérable dans la liberté d'exercer une activité professionnelle, vu que celle-ci défend aux petites entreprises la vente à perte même si cette dernière est devenue nécessaire pour survivre sur le marché — soit dans l'intérêt de se procurer des quotas, soit pour surmonter un goulot d'étranglement financier ou simplement pour corriger des évaluations erronées de la part de l'entrepreneur. Pour de tels cas cette loi n'offre pas de dispositions d'exception. Depuis l'entrée en vigueur de cette loi les problèmes et divergences fondamentaux suivants sont survenus lors d'arrêts des tribunaux de commerce et de la Cour de cassation d'une part et du tribunal de cartel et du tribunal supérieur de cartel d'autre part.

La concurrence NVG-UWG :

La Cour suprême de justice a décidé lors de son arrêt du 26-09-1989, 4 Ob 84/88 qu'une violation contre la loi, commise par l'accusé directement et dans l'intention d'obtenir un avantage par rapport aux concurrents loyaux constitue en règle générale également une infraction contre l'article 1 UWG (loi régissant la concurrence déloyale). Un comportement qui enfreint la NVG doit dans la plupart des cas être condamné également aux termes de la UWG, puisque celui qui pour la conduite de ses affaires commerciales se sert en tant qu'entrepreneur de démarches à réprimer aux termes des dispositions de la NVG remplira en règle générale également les éléments constitutifs d'une infraction ayant pour fin la concurrence illicite et ceux d'une infraction contre les bonnes moeurs.

Au sujet de la preuve de la vente au dessous du prix de revient :

Dans le cas du procès — NVG il s'agit d'un procès «litigieux» de la juridiction gracieuse. On se limite donc à l'obligation du requérant d'énoncer et d'attester ses arguments ; il n'est pas obligé de prouver le prix de revient de l'inculpé. (OGH 4 Ob 101/89)

Dans la vie pratique le requérant n'est guère en mesure de prouver le prix de revient net exact de son adversaire. Mais il devrait sous forme d'une preuve prima-facie démontrer les conditions d'achat d'autres concurrents et le prix de revient en résultant ; OeB1 1990, 82. (Bulletins des lois autrichiens relatifs à la protection de la propriété commerciale et au droit d'auteur). En règle générale il devrait suffir de présenter comme preuve les prix de revient habituels d'entreprises similaires à l'entreprise de l'inculpé ; mais l'inculpé peut à son tour présenter la possibilité sérieuse d'un déroulement atypique, soit une sorte de preuve par présomptions disant que la conclusion, faite à partir du prix de revient généralement appliqué, sur son propre prix de revient n'est pas forcément impératif.

Détermination du prix de revient autorisé :

En ce qui concerne la question des réductions de prix déductibles la jurisprudence défend actuellement différents points de vue. Pour le tribunal supérieur de cartel, des rabais qui ne peuvent pas être déterminés en chiffres et de manière définitive au moment de l'établissement des comptes ne doivent pas être considérés pour l'évaluation du prix de vente admissible. Il n'est donc pas possible de porter en compte un taux de rabais précalculé et imprécis (en cas de rabais de quantité). D'autre part la Cour de cassation reconnaît l'octroi d'un rabais, même si ce dernier ne figure pas dans la facture du fournisseur, mais si l'acheteur l'applique à juste titre en déduisant une somme convenue. Cela devrait également valoir si une déduction d'un rabais était convenue après l'établissement des comptes mais bien avant le début d'une vente promotionnelle.

Lors de ses arrêts jusqu'ici prononcés le tribunal supérieur de cartel, KOG, a défendu la position que pendant l'enquête pour déterminer le prix de revient il est interdit de tenir compte de réductions de prix ou de conditions spéciales illégales — allant surtout à l'encontre des dispositions légales régissant un comportement propice à l'intégrité de la vie commerciale tel qu'il est défini à l'article 1-3 NVG ; OeB1 1990, 127 (Bulletins des lois autrichiens relatifs à la protection de la propriété commerciale et au droit d'auteur).

D'autre part la Cour de cassation est de l'avis que l'article 3a paragraphe 1 NVG n'interdit que la vente effectuée au dessous du prix de revient effectif. Elle ne souligne pas spécialement la question de savoir quels coûts pourraient être demandés en vertu de la loi ; OeB1 1990,77.

Annexe

JOURNAL OFFICIEL DE LA RÉPUBLIQUE FÉDÉRALE D'AUTRICHE

Loi fédérale autrichienne du 19 octobre 1988 sur les ententes et autres restrictions à la concurrence (loi de 1988 sur les ententes)

L'Assemblée nationale a adopté la loi dont la teneur suit :

Chapitre I : Dispositions générales

Article premier : Approche économique

Pour apprécier les éléments visés aux chapitres II et V, on procédera selon une approche économique, en s'attachant à la véritable nature économique des faits et non à leur apparence.

Article 2 : Calcul de la part de marché

Pour l'application de la présente loi fédérale, la part de marché sera calculée selon les principes suivants :

1. on prendra en compte un bien ou un service déterminé ;
2. les entreprises qui ont entre elles les liens visés à l'article 41 sont réputées ne constituer qu'une seule entreprise ;
3. pour le calcul de la part détenue sur le marché intérieur, on prendra également en compte la part détenue sur ce marché par les entreprises étrangères.

Article 3 : Bien ou service déterminé

Au sens de la présente loi fédérale, on entend par «bien ou service déterminé» tous les biens ou services qui, dans la situation donnée du marché, sont destinés à satisfaire un même besoin.

Article 4 : Compétence des Länder

La présente loi fédérale n'est pas applicable aux matières qui relèvent, sur le plan de la réglementation ou des mesures d'exécution, de la compétence des Länder.

Article 5 : Exemptions

Les chapitres II à IV ne sont pas applicables, sous réserve de l'article 7 :

1. à la sylviculture,
2. aux cas qui, en vertu de dispositions législatives, relèvent de la surveillance exercée par le ministre fédéral des finances sur les banques, les caisses d'épargne-logement ou les entreprises privées d'assurance, ou de celle exercée par le ministre fédéral de l'économie publique et des transports sur les entreprises de transports ; cette exemption ne vaut pas pour les primes payables par les entreprises au titre de l'assurance responsabilité civile automobile,
3. aux monopoles d'Etat, dans la limite des pouvoirs de monopole que leur confère la loi ;
4. aux entreprises soumises à la loi StGBl N°180/1920.

2) Sous réserve de l'article 7, le chapitre II ne s'applique pas :

1. aux sociétés coopératives de producteurs et de consommateurs, pour autant que le contrat d'entente conclu n'excède pas le champ d'application de la loi sur les sociétés coopératives de producteurs et de consommateurs RGBl. N°70/1873,
2. aux contrats d'entente faisant obligation au vendeur final d'appliquer le prix de vente fixé par l'éditeur de livres, d'oeuvres d'art, de partitions musicales, de périodiques ou de journaux.

Article 6 : Champ d'application territorial

1) La présente loi fédérale s'applique également aux faits visés aux chapitres II à IV qui se produisent à l'étranger, dans la mesure où ils ont un effet sur le marché intérieur.

2) Sous réserve de l'article 7, la présente loi fédérale ne s'applique pas aux faits visés dans la mesure où les effets se font sentir sur le marché étranger.

Article 7 : Conventions internationales

1) Les exemptions prévues à l'article 5 et à l'article 6 paragraphe 2 ne sont pas applicables lorsque les faits visés aux chapitres II à IV sont de

nature à affecter les échanges relevant d'une des conventions internationales suivantes :

1. accord entre la République d'Autriche et la Communauté économique européenne ;
2. accord entre la République d'Autriche, d'une part, et les Etats membres de la Communauté européenne du charbon et de l'acier et la Communauté européenne du charbon et de l'acier, d'autre part,
3. traité instituant l'Association européenne de libre échange.

2) Dans la mesure où les dispositions applicables de ces conventions visent le marché intérieur, elles doivent être appliquées en tant que de besoin au marché étranger concerné.

Article 8 : Rapports avec d'autres dispositions législatives et réglementaires

Il n'est pas porté atteinte par la présente loi fédérale aux dispositions législatives et réglementaires qui fixent ou donnent pouvoir de fixer des prix, des limites de prix ou des règles de calcul en matière de coûts.

Chapitre II : Ententes

Article 9 : Types d'ententes

Les ententes au sens de la présente loi fédérale sont les ententes par accord (article 10), les ententes par pratiques concertées (article 11) et les ententes par recommandation (article 12).

Article 10 : Ententes par accord

1) Les ententes par accord sont les ententes conclues entre des entrepreneurs conservant leur indépendance économique ou entre des groupements d'entrepreneurs, qui ont pour but, dans l'intérêt commun, de restreindre la concurrence, notamment au niveau de la production, de la commercialisation, de la demande ou des prix (ententes intentionnelles), ou qui ont pour effet de restreindre la concurrence sans que telle soit l'intention des parties (ententes de fait).

2) Les accords visés au paragraphe 1 sont des contrats (ententes contractuelles) ou des accords informels (ententes informelles). Ne sont pas visés les accords qui spécifient expressément qu'ils ne sont pas obligatoires et qui, pour leur mise en oeuvre, n'envisagent pas l'exercice de pressions économiques ou sociales ou ne donnent pas lieu effectivement à de telles pressions.

3) Il y a également restriction à la concurrence au niveau des prix en cas de communication mutuelle, directe ou indirecte, de prix, sauf si ceux-ci sont périmés depuis au moins un an (centrale de notification des prix).

Article 11 : Ententes par pratiques concertées

1) Les ententes par pratiques concertées consistent en des actions concertées, c'est-à-dire qui ne sont pas fortuites ou qui ne sont pas la résultante des conditions du marché, de la part d'entrepreneurs conservant leur indépendance économique ou de groupements d'entrepreneurs, dès lors que ces actions restreignent effectivement la concurrence.

2) Ne sont pas visées les actions concertées,

   1. qui reposent sur une recommandation (article 12) ou une recommandation non obligatoire émanant d'un groupement (article 31),
   2. qui font intervenir le concours d'un organisme professionnel légalement constitué se conformant aux prérogatives que la loi lui a conférées,
   3. qui résultent de l'application de dispositions légales, ou
   4. qui sont considérées comme économiquement justifiées, par voie de notification concurrente aux entreprises concernées de la Chambre fédérale de l'industrie du commerce, du Conseil des Chambres autrichiennes du travail, de la Conférence des présidents des Chambres de l'agriculture d'Autriche et de la Confédération des syndicats autrichiens (article 23 point 3).

Article 12 : Ententes par recommandation

1) Les ententes par recommandation consistent en recommandations tendant à faire observer des prix, des limites de prix, des règles de calcul des coûts, des marges bénéficiaires ou des rabais, qui ont pour but de restreindre la concurrence ou la restreignent effectivement. Ne sont pas visées les recommandations qui spécifient expressément qu'elles ne sont pas obligatoires et qui, pour leur mise en oeuvre, n'envisagent pas l'exercice de pressions économiques ou sociales ou ne donnent pas lieu effectivement à de telles pressions.

2) Constituent également des recommandations au sens du paragraphe 1 les annonces publicitaires relatives à des biens ou services assorties d'indications de prix qui n'émanent pas du vendeur final (ou du prestataire du service) et sont portées à la connaissance du consommateur final.

Article 13 : Prix imposés et restrictions à la distribution

1) Les ententes (articles 10 à 12) qui imposent pour des biens ou services des prix identiques à un ou plusieurs participants à un, plusieurs ou tous les stades ultérieurs de commercialisation constituent des accords de prix imposés.
2) Les ententes (articles 10 à 12) qui, selon des modalités autres que celles visées au paragraphe 1, restreignent dans la distribution de biens ou la prestation de services un ou plusieurs participants à un, plusieurs ou tous les stades ultérieurs de commercialisation constituent des restrictions à la distribution.

Article 14 : Ententes sur des normes ou types

Les ententes sur des normes ou types tendent à l'application uniforme de normes ou types, notamment en faisant en sorte que ne soient fabriqués ou utilisés que des produits conformes à ces normes ou types.

Article 15 : Ententes de rationalisation

Les ententes de rationalisation poursuivent un but de rationalisation par le biais de règles applicables aux programmes d'investissements, de production ou de recherche ou aux mesures de distribution.

Article 16 : Ententes d'importance mineure

Les ententes d'importance mineure sont celles qui, à la date de leur création,

1. représentent moins de 5 pour cent de l'approvisionnement sur l'ensemble du marché intérieur et
2. représentent moins de 25 pour cent de l'approvisionnement d'un sous-marché local du marché intérieur.

Article 17 : Exemption par arrêté

1) Le ministre fédéral de la justice, en accord avec le ministre fédéral de l'économie et après consultation de la commission paritaire (article 112), peut, notamment sur proposition de la Chambre fédérale de l'industrie et du commerce ou du Conseil des Chambres autrichiennes du travail, par arrêté,
   1. décider quels types de coopération entre entreprises ou d'annonces relatives à des biens ou services assorties d'indications de prix ne seront pas soumis à la présente loi fédérale,

2. exempter certaines catégories d'ententes de l'application de la présente loi fédérale, dès lors qu'elles sont manifestement souhaitables sur le plan économique.

2) L'habilitation prévue au paragraphe 1 vaut notamment pour les accords qui prévoient uniquement :

1. la réalisation commune de projets de recherche et de développement, la passation en commun de marchés de recherche et de développement et la répartition de projets de recherche et de développement entre les parties, sous réserve que les résultats en soient accessibles à toutes les parties et que toutes puissent les exploiter,
2. la création et l'utilisation en commun de moyens de transport, de chargement et de stockage, de locaux d'exposition ou d'une équipe de représentants,
3. des actions publicitaires communes pour des biens ou services, lorsque les entreprises en cause ne détiennent au total que moins de 5 pour cent de l'ensemble du marché intérieur,
4. des actions publicitaires communes adressées à d'autres entreprises sous réserve qu'aucun prix ne soit indiqué,
5. l'utilisation en commun de dispositifs de comptabilité et de calcul, ou
6. l'élaboration et l'utilisation de systèmes communs d'information (banques de données).

3) L'habilitation prévue au paragraphe 1 vaut également pour :

1. les restrictions à la distribution au sens de l'article 13 paragraphe 2 qui limitent l'activité de participants à un, plusieurs, ou tous les stades ultérieurs de commercialisation en ne leur permettant de livrer que des revendeurs agréés, sous réserve que soit agréé tout revendeur remplissant certains critères professionnels (restrictions pour commerce spécialisé),
2. les annonces relatives à des biens ou services assorties d'indications de prix, publiées par des entreprises de tourisme et de transport aux fins d'une action publicitaire commune et
3. les offres, par différentes entreprises du secteur des transports et du tourisme, de services combinés à prix forfaitaire (voyages à forfait).

Article 18 : Interdiction d'exécution

1) L'exécution d'une entente, même partiellement, est interdite dans les cas suivants :

1. avant la prise d'effet de l'autorisation (articles 23 et 26) ; ne sont pas visées les ententes de fait et les ententes par pratiques concer-

tées, ainsi que les ententes d'importance mineure, sauf si à la suite d'une adhésion les seuils fixés à l'article 16 sont franchis ;

2. lorsque le tribunal des ententes, par voie de décision définitive ou de mesure provisionnelle, interdit l'exécution (article 25) ou a révoqué l'autorisation (article 27) ;
3. lorsque l'autorisation a expiré (article 24).

2) Il peut être néanmoins procédé à la modification de prix et de conditions de paiement, après la prise d'effet de l'autorisation d'ententes intentionnelles ou d'ententes par recommandation, dès que la demande d'autorisation relative à ces modifications a été déposée ; cette disposition ne vaut pas pour les prix imposés (article 13 paragraphe 1).

Article 19 : Exécution de régimes de prix imposés

1) Les modifications des caractéristiques du bien ou du service faisant l'objet d'un accord de prix imposés constituent une modification de l'entente, sauf si le tribunal des ententes, sur requête du mandataire de l'entente, constate par décision ayant force de chose jugée qu'il n'y a pas dégradation de la qualité.

2) Un prix imposé peut être réduit sans autorisation du tribunal des ententes ; avant d'être effectuée cette réduction doit toutefois être notifiée par le mandataire de l'entente au tribunal des ententes.

3) En cas d'interdiction d'exécuter un accord de prix imposés (article 25) ou de révocation de l'autorisation d'exécution (article 27), le mandataire de l'entente doit en aviser sans délai, par écrit, les entreprises parties à l'accord de prix imposés.

Article 20 : Notification de restrictions à la distribution

1) Les restrictions à la distribution (article 13 paragraphe 2) doivent être notifiées au tribunal des ententes, avant leur exécution, par l'entreprise dont émanent ces restrictions, sauf si une demande a été déposée pour autoriser ces restrictions en tant qu'entente. Cette notification doit être accompagnée d'un exemplaire du modèle d'accord à conclure avec les différents membres.

2) Après notification des restrictions à la distribution, l'entreprise dont émanent les restrictions notifie semestriellement au tribunal des ententes le nom (la raison sociale) et l'adresse des nouvelles parties aux restrictions à la distribution, des parties qui se sont retirées et des entreprises dont elle a refusé l'adhésion sur demande écrite.

3) Les paragraphes 1 et 2 s'appliquent également aux restrictions pour commerce spécialisé exemptées, par arrêté pris en vertu de l'article 17, de l'application de la présente loi fédérale. La notification d'une res-

triction pour commerce spécialisé doit également préciser les conditions dans lesquelles une entreprise est admise comme revendeur.

Article 21 : Enrichissement indu

1) Lorsqu'une entreprise ou un groupement d'entreprises s'est enrichi en exécutant illégalement une entente, le tribunal des ententes est tenu, d'office ou sur requête d'une partie d'office (article 44), d'imposer le paiement, au profit de la Fédération, d'une somme équivalente à l'enrichissement. Le tribunal des ententes renonce toutefois partiellement ou totalement à une telle mesure lorsque, au regard des conséquences économiques, l'équité le justifie. L'article 273 du code de procédure civile s'applique en tant que de besoin à la détermination du montant en cause.

2) Le paiement d'une somme en vertu du paragraphe 1 ne peut être imposé que si la procédure d'office est engagée dans les trois ans à compter de la date à laquelle a pris fin l'exécution interdite de l'entente ou si la requête d'une partie d'office est formée dans ce délai.

Article 22 : Invalidité de contrats d'entente

Tout contrat d'entente dont l'exécution est interdite est frappé de nullité.

Article 23 : Autorisation d'ententes

Hormis le cas des ententes d'importance mineure, le tribunal des ententes est tenu, sur requête du mandataire de l'entente, d'autoriser une entente lorsque :

1. l'accord ne contient aucune obligation ni disposition à l'effet :
   a) de commercialiser ou fournir exclusivement les biens ou services faisant l'objet de l'entente,
   b) de ne commercialiser ou ne fournir des biens ou services identiques ou analogues à ceux faisant l'objet de l'entente que dans certaines conditions restrictives quant au prix (contre-valeur) ou à la quantité,
   c) d'exclure totalement ou partiellement pour la commercialisation des biens ou de la prestation des services faisant l'objet de l'entente certaines personnes ou groupes de personnes qui seraient néanmoins disposés à respecter les conditions prescrites ; toutefois, en matière d'aptitude professionnelle, ces conditions ne peuvent exiger plus que la loi exige,
2. l'entente n'enfreint pas une interdiction légale ou n'est pas contraire aux bonnes moeurs (article 879 du code civil général autrichien) et

3. l'entente est justifiée économiquement. Elle ne peut l'être en tout état de cause lorsqu'elle est incompatible avec les conventions internationales visées à l'article 7 paragraphe 1. Il y a lieu en outre, lors de l'examen de la justification économique, de tenir compte en particulier des intérêts du consommateur final. Quoi qu'il en soit, un accord de prix imposés ne peut être économiquement justifié lorsque les diverses marges bénéficiaires dépassent les marges moyennes pratiquées habituellement. Dans le cas des autres ententes, il y a lieu d'examiner également si l'entente est ou non nécessaire pour éviter de graves inconvénients de distribution.

Article 24 : Durée de l'autorisation et durée de validité

1) Le tribunal des ententes fixe dans la décision d'autorisation la durée de validité de l'autorisation (durée d'autorisation). La durée d'autorisation, qui court à compter de la prise d'effet de la décision, est déterminée en fonction de la durée jugée nécessaire au regard de la justification économique de l'entente ; elle ne peut être supérieure à cinq ans.
2) Le tribunal des ententes proroge l'autorisation lorsque le mandataire de l'entente en a fait la demande six mois avant l'expiration de l'autorisation et que les conditions requises pour que l'entente puisse être autorisée (article 23) sont encore réunies. Le paragraphe 1 s'applique par analogie en cas de prorogation.
3) L'exécution de l'entente peut être poursuivie, même à l'expiration de la durée d'autorisation, jusqu'à la prise d'effet de la décision statuant sur une demande de prorogation présentée en temps utile, lorsque la procédure est dûment poursuivie.
4) Le paragraphe 3 s'applique en tant que de besoin lorsqu'après la prise d'effet de l'autorisation d'une entente intentionnelle une autorisation de prorogation est demandée six mois au plus tard avant l'expiration de la durée de validité convenue.

Article 25 : Interdiction d'exécution

Le tribunal des ententes interdit l'exécution d'une entente :

1. lorsqu'il rejette une demande d'autorisation d'une entente ne pouvant être exécutée sans autorisation ;
2. lorsqu'il rejette une demande au titre du point 1 ou la notification d'une entente d'importance mineure (article 58) ;
3. sur requête d'une partie d'office (article 44), lorsqu'une entente d'importance mineure ne remplit pas les conditions requises pour l'autorisation (article 23).

Article 26 : Modifications et compléments à des ententes

Les articles 23 et 25 s'appliquent par analogie aux modifications et compléments à des ententes.

Article 27 : Révocation de l'autorisation

Le tribunal des ententes révoque, totalement ou partiellement, l'autorisation d'une entente :

1. lorsque le mandataire de l'entente en fait la demande ;
2. sur requête d'une partie d'office (article 44), dès lors que postérieurement à l'autorisation l'une des conditions requises à l'article 23 n'est plus remplie. En cas d'accord de prix imposés, la justification économique n'est notamment plus exigée lorsque les prix payés par le consommateur final dans le cadre de transactions commerciales normales sont très sensiblement inférieurs aux prix d'entente pour une proportion importante des ventes totales.

Article 28 : Dénonciation et retrait

1) Un contrat d'entente conclu pour une durée indéterminée ou — compte tenu des dispositions en matière de prorogation — pour plus de deux ans peut, moyennant un préavis de six mois, être dénoncé à la fin de la deuxième année et de chaque année ultérieure ; un accord de prix imposés peut être dénoncé dès la fin de la première année et de chaque semestre ultérieur, moyennant un préavis de deux mois. En matière de dénonciation, les délais se calculent à compter de la prise d'effet de la décision d'autorisation ou de celle du contrat d'entente lorsque l'entente peut être exécutée sans autorisation.
2) En cas d'entente sur des normes et types et d'ententes de rationalisation (articles 14 et 15), le tribunal des ententes est tenu également dans la décision d'autorisation (article 23) d'autoriser toute clause de non-dénonciation du contrat d'entente pendant cinq ans au maximum, dès lors que la non-dénonciation est économiquement fondée.
3) Toute partie à une entente peut, pour une raison importante, se retirer d'un contrat d'entente avant l'expiration de celui-ci, notamment lorsque, même si cette partie montrait la diligence habituelle en affaires, l'entente ferait courir à son entreprise un risque tel qu'après examen des intérêts des deux parties on ne peut raisonnablement attendre d'elle qu'elle l'assume.
4) Est nul tout contrat d'entente qui supprime ou limite le droit de dénonciation (paragraphes 1 et 2) ou le droit de retrait anticipé (paragraphe 3).

Article 29 : Modération des clauses pénales

L'article 348 du code de commerce n'est pas applicable aux clauses pénales stipulées dans un contrat d'entente.

Article 30 : Révision judiciaire du contrat en cas de boycott

1) Les boycotts par refus de livraison ou refus de contracter opposé conformément au contrat d'entente pour violation de celui-ci par un organe de l'entente ou un tiers ne peuvent être mis à exécution avant l'expiration d'un délai de 14 jours à compter de la date à laquelle l'intéressé a eu connaissance de la mesure en question. On entend par «refus de livraison» le droit de se retirer des contrats conclus avec une autre partie à l'entente ou de ne pas exécuter les prestations contractuelles qui lui sont dues ; on entend par «refus de contracter» l'obligation de ne pas conclure avec une autre partie à l'entente certains actes juridiques.
2) L'intéressé peut, dans le délai fixé au paragraphe 1, demander au tribunal des ententes la révision judiciaire du contrat ; en ce cas, le boycott (paragraphe 1) ne peut être mis à exécution pendant un mois à compter de la requête.
3) Le tribunal des ententes doit déclarer nul, totalement ou partiellement, le boycott (paragraphe 1) ou le commuer totalement ou partiellement en une pénalité contractuelle appropriée, dès lors que, compte tenu de l'ensemble des circonstances, ce boycott constitue pour l'intéressé une charge démesurée. A cet égard, le tribunal des ententes doit, en tant qu'il le juge équitable, imposer pendant une certaine période l'obligation de procéder à des transactions à des prix et autres conditions adéquats, d'un volume correspondant aux relations commerciales existant avant le refus de contracter ; ce volume doit être toutefois réduit à due concurrence lorsque les commandes totales excèdent les possibilités de livraison. Si l'on peut légitimement douter de la solvabilité de l'intéressé, l'obligation de livraison doit être assortie d'une condition de paiement anticipé.

Chapitre III : Recommandations non obligatoires émanant d'un groupement

Article 31 : Définitions

On entend par «recommandations non obligatoires émanant d'un groupement» au sens de la présente loi fédérale les recommandations visant au respect de prix, de limites de prix ou de règles en matière de calcul des coûts, qui

1. ne constituent pas une entente par recommandation (article 12) ;
2. émanent de groupements dont l'objet est de protéger les intérêts économiques des entreprises ; on entend par «groupement» au sens de la

présente disposition les organismes de défense d'intérêts professionnels et les associations de chefs d'entreprises qui sont régulièrement constitués ;

3. ne s'adressent pas aux membres d'une profession libérale.

Article 32 : Conditions préalables à la publication d'une recommandation

Une recommandation non obligatoire émanant d'un groupement ne peut être publiée que si :

1. elle a été communiquée à la commission paritaire (article 112),
2. un délai d'un mois s'est écoulé depuis cette communication ou la commission paritaire a accordé une dispense pour le respect de ce délai et
3. elle a été notifiée au tribunal des ententes à l'expiration de ce délai ou après dispense de la commission paritaire pour le respect de ce délai.

Article 33 : Cas de révocation obligatoire de la recommandation

Le tribunal des ententes doit enjoindre le groupement dont émane la recommandation de révoquer expressément à l'égard de ses destinaires la recommandation notifiée, dans les 14 jours :

1. lorsqu'il rejette la notification de la recommandation ;
2. sur requête d'une partie d'office (article 44), dès lors que la recommandation n'est pas économiquement justifiée (article 23 point 3) ;
3. d'office à l'expiration d'un délai de cinq ans à compter de la notification de la recommandation. Lorsque la recommandation fait dans ce délai l'objet d'une nouvelle notification au tribunal des ententes dans les conditions prévues à l'article 32, ce délai court de nouveau.

Chapitre IV : Entreprises en position dominante

Article 34 : Définitions

1) Au sens de la présente loi fédérale est considérée comme détenant une position dominante sur le marché l'entreprise qui, en tant qu'offreur ou demandeur (article 2),
   1. n'est soumise à aucune concurrence ou à une concurrence peu importante, ou
   2. n'est soumise qu'à la concurrence de deux entreprises au plus et détient sur l'ensemble du marché intérieur une part supérieure à 5 pour cent, ou
   3. figure parmi les quatre entreprises les plus importantes qui, conjointement, détiennent sur l'ensemble du marché intérieur une

part égale au moins à 80 pour cent, dès lors qu'elle détient elle-même une part supérieure à 5 pour cent, ou

4. détient sur le marché une position prépondérante par rapport à ses concurrentes ; à cet égard, on tiendra compte notamment des capacités financières, des relations avec d'autres entreprises, des possibilités d'accès au marché au niveau de l'approvisionnement et de la vente, ainsi que des circonstances limitant l'accès d'autres entreprises au marché.

2) Une entreprise est également en position dominante lorsqu'elle détient sur le marché une position prépondérante par rapport à ses clients ou fournisseurs ; on se trouve en particulier dans cette hypothèse lorsque les clients ou fournisseurs n'ont d'autre option que de maintenir leurs relations commerciales avec l'entreprise en cause pour éviter de graves inconvénients d'exploitation.

Article 35 : Contrôle des abus

Le tribunal des ententes doit, sur requête, interdire l'exercice abusif d'une position dominante. Il peut y avoir notamment abus dans les cas suivants :

1. des prix d'achat ou de vente déraisonnables ou d'autres conditions commerciales sont imposés directement ou indirectement,
2. la production, la vente ou le développement technique se trouvent entravés au détriment des consommateurs,
3. des co-contractants sont désavantagés sur le plan de la concurrence parce qu'ils se voient appliquer des conditions différentes pour des prestations équivalentes,
4. la conclusion de contrats est subordonnée à la condition que le co-contractant accepte des prestations supplémentaires n'ayant pas de rapport avec l'objet du contrat, au regard tant des circonstances du cas d'espèce que des usages du commerce.

Article 36 : Interdiction des mesures de rétorsion

Les procédures engagées en vertu de l'article 35 ne peuvent être prétexte pour le défendeur d'exclure l'entreprise directement affectée par un abus de position dominante de livraisons ultérieures ou de ventes à des conditions raisonnables ; le tribunal des ententes doit, sur requête, interdire de tels comportements.

Article 37 : Qualité pour être requérant

Ont qualité pour être requérant en vertu des articles 35 et 36 :

1. les parties d'office (article 44),

2. les associations de défense des intérêts économiques des entreprises dont au moins un adhérent est une personne morale de droit public au sens de la loi sur les Chambres de commerce, de la loi sur les Chambres du travail ou des lois sur les Chambres de l'agriculture, ou la Conférence des présidents des Chambres de l'agriculture.

Article 38 : Publication des décisions

Le tribunal des ententes doit, sur requête, autoriser la partie qui a eu gain de cause, lorsqu'elle y a un intérêt légitime, à faire publier dans un certain délai, aux frais de la partie qui a succombé, la décision statuant sur la requête en interdiction d'abus de position dominante (article 35). La nature et les modalités de cette publication sont précisées dans la décision.

Article 39 : Frais de publication

Après publication, le président du tribunal des ententes liquide, à la requête de la partie qui a eu gain de cause, les frais de publication et impose à la partie qui a succombé leur remboursement à la partie adverse.

Article 40 : Enrichissement indu

L'article 21 est applicable par analogie à l'abus de position dominante.

Chaptire V : Opérations de concentration

Article 41 : Définitions

On entend par «opérations de concentration» au sens de la présente loi fédérale, dans la mesure où les chefs d'entreprise participants ou les entreprises participantes détiennent ensemble une part de l'ensemble du marché intérieur qui est égale au moins à 5 pour cent,

1. l'acquisition d'une entreprise, dans sa totalité ou pour une partie essentielle, notamment par voie de fusion ou de transformation,
2. l'acquisition d'un droit d'exploitation d'une autre entreprise, par contrat de cession ou gérance de l'exploitation.
3. l'acquisition directe ou indirecte de parts du capital d'une entreprise constituée en société, par une autre entreprise, s'il en résulte une participation de 25 pour cent au moins,
4. le fait que la moitié au moins des sièges des organes de gestion ou des conseils de surveillance de deux entreprises ou plus constituées en société ont pour titulaires les mêmes personnes,

5. tout autre lien entre des entreprises permettant à une entreprise d'exercer directement ou indirectement une influence dominante sur une autre entreprise.

Article 42 : Notification

1) Les opérations de concentration sont notifiées au tribunal des ententes dans le mois qui suit leur réalisation. L'opération de concentration est censée être réalisée dès lors qu'existe la possibilité d'exercer une influence économique.
2) La notification incombe au titre de l'article 41 points 1 à 3 à l'entreprise qui procède à l'acquisition, au titre de l'article 41 point 4 à toutes les entreprises participantes, et au titre de l'article 41 point 5 à l'entreprise qui acquiert une influence dominante.

Chapitre VI : Procédure devant le tribunal des ententes et le tribunal supérieur des ententes

Article 43 : Nature de la procédure

Le tribunal des ententes et le tribunal supérieur des ententes statuent dans les affaires qui se rapportent à la présente loi fédérale selon la procédure en matière non contentieuse.

Article 44 : Parties d'office

1) La Fédération, représentée par le procureur des finances, la Chambre fédérale du commerce et de l'industrie, le Conseil des Chambres autrichiennes du travail et la Conférence des présidents des Chambres de l'agriculture d'Autriche ont qualité de partie à l'instance même s'ils ne sont pas requérants (parties d'office) ; cette disposition ne s'applique toutefois pas à la procédure de révision du contrat visée à l'article 30.
2) La Chambre fédérale de l'industrie et du commerce, le Conseil des Chambres autrichienne du travail et la Conférence des présidents des Chambres de l'agriculture d'Autriche peuvent déposer auprès du tribunal des ententes les pouvoirs permanents des personnes chargées de les représenter dans les instances se rapportant au droit des ententes.

Article 45 : Dépens

Pour les instances devant le tribunal des ententes et le tribunal supérieur des ententes qui relèvent de l'article 30, il y a lieu d'appliquer en tant que de besoin les dispositions du code de procédure civile qui ont trait aux dépens. Il en est de même pour les instances qui relèvent des articles 35 et 36 lorsque le requérant n'est pas une partie d'office (article 44).

Article 46 : Mémoires

Les mémoires et annexes doivent être produits en autant d'exemplaires qu'il y a de parties, y compris les parties d'office. Un exemplaire supplémentaire sera produit pour les requêtes exigeant l'avis de la commission paritaire et pour les mémoires devant lui être communiqués (article 47).

Article 47 : Communication aux parties d'office et à la commission paritaire

Le président du tribunal des ententes avise les parties d'office (article 44) et la commission paritaire (article 112) des notifications de réductions de prix imposés (article 19 paragraphe 2), des restrictions à la distribution (article 20 paragraphes 1 et 2), des opérations de concentration (article 42) et des ententes d'importance mineure (articles 58 et 59), ainsi que des rapports visés à l'article 66, en leur transmettant une copie de la notification ou du rapport.

Article 48 : Délais

Lorsque la loi ne fixe pas de délai, celui-ci est fixé par le président du tribunal des ententes de façon appropriée ; le délai doit être prorogé sur demande fondée d'une partie.

Article 49 : Avis de la commission paritaire

1) Le président du tribunal des ententes sollicite l'avis de la commission paritaire dans les cas suivants :
   1. justification économique (article 23 point 3),
   2. abus de position dominante (article 25)
2) Aux fins de la procédure d'autorisation d'une entente, le président du tribunal des ententes notifie sans retard à la commission paritaire une copie de la demande et des pièces justificatives.
3) La commission paritaire rend son avis dans un délai de trois mois ou, s'il s'agit d'ententes portant sur des normes ou des types ou d'ententes de rationalisation, dans un délai d'un mois, à compter de la réception de la demande d'avis formulée par le tribunal des ententes, ou fait connaître dans les mêmes délais l'opinion de ses membres en l'absence d'unanimité. Le président du tribunal des ententes proroge comme il convient ces délais lorsque la commission paritaire est dans l'impossibilité de s'y conformer en raison des particularités du cas d'espèce.

4) Lorsque le délai fixé (paragraphe 3) ne peut être respecté du fait que les parties ne se sont pas conformées à leur obligation d'information (article 118 points 1 à 3), la commission paritaire doit en aviser le tribunal des ententes dans le délai applicable.

Article 50 : Inobservation de l'obligation d'information

L'appréciation des éléments de preuve concernant l'inobservation de l'obligation d'information (article 118 paragraphe 1 points 1 à 3) incombe au tribunal des ententes.

Article 51 : Audiences

1) L'audience a lieu à la demande des parties. L'audience est publique. Cependant, le tribunal doit prononcer le huis clos à la demande d'une des parties si la sauvegarde de secrets commerciaux ou industriels l'exige.
2) Chaque partie reçoit une copie du procès-verbal d'audience.

Article 52 : Mesures provisoires

1) Lorsque les conditions sont réunies pour l'interdiction de l'exécution d'une entente conformément à l'article 25 points 1 et 3 ou pour la révocation de l'autorisation d'une entente conformément à l'article 27 point 2, le tribunal des ententes, à la requête d'une partie d'office (article 44), prend les mesures provisoires nécessaires.
2) Lorsque les conditions sont réunies pour une révision judiciaire du contrat (article 30) ou pour l'interdiction d'un abus de position dominante (articles 35 et 36), de même que lorsqu'il existe un danger imminent de préjudice irréparable par violation d'un intérêt protégé par la présente loi, le tribunal des ententes prend les mesures provisoires nécessaires.
3) En cas de révision judiciaire du contrat, le tribunal des ententes peut subordonner la mesure provisionnelle à la constitution d'une sûreté appropriée.
4) Le défendeur doit être entendu avant le prononcé de la mesure provisoire. Tout recours contre une telle mesure n'a pas d'effet suspensif. Le tribunal des ententes accorde toutefois cet effet suspensif, sur demande du requérant, lorsque cela apparaît justifié compte tenu des intérêts de toutes les parties en présence.

Article 53 : Voies de recours

1) La voie du réexamen de l'affaire jugée selon la procédure administrative sommaire n'est pas ouverte.
2) Tout recours est signifié dans les 14 jours aux autres parties afin qu'elles puissent présenter leur défense.

Chapitre VII : Dispositions spéciales de procédure applicables aux ententes et aux recommandations non obligatoires émanant de groupements

Article 54 : Mandataire de l'entente

1) Les parties à l'entente se font représenter devant le tribunal des ententes et le tribunal supérieur des ententes par un mandataire domicilié en Autriche. Pour sa désignation et la révocation de son mandat, la majorité simple est suffisante.
2) Le mandataire de l'entente est habilité à représenter l'ensemble des parties à l'entente devant les tribunaux et les autorités administratives dans toutes les affaires concernant des ententes, y compris lorsqu'il s'agit de faire valoir des droits collectifs à l'égard de parties à l'entente. Il est par ailleurs habilité à modifier l'accord dès lors que les modifications ont un caractère mineur ou sont demandées ou suggérées par le tribunal des ententes.
3) Lorsque l'entente n'a qu'un membre qui est une personne physique ou morale représentée par une seule personne physique, la désignation d'un mandataire n'est pas requise ; s'il n'est pas désigné de mandataire de l'entente, les dispositions relatives au mandataire de l'entente s'appliquent aux personnes physiques précitées.

Article 55 : Désignation par le tribunal des ententes

1) En cas de décès ou d'incapacité du mandataire de l'entente, le président du tribunal des ententes demande aux parties à l'entente de désigner un mandataire dans un délai maximum d'un mois. La notification de cette demande à une seule partie à l'entente tient lieu de notification pour toutes les autres parties. Si le tribunal des ententes ne reçoit pas notification, dans le délai fixé, de la désignation d'un mandataire de l'entente, le président du tribunal des ententes désigne lui-même un mandataire de l'entente. Il doit être fait état de cette prérogative dans la demande notifiée aux parties à l'entente.
2) Le mandataire désigné par le président du tribunal des ententes représente les parties à l'entente à leurs risques et dépens tant qu'elles n'ont pas désigné elles-mêmes un nouveau mandataire. Il a droit au remboursement de ses frais et à la rémunération de ses services. Le montant de

cette rémunération est fixé par le président du tribunal des ententes, compte tenu du temps et des efforts que le mandataire consacre à ses fonctions, sur la base de la rémunération habituelle de services comparables.

Article 56 : Changement de mandataire d'une entente

1) Lorsqu'un nouveau mandataire est désigné après déclaration de l'entente, il doit notifier sans retard sa désignation au tribunal des ententes.
2) La révocation ou la résiliation des pouvoirs du mandataire de l'entente ne prend effet à l'égard des instances judiciaires ou administratives auprès desquelles le mandataire représente les parties à l'entente qu'au moment où elles reçoivent notification de la désignation d'un nouveau mandataire.

Article 57 : Invitation à présenter une demande d'autorisation

1) Sur requête d'une partie d'office (article 44), le président du tribunal des ententes invite les parties à des ententes de fait et à des ententes par pratiques concertées, ne constituant pas des ententes d'importance mineure, à présenter dans un délai d'un mois au tribunal des ententes une demande d'autorisation de l'entente. A l'initiative du mandataire de l'entente ou — lorsqu'aucun mandataire n'a été désigné — d'une des parties à l'entente, le président du tribunal des ententes proroge ce délai lorsqu'une telle prorogation lui paraît fondée.
2) Il est procédé à l'invitation à formuler une demande d'autorisation sans examen des conditions de fait. La notification à une seule partie à l'entente est suffisante. L'invitation à formuler une demande d'autorisation doit faire état des conséquences juridiques qui y sont attachées et des dispositions de l'article 54.
3) Lorsque les parties à l'entente n'agissent pas dans le délai imparti, l'exécution ultérieure, même partielle, de l'entente est interdite tant qu'elles ne se conforment pas à l'invitation qui leur a été faite.

Article 58 : Notification d'ententes d'importance mineure

L'article 57 s'applique aux ententes d'importance mineure, étant entendu que les parties à ces ententes sont invitées à notifier l'entente au tribunal des ententes.

Article 59 : Ententes de fait, ententes par pratiques concertées et ententes d'importance mineure : modifications et compléments

Lorsque des ententes de fait ou des ententes par pratiques concertées sont modifiées ou complétées après la demande d'autorisation ou des ententes d'importance mineure sont modifiées ou complétées après leur notification, une demande d'autorisation ou une notification de ces modifications ou compléments doivent être présentées dans les 14 jours au tribunal des ententes ; l'article 57 paragraphe 1 deuxième phrase et paragraphe 3 s'applique par analogie.

Article 60 : Contenu de la demande d'autorisation et de la notification

La demande d'autorisation d'une entente (article 23) et la notification d'une entente d'importance mineure (article 58) doivent contenir :

1. des indications exactes et détaillées permettant de déterminer si l'accord est économiquement justifié (article 23 point 3), notamment :
   a) des données sur le volume total de la production dans le secteur concerné, ainsi que sur la part de cette production qui fait l'objet de l'entente,
   b) la liste des principales entreprises de ce même secteur qui n'adhèrent pas à l'entente, pour autant qu'il ne s'agisse pas d'un accord de prix imposés ou de restrictions à la distribution, et
   c) des renseignements sur les relations avec les ententes existantes ;
2. en cas d'entente par accord, les explications utiles pour comprendre les principales dispositions de l'accord ;
3. en cas d'entente par accord ayant pour objet des prix imposés ou des restrictions à la distribution, toute indication permettant de savoir si, et le cas échéant, quand le premier accord a pris effet sur la base du modèle d'accord (article 62 point 1) ;
4. en cas d'entente par recommandation, la désignation exacte de la catégorie de personnes auxquelles la recommandation s'adresse ou doit s'adresser ;
5. en cas d'entente portant sur des limites de prix ou des règles de calcul des coûts et ne concernant pas les transports, l'indication de tous les prix demandés dans le cadre de l'entente au moment de la notification ; le mandataire de l'entente doit notifier sans retard toute modification de ces prix au tribunal des ententes.

Article 61 : Contenu de la demande de prorogation

La demande de prorogation de l'autorisation d'une entente (article 24) doit contenir les renseignements prévus à l'article 60 point 1.

Article 62 : Pièces à joindre

Les pièces suivantes doivent être jointes à la demande d'autorisation (article 23) et à la notification (article 58) :

1. en cas d'entente par accord, un document relatif à l'accord ; en cas de prix imposés et de restrictions à la distribution, il suffit de joindre un modèle des accords conclus avec les différents membres ;
2. en cas d'entente par recommandation, le texte de la recommandation ;
3. lorsque l'entente est exécutée ou doit être exécutée par une organisation, les statuts de cette organisation ;
4. en cas de prix imposés, une désignation précise du produit faisant l'objet de l'entente.

Article 63 : Contenu de l'accord

1) Le document relatif à l'accord (article 62 point 1) doit indiquer :
   1. Le nom ou la raison sociale et le siège social des parties à l'entente,
   2. le cas échéant, le nom ou la raison sociale, la forme juridique et le siège de l'organisation chargée de l'exécution (article 62 point 3), ainsi que les nom et adresse de ses représentants,
   3. l'objet de l'accord, notamment les produits ou groupes de produits sur lesquels il porte, les limites géographiques dans lesquelles il s'applique, les contingents et les prix, et
   4. la date de prise d'effet de l'accord et, le cas échéant, sa durée.
2) En cas d'entente informelle, il n'est pas nécessaire d'indiquer la date de prise d'effet.
3) Le paragraphe 1 s'applique au modèle d'accord (article 62 point 1), étant entendu qu'il n'est pas nécessaire d'indiquer le nom ou la raison sociale et le siège des participants aux stades ultérieurs de commercialisation, ni la date de la prise d'effet de l'accord.
4) Le mandataire de l'entente notifie sans retard au tribunal des ententes toute modification ultérieure des indications visées au paragraphe 1 points 1 et 2.

Article 64 : Impossibilité de déterminer précisément la teneur d'un accord

1) S'il s'avère impossible, par suite de modifications, de déterminer précisément la teneur d'un accord ou d'un modèle d'accord, le mandataire de l'entente transmet au tribunal des ententes, sur demande de son président et dans le délai fixé par celui-ci, la version en vigueur de l'accord.

2) Le président du tribunal des ententes sanctionne d'une amende tout dépassement inexcusable du délai imparti ; l'article 220 du code de procédure civile s'applique en tant que de besoin.

Article 65 : Rectification de demandes et de notifications

1) Lorsque la demande d'autorisation, la demande de prorogation, la notification ou les pièces à joindre ne sont pas conformes aux articles 60 à 63, le président du tribunal des ententes, d'office ou sur requête d'une partie d'office (article 44), invite le mandataire de l'entente à rectifier la demande d'autorisation ou la notification dans un délai qu'il fixe à cet effet (article 48), sous peine de rejet de la demande ou de refus de l'autorisation.

2) Le délai dans lequel la requête d'une partie d'office au titre du paragraphe 1 doit être formée est d'un mois à compter de la notification de la copie des documents visés au paragraphe 1. Ce délai est ramené à 14 jours pour les ententes portant sur des normes ou types et pour les ententes de rationalisation.

Article 66 : Demande de rapport

1) S'il apparait vraisemblable, eu égard aux caractéristiques particulières d'une entente autorisée, que les circonstances économiques déterminantes dans l'appréciation portée se modifieront dans un avenir prévisible, le tribunal des ententes doit demander au mandataire de l'entente, d'office ou sur requête d'une partie d'office (article 44), de lui soumettre chaque année à une certaine date un rapport sur les circonstances déterminantes pour l'appréciation de la justification économique (article 60 point 1). Cette demande peut être formulée dans la décision d'autorisation ou, ultérieurement, par voie de décision particulière.

2) Si le mandataire de l'entente ne se conforme pas à la demande de rapport dans le délai imparti, le président du tribunal des ententes lui accorde un délai supplémentaire approprié, ne pouvant dépasser un mois, sous peine de révocation de l'autorisation de l'entente (article 27).

3) Si le rapport présenté en temps utile n'est pas conforme aux dispositions prévues à l'article 60 point 1, le président du tribunal des ententes, d'office ou à la requête d'une partie d'office (article 44), invite le mandataire de l'entente, sous peine de révocation de l'autorisation de l'entente (article 27), à procéder à une rectification, dans un délai approprié ne pouvant dépasser un mois. La partie d'office doit présenter sa requête dans un délai d'un mois.

4) Le tribunal des ententes, d'office ou à la requête du mandataire de l'entente ou d'une partie d'office (44), retire la demande de rapport lorsque les conditions requises ne sont plus réunies.

Article 67 : Notification de recommandations non obligatoires émanant de groupements

1) La notification d'une recommandation non obligatoire émanant d'un groupement (article 32 point 3) doit indiquer précisément la catégorie de personnes auxquelles elle s'adresse. Il y a lieu de joindre le texte de la recommandation.
2) Si la notification n'est pas conforme au paragraphe 1, le président du tribunal des ententes invite le groupement dont émane la recommandation à la rectifier, sous peine de rejet, dans un délai approprié ne pouvant dépasser un mois.

Article 68 : Rectification d'ententes et de recommandations non obligatoires émanant de groupements

1) Avant de rejeter une demande de prorogation de l'autorisation d'une entente (article 24 paragraphe 2) ou d'autorisation de prorogation de la durée de validité (article 24 paragraphe 4), d'interdire l'exécution d'une entente en vertu de l'article 25 points 1 ou 3, de révoquer l'autorisation d'une entente conformément à l'article 27 point 2 ou d'inviter le groupement dont émane la recommandation à révoquer cette recommandation (article 33), le tribunal des ententes constate par ordonnance, le cas échéant, par quelles modifications ou par quels compléments de l'entente ou de la recommandation ces mesures peuvent être évitées et il fixe un délai approprié pour que le mandataire de l'entente ou le groupement dont émane la recommandation puissent en conséquence présenter une demande ou procéder à une notification (article 48).
2) Si le mandataire de l'entente ou le groupement dont émane la recommandation n'agissent pas dans le délai imparti (paragraphe 1), le président du tribunal des ententes prend sans autre formalité la mesure prévue au paragraphe 1. Il statue également sur les demandes et notifications soumises en temps utile.

Chapitre VIII : Registre des ententes

Article 69 : Compétence

Le registre des ententes est tenu par le tribunal des ententes.

Article 70 : Contenu du registre des ententes

Le registre des ententes se compose de quatre divisions : la division K pour les ententes, la division V pour les recommandations non obligatoires émanant de groupements et la division Z pour les concentrations.

Article 71 : Objet de l'enregistrement

Sont mentionnées au registre des ententes :

1. l'autorisation d'ententes, l'autorisation de leurs modifications ou compléments, ainsi que la révocation de l'autorisation ;
2. la notification de la réduction de prix imposés ;
3. la notification d'ententes d'importance mineure et la notification de leurs modifications ou compléments ;
4. l'interdiction de l'exécution d'une entente d'importance mineure enregistrée ;
5. la notification de recommandations non obligatoires émanant de groupements et la notification de leurs modifications ou compléments ;
6. la demande de révocation d'une recommandation non obligatoire enregistrée émanant d'un groupement et
7. la notification d'opérations de concentration.

Article 72 : Ordonnance à fin d'enregistrement

1) Lorsqu'une décision du tribunal des ententes fait l'objet de l'enregistrement (article 71 points 1, 4 et 6), cette décision ordonne également l'inscription au registre des ententes. Lorsqu'un jugement pénal (article 71 points 1 et 4 en liaison avec l'article 129 point 3) est à la base de l'enregistrement ou lorsqu'une notification fait l'objet de l'enregistrement (article 71 points 2, 3, 5 et 7), le président du tribunal des ententes prescrit par ordonnance l'inscription au registre des ententes.
2) L'ordonnance à fin d'inscription au registre des ententes indique le contenu de l'enregistrement.

Article 73 : Contenu de l'enregistrement

1) Toute inscription au registre des ententes indique la date et le numéro de l'affaire donnant lieu à l'ordonnance à fin d'enregistrement, l'objet de ce dernier (aticle 71) et le cas échéant, le contenu essentiel de l'entente ou de la recommandation non obligatoire émanant d'un groupement, ainsi que les éléments nécessaires pour identifier l'entente, la recommandation non obligatoire émanant d'un groupement ou l'opération de concentration.
2) Lorsque le tribunal des ententes reçoit notification d'une modification des circonstances consignées au registre des ententes n'exigeant pas des modifications ou compléments de l'entente ou de la recommandation non obligatoire émanant d'un groupement, le président du tribunal des ententes ordonne qu'il soit fait mention de cette modification au registre des ententes.

3) Le président du tribunal des ententes doit également, d'office ou sur requête d'une partie d'office, ordonner qu'il soit fait mention de l'expiration de la durée d'autorisation (article 24) ou de la cessation d'une entente.

Article 74 : Exécution de l'enregistrement

1) Le président du tribunal des ententes ordonne l'exécution de l'enregistrement au registre des ententes après que la décision qui est à l'origine de cet enregistrement est passée en force de chose jugée et, s'il s'agit d'ue mesure provisionnelle (article 52), dès que la décision y relative a été rendue.
2) Lorsqu'un enregistrement perd de son intérêt du fait d'un enregistrement ultérieur, il doit en être fait clairement mention.
3) Aucune inscription au registre ne peut être effacée ou surchargée. Les erreurs matérielles ou autres erreurs flagrantes commises à l'occasion d'un enregistrement sont rectifiées sur ordonnance du président du tribunal des ententes ; les mentions rectificatives sont signées par le préposé au registre, qui mentionne la date à laquelle elles ont été effectuées.

Article 75 : Recueil de documents

1) Outre le registre des ententes, il est tenu un recueil des pièces jointes aux demandes d'autorisation et aux notifications (articles 62 et 67), sur le fondement desquelles il a été procédé à un enregistrement (recueil de documents).
2) Après exécution de l'enregistrement, le préposé au registre doit collationner les copies fournies par les parties pour le recueil de documents avec l'original ou la copie certifiée conforme de ces documents et certifier le cas échéant la conformité des copies. Les erreurs matérielles ou omissions mineures peuvent être rectifiées par le préposé au registre, qui appose à cet effet sa signature dans la marge de l'exemplaire rectifié.
3) Si les parties n'ont pas fourni une copie utilisable, le préposé au registre les avise que l'original des documents ou sa copie certifiée conforme seront retenus et pourront être récupérés à tout moment jusqu'à leur inclusion dans le recueil des documents contre fourniture d'une copie utilisable.
4) Le recueil de documents comprend également les notifications de restrictions à la distribution (article 20 paragraphes 1 et 2) et les pièces qui doivent être jointes à ces notifications.

Article 76 : Index

Le registre des ententes comprend les index suivants :

1. un index par branche d'activité des ententes enregistrées ;
2. un index par banche d'activité des recommandations non obligatoires émanant de groupements ;
3. un index des mandataires d'ententes, indiquant les ententes pour lesquelles ils ont été désignés ;
4. un index des représentants des parties d'office (article 44) ;
5. un index par branche d'activité des restrictions à la distribution qui ont été notifiées.

Article 77 : Archives

Le registre des ententes, le recueil des documents et les index sont conservés à perpétuité.

Article 78 : Consultation

1) Toute personne a le droit de consulter le registre des ententes, les index et le recueil de documents.
2) Toute personne peut demander une copie et des extraits d'inscriptions au registre des ententes. Cette faculté n'est ouverte pour les enregistrements ayant perdu de leur intérêt (article 74 paragraphe 2) que lorsqu'il en est fait la demande ou que cela apparaît nécessaire au vu des circonstances. Sur demande, les copies et extraits peuvent être certifiés conformes.

Chapitre IX : Emoluments judiciaires

Article 79 : Emoluments relatifs à la procédure prévue à l'article 30

Dans la procédure en révision judiciaire du contrat (article 30), les tarifs 1 et 2 de la loi sur les émoluments judiciaires s'appliquent par analogie ; la valeur du litige est fixée à 100 000 schillings.

Article 80 : Emoluments dans le cadre d'autres procédures

Les frais suivants sont dus dans le cadre des autres procédures ouvertes devant le tribunal des ententes et le tribunal supérieur des ententes :

1. Pour une procédure relative à une demande d'autorisation d'une entente, une taxe de 20 000 schillings au moins et 400 000 schillings au plus ;
2. Pour une procédure relative à une demande de modifications ou compléments d'une entente, de constatation en application de l'article 19 paragraphe 1 ainsi que de prorogation de l'autorisation d'une entente, une taxe de 10 000 schillings au moins et de 200 000 schillings au plus ; en cas de jonction d'une demande d'autorisation de modifications ou de compléments et d'une demande de prorogation de l'autorisation d'une entente, la taxe est acquittée une seule fois ;
3. Pour une procédure relative à une demande d'interdiction de l'exécution d'une entente en application de l'article 25 point 3, ainsi que de révocation de l'autorisation d'une entente en application de l'Article 27 point 2, une taxe de 10 000 schillings au moins et 200 000 schillings au plus ; lorsqu'il s'agit d'ententes d'importance mineure, la taxe minimale est ramenée à 5 000 schillings ;
4. Pour une procédure relative à la notification d'une entente d'importance mineure, une taxe forfaitaire de 2 000 schillings ;
5. Pour une procédure relative à la notification de modifications ou de compléments d'une entente d'importance mineure, une taxe forfaitaire de 1 000 schillings ;
6. Pour une procédure relative à la notification d'une modification de prix en application de l'article 19 paragraphe 2 et de l'article 60 point 5, une taxe forfaitaire de 1 200 schillings, ramenée à 600 schillings lorsqu'il s'agit d'une entente d'importance mineure.
7. Pour une procédure relative à la notification d'une recommandation non obligatoire émanant d'un groupement, une taxe forfaitaire de 400 schillings ;
8. Pour une procédure relative à une demande de révocation en application de l'article 33 point 2, une taxe de 2 000 schillings au moins et 100 000 schillings au plus ;
9. Pour une procédure relative à une demande d'interdiction d'abus de position dominante (articles 34 et 35), une taxe de 10 000 schillings au moins et 400 000 schillings au plus ;
10. Pour une procédure relative à la notification d'une restriction à la distribution (article 20 paragraphes 1 et 2), ainsi que d'une opération de concentration, une taxe forfaitaire de 400 schillings.
11. Pour un extrait ou une copie d'une inscription au registre des ententes, 300 schillings pour chaque feuillet ou partie de feuillet ; les mentions complémentaires ajoutées à un extrait ou une copie après leur établissement donnent lieu à la perception de cette taxe, même si elles ne sont pas faites sur un feuillet supplémentaire. Les extraits et copies ne sont pas délivrés tant que la taxe due n'a pas été acquittée. Les demandes d'extrait ou de copie sont gratuites.

Article 81 : Exclusion de toutes autres taxes

Il n'est pas perçu d'autres émoluments judiciaires en sus des taxes visées à l'article 80, même en cas d'exercice d'une voie de recours.

Article 82 : Personnes redevables des émoluments judiciaires

Sont redevables du paiement des taxes visées à l'article 80 :

1. Pour la taxe visée aux points 1, 2 et 4 à 6, les parties à de l'entente ;
2. Pour la taxe visée au point 3, les parties à l'entente, même s'il n'est fait droit qu'en partie à la demande ;
3. Pour la taxe visée aux points 7 et 10, le groupement ou l'entreprise qui procède à la notification ;
4. Pour la taxe visée au point 8, le groupement dont émane la recommandation, même s'il n'est fait droit qu'en partie à la demande ;
5. Pour la taxe visée au point 9, le défendeur, lorsqu'une partie d'office (article 44) a présenté la requête, même s'il n'est fait droit qu'en pratique à la requête ; lorsque le demandeur n'est pas une partie d'office, l'obligation de paiement incombe, selon l'issue de la procédure, au demandeur, au défendeur ou aux deux parties à l'instance.

Article 83 : Existence de plusieurs redevables

Si plusieurs personnes sont redevables d'une même taxe, elles sont responsables solidairement du paiement.

Article 84 : Fixation des émoluments judiciaires lorsqu'ils comportent un minimum et un maximum

Si elle comporte un montant minimal et maximal, le président du tribunal des ententes fixe discrétionnairement la taxe par ordonnance à la clôture de la procédure ; il doit tenir compte tout particulièrement de l'importance économique de la procédure, des frais liés aux actes officiels, de la situation économique du redevable et de la mesure dans laquelle les actes officiels sont du fait de ce dernier.

Article 85 : Autres frais de justice

Pour les autres frais, notamment des émoluments des experts et les émoluments, calculés selon le nombre des séances ou des audiences, des assesseurs du tribunal des ententes, des membres du tribunal supérieur des ententes et des membres de la commission paritaire, les personnes redevables sont celles à qui incombe le paiement des émoluments judiciaires.

Article 86 : Non-perception de la taxe en cas de transaction

Il n'est pas perçu de taxe à raison de la conclusion d'une transaction.

Article 87 : Recouvrement

Le recouvrement des émoluments et frais de justice est régi par les dispositions applicables aux instances en matière civile ; toutefois, les émoluments et frais de justice liquidés par le tribunal supérieur des ententes sont recouvrés par l'agent du tribunal des ententes chargé de la taxation.

Chaptire X : Tribunal des ententes et tribunal supérieur des ententes

Article 88 : Ressort

1) Le tribunal des ententes, qui siège près la Cour d'appel de Vienne, est compétent pour l'ensemble du territoire de la République fédérale.
2) Les appels formés contre les décisions du tribunal des ententes relèvent en deuxième et dernière instance du tribunal supérieur des ententes, qui siège près la Cour suprême de justice.

Article 89 : Composition

Le tribunal des ententes se compose d'un président et de trois assesseurs et le tribunal supérieur des ententes d'un président et de six assesseurs. Quatre suppléants sont nommés pour chacun des présidents et chacun des assesseurs.

Article 90 : Nomination des membres

Les membres du tribunal des ententes et du tribunal supérieur des ententes ainsi que leurs suppléants sont nommés par le Président de la République fédérale sur proposition du gouvernement fédéral.

Article 91 : Qualifications

1) Les présidents du tribunal des ententes et du tribunal supérieur des ententes ainsi que leurs suppléants sont des magistrats. Le président du tribunal supérieur des ententes est choisi parmi les membres de la Cour suprême de justice.
2) Les assesseurs et leurs suppléants doivent remplir les conditions requises pour être juré ou échevin, être titulaires d'un diplôme national d'enseignement supérieur d'études juridiques, commerciales ou éco-

nomiques et avoir une solide expérience professionnelle en matière juridique ou économique.

Article 92 : Nomination des assesseurs

1) En vue de la proposition de nomination établie par le gouvernemenet fédéral, la Chambre fédérale de l'industrie et du commerce, le Conseil des Chambres autrichiennes du travail et la Conférence des présidents des chambres de l'agriculture d'Autriche font chacun une proposition pour un assesseur du tribunal des ententes et ses suppléants. En vue de la proposition de nomination établie par le gouvernement fédéral, la Chambre fédérale de l'industrie et du commerce et le Conseil des Chambres autrichiennes du travail font chacun une proposition pour deux assesseurs du tribunal supérieur des ententes et leurs suppléants. Un assesseur du tribunal supérieur des ententes et ses suppléants sont choisis parmi les fonctionnaires experts juridiques du ministère fédéral de la justice et un autre parmi les fonctionnaires experts juridiques du ministère fédéral des affaires économiques.
2) Les organismes consultés font leurs propositions au ministre fédéral de la justice. Ils doivent proposer au moins deux personnes, placées par ordre de préférence, pour chaque poste d'assesseur ou de suppléant. Ils fournissent des attestations prouvant que les candidats satisfont aux conditions requises et ont donné leur accord pour être nommés.
3) Le gouvernement fédéral ne peut proposer pour chaque poste qu'une des personnes qui lui ont été proposées. Toutefois, si l'organisme habilité à faire une proposition n'a pas exercé son droit dans un délai approprié, à fixer par le ministre fédéral de la justice, le gouvernement fédéral n'a pas à tenir compte de sa liste de candidats lorsqu'il soumet sa proposition.

Article 93 : Statut des assesseurs

1) Les assesseurs et leurs suppléants ont le titre de conseiller commercial. Si un assesseur ou un suppléant a été membre du tribunal des ententes ou du tribunal supérieur des ententes pendant au moins cinq ans, il conserve ce titre lorsqu'il n'exerce plus ses fonctions. A tous autres égards, l'article 21 de la loi relative à l'organisation judiciaire (RGBL n°217/1896), dans sa version en vigueur, est applicable aux assesseurs et à leurs suppléants.
2) Les assesseurs et leurs suppléants doivent signaler dans les 14 jours tout changement de domicile au ministère fédéral de la justice et au président du tribunal des ententes ou du tribunal supérieur des ententes.

Article 94 : Vacance d'emploi

Le ministre fédéral de la justice publie les vacances d'emplois pour pourvoir au poste de président du tribunal des ententes et du tribunal supérieur des ententes (ou de suppléant) et d'assesseur (ou de suppléant) ayant qualité de fonctionnaire expert juridique.

Article 95 : Propositions en vue de pourvoir un poste

1) La proposition en vue de pourvoir au poste de président (et de suppléant) du tribunal des ententes est faite par le Conseil du personnel de la Cour d'appel de Vienne. La proposition est transmise à la Cour suprême de justice, dont le Conseil du personnel propose un second candidat. Les deux propositions sont communiquées au ministre fédéral de la justice.
2) La proposition en vue de pourvoir au poste de président (et de suppléant) du tribunal supérieur des ententes est faite par le Conseil du personnel de la Cour suprême de justice et transmise au ministre fédéral de la justice.
3) A tous autres égards, les articles 31 à 35 de la loi sur le service judiciaire (BGBL n°305/1961) s'appliquent en tant que de besoin dans la version en vigueur de cette loi.

Article 96 : Indemnités

1) Pour chaque session ou audience, les assesseurs du tribunal des ententes et leurs suppléants et les membres du tribunal supérieur des ententes et leurs suppléants ont droit respectivement à une indemnité égale à 4.68 pour cent et 6.68 pour cent du traitement d'un fonctionnaire de l'administration générale de classe V, échelon 2, plus les éventuelles allocations de cherté de vie. Lorsqu'un assesseur ou son suppléant exerce des fonctions de rapporteur, son indemnité est doublée.
2) Lorsque plusieurs sessions ou audiences ont lieu un même jour pour des affaires différentes, l'intégralité de l'indemnité est due pour chaque session ou audience.
3) Les assesseurs (ou leurs suppléants) ont droit au remboursement de leurs frais de déplacement et de séjour et à une indemnité compensatrice calculée conformément aux dispositions applicables aux témoins de la loi GebAG de 1975 (BGB1. N° 138) dans sa version en vigueur, étant entendu que cette indemnité compensatrice ne vaut pas pour la durée des sessions et des audiences et que le montant mentionné à l'article 18 paragraphe 2 de cette loi est majoré de moitié.

Article 97 : Incompatibilités

Ne peuvent être membres du tribunal des ententes et du tribunal supérieur des ententes :

1. Les membres du gouvernement fédéral ou du gouvernement d'un Land ;
2. Les membres de l'Assemblée nationale ou du Sénat fédéral ;
3. Les mandataires d'ententes.

Article 98 : Mise en disponibilité des candidats à un mandat électif

Si un membre du tribunal des ententes ou du tribunal supérieur des ententes (ou un de ses suppléants) brigue un mandat électif à un organe représentatif général, il est mis d'office en disponibilité jusqu'à l'achèvement de l'élection.

Article 99 : Durée du mandat

1) Les fonctions d'assesseur (d'assesseur suppléant) prennent fin à l'expiration de l'année au cours de laquelle l'assesseur (l'assesseur suppléant) atteint l'âge de 65 ans.
2) Sur leur demande, les membres du tribunal des ententes ou du tribunal supérieur des ententes (ou leurs suppléants) sont relevés de leurs fonctions par le ministre fédéral de la justice.

Article 100 : Obligation de secret professionnel

1) Les assesseurs du tribunal des ententes et du tribunal supérieur des ententes (et leurs suppléants) sont tenus, sauf disposition législative contraire, de ne pas divulguer les faits dont ils auraient eu connaissance dans l'exercice de leurs fonctions et qui doivent demeurer confidentiels dans l'intérêt du maintien de la paix publique, de l'ordre public et de la sécurité publique, de la défense nationale et des relations extérieures, dans l'intérêt économique d'une personne morale de droit public, aux fins de la préparation d'une décision officielle ou dans l'intérêt général des parties en cause.
2) Il ne peut être dérogé à cette disposition que si le président du tribunal des ententes ou du tribunal supérieur des ententes relève un assesseur (ou l'un de ses suppléants) de son obligation de secret dans un cas particulier.
3) Les personnes précitées restent tenues à l'obligation de secret en dehors de leur service ou après cessation de leurs fonctions.

Article 101 : Juridiction présidentielle

Le président du tribunal des ententes (ou l'un de ses suppléants) prend seul les mesures provisionnelles. Sauf dans les cas que prévoit la présente loi, il ne prend de décision seul que si une partie en fait la demande et les autres parties y consentent.

Article 102 : Décisions en formation collégiale

1) Sauf dans les cas où le président est autorisé à décider seul, le tribunal des ententes prend ses décisions en un collège qui se compose du président et de deux assesseurs, dont l'un a été nommé sur proposition (article 92 paragraphe 1) de la Chambre fédérale de l'industrie du commerce et l'autre sur proposition (même disposition) du Conseil des Chambres autrichiennes du travail. Si une entente porte exclusivement sur des produits énumérés dans l'annexe à la présente loi fédérale, un assesseur nommé sur proposition de la Conférence des présidents des Chambres de l'Agriculture d'Autriche remplace l'assesseur nommé sur proposition du Conseil des Chambres autrichiennes du travail. Si une entente porte à la fois sur des produits énumérés dans cette annexe et sur d'autres produits, les deux groupes de produits feront chacun l'objet d'une procédure distincte.
2) Le tribunal supérieur des ententes prend ses décisions en un collège composé de sept membres.

Article 103 : Répartition des affaires

La répartition des affaires relevant de la compétence du tribunal des ententes et du tribunal supérieur des ententes est fixée, y compris en ce qui concerne les règles de représentation, par le tribunal des ententes et le tribunal supérieur des ententes pour une durée d'une année civile.

Article 104 : Conduite des affaires

1) La conduite des affaires relevant du tribunal des ententes et du tribunal supérieur des ententes incombe au président du tribunal ou à son suppléant.
2) Toute convocation doit être adressée aux assesseurs (ou à leurs suppléants) si possible 14 jours avant la session ou l'audience. La convocation doit préciser l'objet de la session ou de l'audience.
3) L'assesseur (ou son suppléant) doit aviser sans délai le président de tout empêchement.

Article 105 : Application par analogie de la loi sur la procédure civile et l'organisation judiciaire

Les dispositions de la loi sur la procédure civile et l'organisation judiciaire concernant les délibérations, le vote et la récusation des juges et autres membres des organes judiciaires sont applicables en tant que de besoin au tribunal des ententes et au tribunal supérieur des ententes ; pour l'application de l'article 10 paragraphe 2 de cette loi, l'âge est pris en compte au lieu du grade.

Article 106 : Secrétariat

Le président de la Cour d'appel de Vienne met à la disposition du tribunal des ententes et du tribunal supérieur des ententes l'effectif nécessaire de secrétaires choisis parmi les auditeurs de justice et d'autres agents qualifiés.

Article 107 : Greffe

1) Les services de greffe sont assurés pour le tribunal des ententes par des agents de la Cour d'appel de Vienne et pour le tribunal supérieur des ententes par des agents de la Cour suprême de justice.
2) Le registre des ententes est tenu uniquement par des fonctionnaires de catégorie moyenne supérieure ou des fonctionnaires du service judiciaire.

Article 108 : Experts pour les affaires concernant les ententes

1) Le président du tribunal des ententes désigne douze experts pour les affaires concernant les ententes. Il établit à cet effet une liste spéciale. Il ne peut y faire figurer que les noms des personnes qui ont été proposées d'un commun accord par la Chambre fédérale de l'industrie et du commerce et le Conseil des Chambres autrichiennes du travail, si ces deux organes lui soumettent ces propositions dans le délai qu'il leur a imparti.
2) Le mandat de chaque expert est d'une durée de cinq ans. Si un expert renonce à ses fonctions avant l'expiration de son mandat, un remplaçant doit être désigné pour la durée restant à courir.
3) Les membres du tribunal des ententes, du tribunal supérieur des ententes ou de la commission paritaire ne peuvent être désignés comme experts.

Article 109 : Archives

1) Les archives du tribunal des ententes et du tribunal supérieur des ententes sont conservées pendant 30 ans. Le délai de conservation commence à courir le 1er janvier qui suit l'année au cours de laquelle est intervenue la dernière décision concernant l'affaire. Les mesures concernant l'autorisation de consulter un document, ainsi que la levée et la transmission d'un document pour consultation ne constituent pas des décisions au sens du présent paragraphe.
2) Les index sont conservés aussi longtemps que les documents auxquels ils se rapportent.

Article 110 : Financement

1) Les dépenses du tribunal des ententes et du tribunal supérieur des ententes, y compris le paiement des indemnités dues à leurs membres et à ceux de la commission paritaire, sont imputables sur le budget de la Cour d'appel de Vienne. Le tribunal des ententes et le tribunal supérieur des ententes n'ont pas à tenir de comptabilité en propre.
2) Toute somme destinée au tribunal des ententes ou au tribunal supérieur des ententes est remise à la Cour d'appel de Vienne.

Article 111 : Rapport d'activité du tribunal supérieur des ententes

A la fin de chaque année, le tribunal supérieur des ententes, après consultation du tribunal des ententes et de la commission paritaire, établit un rapport sur les activités du tribunal des ententes et du tribunal supérieur des ententes, ainsi que sur les conclusions à en tirer, en tenant dûment compte de la protection des secrets d'affaires des entreprises concernées. Il transmet ce rapport au ministre fédéral de la justice. Le rapport peut également comporter des suggestions pour l'élaboration de mesures législatives ou réglementaires. Le ministre fédéral de la justice publie ce rapport au Journal officiel de l'administration autrichienne de la justice.

Chapitre XI : Commission paritaire

Article 112 : Missions

1) La commission paritaire pour les affaires concernant les ententes (commission paritaire) rend les avis que lui demande le tribunal des ententes conformément à l'article 49.
2) La commission paritaire, sur demande du ministre fédéral de la justice, rend des avis sur la situation de la concurrence dans différents secteurs d'activité relevant de la présente loi fédérale.

Article 113 : Composition et désignation

1) La commission paritaire comprend deux secrétaires exécutifs et six autres membres. Il est désigné un suppléant pour chacun de ces autres membres.

2) Les membres de la commission paritaire sont nommés par le Président de la République fédérale, sur proposition du gouvernement fédéral. Le gouvernement fédéral propose trois membres et leurs suppléants sur proposition de la Chambre fédérale de l'industrie et du commerce, les trois autres membres et leurs suppléants sur proposition du Conseil des Chambres autrichiennes du travail et les deux secrétaires exécutifs sur proposition conjointe de ces deux organismes. Les membres de la commission paritaire (ou leurs suppléants) doivent être aptes à remplir les fonctions de juré ou d'échevin et être spécialistes de l'économie, de la gestion des entreprises ou du droit économique, ou être des personnalités éminentes du monde des affaires jouissant d'une expérience pratique. De plus, les deux secrétaires exécutifs doivent être titulaires d'un diplôme national d'enseignement supérieur d'études juridiques, commerciales ou économiques et avoir exercé pendant plusieurs années des activités théoriques ou pratiques dans le domaine du droit des ententes. L'article 92 paragraphe 2 s'applique en tant que de besoin.

3) Les membres du tribunal des ententes ou du tribunal supérieur des ententes (ou leurs suppléants) et les mandataires d'une entente ne peuvent être membres de la commission paritaire (ou suppléants).

4) La Cour d'appel de Vienne met à la disposition de la commission paritaire le personnel d'appoint nécessaire. Le secrétariat de la commission paritaire est assuré par le greffe de la Cour d'appel de Vienne.

Article 114 : Statut des membres

1) Dans l'exercice de leurs fonctions, les membres de la commission paritaire ne sont tenus à aucune instruction. Les articles 99 et 100 s'appliquent en tant que de besoin.

2) Les membres de la commission paritaire (ou leurs suppléants), à l'exception des deux secrétaires exécutifs, doivent être notamment relevés de leurs fonctions par le tribunal supérieur des ententes lorsque l'organisme qui a proposé leur désignation en fait la demande.

3) Les deux secrétaires exécutifs ne peuvent être relevés de leurs fonctions que pour des raisons disciplinaires. Les autres membres (ou leurs suppléants) peuvent être relevés de leurs fonctions pour raisons disciplinaires, outre le cas visé au paragraphe 2. Les articles 101 à 108, 110, 112 à 149, 151 bis à 155 et 157 de la loi sur le service judiciaire s'appliquent en tant que de besoin. La Cour d'appel de Vienne est compétente en matière disciplinaire.

Article 115 : Administration

Les deux secrétaires exécutifs se succèdent à la présidence tous les six mois et se représentent mutuellement en cas d'empêchement de l'un d'eux. Si les deux secrétaires exécutifs sont empêchés, ils sont représentés par le membre le plus ancien de la commission paritaire qui n'est pas empêché.

Article 116 : Convocation

1) La commission paritaire est convoquée sans délai, au plus tard dans les 14 jours qui suivent :
   1. la demande d'avis formulée par le tribunal des ententes ou le ministre fédéral de la justice ;
   2. la notification d'une recommandation non obligatoire émanant d'un groupement (article 32 point 1) ; ou
   3. la demande d'un de ses membres.
2) Si le président ne convoque pas la commission dans le délai prescrit au paragraphe 1, il appartient à son suppléant de procéder à cette convocation.

Article 117 : Délibérations

1) Le quorum est réuni lorsque tous les membres ont été dûment convoqués et qu'un des membres proposés par la Chambre fédérale de l'industrie et du commerce et un des membres proposés par le Conseil des Chambres autrichiennes du travail (ou leurs suppléants) sont présents. La commission paritaire prend ses décisions à l'unanimité. Les décisions de la commission paritaire sont consignées séance tenante par le président et signées par lui.
2) Si l'avis (article 112) ne peut être rendu à l'unanimité, les observations des membres de la commission paritaire sont consignées séance tenante par le président et signées par lui.

Article 118 : Obligation d'information

1) Les personnes désignées ci-après, lorsque la loi ne les oblige pas à garder le secret, sont tenues de communiquer à la commission paritaire les renseignements dont elle a besoin pour rendre ses avis et de lui fournir, à sa demande, les pièces justificatives correspondantes :
   1. pour la procédure relative à l'autorisation d'une entente, l'interdiction de son exécution ou la révocation de l'autorisation, le mandataire de l'entente et les parties à l'entente ;

2. pour la procédure relative à la demande de révocation d'une recommandation non obligatoire émanant d'un groupement, le groupement dont émane la recommandation ;
3. pour la procédure relative à l'interdiction d'un abus de position dominante, le demandeur et le défendeur et
4. pour l'avis à rendre sur la situation de la concurrence dans certains secteurs d'activité (article 112 paragraphe 2), toutes les entreprises appartenant au secteur en cause, ainsi que les groupements et associations d'entreprises concernés ; l'obligation d'information ne porte alors que sur les éléments significatifs du point de vue de la situation de la concurrence dans le secteur examiné.

2) Si un renseignement visé au paragraphe 1 point 4 n'est pas communiqué ou des pièces justificatives ne sont pas produites, le tribunal des ententes, d'office ou sur requête d'une partie d'office (article 44), détermine s'il y a obligation d'information et quelle est la portée de cette obligation et, le cas échéant, ordonne que les renseignements nécessaires ainsi que les pièces justificatives soient communiqués dans un certain délai.

3) La commission paritaire, ses membres et son personnel ne peuvent exploiter les renseignements et pièces justificatives visés au paragraphe 1 que pour l'accomplissement des tâches qui sont confiées à la commission paritaire (article 112).

4) Aucune entreprise ne peut être nommément désignée dans les avis sur la situation de la concurrence dans certains secteurs d'activité (article 112 paragraphe 2).

Article 119 : Demande d'un rapport d'experts

La commission paritaire peut, avant de rendre les avis demandés par le tribunal des ententes (article 112 paragraphe 1), demander un rapport d'experts. Les frais afférents à ce rapport sont fixés par le président du tribunal des ententes.

Article 120 : Publication des avis

Le ministre fédéral de la justice communique les avis de la commission paritaire sur la situation de la concurrence dans certains secteurs d'activité (article 112 paragraphe 2) au tribunal supérieur des ententes et au tribunal des ententes et les publie au Journal officiel de l'administration autrichienne de la justice.

Article 121 : Rémunération des membres de la commission paritaire

1) Pour chaque session de la commission paritaire en vue de la mise au point d'un avis conformément à l'article 112, les deux secrétaires exécutifs et les autres membres ont droit respectivement à une rémunération

de 5,34 pour cent et 2,67 pour cent du traitement d'un fonctionnaire de l'administration générale de classe V, échelon 2, plus les éventuelles allocations de cherté de vie. L'article 96 paragraphes 2 et 3 s'applique en tant que de besoin.

2) La rémunération et les frais de déplacement et de séjour dans le cas des rapports visés à l'article 112 paragraphe 2 sont fixés par le ministre fédéral de la justice.

Chapitre XII : Dispositions en matière de procédure civile et d'exécution

Article 122 : Instances au civil en matière de contrats d'entente

1) En première instance, quelle que soit la valeur litigieuse, les litiges se rapportant à un contrat d'entente et à l'existence ou à l'inexistence d'un tel contrat sont exclusivement du ressort des tribunaux régionaux (Landesgerichte) compétents en matière civile ; à Vienne, ils sont exclusivement du ressort du tribunal de commerce de Vienne.

2) En ce qui concerne le champ d'application de la présente loi fédérale, le ressort du tribunal régional couvre le territoire du Land où se trouve ce tribunal ; le ressort du tribunal de commerce de Vienne couvre le territoire du Land de Vienne.

3) La section commerciale du tribunal régional juge les affaires civiles visées au paragraphe 1, hormis les cas où un juge unique est compétent.

4) La commission paritaire reçoit une expédition de chaque jugement. A sa demande, le dossier de l'affaire lui est transmis pour consultation.

Article 123 : Action en révision du contrat pour boycott

Lorsqu'une requête a été formée devant le tribunal des ententes aux fins de révision judiciaire du contrat pour boycott (article 30), une action en exécution d'une prestation ou une action en constatation à cette même fin ne peut être intentée devant la juridiction de droit commun que dans un délai de quatre semaines à compter de la date à laquelle cette requête a été formée.

Article 124 : Effet limité des compromis d'arbitrage

1) Dans les différends liés à un contrat d'entente, ayant trait notamment au prononcé d'une pénalité contractuelle ou à une mesure de boycott (article 30) en application d'un contrat d'entente, ou à l'existence d'un contrat d'entente, la juridiction ordinaire peut être dans tous les cas valablement saisie, même s'il a été convenu que ces différends seraient tranchés par une juridiction arbitrale. Avant d'entendre les parties, la juridiction arbitrale doit aviser de ce droit, par lettre recommandée, la

partie défenderesse n'ayant pas apporté son concours à la désignation de la juridiction arbitrale.

2) La juridiction ordinaire ne pourra plus être valablement saisie par une partie pour trancher le litige lorsque cette partie aura désigné pour l'affaire en question un arbitre, demandé sa désignation, ou demandé que la juridiction arbitrale tranche le litige. Toutefois, le défendeur qui ne sera pas représenté par un avocat pourra saisir la juridiction ordinaire à tout moment avant le prononcé de la sentence arbitrale s'il n'a pas été informé de son droit conformément au paragraphe 1.

3) Toutes conventions contraires sont sans effet.

Article 125 : Saisine de la commission paritaire dans le cadre de la procédure arbitrale et incidence sur l'exécution

Les sentences et transactions arbitrales tranchant les différends liés à un contrat d'entente ou portant sur l'existence ou l'inexistence d'un tel contrat sont notifiées, en y annexant le dossier, à la commission paritaire. La commission paritaire doit retourner le dossier dans les quatre semaines. L'exécution ne peut être demandée qu'après réception de la notification par la commission paritaire.

Article 126 : Exécution sur le fondement de décisions et transactions en matière de droit des ententes

1) Les mesures provisionnelles du tribunal des ententes et les décisions en force de chose jugée du tribunal des ententes et du tribunal supérieur des ententes, de même que les transactions conclues devant ces tribunaux dans le cadre de la procédure de révision judiciaire du contrat (article 30) et d'interdiction d'abus d'une position dominante (articles 34 et 35), ont valeur de titre exécutoire.

2) La requête aux fins d'autorisation d'exécution sur le fondement de décisions relatives à l'interdiction d'abus d'une position dominante ainsi que sur le fondement de transactions conclues dans ces affaires peut être formée par le demandeur à l'instance en matière de droit des ententes et par toute entreprise directement concernée par un abus de position dominante.

3) La requête aux fins d'autorisation d'exécution et la requête en exécution sur le fondement de titres exécutoires en matière de droit des ententes sont formées devant le tribunal cantonal (Bezirksgericht) ordinairement compétent en matière contentieuse à l'égard de la personne contre laquelle l'exécution est demandée (articles 66 et 75 de la loi sur la procédure civile et l'organisation judiciaire) ou devant le tribunal d'exécution désigné en vertu des articles 18 et 19 de la loi sur l'exécution.

Chapitre XIII : Interdiction des prix conseillés non obligatoires

Article 127 : Pouvoir réglementaire

1) Si, pour une part importante du total des ventes d'un bien déterminé ou d'une catégorie de biens déterminé, les prix payés par le consommateur final à l'occasion d'opérations commerciales normales sont sensiblement inférieurs aux prix conseillés, le ministre fédéral de l'économie peut, pour encourager la concurrence sur les prix, interdire par arrêté, notamment sur proposition de la Chambre fédérale de l'industrie et du commerce, du Conseil des Chambres autrichiennes du travail ou de la Conférence des présidents des Chambres de l'agriculture d'Autriche, la publication de recommandations ne constituant ni des ententes au sens de l'article 12 ni des recommandations non obligatoires émanant de groupements concernant des règles de calcul des coûts au sens de l'article 31. Cette interdiction ne peut être prononcée que pour des biens déterminés ou des catégories de biens déterminées.
2) L'arrêté est pris pour une durée maximale de deux ans. Son application peut être prorogée pour des périodes n'excédant pas un an si la situation du marché donne à penser que les conditions qui ont justifié au départ l'adoption de l'arrêté seront de nouveau réunies à l'expiration de celui-ci.

Article 128 : Dérogations

Les règlements pris en application de l'article 127 ne s'appliquent pas aux recommandations entre des entreprises qui opèrent à des stades différents de commercialisation et qui, en vertu de dispositions contractuelles, entretiennent entre elles des rapports spéciaux et étroits du point de vue économique et dans le domaine de la gestion (chaînes volontaires) ; cette exception ne vaut pas toutefois pour les annonces de prix faites au consommateur final à titre de publicité ni pour les prix conseillés concernant des biens ou des catégories de biens sur lesquels les entreprises ont apposé leurs propres marques de fabrique.

Chapitre XIV : Dispositions pénales

Article 129 : Entente abusive

1) Quiconque, en tant que membre, organe ou mandataire exprès ou tacite d'une entente ou d'un membre d'une entente, utilise l'entente d'une manière qui n'est pas justifiée du point de vue économique (article 23 point 3), dans l'intention d'augmenter les prix des biens ou services faisant l'objet de l'entente, d'en limiter la baisse ou de limiter la production ou la vente de ces biens ou la prestation de ces services, est passible d'une peine d'emprisonnement de trois ans au plus ou d'une

peine pécuniaire ne pouvant excéder trois cent soixante fois le taux journalier prévu. Le tribunal peut prononcer le cumul de ces deux peines et, lorsque l'entente ne remplit pas les conditions exigées à l'article 23, révoquer l'autorisation de l'entente ou interdire son exécution.

2) Le paragraphe 1 ne s'applique pas aux modifications de prix visées à l'article 18 paragraphe 2 et au vendeur final en tant que partie à un accord de prix imposé.

3) Si la juridiction pénale a prononçé la révocation de l'autorisation de l'entente ou interdit son exécution, les voies de recours intentées contre le jugement n'ont pas d'effet suspensif en ce qui concerne ces mesures. La juridiction pénale doit, sur requête de la personne exerçant la voie de recours, accorder l'effet suspensif lorsque cela apparaît justifié compte tenu de l'intérêt de l'ensemble des parties.

Article 130 : Exécution interdite d'une entente

1) Quiconque, même par négligence, exécute une entente selon des modalités interdites (article 18, article 57 paragraphe 3 et articles 58 et 59) ou, de quelque manière, fait échec à l'interdiction d'exécution d'une entente ou à la révocation de l'autorisation d'une entente, est passible d'une peine pécuniaire ne pouvant excéder trois cent soixante fois le taux journalier prévu.

2) Le paragraphe 1 ne s'applique pas au vendeur final en tant que partie à un accord de prix imposés.

Article 131 : Exploitation interdite d'une position dominante

Quiconque, même par négligence, exploite la position dominante d'une entreprise en enfreignant une interdiction prononcée par voie de décision définitive ou de mesure provisionnelle (article 35), est passible d'une peine pécuniaire ne pouvant excéder trois cent soixante fois le taux journalier prévu.

Article 132 : Fourniture de renseignements erronés par le mandataire de l'entente

Quiconque, en sa qualité de mandataire d'une entente, donne des renseignements erronés ou incomplets sur des faits essentiels pour la décision à prendre par le tribunal des ententes, dans le cadre d'une requête en constatation conformément à l'article 19 paragraphe 1, d'une requête en autorisation conformément à l'article 23, d'une requête en prorogation conformément à l'article 24 ou d'une notification conformément aux articles 58 et 59, est passible d'une peine pécuniaire ne pouvant excéder trois cent soixante fois le taux journalier prévu.

Article 133 : Exercice d'une pression contraire aux bonnes moeurs

Quiconque exerce sur autrui une pression économique contraire aux bonnes moeurs :

1. pour faire en sorte qu'une entreprise adhère à une entente, ou
2. pour faire respecter une recommandation,

est passible, sauf si les faits sont punissables en vertu de l'article 130 ou d'une autre disposition prévoyant une peine plus sévère, d'une peine pécuniaire ne pouvant excéder trois cent soixante fois le taux journalier prévu.

Article 134 : Publication du jugement

Si une personne est jugée coupable de faits sanctionnés pénalement en vertu de la présente loi fédérale, le tribunal peut ordonner la publication du jugement aux frais de la personne condamnée, dès lors qu'il apparaît opportun, au regard de la nature et de la gravité du délit, de dissuader d'autres personnes de commettre le même genre de délit.

Article 135 : Responsabilité des représentants

Si une obligation de faire ou de ne pas faire, dont l'inobservation est sanctionnée par une peine judiciaire en vertu de la présente loi, incombe à une personne morale ou à un groupement n'ayant pas la personnalité morale, les dispositions pénales de la présente loi s'appliquent aux organes qui, en vertu de la loi ou des statuts, représentent ladite personne morale ou ledit groupement vis-à-vis des tiers.

Article 136 : Peines pécuniaires

1) Le paiement des peines pécuniaires incombe solidairement aux entrepreneurs parties à l'entente qui ont tiré ou devaient tirer avantage des faits punissables et à la personne condamnée.
2) Le jugement rendu au principal doit préciser à qui incombe le paiement de la peine pécuniaire. Les entrepreneurs responsables en vertu du paragraphe 1 et, lorsqu'il ne s'agit pas de personnes physiques, les personnes habilitées à les représenter vis-à-vis des tiers, sont convoqués à l'audience. Ils jouissent des mêmes droits que le prévenu ; ils peuvent notamment user de tous les moyens de défense dont bénéficie le prévenu et exercer un recours contre le jugement rendu au principal. Toutefois, leur non-comparution ne suspend ni l'instance ni le prononcé du jugement ; de même, ils ne peuvent faire opposition à un jugement rendu par défaut. Ils peuvent, de même que le ministère public, interjeter appel contre le jugement en ce qu'il se prononce sur la responsabilité. Les dispositions du code de procédure pénale en matière d'appel contre les jugements de condamnation s'appliquent en tant que de besoin.

Article 137 : Amendes

1) En cas d'infraction aux dispositions du présent chapitre, la juridiction pénale doit, sur requête du ministère public, infliger à l'entreprise qui a tiré ou devait tirer avantage des faits répréhensibles une amende d'un montant maximum de 1 million de schillings, pouvant être porté à 10 millions de schillings dans les cas les plus graves.
2) Le jugement au principal doit statuer sur la requête en condamnation à une amende. Si aucune personne déterminée ne peut être punie pour les faits incriminés, la juridiction pénale statue sur cette requête dans le cadre d'une instance distincte, à l'issue d'une audience publique. L'article 136 paragraphe 2 s'applique en tant que de besoin.
3) L'amende bénéficie à la Fédération et est recouvrée selon les modalités applicables en matière de peines pécuniaires.

Article 138 : Concours d'infractions

1) Si une infraction pénale relevant de la présente loi constitue également une infraction pénale en vertu d'une autre loi et si la peine doit être fixée en vertu de cette autre loi, les peines accessoires et mesures de sûreté prévues par la présente loi peuvent être néanmoins prononcées ; les peines accessoires et mesures de sûreté de nature impérative sont obligatoirement prononcées et il doit être statué sur la responsabilité en matière de peines pécuniaires. En outre, les peines accessoires et mesures de sûreté qui ne sont pas prévues par la présente loi fédérale, mais par d'autres dispositions légales, peuvent être prononcées lorsque la peine est fixée en application de la présente loi fédérale ; les peines et mesures de sûreté de nature impérative sont obligatoirement prononcées.
2) La même règle s'applique lorsque, outre l'acte passible d'une peine aux termes de la présente loi fédérale, l'auteur a commis un autre acte punissable en vertu d'une autre disposition légale, pour lequel il est condamné en même temps.

Article 139 : Collaboration des Chambres aux instances pénales

1) Dans le cadre des instances pénales relatives à des faits sanctionnés pénalement en vertu de la présente loi fédérale, la Chambre fédérale de l'industrie et du commerce, le Conseil des Chambres autrichiennes du travail et la Conférence des présidents des Chambres de l'agriculture d'Autriche sont tenus, sur demande du tribunal et dans le délai qui leur est imparti, de rendre un avis sur les éléments, relevant de leur compétence, qui ont un caractère déterminant pour la décision du tribunal.
2) Sur requête du ministère public, le tribunal demande à la Chambre fédérale de l'industrie et du commerce, au Conseil des Chambres

autrichiennes du travail et à la Conférence des présidents des Chambres de l'agriculture d'Autriche de rendre l'avis visé au paragraphe 1 dans un délai qui ne peut être supérieur à six semaines. L'action pénale ne peut être intentée tant que l'avis n'a pas été formulé ou que le délai imparti à cet effet n'est pas clos.

Article 140 : Compétence

Les instances pénales relatives à des faits sanctionnés pénalement par la présente loi fédérale et les instances distinctes au titre de l'article 137 paragraphe 2 sont de la compétence du juge unique de la juridiction pénale de première instance.

Article 141 : Transmission du jugement

Dans les instances pénales relatives à des faits sanctionnés pénalement par la présente loi fédérale, la juridiction pénale est tenue, à l'issue de l'instance,

1. de transmettre au tribunal des ententes une expédition du jugement de condamnation et
2. de transmettre une expédition du jugement à la Chambre fédérale de l'industrie et du commerce, au Conseil des Chambres autrichiennes du travail et à la Conférence des présidents des Chambres d'agriculture d'Autriche.

Chapitre XV : Délits d'ordre administratif

Article 142 : Contraventions administratives

Quiconque

1. omet de procéder en temps utile à la notification prévue à l'article 19 paragraphe 2, aux articles 20, 42 et 56, à l'article 60 point 5 et à l'article 63 paragraphe 4 et à l'article 149,
2. donne sciemment dans une notification visée au point 1 des renseignements erronés ou incomplets,
3. sciemment, en tant qu'organe d'un groupement formulant une recommandation, émet une recommandation non obligatoire allant à l'encontre de l'article 32 ou ne se conforme pas en temps utile à une demande de révocation de la recommandation,
4. enfreint un règlement pris en vertu de l'article 127,
5. en tant que vendeur final exécute un accord de prix imposés après avoir été avisé de la révocation de l'autorisation de cet accord ou de l'interdiction d'exécuter l'accord, ou de toute autre manière fait échec à ces mesures, ou

6. ne se conforme pas à une demande du tribunal des ententes en application de l'article 118 paragraphe 2,

se rend coupable, pour autant que les faits ne constituent pas une infraction pénale relevant de la compétence du tribunal, d'une contravention administrative et est passible d'une amende d'un montant maximum de 200 000 schillings, prononcée par l'autorité administrative du district ou par l'autorité fédérale de police lorsque la compétence appartient à cette dernière.

Article 143 : Transmission de la décision prononçant une amende administrative

Dans les instances pénales relatives à des faits sanctionnés en vertu de l'article 142 point 6, l'autorité est tenue de transmettre à la commission paritaire une expédition de la décision de condamnation à une amende administrative lorsque la procédure a été régulièrement close.

Chapitre XVI : Dispositions finales et transitoires

Article 144 : Entrée en vigueur

1) La présente loi fédérale entre en vigueur le 1er janvier 1989.
2) Des arrêtés peuvent être pris en application de la présente loi fédérale dès le jour suivant celui de sa publication et il peut être procédé à compter de cette date à des actes administratifs individuels, notamment des nominations ; ces arrêtés et actes ne peuvent toutefois prendre effet avant le 1er janvier 1989. La même règle s'applique pour la répartition des affaires conformément à l'article 103.

Article 145 : Abrogation

1) La loi sur les ententes publiée au BGBl sous le numéro 460/1972 est abrogée au 31 décembre 1988 ; son annexe est toutefois conservée comme annexe à la présente loi fédérale.
2) En cas de renvoi de lois fédérales à des dispositions de la loi sur les ententes publiée au BGBl sous le numéro 460/1972, le renvoi vaut pour les dispositions correspondantes de la présente loi.

Article 146 : Application d'arrêtés

Les arrêtés pris en vertu de l'article 6 de la loi sur les ententes publiée au BGBl sous le numéro 460/1972 restent en vigueur sur la base de l'article 17 de la présente loi fédérale et sont abrogés dès qu'un arrêté correspondant est pris en application de l'article 17 de la présente loi fédérale.

Article 147 : Affaires en instance

Les affaires en instance devant le tribunal des ententes et le tribunal supérieur des ententes sont poursuivies conformément aux dispositions de la présente loi fédérale. Les déclarations, au registre des ententes, d'ententes qui ne sont pas des ententes d'importance mineure ni des restrictions pour commerce spécialisé sont assimilées à des demandes d'autorisation, et les déclarations, au registre des ententes, des ententes d'importance mineure, des restrictions pour commerce spécialisé, des recommandations émanant de groupements et des opérations de concentration sont assimilées à des notifications.

Article 148 : Registre des ententes

1) La présente loi est dorénavant applicable aux sections K, V et Z du registre des ententes tenu en vertu de la loi sur les ententes et aux index correspondants prévus à l'article 87 de ladite loi.
2) Les ententes qui ont été inscrites au registre des ententes conformément à la loi sur les ententes et qui ne sont pas des ententes d'importance mineure sont réputées avoir été autorisées au sens de l'article 23. Ces ententes sont autorisées jusqu'au 31 décembre 1993.
3) Les articles 77 et 78 de la présente loi s'appliquent à la section M du registre des ententes tenu conformément à la loi sur les ententes et aux index correspondants prévus à l'article 87 de la loi sur les ententes. Ils s'appliquent également au registre des ententes conservé conformément à l'article 132 de la loi sur les ententes.

Article 149 : Notification de restrictions à la distribution

Les restrictions à la distribution qui auront été mises à exécution avant l'entrée en vigueur de la présente loi fédérale sans avoir été notifiées en vue de leur inscription au registre des ententes devront être notifiées avant le 30 juin 1989 au tribunal des ententes selon les modalités prévues à l'article 20. Le nom (ou la raison sociale) et l'adresse des participants aux restrictions à la distribution devront être indiqués dans la notification.

Article 150 : Validité des nominations

Les nominations des membres du tribunal des ententes, du tribunal supérieur des ententes et de la commission paritaire, ainsi que des experts en matière d'ententes, auxquelles il a été procédé en vertu de la loi sur les ententes, demeurent valables comme si elles avaient été effectuées en vertu de la présente loi fédérale.

Article 151 : Exécution

Sont chargés de l'exécution de la présente loi fédérale :

1. le ministre fédéral de la justice en ce qui concerne les chapitres I à IX, X (à l'exception de l'article 90 et de l'article 92 paragraphes 1 et 3), XI (à l'exception de l'article 113 paragraphe 2), XII, XIV et XVI ; toutefois, pour ce qui concerne l'article XVII le ministre fédéral de la justice agit en accord avec le ministre fédéral de l'économie et pour ce qui concerne le chapitre IX en accord avec le ministre fédéral des finances ;
2. le ministre fédéral de l'économie en ce qui concerne le chapitre XIII ;
3. les ministres fédéraux compétents en ce qui concerne le chapitre XV ;
4. le gouvernement fédéral en ce qui concerne l'article 90, l'article 92 paragraphes 1 et 3 et l'article 113 paragraphe 2.

Loi fédérale du 19 octobre 1988 modifiant la loi sur le droit d'auteur

L'Assemblée nationale a adopté la loi dont la teneur suit :

Article premier : Modifications de la loi sur le droit d'auteur

La loi sur le droit d'auteur publiée au BGBl sous le numéro 111/1936, modifiée en dernier lieu par la loi fédérale publiée au BGBl sous le numéro 295/1982, est modifiée comme suit :

1. L'article 16 paragraphe 3 est libellé comme suit :

   «3) Ne sont pas soumises au droit de diffusion les oeuvres qui sont commercialisées avec l'autorisation de l'ayant-droit par cession de la propriété. Si toutefois l'autorisation n'a été accordée que pour un territoire déterminé, il n'est pas porté atteinte au droit de diffuser en dehors de ce territoire les oeuvres commercialisées sur ce territoire ; cette exception ne vaut pas pour les enregistrements sonores qui sont commercialisés avec l'autorisation de l'ayant-droit dans un Etat membre de la Communauté européenne ou de l'Association européenne de libre-échange.»

2. L'article 87 b suivant est inséré après l'article 87 a :

   «Article 87 b Droit à l'information

   Toute personne diffusant sur le territoire autrichien des enregistrements sonores pour lesquels le droit de diffusion s'est éteint par commercialisation dans un Etat membre de la Communauté européenne ou de l'Association européenne de libre-échange (article 16 paragraphe 3) doit donner à l'ayant-droit, à sa demande, des renseignements exacts et complets sur le fabricant, le contenu, le pays d'origine et la quantité d'enregistrements sonores diffusés. Le droit à information appartient à la personne qui bénéficie, au moment de l'extinction, du droit de diffuser les enregistrements sonores sur le territoire national.»

3. L'article 90 paragraphe 1 est libellé comme suit :

   «1) Les droits à une juste rémunération, à une juste indemnisation, à restitution du gain et à information se prescrivent dans les conditions prévues pour les actions en dommages-intérêts.»

Article II : Dispositions finales

1) La présente loi fédérale entre en vigueur le 1er janvier 1990.
2) Le ministre fédéral de la justice est chargé de l'exécution de la présente loi fédérale.

BELGIQUE

(juillet 1989 — décembre 1989)

I. Modifications ou projets de modifications des lois et politiques de la concurrence

A. Modifications du droit et de la politique de concurrence proposées par les pouvoirs publics

Au cours des six derniers mois de 1989, la loi du 27 mai 1960 sur la protection contre l'abus de puissance économique n'a fait l'objet d'aucune modification.

Quant au projet de loi sur la concurrence économique mentionné dans le rapport précédent, il a continué pendant les mois de juillet à décembre 1989 de faire l'objet d'un examen par le Comité interministériel auquel le Conseil des Ministres, par décision du 9 juin 1989, l'avait envoyé pour étude.

II. Mise en oeuvre de la législation et de la politique de concurrence

B. Action contre les pratiques anti-concurrentielles : Résumé des activités des autorités chargées de la concurrence

De juillet 1989 à décembre 1989, le Commissaire-rapporteur a rendu ses conclusions dans le cadre de deux affaires. Dans l'une, il a estimé, après avoir fait procéder à une enquête, qu'il n'y avait pas lieu de poursuivre la procédure : il l'a donc classée sans suite. Dans l'autre, par contre, il a estimé que les pratiques dénoncées constituaient un abus de puissance économique. Il a dès lors soumis le dossier, accompagné de ses conclusions, pour avis au Conseil du contentieux économique.

a) Classement

La plainte qui a été classée sans suite par le Commissaire-rapporteur avait été déposée par le directeur d'une société, grossiste en alimentation, contre plusieurs sociétés importatrices de tabacs et cigarettes qui refusaient de lui livrer directement leurs produits, attitude qui, selon le plaignant, était le résultat d'une entente entre les sociétés mises en cause.

Après avoir examiné les résultats de l'enquête à laquelle il avait fait procéder, le Commissaire-rapporteur est arrivé à la conclusion que l'existence d'un abus de puissance économique ne pouvait être établie. Les considérations sur lesquelles il s'est basé pour étayer son opinion sont les suivantes :

— Le chiffre d'affaires réalisé par la société plaignante auprès de chaque fabricant est faible ;

— Le plaignant s'approvisionne depuis février 1987 auprès d'un grossiste qui lui accorde des conditions de vente très avantageuses, et un service de livraison souple.

Cette proposition de classement a été communiquée au Ministre, qui l'a estimée justifiée.

b) Conclusion tendant à la constatation de l'existence d'un abus de puissance économique

En 1988, le Ministre des affaires économiques a, conformément à l'article 4 de la loi du 27 mai 1960, demandé au Commissaire-rapporteur de procéder à une instruction dans le secteur de la boulangerie. Il semble en effet que l'association professionnelle régionale bruxelloise de la boulangerie fasse pression sur ses membres pour qu'ils alignent leurs prix de vente du pain sur les prix maxima officiels et utilise divers moyens d'intimidation envers ceux qui vendent en-dessous de ces prix.

De l'enquête effectuée à ce propos et notamment des différentes déclarations recueillies au cours de cette dernière tant de la part des boulangers que de celle de l'association professionnelle, le Commissaire-rapporteur a déduit que cette dernière dispose d'une position dominante. Celle-ci ressort, selon lui, du fait que l'association peut obliger les boulangers qui en sont membres (ceux-ci sont au nombre de 600, ce qui représente 85 pour cent des boulangers établis à Bruxelles) à appliquer le prix maximum pour la vente de leurs pains.

En ce qui concerne l'abus de position dominante, le Commissaire-rapporteur constate qu'à aucun moment il ne ressort de l'enquête que le maintien du prix maximum se justifie par autre chose que le propre intérêt des membres de l'association. Il ajoute que cela constitue une atteinte à l'intérêt général qui, en l'occurrence, se confond avec celui du consommateur.

Le Commissaire-rapporteur est ainsi arrivé à la conclusion que l'association professionnelle de la boulangerie de la région bruxelloise a commis un abus de puissance économique. Il a déposé le dossier avec ses conclusions au secrétariat du Conseil du contentieux économique. Le Conseil a entamé l'examen de l'affaire ; une décision est attendue pour le début de l'année 1990.

c) Avis ou décision du Conseil du contentieux économique

Le Conseil n'a eu à se prononcer sur aucune autre affaire au cours des six derniers mois de l'année 1989.

CANADA

(Du 1er avril 1989 au 31 mars 1990)

I. Modifications adoptées ou envisagées des lois et politiques en matierè de concurrence

Modifications législatives

Résumé des nouvelles dispositions de la Loi sur la concurrence

Aucune modification significative n'a été apportée à la législation canadienne sur la concurrence au cours de l'année fiscale.

Lois ou propositions connexes

i) Loi sur la protection des circuits intégrés ; aspects concernant la politique de concurrence

Le personnel du Bureau de la politique de concurrence a participé à la rédaction de certaines parties du projet de loi C-57 (Loi visant à protéger la topographie des circuits intégrés) ayant un rapport avec la politique de concurrence. Cette législation, qui a été présentée à la Chambre des communes le 18 décembre 1989, vise à établir un nouveau régime de protection de la propriété intellectuelle en ce qui concerne les dessins de puces semi-conductrices. La protection offerte par les lois existantes sur la propriété intellectuelle n'est pas appropriée aux caractéristiques uniques des puces électroniques.

Le projet de loi C-57 contient plusieurs modifications de concordance avec la Loi sur la concurrence afin de clarifier la relation entre les deux législations. Ces modifications font écho à des renvois à d'autres types de droits de propriété intellectuelle contenus dans la Loi.

En plus d'avoir participé à l'élaboration du projet de loi C-57, le personnel du Bureau a fourni son aide aux fonctionnaires qui ont représenté le Canada lors de l'élaboration d'un traité multilatéral sur la protection des puces semi-conductrices. Le traité, qui a été négocié à Washington, D.C. au printemps 1989, couvre divers aspects de la protection des puces semi-conductrices. Il autorise les signataires à appliquer les mesures appropriées pour remédier aux abus anticoncurrentiels concernant les dessins de puces semi-conductrices.

ii) Loi dérogatoire sur les conférences maritimes

Le personnel du Bureau de la politique de concurrence a continué à participer à la mise en oeuvre de la Loi dérogatoire de 1987 sur les conférences maritimes (LDCM). Cette loi prévoit une exemption limitée à la Loi sur la concurrence en ce qui concerne les activités des conférences maritimes internationales (cartels) au Canada. Le personnel du Bureau a rencontré à plusieurs reprises ceux de l'Office national des transports et de Transports Canada afin de répondre aux interrogations soulevées par cette exemption, et de clarifier la relation entre la Loi sur la concurrence et la LDCM.

De plus, le personnel du Bureau a entamé les préparatifs pour la révision de la LDCM prévue pour 1992, conformément à la Loi de 1987 sur le transport national. Ce travail consistait notamment à analyser la réforme de la législation correspondante des États-Unis (Shipping Act de 1984) qui est déjà en cours. L'expérience passée permet de croire que l'issue des délibérations sur la politique en cette matière aux États-Unis constituera une considération importante dans le processus de réforme de la LDCM canadienne.

iii) Loi concernant la protection des obtentions végétales

Le Bureau a fourni son aide au ministère de l'Agriculture pour l'élaboration du projet de loi C-15 (Loi concernant la protection des obtentions végétales). Ce projet de loi, déposé à la Chambre des communes le 8 mai 1989, établira un nouveau régime de protection de la propriété intellectuelle, visant à promouvoir le développement et l'exploitation commerciale de nouvelles variétés végétales. Le Bureau est intervenu en raison de l'abus possible des droits et privilèges exclusifs découlant de la législation, et de la nécessité de garanties législatives appropriées. La Loi contient à cet égard des dispositions sur l'octroi de licences obligatoires et l'annulation des droits des pépiniéristes, dans certaines circonstances précisées dans la législation.

iv) Droits de négociation collective pour les artistes

Durant la période faisant l'objet du Rapport, le ministère des Communications a présenté une proposition visant à établir les droits de négociation collective pour les artistes. Cette proposition s'inscrivait dans le cadre d'un ensemble de mesures visant à rehausser le statut des artistes au Canada. Le personnel du Bureau a rencontré à plusieurs reprises des fonctionnaires du ministère des Communications afin de discuter de leur proposition, et des difficultés potentielles en regard de la Loi sur la concurrence. La proposition amenait notamment à examiner la portée de l'exemption actuellement prévue dans la Loi en ce qui concerne les activités de négociation collective des ouvriers et des employés.

Activités connexes

Le Programme des allocutions

Le Directeur et des fonctionnaires supérieurs du Bureau ont prononcé plusieurs allocutions devant des associations commerciales et d'autres groupes du milieu des affaires ou des professions libérales s'intéressant à la politique de la concurrence. Les principaux thèmes abordés lors de ces allocutions portaient notamment sur l'expérience récente en matière d'examen de fusionnements, le contrôle des fusionnements et des entreprises en participation, les répercussions de la Loi sur la concurrence sur les professions, etc.

Avec la nomination, le 30 octobre 1989, d'un nouveau Directeur, Howard I. Wetston, qui a remplacé Calvin S. Goldman, les thèmes abordés lors des allocutions ont quelque peu changé. L'approche fondée sur la conformité avec la loi est restée un aspect essentiel de l'application de la Loi sur la concurrence. Toutefois, le nouveau Directeur a également mis en valeur plusieurs priorités, souhaitant notamment faire en sorte que les objectifs de la Loi sur la concurrence soient reflétés dans l'élaboration de la politique économique du gouvernement, et soient également pris en considération dans le cadre du processus réglementaire. En outre, le Directeur a indiqué qu'il publierait des bulletins et des lignes directrices clarifiant les grands principes d'application de la législation.

Le Forum consultatif du Directeur

Le Forum consultatif du Directeur constitue un groupe informel composé d'intervenants du milieu universitaire, des gens d'affaires, d'avocats, de représentants des consommateurs et autres personnes, invités à rencontrer le Directeur afin de discuter de questions relatives à la mise en oeuvre de la Loi sur la concurrence. Afin d'en diversifier le plus possible la composition, le Forum n'est pas constitué de membres officiels et le Directeur essaie de faire en sorte que les différentes régions du pays y soient représentées. La participation aux activités du Forum se fait sur invitation, mais les personnes intéressées à la mise en oeuvre du droit de la concurrence au Canada peuvent demander à être invitées.

Le Directeur a participé à plusieurs réunions de consultation plus restreintes avec des représentants de divers secteurs commerciaux, de la profession juridique, des députés et d'associations représentant les intérêts du milieu des affaires et des consommateurs.

Bulletins d'information

On a consacré des efforts particuliers à accroître l'information donnée au public sur la Loi et sur son administration. La publication d'une série de bulletins d'information expliquant certaines dispositions de la Loi se poursuit. Le premier bulletin, publié en juin 1988, portait sur les dispositions en matière de fusionnement et le second, paru en décembre 1988, traitait des certificats de décision préalable. Le troisième bulletin, publié en juin 1989, exposait le programme de conformité du Directeur.

On a entrepris des travaux préparatoires en vue de la publication de bulletins sur les pratiques des prix abusifs, la discrimination par les prix et les dispositions relatives aux fusionnements.

II. Application des lois et des politiques en matierè de concurrence

Mesures de répression des pratiques anticoncurrentielles (sauf les fusionnements)

Statistiques sur les activités des autorités et des tribunaux en matière de concurrence

Au cours de l'exercice clos le 31 mars 1990, le Bureau a reçu 957 plaintes (à l'exclusion des cas de publicités trompeuses et de pratiques commerciales dolosives), dont 184 ont fait l'objet d'examens préliminaires et 15 ont donné lieu à des enquêtes officielles. Au cours de la même période, les tribunaux ont examiné 27 poursuites en vertu de contraventions aux dispositions touchant la concurrence (sauf celles visant les pratiques commerciales dolosives). Il s'agissait de 11 poursuites instituées au cours de l'année, et 16 poursuites présentées devant les tribunaux les années précédentes. Les seize poursuites réglées durant l'année ont donné les résultats suivants : six condamnations, sept acquittements des accusés et trois ordonnances d'interdiction sans condamnation. Les amendes imposées ont totalisé 915 000 $Can. En outre, parmi les 15 poursuites qui se trouvaient devant les tribunaux à la fin de l'année, il restait à payer 40 850 $Can d'amendes dans trois affaires faisant l'objet d'un appel ou dans lesquelles les poursuites contre certains accusés étaient encore en cours. De plus, le Bureau a rédigé 14 avis consultatifs dans le cadre du Programme des avis consultatifs ; il a donné 136 opinions verbalement en réponse à des questions posées par des membres de l'industrie.

Le Bureau des pratiques commerciales possède des bureaux décentralisés à la grandeur du Canada. Au cours du dernier exercice, la Division a reçu 14 610 plaintes et 56 dossiers ont été confiés au Procureur général du Canada. A la fin de l'année financière, les tribunaux se sont penchés sur 195 cas de publicité trompeuse et de pratiques commerciales dolosives. Il s'agit de 84 poursuites entamées au cours de l'année et de 111 autres dont les tribunaux avaient été saisis au cours des années précédentes. Au cours de l'année, 76 cas ont été réglés, 49 d'entre eux ont donné lieu à des condamnations. Des amendes totalisant 907 850 $Can ont été imposées au cours de l'année. En outre, sur les 119 cas qui se trouvaient devant les tribunaux à la fin de l'année, on comptait 115 360 $Can en amendes non payées dans 11 cas faisant l'objet d'un appel ou dans lesquels les procédures entamées contre certains des accusés étaient encore en instance.

Description des principales affaires

La présente section résume un certain nombre d'affaires importantes afin d'illustrer la nature et la portée des activités d'application de la Loi entreprises durant l'année. Elle est divisée en trois parties : la partie (i) décrit des affaires d'intérêt national ayant fait l'objet de poursuites en vertu des dispositions pénales de la Loi, la partie (ii), des affaires nationales de nature non pénale et la partie (iii), des affaires ayant des répercussions sur la scène internationale.

i) Affaires d'intérêt national (pénales)

a) Billets de remontées

Le 6 avril 1989, la Cour fédérale du Canada a émis une ordonnance d'interdiction contre la Station Mont-Tremblant Lodge Inc. en vertu du paragraphe 34(2), dont l'intimée a accepté les dispositions de l'ordonnance ainsi que les admissions qui y étaient liées. Ces admissions indiquent que la station, seul fournisseur de billets de remontés pour les pistes de ski alpin du Mont-Tremblant, s'adonnait à une pratique discriminatoire à l'endroit d'un concurrent des acheteurs d'articles, en accordant des escomptes, des rabais, des remises, des concessions de prix ou autres avantages à des hôteliers, qui n'étaient pas accessibles au concurrent de ces hôteliers, au moment de la vente d'articles en quantité et qualité similaires. Ces actes posés tendaient à la perpétration d'une infraction en vertu de l'alinéa 50(1)(a) de la Loi.

L'ordonnance interdit entre autres à la station de s'adonner à une pratique discriminatoire, en mettant en oeuvre une politique de tarification hôtelière fondée sur la catégorisation des établissements, soit par le type d'hébergement offert, soit par la gamme de service hôteliers offerts, tels les services de bars et de restaurants.

En plus d'interdire à l'accusée de poser un acte quelconque qui l'amènerait à récidiver, l'ordonnance enjoint la station de fournir au Directeur une description détaillée de sa politique de tarification des remontées s'appliquant aux hôteliers ainsi qu'un relevé détaillé des rabais accordés aux acheteurs. L'ordonnance restera en vigueur pendant cinq ans.

b) Essense — Winnipeg

Le 15 octobre 1987, deux accusations, une en vertu de l'alinéa 61(1)a) et une autre en vertu de l'alinéa 61(1)b) de la Loi sur la concurrence, ont été portées contre Produits Shell Canada Limitée. Le 27 février 1989, une décision de la Cour du Banc de la Reine du Manitoba a déclaré Shell coupable de l'accusation en vertu de l'alinéa 61(1)a) et l'a condamnée au paiement d'une amende de 100 000 $Can pour avoir tenté de faire monter le prix de l'essence vendu par un de ses détaillants. Le 8 février 1990, la Cour d'appel du Manitoba a rejeté l'appel que Shell a interjeté de sa déclaration de culpabilité et a porté l'amende à 200 000 $Can. Cette amende est la plus élevée qu'une Cour canadienne n'ait jamais imposée pour une seule accusation en vertu des dispositions relatives au maintien des prix. C'est aussi la première fois qu'une Cour supérieure au Canada se prononçait sur le sens du mot «menace» utilisé dans cet article de la Loi sur la concurrence. Par ailleurs, la Cour a décidé que l'allégation de Shell comme quoi elle n'avait pas une politique de maintien des prix ne constituait pas une circonstance atténuante dans la détermination de l'amende appropriée et qu'enfin Shell était responsable des actes de son agent de commercialisation à Winnipeg même si ce dernier occupe un poste peu élevé dans la hiérarchie de la société.

c) Outils électriques

Le 17 février 1988, deux accusations ont été portées contre la société Makita Power Tools Canada Ltd., une en vertu de l'alinéa 61(1)a) et l'autre en vertu de l'alinéa 61(1)b). Le 22 septembre 1988, l'accusée a renoncé à son droit à une enquête préliminaire. Le 13 avril 1989, elle a plaidé coupable à l'accusation portée en vertu de l'alinéa 61(1)a) et a été condamnée à une amende de 15 000 $Can. L'autre accusation a été levée. Cette enquête avait débuté en septembre 1985 par une plainte d'un détaillant de pièces et d'accessoires automobiles de Québec, qui alléguait que le représentant local des ventes de Makita refusait d'accepter d'autres commandes d'outils électriques Makita, à cause de sa politique de bas prix.

d) Vitamines

Le 4 avril 1989, Hoffman-LaRoche Limited a plaidé coupable à une accusation portée en vertu de l'alinéa 61(1)a). La société a été condamnée à une amende de 50 000 $Can. Une ordonnance d'interdiction a également été rendue. Cette enquête a été déclenchée par une plainte d'un grossiste de l'Ouest canadien qui alléguait que la société Hoffman-LaRoche Limited avait tenté de faire monter les prix auxquels elle vendait le Redoxon, une marque de vitamines en vente libre produite par Hoffman-LaRoche.

e) Bracelets de montres

Le 15 mai 1989, la société Les Industries du Bracelet-montre Stylecraft Inc. a plaidé coupable à une accusation en vertu de l'alinéa61(1)a) et à une autre en vertu de 61(1)b). La société a été condamnée à payer des amendes de 15 000 $Can, dont 5 000 $Can pour avoir enfreint l'alinéa 61(1)a) et 10 000 $Can pour l'infraction à l'alinéa 61(1)b). La poursuite a retiré une accusation portée en vertu de l'alinéa 61(1)b). Cette enquête a été déclenchée par une plainte d'un grossiste de bracelets de montres et de pièces de rechange qui alléguait que l'accusée avait tenté de faire monter ses prix et avait, par la suite, refusé de l'approvisionner à cause de sa politique de bas prix.

f) Motocyclettes et foires de la motocyclette

Le 13 octobre 1989, le Conseil de l'industrie de la motocyclette et du cyclomoteur, les sociétés Honda Canada Inc, Yamaha Motor Canada Limited, Canadian Kawasaki Motors Limited et Fred Deeley Imports Limited ont tous plaidé coupables à une accusation portée contre eux en vertu de l'alinéa 61(1)a). Le 9 novembre 1989, après avoir examiné la soumission conjointe relative à l'imposition de la sentence et à l'énoncé des faits, la Cour suprême de l'Ontario a condamné les accusées à une amende de 250 000 $Can. La Cour a aussi émis une ordonnance d'interdiction. Dans cette affaire, l'accusation portait surtout sur les actes posés par les cinq plus grands distributeurs et par leur association commerciale en vue de restreindre la publicité pour les ventes à rabais qui se fait aux foires de motocyclettes.

g) Outils électriques

Le 13 février 1990, la Cour supérieure du Québec a émis une ordonnance d'interdiction contre Makita Power Tools Canada Ltd. en vertu du paragraphe 34(2). Cette ordonnance a été émise après que l'intimée eut donné son consentement aux termes de l'ordonnance et aux admissions qui y étaient liées. Selon ces admissions, la société n'a pas offert, sur une base proportionnelle, le programme coopératif de publicité qu'elle a entrepris à tous les détaillants qui se font concurrence. On alléguait qu'un tel comportement visait à commettre une infraction au paragraphe 51(2) de la Loi. L'ordonnance interdit à Makita de commettre tout acte ou toute chose tendant à la répétition d'une telle infraction. En outre, l'ordonnance enjoint Makita de donner au Directeur un exposé détaillé de son programme de publicité coopérative.

h) Téléviseurs en couleur

Le 26 septembre 1989, la Cour fédérale du Canada a rendu une ordonnance d'interdiction aux termes du paragraphe 34(2) contre Sanyo Industries Canada Inc./ Les Industries Sanyo Canada Inc. (Sanyo). Cette compagnie avait fixé des plaques portant la mention «Fait à Montréal par Sanyo Industries Canada Inc.» à l'arrière de ses téléviseurs couleur, donnant l'impression générale que le produit était fabriqué au Canada. Les préoccupations du Directeur portaient sur le fait que le pourcentage canadien d'éléments entrant dans la fabrication des téléviseurs (coûts directs du matériel, de la main-d'oeuvre ou des frais généraux, ou tous ces éléments à la fois) était substantiellement inférieur à 51 pourcent.

L'ordonnance rendue à la suite de discussions entre Sanyo et les représentants du Directeur et du Procureur général, interdit à Sanyo de répéter cette pratique durant une période de trois ans.

i) Économiseurs d'essence

Carburation Econex Canada Inc. et Raymond Roy, faisant la promotion d'un économiseur d'essence, prétendaient dans des messages publicitaires publiés dans des revues que le mécanisme en question réduisait la pollution de 90 pour cent, et faisait réaliser des économies d'essence pouvant aller jusqu'à 25 pour cent. L'enquête a révélé que ces indications étaient fausses ; des tests menés par le Conseil national de la recherche ont indiqué que ces économies étaient inexistantes.

Le 2 août 1989, la compagnie a été reconnue coupable de 10 accusations, aux termes de chacun des alinéas 52(1)a) et b), et condamnée à une amende totale de 200 000 $Can. Le 24 janvier 1990, Raymond Roy a plaidé coupable à 12 accusations portées en vertu de chacun des alinéas mentionnés ci-dessus, et a été condamné à faire un don de 4 000 $Can à l'Association de Protection des Automobilistes.

j) Forfaits vacances

The Wholesale Travel Group Inc. et Colin Chedore sont l'objet de cinq accusations en vertu de l'alinéa 52(1)a). Avant que des preuves ne soient présentées à leur procès, les accusés ont déposé une requête demandant que les paragraphes 52(1) et 60(2) soient déclarés incompatibles avec l'article 7 et le paragraphe 11d) de la Charte des droits et libertés et, partant, ne produisent aucun effet ; ils ont obtenu gain de cause, mais la Haute cour a renversé cette décision en appel. Le 23 novembre 1989, la Cour d'appel de l'Ontario a statué majoritairement que le paragraphe 52(1) était conforme à la Constitution, mais que les alinéas 60(2)c) et d) ne l'étaient pas, et ne produisaient donc aucun effet. La Cour a décidé que l'expression «il prouve que» était inconstitutionnelle, mais que le reste des alinéas 60(2)a) et b) était valide. L'affaire a ensuite été renvoyée à procès. Le 26 février 1990, la Cour suprême du Canada a accueilli une demande de permission d'appeler.

k) Journaux

Le 29 mars 1990, la Cour suprême du Canada a rendu sa décision dans l'affaire Thomson Newspapers, confirmant la constitutionnalité de l'article 17 de la Loi relative aux enquêtes sur les coalitions, qui prévoit l'interrogatoire de témoins et la production de documents.

Cette enquête implique l'examen des allégations de prix d'éviction illégaux par Thomson group newspapers. En 1985, en vertu de l'article 17, des ordonnances *duces tecum* ont été envoyées aux responsables de Thomson Newspapers. Thomson a présenté une requête pour que soient annulées les ordonnances qui, selon elle, enfreignaient l'article 13 de la Charte canadienne des droits et libertés en obligeant les témoins à se compromettre. Thomson a également soutenu que l'obligation de produire des documents menait à une pratique déraisonnable de perquisition et de saisie, contraire à l'article 8 de la Charte.

La décision de la Cour suprême permet au Directeur d'obtenir des ordonnances en ce qui concerne les interrogatoires, la production de documents et les déclarations écrites. Les disposition à cet égard figurent actuellement à l'article 11 de la Loi sur la concurrence.

ii) Affaires d'intérêt national (examinables)

a) La compagnie NutraSweet

Le 1er juin 1989, le Directeur a déposé auprès du Tribunal de la concurrence une demande alléguant que la compagnie NutraSweet (NutraSweet) s'est livrée à des pratiques qui constituent des abus de position dominante et a effectué au Canada des ventes liées d'aspartame artificiel.

La demande allègue que Nutrasweet contrôle plus de 95 pour cent du marché en question et qu'elle s'est livrée à des pratiques contraires à la concurrence qui ont eu pour effet d'empêcher l'entrée de concurrents sur le marché ou l'expansion d'autres concurrents. La demande visait à obtenir une ordonnance interdisant de telles pratiques à NutraSweet. Cette demande est la première à avoir été déposée en vertu des dispositions non criminelles relatives à l'abus de position dominante, lesquelles ont été adoptées en 1986 afin de remplacer l'interdiction de monopole, considéré jusque-là comme un acte criminel.

Nutrasweet a nié ces allégations. Le Tribunal de la concurrence a tenu ses audiences du 9 janvier 1990 au 23 février 1990. Les parties présenteront leur plaidoirie en avril 1990.

b) Xerox Canada Inc.

Le 16 novembre 1989, le Directeur a déposé devant le Tribunal de la concurrence, une demande d'ordonnance en vertu des dispositions de la Loi sur la concurrence relatives au refus de vendre. Cette demande visait à obtenir du Tribunal une ordonnance enjoignant Xerox Canada Inc. (Xerox) à recommencer à livrer des pièces pour les photocopieuses Xerox de modèle postérieur à 1983 à Exdos Corporation (Exdos) de North York, en Ontario. Xerox est l'unique fournisseur autorisé au Canada de pièces de rechange de marque Xerox. Les auditions devant le Tribunal sont prévues pour le mois de juin 1990.

iii) Affaires d'intérêt international

a) Chrysler Canada Ltée

Le 14 décembre 1988, le Directeur a déposé auprès du Tribunal de la concurrence une demande à l'égard de Chrysler Canada Ltée (Chrysler). La demande visait à obtenir du Tribunal une ordonnance enjoignant Chrysler de vendre des pièces d'automobiles à R.Brunet de Montréal en vue de l'exportation. Le 13 octobre 1989, le Tribunal a émis une ordonnance favorable à la demande du Directeur.

Cependant, le Directeur a par la suite appris que Chrysler avait contrevenu à l'ordonnance d'octobre 1989 et il a, le 19 février 1990, saisi le Tribunal d'une plainte pour outrage hors de la présence du Tribunal. Le 20 février 1990, le Tribunal a décidé qu'il avait compétence pour entendre une affaire de cette nature et il a fixé la date de l'audience au 27 février. Le Tribunal a entendu la demande du Directeur à cette date, mais n'a pas encore fait connaître sa décision.

Le 26 février, Chrysler a interjeté appel de la décision prise le 20 février par le Tribunal et a demandé à la Cour d'appel fédérale de suspendre les procédures en cours devant le Tribunal. Chrysler a également interjeté appel de la juridiction du Tribunal à statuer sur des causes d'outrage au Tribunal commises en dehors de sa présence. Le 1er mars, la Cour d'appel fédérale a refusé d'accorder la suspension et a entendu la demande de Chrysler le 28 mars concernant l'outrage au Tribunal. Sa décision devrait être prononcée sous peu.

Fusionnements et concentration d'entreprises

Statistiques sur les fusionnements et la concentration

Une analyse générale des fusionnements nécessite une base de données considérable. Même s'il n'existe pas d'étude exhaustive et permanente sur les fusionnements et les acquisitions au Canada, un registre des fusions compilé par le Bureau depuis 1960 est disponible. Ce registre est établi d'après des comptes rendus d'acquisitions publiés dans la presse financière et quotidienne ainsi que dans les publications industrielles et commerciales. Depuis la création de l'Agence d'examen de l'investissement étranger (FIRA) en 1974 (maintenant remplacé par Investissement Canada), les acquisitions signalées par cet organisme ont également été consignées dans le registre des fusions.

Le registre comporte certaines lacunes. En premier lieu, les sociétés du secteur tertiaire en ont été en grande partie exclues jusqu'en 1976, car ce n'est qu'à partir de cette année que la Loi s'y est appliquée. En deuxième lieu, comme le registre est établi à partir de publications, il ne permet pas de déterminer avec exactitude le nombre total de fusionnements et d'acquisitions qui ont lieu au Canada chaque année. En troisième lieu, l'information sur les caractéristiques des sociétés ayant fusionné (actif, chiffres d'affaires, emplois, bénéfices) ainsi que sur les caractéristiques des transactions (valeur, méthode de financement) n'est pas toujours été fournie dans les publications. Tous ces facteurs nuisent donc à l'analyse des répercussions de ces fusionnements.

Selon le tableau préliminaire qui suit, 1 091 acquisitions ont été enregistrées au Canada en 1989, ce qui représente une augmentation de 4 pour cent par rapport à l'année précédente.

Le tableau 1 indique le nombre total de fusionnements et d'acquisitions au Canada enregistrés annuellement depuis 1960.

Comme le tableau 2 en fait état, le Directeur a entrepris l'examen de 191 transactions de fusionnement au cours de l'exercice (seuls les dossiers ayant nécessité au moins deux jours d'examen y figurent). Ce chiffre comprend, en partie, 92 avis préalables et 70 demandes de certificats de décision préalable. En outre, il a poursuivi l'examen de 25 dossiers ouverts pendant l'exercice précédent. Parmi les fusionnements examinés au cours de l'exercice, quatre ont été restructurés (principalement au moyen de dessaisissements ou d'engagements de dessaisissement).

Deux fusionnements ont été abandonnés et un a donné lieu a une demande auprès du Tribunal de la concurrence.

Tableau 1. **Fusionnements et acquisitions au Canada enregistrés annuellement depuis 1960**

Année	Etrangères*	Canadiennes**	Total
1960	93	110	203
1961	86	152	238
1962	79	106	185
1963	41	88	129
1964	80	124	204
1965	78	157	235
1966	80	123	203
1967	85	143	228
1968	163	239	402
1969	168	336	504
1970	162	265	427
1971	143	245	388
1972	127	302	429
1973	100	252	352
1974	78	218	296
1975	109	155	264
1976	124	189	313
1977	192	203	395
1978	271	178	449
1979	307	204	511
1980	234	180	414
1981	200	291	491
1982	371	205	576
1983	395	233	628
1984	410	231	641
1985	466	246	712
1986	641	297	938
1987	622	460	1082
1988	593	460	1053
1989	691	400	1091

* Acquisition mettant en cause une société acquéreuse d'appartenance ou à direction étrangère (la nationalité du groupe qui contrôlait la société acquise antérieurement au fusionnement pouvait être étrangère ou canadienne).

** Acquisition mettant en cause une société acquéreuse non connue comme étant d'appartenance ou à direction étrangère (la nationalité du groupe qui contrôlait la société acquise antérieurement au fusionnement pouvait être étrangère ou canadienne).

Tableau 2. **Fusionnements évalués**

	1986-87[1]	1987-88	1988-89	1989-90
Examens de fusionnements amorcés[2]	40	146	191	219
Dossiers classés				
— Classés comme ne soulevant aucun problème aux termes de la Loi	17	120	166	204
— Classés avec surveillance seulement	5	7	10	13
— Classés à la suite d'une restructuration préalable à la réalisation	-	2	1	-
— Classés à la suite d'une restructuration ultérieure à la réalisation	1	2	3	1
— Avec Ordonnances par consentement	-	-	-	3
— Abandon du fusionnement projeté en raison, en tout ou en partie, des objections du Directeur	3	2	2	2
Total des dossiers classés	26[3]	133[4]	182[5]	223[6]
Examens en cours à la fin de l'exercice	14	25	32	31
Demandes et avis de demande au tribunal				
— Classés ou retirés[7]	1	-	2	3
— En cours	-	2	2	1
— Intention de déposer	-	-	2	-

1. Les données couvrent la période à partir du 19 juin 1986.
2. Deux jours ou plus d'examen. Le total des examens au cours d'une année comprend ceux amorcés au cours de l'année et ceux en cours à la fin de l'exercice précédent, par exemple, au cours de 1988-1989, il y a eu 191 examens amorcés plus 25 en cours pour un total de 216 examens.
3. Comprend 3 certificats de décision préalable et 8 avis consultatifs.
4. Comprend 26 certificats de décision préalable et 21 avis consultatifs mais exclut 2 affaires en cours devant le Tribunal de la concurrence.
5. Comprend 59 certificats de décision préalable et 20 avis consultatifs mais exclut les deux affaires en cours devant le Tribunal de la concurrence.
6. Comprend 72 certificats de décision préalable et 17 avis consultatifs mais exclut l'affaire en cours devant le Tribunal de la concurrence.
7. Ces affaires sont comptées sous la rubrique dossiers classés.

Description des principales affaires

i) Baxter Foods Limited/McKay's Dairy Limited

En décembre 1988, le Directeur a été informé de l'intention de Baxter Foods Limited de St. Jean, au Nouveau-Brunswick, d'acheter la McKay's Dairy Limited, entreprise laitière familiale bien établie à Moncton, au Nouveau-Brunswick. Baxter Foods était la plus grosse entreprise de production de lait de consommation et de produits laitiers du Nouveau-Brunswick. La transaction avait été autorisée pour le 3 janvier 1989. Cependant, suite aux engagements pris envers le Directeur, Baxter Foods Limited s'est abstenue de fusionner ses opérations avec celles de McKay's Dairy Limited jusqu'au terme de l'examen de la transaction par le Bureau.

Au terme d'un examen approfondi de la transaction, le Directeur a annoncé le 20 avril 1989 qu'il en était arrivé à la conclusion que le fusionnement risquait fort d'empêcher ou de réduire sensiblement la concurrence sur le marché du traitement des produits laitiers au Nouveau-Brunswick et qu'il avait l'intention de déposer devant le Tribunal de la concurrence une demande d'émission d'une ordonnance corrective. Le 12 juin 1989, Baxter Foods vendait McKay's Dairy à Perfection Foods Limited, entreprise familiale de produits laitiers établie à l'Ile-du-Prince-Édouard et qui effectuait des opérations au Nouveau-Brunswick sur le marché des produits laitiers. Cette décision est venue atténuer les préoccupations du Directeur au sujet de l'incidence que la transaction initiale aurait sur le marché du Nouveau-Brunswick. Le 15 juin 1989, le Directeur a annoncé qu'il ne présenterait pas au Tribunal de la concurrence de demande d'ordonnance relative à l'acquisition préalable de McKay's Dairy par Baxter Foods.

ii) CAPAC/PROCAN

Le 22 décembre 1988, le Directeur a entrepris l'examen des incidences du fusionnement proposé de l'Association des compositeurs, auteurs et éditeurs du Canada Ltée (CAPAC) et de la Société de droits d'exécution du Canada Ltée (PROCAN) sur le statut de membre de ces deux sociétés.

CAPAC et PROCAN étaient deux des trois organisations qui encaissaient des droits d'exécution au Canada pour l'utilisation publique de la musique. La troisième organisation est l'ESPAC, société de droits d'exécution établie au Québec, qui offre des services similaires aux artistes de cette province et qui fonctionne principalement sur le marché de la radio et de la télévision d'expression française.

La transaction proposée suscitait des préoccupations au sujet de son incidence potentielle sur l'arrivée de nouvelles organisations sur le marché. Les deux organisations utilisaient avec leurs membres des contrats à long terme (cinq ans), qui limitaient le passage des membres de l'une à l'autre et qui étaient de nature à empêcher l'arrivée d'une nouvelle organisation de droits d'exécution. Pour répondre aux préoccupations du Directeur, CAPAC et PROCAN ont entrepris de modifier la durée de leurs contrats avec leurs membres pour la porter de cinq à trois ans et donner à ces derniers la possibilité de résilier leur contrat après la deuxième année, sous réserve d'un préavis. Ainsi, dans l'éventualité de la création d'une nouvelle organisation, les membres de CAPAC et de PROCAN pourraient plus facilement s'inscrire à celle-ci. Tous les membres des deux organisations ont été avertis de ce changement.

Se fondant sur les renseignements obtenus dans le cadre de son examen, le Directeur a conclu que la transaction proposée ne risquait pas de diminuer sensiblement la concurrence et que de ce fait il n'y avait pas lieu de s'adresser au Tribunal de la concurrence.

iii) Central Soya Canada Inc./Canadian Vegetable Oil Processing Division of Canada Packers Inc.

Le 29 juin 1989, l'avocat de Central Soya of Canada Limited (Central Soya) écrivait au Directeur pour lui demander d'émettre un certificat de décision préalable au sujet d'une proposition d'achat de Canadian Vegetable Oil Processing Operations (CVOP), filiale de Canada Packers Inc. Les deux parties à la transaction sont respectivement les deuxième et troisième entreprises qui broient des graines de canola et de soya pour les transformer en produits industriels. Les tourteaux de canola et de soya, sont vendus à des fabricants d'aliments pour animaux, aux marchands de grains et aux entreprises de préparation d'aliments pour animaux domestiques, tandis que les huiles de canola et de soya sont vendues aux entreprises qui produisent de l'huile d'assaisonnement, de la margarine, de l'huile de cuisine et autres matières grasses. La lécithine, qui est un sous-produit du broyage du soya, est un agent de fixation utilisé dans la production de divers produits pharmaceutiques, de produits de boulangerie, de confiserie et de peinture.

Après un examen préliminaire du cas, le Directeur a conclu qu'il existait suffisamment de préoccupations au sujet des effets de la transaction sur la concurrence pour l'empêcher d'émettre un certificat de décision préalable.

Pour arriver à cette décision, le Directeur a pris en considération un certain nombre de facteurs spécifiques, notamment la reconnaissance du fait que la transaction donnerait lieu à l'élimination d'un concurrent effectif et à une augmentation de la part du marché canadien de l'huile et des tourteaux de soya détenue au Canada par Central Soya. Cependant, après un nouvel examen de la transaction incluant de nombreux contacts avec les participants de l'industrie, le Directeur a conclu que les tourteaux et, dans une certaine mesure, l'huile de soya importée pourraient être achetés facilement de fournisseurs proches de la frontière canadienne et que l'huile et les tourteaux de canola commençaient à s'implanter sérieusement sur les marchés de l'huile et des tourteaux de soya. De plus, un nombre important de clients ayant un pouvoir d'achat équivalent n'ont pas exprimé de crainte que le fusionnement risquait de réduire considérablement la concurrence dans l'industrie.

Son examen terminé, le Directeur a fait savoir aux parties en août 1989 qu'il n'avait pas de motif suffisant pour solliciter du Tribunal de la concurrence une ordonnance au sujet de cette transaction. Il persiste encore toutefois certaines préoccupations au sujet de l'augmentation de la concentration créée par cette transaction sur le marché canadien de l'huile de soya et par la disparition d'un concurrent efficace. Le Directeur suivra donc de près cette question durant la période de trois ans prévue par la Loi.

iv) Consumers Packaging Inc./Domglas Inc.

En novembre 1988, Consumers Packaging Inc. (Consumers) et Domglas Inc. ont conclu un accord pour fusionner leurs opérations de fabrication de contenants de verre. Au terme d'une analyse détaillée de la proposition de fusionnement, le Directeur a annoncé le 25 avril 1989 qu'il ne contesterait pas à ce moment-là le fusionnement devant le Tribunal de la concurrence.

Consumers et Domglas étaient de gros producteurs canadiens de contenants de verre utilisés principalement par l'industrie des aliments et des boissons. Les renseignements disponibles ont indiqué que les deux sociétés représentaient environ 90 pour cent des ventes canadiennes de contenants de verre. Cependant, l'analyse des effets du fusionnement proposé sur la concurrence a indiqué que, pour un grand nombre d'usages finals, certains autres contenants rigides (en particulier les bouteilles en plastique et les canettes) constituaient des substituts efficaces. Les données disponibles ont indiqué également que les importations de contenants de verre, en particulier celles en provenance des États-Unis, exercent, au plan de la concurrence, une pression sur les producteurs canadiens. On s'attend à ce que la pression exercée par cette concurrence augmente à mesure que les tarifs applicables à ces importations seront réduits, conformément aux dispositions de l'Accord de libre-échange entre le Canada et les États-Unis.

Un important élément de la décision de ne pas contester cette transaction se trouve dans les mémoires présentés par les parties au sujet des gains considérables d'efficience qui résulteraient du fusionnement. La documentation disponible, qui a été examinée par un expert de l'industrie, a indiqué que ce fusionnement pourrait permettre de réaliser des économies de plus de 50 millions de dollars par année, soit jusqu'à 10 pour cent des coûts d'exploitation. Les parties ont affirmé que ces gains étaient essentiels à la survie à long terme de l'industrie canadienne de contenants de verre face à la pression de la concurrence des importations en provenance des États-Unis et de celle des contenants métalliques rigides et des contenants en plastique. Les clients contactés dans le cadre de l'examen de cette transaction ont en général confirmé ces affirmations.

Un sujet de préoccupation du fusionnement a été que les clients préfèrent, pour des motifs fonctionnels ou de marketing, les contenants en verre. Cependant, les données disponibles indiquent que les parties au fusionnement ont donné à ces clients l'assurance qu'elles continueraient à leur fournir à long terme des contenants de verre selon des modalités équitables.

Avant l'annonce publique faite par le Directeur, les parties ont également demandé d'appliquer aux contenants de verre la réduction accélérée des tarifs prévue dans l'Accord de libre-échange. Au 31 mars 1990, on ignorait encore ce qui était advenu de cette requête.

v) Crown Cork & Seal Canada, Inc./Continental Can Canada, Inc.

En novembre 1989, la proposition d'acquisition de Continental Can Canada Inc. par Crown Cork & Seal Canada, Inc. a été portée à l'attention du Directeur. Au terme d'une analyse de la transaction, le Directeur a conclu le 21 décembre 1989 qu'il ne contesterait pas à ce moment là le fusionnement devant le Tribunal de la concurrence.

Crown Cork & Seal et Continental Can étaient tous les deux de gros producteurs canadiens de canettes et de dispositifs de fermeture pour des contenants en verre. Certes chacune des deux sociétés fabriquait une gamme de produits, mais le seul marché où les deux avaient un empiètement important était celui des canettes utilisées par les industries de la bière et des boissons gazeuses. La part de marché pour l'ensemble des deux compagnies était considérable. Cependant, l'analyse des répercussions que cette transaction était susceptible d'avoir, au plan de la concurrence, sur ce marché, indiquait qu'il existait des substituts efficaces, notamment des bouteilles de verre pour la bière et des bouteilles de verre et de plastique pour les boissons gazeuses. En outre, il a été prouvé de façon très claire que le prix des canettes importées des États-Unis exerce, au plan de la concurrence, une pression considérable sur les producteurs canadiens. On s'attend à ce que cette situation s'intensifie, car l'Accord de libre-échange entre le Canada et les États-Unis prévoit des réductions continuelles des tarifs à l'importation de ces articles.

Les gains d'efficience prévus de cette transaction ont constitué un facteur important dans la décision de ne pas la contester. Les renseignements obtenus des clients contactés durant l'examen ont en général confirmé le point de vue des parties, selon lequel de tels gains sont essentiels à la survie à long terme de l'industrie canadienne, surtout lorsqu'on tient compte des pressions provenant de la concurrence des producteurs très efficaces des États-Unis.

vi) Institut Mérieux International S.A./Connaught Bio Sciences Inc.

En avril 1988, l'Institut Mérieux International S.A. (Mérieux) a offert d'accroître le pourcentage des actions de CDC Sciences de la Vie Inc. qu'elle détenait pour le porter à 32.6 pour cent des actions ordinaires de cette dernière. Les deux sociétés produisent des vaccins et des produits pharmaceutiques et des produits biologiques connexes. Mérieux a son siège social à Lyon, en France, tandis que Connaught a ses installations de production à Toronto et à Swiftwater, en Pennsylvanie. Ce projet de transaction est à l'origine de la requête présentée par le Directeur au Tribunal de la concurrence en vertu de l'article 100 de la Loi pour obtenir une ordonnance provisoire interdisant la transaction pendant les 21 jours suivant la notification, ce, en vertu des dispositions de la Partie IV de la Loi qui traitent des transactions susceptibles de faire l'objet d'un préavis. On trouvera un exposé de ces faits dans le rapport annuel de l'année dernière (voir Politique de la concurrence dans les pays de l'OCDE, 1988-1989, Canada p. 92).

En mai 1988, Mérieux avait demandé l'émission d'un certificat de décision préalable relativement à un projet de prise de contrôle de CDCSciences de la Vie Inc. En juin 1988, les actionnaires de CDC Sciences de la Vie Inc. ont, par voie de vote, modifié le nom de leur société pour adopter celui de Connaught Bio Sciences Inc. (Connaught).

Suite à la demande de certificat préalable de Mérieux, le Bureau a procédé à une analyse approfondie du projet d'acquisition. Un examen des renseignements réunis a indiqué que Connaught et Mérieux sont les seuls fournisseurs de vaccins contre la rage administrés aux Canadiens. Mérieux a également une licence pour un vaccin contre la grippe, mais il ne distribue pas le produit au Canada. Rien ne permettait de croire que Mérieux pourrait être plus en mesure d'introduire sur le marché canadien d'autres vaccins qu'un autre producteur établi aux Etats-Unis ou en Europe.

En novembre 1988, le Directeur a informé Mérieux qu'il n'engagerait pas de procédures devant le Tribunal de la concurrence relativement au projet de transaction, même si ce fusionnement éliminait la concurrence sur le marché des vaccins contre la rage. Parmi les facteurs pris en considération dans le cadre de cette décision, il y avait la dimension relativement petite du marché canadien des vaccins contre la rage, dont les ventes ont été de moins de 1.5 millions de dollars, et le fait que l'efficacité de Mérieux en tant que concurrent était limitée par les politiques d'achat de plusieurs autorités provinciales du domaine de la santé qui tiennent compte du contenu canadien, lors de l'attribution des contacts. Le Directeur n'a donc pas émis le certificat de décision préalable et il a informé Mérieux qu'il suivrait de près l'incidence de la transaction au cours de la période d'examen de trois ans prévue dans la Loi.

En mars 1989, Mérieux a annoncé son projet de fusionnement, par voie d'échange d'actions, avec la Division des vaccins et produits pharmaceutiques et biologiques de Connaught. Le 6 septembre 1989, le Directeur a réitéré ses premières conclusions à Mérieux, à savoir que, abstraction faite de la forme de la transaction, il n'y avait pas eu depuis l'année précédente une modification des faits essentiels suffisante pour porter le Directeur à modifier sa position. Au 17 octobre 1989, Mérieux avait procédé à l'acquisition de toutes les actions ordinaires de la Connaught.

vii) Lake Ontario Cement Limited/Miron Inc.

Le 20 janvier 1989, Lake Ontario Cement Limited (LOCL) a annoncé dans les médias son intention de procéder à l'acquisition de Miron Inc. (Miron). LOCL se spécialise dans la production et la vente de ciment hydraulique, de béton préparé et de produits connexes. Elle distribue ses produits principalement en Ontario et dans la région américaine des GrandsLacs.

La principale activité de Miron consistait à importer, en passant par son terminal du Port de Montréal, du ciment qu'elle redistribuait à partir de cette installation et de ses terminaux à Ottawa, Québec et Palmer, au Massachasusetts. En plus d'une usine à Ottawa, Miron exploitait 15 usines de béton préparé dans 15 localités réparties dans la province de Québec.

Un examen des domaines de concurrence entre les parties a révélé que LOCL et Miron se concurrençaient dans la vente de ciment dans la région métropolitaine de Toronto et dans la région d'Ottawa-Hull et que les deux approvisionnaient la région d'Ottawa-Hull en béton préparé.

Après un examen approfondi, le Directeur a conclu que la transaction ne semblait pas devoir empêcher ou diminuer considérablement la concurrence. Pour arriver à cette décision, il a tenu compte de la très petite part que LOCL avait sur le marché du ciment au Québec et que Miron avait en Ontario et du fait qu'avec les quatre producteurs restants, une concurrence efficace persisterait sur les marchés du ciment du Québec et de l'Ontario. Avec cette transaction, LOCL devenait, dans la région d'Ottawa-Hull, le plus gros fournisseur de béton préparé. Cependant, une concurrence efficace persistait sur le marché avec l'existence d'entreprises affiliées aux principaux producteurs de ciment et avec celle d'un certain nombre de fournisseurs indépendants. De plus, l'efficacité à long terme de Miron en tant que concurrent sur le marché du béton préparé ne faisait pas de doute, les consommateurs étant peu enclins à utiliser du ciment importé, dont on affirme que la qualité n'est pas uniforme.

A cause, d'une part, du haut degré d'intégration verticale des producteurs de ciment, de béton et de granulats dans les grandes agglomérations canadiennes et, d'autre part, des effets que cela peut avoir sur les prix, la concurrence et les obstacles à l'entrée d'autres producteurs sur ce marché, le Bureau suit de près l'incidence que cette transaction aura sur la concurrence.

viii) The Molson Companies Limited/Elders IXL Limited

Comme il a été mentionné dans l'addenda au Rapport annuel 1988-1989, le Directeur a entrepris un examen approfondi du fusionnement proposé des opérations brassicoles nord-américaines de Molson et Elders sous une nouvelle société appelée les Brasseries Molson. La nouvelle société serait le plus grand brasseur au Canada, le sixième en Amérique du Nord et le vingtième à l'échelle mondiale. L'examen de cette affaire par le Bureau a donné lieu à de nombreuses consultations avec divers intervenants de l'industrie au Canada et aux États-Unis ainsi qu'avec les autorités réglementaires fédérale et provinciales. Le 9 juillet 1989, le Directeur a annoncé qu'il ne contesterait pas, à ce moment-là, le fusionnement proposé.

Le Directeur a annoncé qu'il avait établi un programme de surveillance détaillé dans le cadre duquel Molson fournirait régulièrement des renseignements substantiels. Le programme de surveillance permettrait au Directeur d'évaluer les répercussions du fusionnement sur la concurrence dans l'industrie brassicole canadienne. Il examinera principalement l'incidence de la transaction en Alberta et au Québec, où les plus importants problèmes de concurrence pourraient surgir. De plus, le réseau de distribution de Molson au Québec sera ouvert aux producteurs canadiens de bière (à l'exception de Labatt) sur la base de paiements à l'acte.

ix) PWA Corporation/Wardair Inc.

Comme il a été mentionné dans le Rapport de 1988-1989, PWA Corporation, la maison-mère des Lignes aériennes Canadien International Ltée., a fait connaître le 19 janvier 1989 son intention d'acquérir Wardair Inc. L'examen du fusionnement a été entrepris immédiatement. Le 23 mars 1989, le Directeur recevait une demande faige par six résidents (et déposée par l'entremise de l'Association des consommateurs du Canada) en vertu de l'article 9 de la Loi sur la concurrence et engageait ainsi une enquête officielle en vertu de l'article 10 de la Loi.

L'analyse des données réunies dans le cadre de l'enquête a conduit à la conclusion que, pour diverses raisons, la transaction suscitait de graves préoccupations au sujet de la concurrence dans l'industrie canadienne du transport aérien. Les données obtenues de diverses sources ont établi que le fusionnement entraînerait l'élimination d'un concurrent dynamique et efficace, qu'il existe des barrières considérables à l'entrée d'entreprises dans l'industrie et que les possibilités d'une concurrence étrangère sont très minces.

A l'encontre de ces facteurs négatifs, il y avait la situation financière dans laquelle se trouvait Wardair. En considérant, au sens de la Loi sur la concurrence, la déconfiture de l'entreprise, il s'est posé deux questions, celle de savoir dans quelle mesure une faillite était en fait susceptible de se produire et s'il existait, en dehors du fusionnement, d'autres options réalisables qui risqueraient moins d'entraver la concurrence. Une analyse détaillée de la situation financière de Wardair avec l'aide de consultants financiers expérimentés a indiqué que cette dernière allait, selon toute vraisemblance, faire faillite dans quelques mois. Un certain nombre de scénarios de redressement ont été envisagés, mais dans les circonstances, ils ont été jugés irréalisables. Pendant l'examen du fusionnement, il n'y a eu aucune autre offre de fusionenment en remplacement du projet d'acquisition de Wardair par PWA Corporation.

Étant donné qu'il n'y avait guère d'options susceptibles de rendre le marché plus concurrentiel, il ne serait donc possible d'attribuer au fusionnement toutes les situations contraires qui pourraient se produire sur le marché après le fusionnement. En d'autres termes, le contrôle du marché ne résultait pas du fusionnement.

x) Asea Brown Boveri Inc./Westinghouse Canada Inc.

Comme on a pu le lire dans l'Addenda au Rapport annuel 1988-1989, le 26 avril 1989, le Directeur a présenté au Tribunal de la concurrence une demande d'ordonnance par consentement en vertu de l'article 105 de la Loi au sujet de l'acquisition des activités de transport et de distribution d'électricité de Westinghouse Canada Inc. (Westinghouse) par Asea Brown Boveri Inc. (ABB). La transaction concerne les activités de fabrication et de vente de matériel de transport et de distribution d'électricité. ABB et Westinghouse, par sa filiale Transelectrix Technology Inc., étaient les plus gros fabricants canadiens de transformateurs.

Au terme d'une audience publique tenue le 15 juin 1989, le Tribunal a émis une ordonnance par consentement. Cette ordonnance exige d'ABB de se départir de certains avoirs acquis de Westinghouse si elle n'est pas en mesure de prendre des mesures spécifiques de dégrèvement tarifaire pour l'importation de transformateurs de capacité moyenne et grande. En outre, l'ordonnance exige que les opérations de Transelectrix Technology soient tenues séparées de celles de ABB jusqu'à ce que les autres dispositions de l'ordonnance aient été respectées. ABB s'est également engagée devant le Tribunal à ne pas engager ni appuyer des procédures anti-dumping quelconques pour les transformateurs de capacité moyenne et grande pendant une période de cinq ans.

Pour réaliser les mesures de réduction des tarifs exigées, ABB a présenté une requête aux autorités compétentes en vue d'obtenir une exemption de cinq ans pour les transformateurs de grande capacité et pour faire inclure les transformateurs de capacité moyenne dans la liste des articles, qui, dans le cadre de l'Accord de libre-échange entre le Canada et les États-Unis, feront l'objet de négociations en vue d'une réduction accélérée des tarifs.

Les négociations menées entre les États-Unis et le Canada pour convenir d'une liste d'articles devant faire l'objet d'une réduction accélérée des tarifs ont pris plus longtemps qu'on ne l'avait prévu au moment où a été émise l'ordonnance par consentement. La liste proposée n'a été annoncée que le 30 novembre 1989, et il était évident à cette date que les approbations gouvernementales nécessaires ne seraient pas obtenues avant le 1er janvier 1990, comme prévu dans l'ordonnance par consentement.

Ainsi, le 9 novembre 1989, ABB a présenté une requête au Tribunal pour faire modifier l'ordonnance originale et de repousser au 30 juin 1990 l'échéance fixée pour les réductions accélérées des tarifs applicables aux importations de transformateurs en provenance des État-Unis. ABB a également demandé au Tribunal de modifier les dispositions de l'ordonnance relative à la séparation des deux sociétés de manière à permettre à ABB d'assumer la gestion journalière de Transelectrix Technology, mais à la condition que cette dernière demeure une division séparée avec une infrastructure qui permettrait de la vendre comme entité autonome. Le Directeur a donné son appui à la requête d'ABB à l'audience publique tenue par le Tribunal le 19 décembre 1989, et le Tribunal a accordé à ce moment l'ordonnance demandée.

Le 1er janvier 1990, une ordonnance d'exemption des tarifs concernant les importations de transformateurs de grande capacité est entrée en vigueur. Au 31 mars 1990, les propositions de réduction accélérée des tarifs en vertu de l'Accord de libre-échange faisaient l'objet d'une étude du Congrès des États-Unis et on s'attendait à ce qu'elles soient adoptées au 30 juin 1990.

xi) Compagnie pétrolière Impériale Ltée/Texaco Canada Inc.

Le 20 janvier 1989, la Compagnie pétrolière Impériale Ltée (Impériale) a conclu une convention d'acquisition de contrôle avec Texaco Inc., des États-Unis pour se porter acquéreur de 78 pour cent des actions en circulation de Texaco Canada Inc. (Texaco). Impériale et Texaco sont deux des plus grosses compagnies pétrolières intégrées verticalement du Canada et elles se font concurrence à tous les niveaux de l'industrie pétrolière.

Le 20 janvier 1989, l'Impériale s'est également engagée auprès du Directeur à se départir sans condition de tous les éléments d'actif du secteur aval de l'industrie pétrolière (qui comprend les activités de raffinage, de distribution et de commercialisation du pétrole) dans la mesure nécessaire pour éviter une diminution sensible de la concurrence.

À la suite d'une circulaire d'offres du 26 janvier 1989, l'Impériale a acquis le reliquat des actions de Texaco Canada Inc. La transaction, qui s'élève à environ 4.96 milliards de dollars américains, a été exécutée le 23 février 1989.

Le 24 février 1989, le Directeur a fait une déclaration publique dans laquelle il a exposé la teneur des engagements d'Impériale. Dans les mois qui ont suivi, le Directeur a procédé à un examen approfondi de l'état de la concurrence au niveau de l'offre, de la distribution et de la commercialisation au Canada de produits pétroliers raffinés, et il a tenu des consultations suivies avec des experts du domaine économique et de l'industrie pétrolière. Le 29 juin 1989, il a déposé auprès du Tribunal une demande d'ordonnance par consentement en vertu de article 105 de la *Loi sur la concurrence*. L'ordonnance demandée visait le dessaisissement de certains éléments d'actif et exigeait qu'Impériale offre aux entreprises indépendantes de commercialisation du pétrole de l'Ontario et du Québec de les approvisionner en essence. Dans sa demande d'ordonnance par consentement le Directeur a affirmé que le fusionnement risquait d'empêcher ou de diminuer sensiblement la concurrence dans l'approvisionnement, au niveau du gros et du détail en produits pétroliers raffinés.

Le 4 juillet 1989, le Tribunal de la concurrence a émis une ordonnance dans laquelle il demande à Impériale de tenir séparément les actifs désignés aux fins de dessaisissement dans l'ordonnance par consentement proposée, en attendant qu'une décision définitive soit prise par le Tribunal.

Le 10 novembre, le Tribunal a émis une décision préliminaire. Le 28 novembre 1989, des modifications ont été apportées à la demande d'ordonnance par consentement déposée devant le Tribunal de la concurrence, qui a rendu sa décision finale le 26 janvier 1990. Le 2 février 1990, le Directeur a déposé une modification à l'ordonnance proposée et le Tribunal a accordé l'ordonnance le 6 février 1990.

Conformément à l'ordonnance par consentement, Impériale doit se dessaisir de tous les actifs de Texaco dans la région de l'Atlantique, à savoir la raffinerie et le terminal d'importation maritime d'Eastern Passage, quatre terminaux d'entreposage et 224 stations-service. À l'extérieur de la région de l'Atlantique, Impériale doit se départir de neuf terminaux d'entreposage et de 411 stations-services. Impériale est tenue de fournir un volume spécifique d'essence aux fournisseurs indépendants de pétrole en Ontario et au Québec pendant une période de dix ans au plus. Une formule liée à la croissance du marché a été incorporée à cette obligation d'approvisionnement. Impériale ne peut réacquérir aucune des stations-service dont elle s'est départie, ni fournir, pendant une période de cinq ans, de produits de sa marque à l'une quelconque des stations vendues. En outre, Impériale ne peut pas pendant dix ans acquérir d'actifs pétroliers en aval sans informer au préalable le Directeur de son intention.

Impériale doit vendre les actifs en question dans un délai d'une année, faute de quoi ceux-ci seront remis à un fiduciaire indépendant qui aura six mois pour les vendre. Le Directeur est chargé d'approuver le processus de dessaisissement et tous les acheteurs des actifs.

Le processus de dessaisissement était encore en cours à la fin de l'année, comme exigé par l'ordonnance.

xii) Alex Couture Inc., Sanimal Industries Inc./Lomex Inc., Paul & Eddy Inc.

Au début de 1987, le Directeur a commencé l'examen de l'acquisition par AlexCouture Inc. (Couture) et Sanimal Industries Inc., propriétaire d'Alex Couture Inc., des fondoirs de Lomex Inc. et de Paul & Eddy Inc., deux entreprises montréalaises. L'industrie des fondoirs récupère des sous-produits non comestibles d'origine animale et les graisses de restaurant et les transforme en produits comme du suif et de la poudre d'os utilisée dans l'industrie de l'alimentation du bétail et des cosmétiques. Après un examen poussé, le Directeur a conclu que le fusionnement empêcherait ou diminuerait sensiblement la concurrence sur le marché. Le 18 juin 1987, le Tribunal a été saisi d'une demande d'ordonnance enjoignant Saminal Industries Inc. de se départir d'éléments d'actifs ou d'actions.

Les parties au fusionnement ont par la suite cherché à obtenir devant la Cour supérieure du Québec une déclaration à l'effet que certaines dispositions de la Loi sur la concurrence vont au-delà des pouvoirs du gouvernement fédéral. La demande contestait également la validité de plusieurs articles de la Loi sur la concurrence, en égard à la Charte des droits. La Cour supérieure a rendu une ordonnance suspendant la procédure devant le Tribunal en attendant l'audition sur le fond de la contestation constitutionnelle. Un appel de la Couronne à l'encontre de l'ordonnance de suspension d'instance a été rejeté par la Cour d'appel du Québec le 15 septembre 1987. Cependant la Cour d'appel a aussi ordonné que l'engagement des parties envers le Directeur à l'effet qu'elles exploiteraient séparément les deux entreprises en attendant que la décision quant à l'aspect constitutionnel fasse partie intégrante de l'ordonnance de suspension d'instance.

La question de l'inconstitutionnalité de la Loi a été entendue en octobre et novembre 1989.

xiii) Reservec (Air Canada)/Pegasus (Lignes aériennes Canadien international Ltée)

Tel que décrit dans l'Addendum au Rapport annuel 1988-1989, le Directeur a déposé devant le Tribunal de la concurrence le 3 mars 1988 une demande visant à contester le fusionnement des systèmes de réservation informatisés Reservec et Pegasus. Ces systèmes de réservation informatisés (SRI) sont utilisés par les lignes aériennes et les agents de voyage pour réserver et vendre des places dans des avions et pour assurer des services connexes. Avant le fusionnement, Reservec appartenait à Air Canada et Pegasus aux Lignes aériennes Canadien international Ltée. La transaction aurait pour résultat le fusionnement des deux systèmes de réservation qui seraient exploités par Gemini Group Automated distribution Systems Inc., entreprise possédée à parts égales par Air Canada et PWA Corporation, Société-mère des Lignes aériennes Canadien international Ltée.

Le 24 avril 1989, après que les intimées eurent proposé un règlement qui dissipait les inquiétudes du Directeur et demandait au Tribunal d'ajourner l'étude de la demande de dissolution de Gemini, une demande modifiée a été déposée devant le Tribunal en vue de l'approbation d'une ordonnance par consentement. Cette ordonnance, qui comporte un exposé des motifs, a été émise le 7 juillet 1989. Première ordonnance de ce type à être émise par le Tribunal, cette ordonnance donne aux systèmes de réservation informatisés (SIR) concurrents l'accès à l'information et, sur une base de réciprocité, des possibilités d'accès direct aux systèmes de réservation informatisés ayant une grande envergure au point de vue commercial. L'ordonnance contient également des règles relatives aux SIR qui s'appliquent en général à tous les vendeurs de SIR et qui peuvent obtenir en vertu de l'ordonnance, un accès direct à de tels réseaux. Ces règles prévoient, en partie, un affichage neutre, un accès et des tarifs non discriminatoires et elles interdisent en soi la pratique des ventes liées entre les transporteurs et le système de réservation informatisé qu'ils possèdent.

III. Le rôle des autorités en matière de concurrence dans l'élaboration et l'application des autres politiques ou lois

Observations aux offices, commissions et autres tribunaux

En vertu des articles 125 et 126 de la Loi sur la concurrence, le Directeur des enquêtes et recherches est autorisé à présenter des observations et des preuves aux offices fédéraux et provinciaux, ainsi qu'aux commissions ou autres tribunaux. De plus, le ministre de la Consommation et des Corporations peut ordonner qu'une observation soit presentée par le Directeur devant un office de réglementation fédéral. Dans le cas des offices de réglementation provinciaux, le Directeur ne peut présenter d'observations qu'à la demande de l'office ou avec son accord.

Description des principales observations

i) Mémoire à l'intention de la Commission ontarienne de la commercialisation du poulet

Dans le cadre des débats concernant sa politique, la Commission ontarienne de la commercialisation du poulet a invité le Directeur à faire des remarques au sujet des répercussions que divers nouveaux systèmes de tarification auraient sur la concurrence, et de l'application possible de la Loi sur la concurrence.

Dans le mémoire qu'il a présenté en août 1989, le Directeur a mis l'accent sur le fait que les problèmes auxquels fait face le secteur sont en bonne partie attribuables au manque de souplesse du système actuel de gestion de l'approvisionnement en volailles au Canada. Il a laissé entendre qu'une tarification davantage fondée sur le marché, par exemple un régime de vente aux enchères, serait une façon efficace et concurrentielle d'allouer les volailles vivantes aux conditionneurs de l'Ontario. De plus, il a fait remarquer que les problèmes auxquels fait actuellement face le secteur en Ontario dépendent énormément de l'état du marché d'utilisation finale et ne peuvent pas être réglés simplement, au moyen d'une réglementation restrictive au niveau de la production et du conditionnement.

La Commission voulait modifier le système habituel de tarification compte tenu des problèmes que posait, à son avis, la vente de volailles au secteur de plus en plus concurrentiel du conditionnement. Le fait que les conditionneurs versaient aux producteurs des sommes supérieures au prix réglementé ou officiel était l'un des problèmes qui se posaient.

En février 1990, la Commission a proposé un accord, qui devait prendre effet plus tard cette année-là, au sujet de l'approvisionnement des conditionneurs de l'Ontario en volailles vivantes.

ii) Mémoire à l'intention de la Royal Commission on the British Columbia Tree Fruit Industry

Étant donné que le secteur des arbres fruitiers de la Colombie-Britannique est peu rentable depuis plusieurs années, une Commission royale a été créée en décembre 1989 en vue d'étudier des façons d'améliorer le potentiel économique du secteur. Le Directeur a été invité à faire des observations au sujet de plusieurs politiques à l'étude, dont la possibilité de mettre en oeuvre un système de gestion de l'approvisionnement en pommes.

Dans son mémoire, le Directeur a soutenu que le rendement continuel du secteur au point de vue de la production et des exportations, et le succès constant des nouvelles techniques montrent que celui-ci est en mesure de demeurer dynamique et concurrentiel.

Le Directeur a laissé entendre qu'il est possible d'améliorer le rendement économique dans ce secteur en modifiant le système actuel de mise en commun des ressources de façon à permettre aux producteurs individuels d'obtenir un meilleur rendement financier pour un produit de meilleure qualité. Étant donné qu'à l'heure actuelle, ces derniers ne peuvent pas rentrer dans leurs frais en faisant des efforts supplémentaires et en investissant des sommes additionnelles, le système actuel mine la santé économique à long terme du secteur, ainsi que les activités productives de tous les participants.

Le Directeur a également fait remarquer que d'autres restrictions réglementaires, et en particulier la gestion de l'approvisionnement en pommes, ne résoudraient pas les difficultés financières auxquelles le secteur fait actuellement face. En particulier, il a soutenu que la gestion de l'approvisionnement en pommes aura pour effet de dissuader les producteurs de prendre des décisions compétitives et innovatrices, de réduire l'accès aux marchés d'exportation et de gêner la croissance et le développement sains du secteur.

La Commission royale doit présenter son rapport final à l'administration provinciale en mai 1990.

iii) Enquête du CRTC sur le prix de revient des télécommunications — Phase III

À la suite de l'avis public 1988-89, le CRTC a entrepris de déterminer quelles mesures devaient le cas échéant être prises pour modifier les méthodes d'établissement de rapports sur la tarification.

Dans son mémoire, le Directeur a soutenu que les résultats de la fixation des prix par catégories peuvent uniquement fournir certains renseignements permettant d'élaborer des politiques concernant l'orientation générale des taux et services monopolistiques. D'autre part, le Directeur avait de sérieuses réserves à faire au sujet de la mesure dans laquelle les résultats de la Phase III, concernant les rapports entre les bénéfices et les prix de revient de services concurrentiels, empêcheraient un subventionnement horizontal peu souhaitable.

Le Directeur a donc recommandé que la Phase III serve principalement à fixer l'assiette des taux monopolistiques ; selon lui, le Conseil devait se fonder sur un taux de rendement de service monopolistique dans les décisions rendues au sujet des bénéfices. De l'avis du Directeur, ce serait la meilleure façon de s'assurer que des services concurrentiels ne bénéficient pas sans motif légitime du subventionnement horizontal.

Dans la décision 89-12 en date du 15 septembre 1989, la Commission a déterminé le bien-fondé d'un certain nombre de modifications proposées en ce qui concerne la méthode de fixation des prix qu'elle employait. Toutefois, elle croyait que les exigences existantes concernant l'établissement des rapports étaient appropriées et qu'il suffisait d'effectuer de légères modifications.

La Commission continue à surveiller les résultats et à étudier le bien-fondé de ses exigences.

iv) CRTC — Revente et partage de services de lignes privées

Le 11 janvier 1989, le CRTC a entamé une nouvelle procédure d'examen des règlements régissant la revente et le partage de services de lignes privées. Antérieurement, il avait décidé de restreindre les accords de revente et de partage de services de liaison en phonie car il craignait que la revente et le partage de ces services entraînent l'érosion des bénéfices réalisés par les compagnies téléphoniques et mettent en danger la «contribution» destinée à faciliter l'accès local aux abonnés.

Le Directeur a déposé un mémoire le 10 avril 1989. Il a recommandé de supprimer toutes les restrictions et de laisser les forces de la concurrence régir la revente et le partage. Les usagers profiteraient alors de la concurrence des prix entre les revendeurs et les groupes visés par le partage et un accès plus équitable aux services améliorés de liaison en phonie leur serait assuré. Cette concurrence appuierait également la tendance à utiliser les installations de télécommunications d'une manière efficace. Le Directeur a minimisé l'importance de la question de l'érosion de la contribution et a insisté sur le fait que la revente et le partage auraient de faibles répercussions sur les bénéfices des compagnies téléphoniques en place.

Dans la décision qu'il a rendue le 1ermars1990, le CRTC a déclaré qu'il supprimerait la principale restriction au sujet de la revente des services de liaison en phonie. Il a laissé savoir qu'à son avis, l'érosion possible n'était pas suffisamment importante pour l'emporter sur les avantages qu'il y aurait à permettre la revente.

v) CRTC — Projet de modification du Règlement de 1986 sur la télévision par câble

Le 16 octobre 1989, le CRTC a signifié l'avis d'audience publique 1989-14, dans lequel il invitait les intéressés à faire des observations au sujet des modifications qu'on se proposait d'apporter à la réglementation des frais de câblodistribution. À l'heure actuelle, ce service est réglementé par le CRTC conformément au Règlement de 1986 sur la télévision par câble.

Dans une intervention écrite qu'il a déposée le 22 décembre 1989, le Directeur a fait de longues recommandations destinées à encourager la réglementation efficace des frais de câblodistribution. Toutefois, il a souligné qu'à long terme, il serait peut-être plus efficace de modifier la structure, c'est-à-dire de compter davantage sur la concurrence d'autres services de transmission sur le marché de la câblodistribution.

Le Directeur a parlé plus longuement de cette seconde question dans un exposé oral qu'il a présenté à l'audience publique tenue par le CRTC le 5 février 1990. Il a affirmé que la concurrence peut assurer une plus grande efficience économique. Les règlements et les franchises monopolistiques qui existent à l'heure actuelle confèrent une grande puissance commerciale à l'industrie câblière. D'autre part, la concurrence peut profiter aux abonnés en leur donnant plus de choix en ce qui concerne les prix et les produits. Compte tenu de l'apparition de nouvelles techniques, la concurrence entre les services est d'autant plus probable et, de l'avis du Directeur, devrait être encouragée par le CRTC.

Le CRTC n'a pas encore rendu sa décision dans cette affaire.

vi) Systèmes de télévision à antenne collective : critères d'exemptions de licence

En décembre 1988, à la suite de l'avis public CRTC 1988-179, le Directeur a déposé un mémoire sur la révision des critères d'exemption de licence des systèmes de télévision à antenne collective admissibles (ces STAC sont des systèmes miniatures de télévision à câble qui desservent un immeuble à logements multiples dans un région desservie par le câble).

Les principaux points que le Directeur a fait valoir étaient les suivants : 1) qu'une plus grande libéralisation des critères d'exemption du CRTC encouragerait les entreprises «illégales» d'exploitation d'antennes paraboliques à respecter les règlements du gouvernement ; 2) que les STAC (à antennes paraboliques) constituent un élément important de choix pour les consommateurs qui résident dans des immeubles à logements multiples ; et 3) que la concurrence entre les divers systèmes de transmission comme les STAC et les exploitants de câble joue un rôle bénéfique dans un marché qui est par ailleurs très réglementé.

Le CRTC a fait connaître sa décision au moyen de l'avis public 1989-47 du 18 mai 1989. Dans une large mesure, le CRTC a décidé de légitimiser l'exploitation, sinon de libéraliser la réglementation, des STAC. Les propriétaires de ces systèmes peuvent donc avoir recours aux services d'un tiers en plus d'établir ou d'exploiter leur système. Un éventail plus réaliste de frais d'exploitation peut légitimement être recouvré par les exploitants de STAC. Enfin, ces derniers seront traités de la même façon que les titulaires de licences de câblodistribution en ce qui concerne les prix de gros réglementés.

vii) Bell Canada — Base de données pour annuaires téléphoniques

Dans la décision Télécom 88-16 en date du 30 septembre 1988, le CRTC a approuvé le projet qu'avait formé 0Bell Canada de lancer sur le marché à titre d'essai un nouveau service vidéotex amélioré nommé ALEX. Bell entend exploiter ALEX comme service de transmission et d'accès universel pour les fournisseurs indépendants de services d'information. Le projet de Bell prévoyait, à l'origine, que Télédirect (Publications) Inc., la filiale de Bell qui publie ses annuaires, fournisse un service électronique de pages jaunes par l'entremise d'ALEX. Le CRTC a rejeté cet aspect du projet pour le motif qu'il pourrait contrevenir à la Loi sur Bell Canada et irait à l'encontre des décisions antérieures.

Le 15 novembre 1988, par l'avis public Télécom 1988-46, le CRTC a annoncé qu'en raison de sa décision portant sur ALEX, une nouvelle instance aurait lieu pour déterminer si la base de données de l'annuaire de Bell Canada devait être offerte sous forme adaptée aux lectrices optiques aux termes d'un tarif. Le Directeur et environ 30 autres parties sont intervenus au cours des procédures. L'argumentation finale a été présentée à l'automne 1989. Le 31 mars 1990, le CRTC n'avait pas encore rendu sa décision dans cette affaire.

viii) Nova Scotia Board of Public Utilities — Demande présentée par Wilson Fuel Oil

Le 7 décembre 1989, le Directeur est intervenu dans la demande présentée devant la Nova Scotia Board of Public Utilities par un grossiste et détaillant indépendant de Truro (Nouvelle-Écosse), qui voulait obtenir un permis de vente d'essence au détail. Le Directeur a déposé devant la Commission l'exposé écrit d'un expert qui a également fait une longue déposition à l'audience. L'intervention du Directeur portait principalement sur les avantages qu'offrait la concurrence lorsqu'il s'agissait de développer un secteur indépendant de vente d'essence au détail en Nouvelle-Écosse. La Nouvelle-Écosse est l'une de deux provinces canadiennes seulement où l'arrivée sur le marché de la vente d'essence au détail est encore réglementée. Le 31 mars 1990, la Commission n'avait pas encore rendu sa décision dans cette affaire.

Activités reliées au commerce international

Mise en oeuvre de l'Accord de libre-échange Canada-États-Unis

Le personnel du Bureau a participé à diverses activités reliées à la mise en oeuvre de l'Accord de libre-échange Canada-États-Unis. En particulier, les fonctionnaires du Bureau ont contribué aux préparatifs interministériels visant à élaborer la position canadienne pour les négociations qui ont débuté conformément à l'article 1907 de l'Accord. L'objectif de ces négociations consiste à établir un nouveau régime pour remédier aux problèmes du dumping et des subsides. Le Bureau a essentiellement fait porter ses efforts en matière de dumping, domaine dans lequel il est possible d'invoquer la Loi sur la concurrence plutôt que de se prévaloir du système antidumping actuel. Une étude approfondie sur l'expérience canadienne concernant la relation entre la politique de concurrence et la législation antidumping a été préparée sous l'égide du Bureau ; cette étude représentait sa contribution au travail interministériel en ce domaine.

Négociations commerciales multilatérales

Les membres du Bureau de la politique de concurrence ont aidé les négociateurs canadiens lors des négociations multilatérales concernant les aspects de propriété intellectuelle reliés au commerce (APIC). Ces négociations constituent un élément important du Cycle d'Uruguay des négociations sur les conventions multilatérales de commerce (GATT). Le personnel du Bureau a effectué une étude approfondie sur l'utilisation des droits de propriété intellectuelle pour la segmentation des marchés internationaux, et sur l'application possible du principe de l'épuisement des droits de propriété intellectuelle dans le commerce international.

De façon générale, l'application du principe de l'épuisement restreindrait le droit de limiter l'importation d'oeuvres protégées en vertu des lois sur la propriété intellectuelle. L'étude indique que l'impact de cette politique dépendrait dans une large mesure de facteurs institutionnels sous-jacents, comme le traitement des contrôles verticaux du marché aux termes de la législation canadienne et étrangère sur la concurrence. En règle générale, cependant, l'étude conclut qu'une acceptation généralisée de ce principe ne servirait pas au mieux les intérêts du Canada. Il est en particulier noté dans l'étude que, même si le principe de l'épuisement permettait de réduire la possibilité offerte aux entreprises multinationales de segmenter les marchés internationaux, cela pourrait également nuire aux transferts de technologie au Canada.

Le personnel du Bureau a également participé à d'autres aspects des négociations APIC concernant la politique de concurrence. Il a notamment collaboré à l'évaluation des pratiques de licence en matière de propriété intellectuelle en vigueur dans les divers pays participants, et répondu aux suggestions faites par les pays en voie de développement à ce sujet.

Enfin, le personnel du Bureau a contribué à l'élaboration des positions de négociation canadiennes sur les Mesures concernant les investissements liées au commerce (TRIM) et Services.

Barrières interprovinciales au commerce de la bière

Le Bureau de la politique de concurrence participe à des discussions avec certains ministères fédéraux, des fonctionnaires des ministères du Commerce provinciaux, et des représentants de l'industrie brassicole afin de tenter de réduire ou d'éliminer les barrières commerciales interprovinciales à la vente de la bière au Canada. Ces discussions, provoquées en partie par une décision du GATT selon laquelle les politiques et pratiques canadiennes dans les industries vinicole, brassicole et celle des spiritueux sont discriminatoires à l'égard des importations, visent aussi à abolir éventuellement les barrières au commerce de la bière importée.

Activités relatives à la politique concernant le commerce agro-alimentaire

Le personnel du Directeur a participé aux consultations interministérielles sur les questions agro-alimentaires ayant un rapport à la mise en oeuvre de l'Accord de libre-échange Canada-États-Unis (p.ex. abolition accélérée des tarifs), les importations de produits soumis à un régime de gestion fondé sur l'offre (p.ex. la volaille), l'examen des mesures commerciales de rétorsion, et l'élaboration de la position canadienne sur les questions agricoles au Cycle d'Uruguay des négociations commerciales multilatérales.

Europe 1992 — Groupe de travail interministériel canadien

Un représentant du Bureau continue de présider un groupe de travail interministériel mis sur pied pour étudier des questions de politiques de concurrence et de droit des compagnies dans le cadre du projet de la Communauté économique européenne (CEE) de réaliser en 1992 l'intégration du marché. À la fin de l'année fiscale, le rapport du groupe de travail était en voie de finalisation en vue d'un examen sur le plan interministériel, suivi de sa publication.

Activités touchant d'autres politiques et législations

Télécommunications nationales

Durant les douze derniers mois, le personnel du Directeur a poursuivi sa participation soutenue à l'élaboration d'une politique nationale de télécommunications traitant d'une vaste gamme de questions réglementaires, législatives et politiques.

Conseil canadien des administrateurs en transport motorisé

Les délibérations du Comité permanent sur le transport motorisé (CPTM) du Conseil canadien des administrateurs en transport motorisé (CCATM) se sont poursuivies durant l'exercice financier sous les auspices du Comité permanent de la conformité et des affaires réglementées (CPCAR). Les membres du CPTM se sont principalement efforcés de trouver des moyens d'élaborer une approche uniforme pour l'interprétation de la nouvelle Loi de 1987 sur les transports routiers (LTR).

Dans ce but, un groupe de travail, composé de trois hauts fonctionnaires des organismes provinciaux de réglementation et d'un membre du personnel du directeur, a été constitué afin d'examiner les problèmes relatifs à l'interprétation des dispositions «d'intérêt public» dans les articles de la ltr traitant des licences, et chargé de présenter un rapport. un document traitant de ces questions a été déposé à l'automne 1989.

Par ailleurs, dans le cadre des études sur l'opération de la réforme réglementaire dans le domaine du camionnage, un groupe composé de représentants de Transports Canada, de l'Office national des transports et du Directeur des enquêtes et recherches examine les décisions rendues par les offices de transport provinciaux en vertu des nouvelles dispositions relatives aux critères d'entrée — allant de l'intérêt public au fardeau de la preuve renversé — contenues dans la Loi de 1987 sur les transports routiers. Le groupe produit un rapport annuel visant à identifier les éléments majeurs pris en considération par ces offices. La première édition de ce rapport fut présentée au CCATM au mois de mai 1989. Au 31 mars 1990, le groupe était sur le point de finaliser la deuxième édition couvrant les décisions rendues en 1989.

Addenda au rapport annuel sur l'évolution de la situation au Canada

Le présent addenda résume l'évolution de la politique de la concurrence au Canada entre le 1er avril et le 31 juillet 1990.

I. Modifications adoptées ou envisagées des lois et poliques en matières de concurrence

Activités connexes

Bulletins d'information

Un projet de directives qui porte sur les dispositions de la Loi relatives à la discrimination par les prix, a été publié en août 1990. Un troisième bulletin traitant des lignes directrices en matière de fusionnements devrait être distribué en octobre 1990, afin de susciter les commentaires.

II. Application des lois et des politiques en matière de concurrence

Mesures de répression des pratiques anticoncurrentielles (sauf les fusionnements)

Description des principales affaires

i) Affaires d'intérêt national (pénales)

a) Pharmaciens du Québec

Le 19 avril 1990, des accusations ont été portées à la Cour supérieure du Québec contre l'Association québécoise des pharmaciens propriétaires (qui représente plus de 90 pour cent des propriétaires de pharmacie de la province de Québec), quinze chaînes de pharmacies et sept particuliers ; les accusations reposent sur des allégations d'entente en vue de fixer les frais d'exécution d'ordonnances pour des pilules contraceptives et des narcotiques prescrits.

b) Fonds mutuels

Le 3 juillet 1990, la Cour suprême de l'Ontario a rendu des ordonnances d'interdiction en vertu de la Loi sur la concurrence interdisant à quatre sociétés de gestion de fonds mutuels de refuser de faire affaires avec des courtiers et des agents de change qui accordent un rabais sur leur commission pour la vente à leurs clients de valeurs investies dans des fonds mutuels. Les défenderesses nommées dans les ordonnances sont A.G.F. Management Limited, Mackenzie Financial Corporation, Norma Capital Management Inc. et Templeton Management Limited. Les ordonnances ont été rendues à la suite d'une demande présentée par le Procureur général du Canada, et les quatre défenderesses les ont acceptées.

Les ordonnances d'interdiction ont pour objet d'accroître la concurrence sur le marché des valeurs mobilières. En particulier, les ordonnances interdisent aux défenderesses de refuser de faire affaires avec les courtiers escompteurs et d'essayer de dissuader les courtiers escompteurs ou d'autres courtiers et agents de change de diminuer leur commission ou, dans certains cas, d'annoncer qu'ils agiront ainsi. Les défenderesses ont toutes pris des mesures afin qu'il soit clairement entendu que les valeurs investies dans les fonds mutuels qu'elles gèrent peuvent être vendues au Canada à des prix négociés.

ii) Affaires d'interêt national (examinables)

a) Chrysler Canada Ltd.

Le 10 juillet 1990, la Cour d'appel fédérale a statué que le Tribunal n'est pas habilité à entendre des poursuites relatives à des outrages au tribunal que ont eu lieu hors de la présence du tribunal. Au 31 juillet 1990, le Directeur n'avait pas encore décidé s'il allait interjeter appel de cette décision.

Fusionnements et concentration

Description des principales affaires

i) Alex Couture Inc., Sanimal Industries Inc/Lomex Inc., Paul & Eddy Inc.

Le 6 avril 1990, le juge Philippon de la Cour d'appel du Québec déclarait que:

— les dispositions de la Loi sur la concurrence qui autorisent le Tribunal de la concurrence à annuler un fusionnement sont inopérantes, car elles entravent la liberté d'association qui est garantie par la Charte canadienne des droits et libertés ;
— le Tribunal de la concurrence est inconstitutionnel, car les autres membres n'ont pas la protection suffisante que confère un mandat d'une durée fixe pour être considérés comme indépendants et impartiaux, ce qui est garanti par la Charte canadienne des droits et libertés et par la Déclaration canadienne des droits ;

Le 17 avril 1990, le Procureur général du Canada a interjeté appel de cette ordonnance à la Cour d'appel du Québec.

ii) Tree Island Industries, Limited/Davis Wire Industries Ltd.

Le 9 juillet 1990, le Directeur a annoncé qu'il ne demandera pas au Tribunal de la concurrence de rendre une ordonnance relative au fusionnement des sociétés Tree Island Industries, Limited (Tree Island) et Davis Wire Industries Ltd. (Davis Wire).

La décision de ne pas présenter de demande au Tribunal de la concurrence a été prise après que Tree Island et sa société mère, Georgetown Industries, Inc. (Georgetown), se furent engagées par écrit auprès du Directeur de vendre l'ensemble des actions qu'elles détiennent de façon directe ou indirecte dans la société Davis Wire. Ces engagements ont été donnés parce que le Directeur avait conclu que le fusionnement empêcherait ou diminuerait vraisemblablement la concurrence de façon sensible sur le marché du fil métallique et des produits tréfilés (notamment le treillis métallique, le grillage à simple torsion, le fil à balles de pulpe et le fil de fer barbelé) dans l'Ouest du Canada.

Les actions de Davis Wire ont été acquises de sa société mère d'alors, Davis Walker Inc., en décembre 1989 par Tree Island dans le cadre de la liquidation de Davis Walker Inc., aux États-Unis. Au moment de l'acquisition, Georgetown et Tree Island ont conclu une entente qui sera considérée comme distincte tant que le Directeur n'aura pas terminé son évaluation de la transaction conformément à la Loi sur la concurrence.

Aux termes des ententes, Davis Wire devra être vendue en tant qu'entreprise en exploitation à un acheteur qui a l'intention de poursuivre la fabrication et la vente du fil de fer et des produits tréfilés. Dans l'intervalle, Davis Wire continuera d'être dirigée par un gestionnaire indépendant et sera exploitée de façon distincte des opérations de Tree Island.

iii) Sociétés laitières — Ouest du Canada

Le 20 juillet 1990, le Directeur a annoncé qu'il ne contestera pas la vente de Palm Dairies Ltd. (Palm). Aux termes de cette vente, Northern Alberta Dairy Pool (NADP), une coopérative de transformation des produits laitiers dont le siège social est à Edmonton, en Alberta, achètera les actifs de Palm à Edmonton dont les installations, l'inventaire et la liste de clientèle, tandis que Beatrice Foods Ltd. (Beatrice) achètera les actifs de Palm dans les provinces de l'Alberta, de la Saskatchewan et de l'Ontario.

Le Directeur a indiqué que cette vente permettra à NADP d'exploiter de façon plus efficiente et efficace, grâce à une rationalisation, ses installations de transformation de produits laitiers à Edmonton et dans les communautés rurales environnantes. En conséquence, il est à prévoir que ce fusionnement permettra à NADP de livrer concurrence en Alberta et dans d'autres régions de l'Ouest du Canada. Il a en outre indiqué que l'arrivée de la société Béatrice, un important fabricant et distributeur de produits laitiers, en Alberta et en Saskatchewan devrait profiter aux consommateurs de l'Ouest du Canada et que, en raison de la vente de Palm à Béatrice et à NADP, les consommateurs de lait et de produits laitiers continueront de bénéficier de prix concurrentiels et d'un choix de produits.

La vente de Palm à NADP et à Béatrice fait suite à l'examen minutieux d'un certain nombre de propositions soumises à l'équipe du Directeur. Il avait été proposé à l'origine que Palm soit vendue à NADP. Après un examen minutieux effectué en consultation avec les parties, les participants de l'industrie, les clients et les concurrents, le Directeur a conclu que cette vente aurait donné lieu à une diminution sensible de la concurrence en ce qui concerne la distribution et la vente de l'ensemble des produits laitiers en Alberta. Pour en arriver à cette conclusion, le Directeur a également obtenu l'avis impartial d'économistes. NADP a alors proposé d'acheter uniquement les installations de Palm situées dans le nord. L'approbation par le Directeur de la transaction restructurée était subordonnée à la vente des actifs de Palm qui restaient selon une formule qui permettrait de maintenir et de promouvoir une concurrence vigoureuse et efficace en Alberta. Selon le Directeur, Béatrice possède l'expertise voulue dans les domaines des finances, de la gestion, de la technique et de la commercialisation pour livrer cette concurrence en Alberta ainsi qu'en Saskatchewan.

Le Directeur a également fait observer que ces transactions s'inscrivent dans une série de fusionnements récents dans l'industrie laitière de l'Ouest du Canada. En 1989, les opérations en sérieuse difficulté de Palm en Colombie-Britannique ont été vendues à Fraser Valley Milk Producers Cooperative Association et à Island Farms Daries Cooperative Association. Tout dernièrement, Dairy Producers Cooperative Limited (DPCL), une coopérative laitière de la Saskatchewan, a réussi à s'implanter au Manitoba grâce à son acquisition de Manitoba Co-op et raffermira sa position concurrentielle au moyen de son acquisition proposée de Ault Dairies de Winnipeg. Les changements apportés à la structure de l'industrie laitière de l'Ouest du Canada, qui découlent de ces fusionnements, contribueront vraisemblablement à créer un environnement plus efficiente et plus concurrentiel dont bénéficieront les producteurs, les transformateurs de produits laitiers et les consommateurs.

DANEMARK

(juillet 1989 — juillet 1990)

I. Modifications ou projets de modifications du droit et des politiques de la concurrence

I.I Résumé des dispositions législatives nouvelles (droit de la concurrence et législation connexe)

Introduction

Au cours de la période examinée (juillet 1989-juillet 1990), la législation danoise en matière de concurrence a fait l'objet de modifications radicales. Une nouvelle loi sur la concurrence de 1989 est entrée en vigueur le 1er janvier 1990 et a remplacé la loi de 1955 sur les monopoles et la loi de 1974 sur les prix et les bénéfices. En outre, à la suite de l'adoption de la nouvelle loi, l'Office de Contrôle des Monopoles (OCM) a été aboli et remplacé par un Conseil de la concurrence.

En outre, divers amendements à la loi sur le marquage et l'affichage des prix ont été adoptés et mis en vigueur au cours de la même période.

La loi de 1989 sur la concurrence

Le Parlement a été saisi en janvier 1989 d'un projet de loi nouvelle sur la concurrence, et, après avoir été renvoyé devant une commission parlementaire, qui lui a apporté quelques amendements, le projet a été finalement voté par le Parlement en juin 1989. La loi nouvelle est entrée en vigueur le 1er janvier 1990, date d'abrogation de la loi sur les monopoles et de la loi sur les prix et bénéfices.

La loi sur la concurrence est dans une large mesure fondée sur un rapport de 1986, établi par une commission d'experts, qui avait été désignée par le Ministre de l'Industrie en 1985.

L'application de la loi sur la concurrence a été confiée à un Conseil de la concurrence composé d'un Président désigné par le Roi et de 14 Membres désignés par le Ministre de l'Industrie. Le Conseil disposera d'un secrétariat géré par un directeur.

L'objet de la loi est d'encourager la concurrence et par là de renforcer l'efficacité dans la production et la distribution des biens et services, etc. L'objectif est donc, à mesure de l'internationalisation accrue de l'économie, de seconder une évolution des marchés fondée sur la concurrence et l'efficacité.

Le plus important des moyens permettant de réaliser l'objet de la loi est la transparence, en d'autres termes l'établissement des moyens permettant le plus facilement et le plus équitablement aux fabricants, aux négociants et aux consommateurs d'avoir accès aux renseignements qui les intéressent sur les prix, les conditions commerciales, etc.

La loi s'applique aux entreprises privées et aux associations de ces entreprises, y compris aux établissements bancaires et aux sociétés d'assurances, ainsi que — dans certaines limites — aux entreprises publiques et aux entreprises réglementées par l'Etat et les pouvoirs locaux.

La loi sur la concurrence ne s'applique pas aux salaires et aux conditions de travail, mais le Conseil de la concurrence peut obtenir des informations sur ces points auprès des organisations, des entreprises, etc.

Comme on l'a dit, le principe fondamental de la loi est la transparence et, à quelques exceptions près, la loi sur l'accès du public aux documents et aux dossiers administratifs s'applique intégralement à la gestion de l'application de la loi sur la concurrence.

Les accords et les décisions, notamment les accords tacites et les pratiques concertées, qui exercent ou peuvent excercer une influence prépondérante sur un marché, tout comme les modifications de ces accords, etc., doivent être notifiés dans les 14 jours suivant leur conclusion au Conseil de la concurrence.

Faute de notification, ces accords sont nuls et non avenus et l'Office de la concurrence peut, à titre de mesure coercitive, imposer à la partie en cause une astreinte quotidienne ou hebdomadaire.

Pour respecter le principe de la transparence, l'Office de la concurrence peut publier les enquêtes faites sur la structure du marché, ainsi que des informations sur les prix, escomptes, remises, lorsqu'il juge bon un surcroît de concurrence et d'efficacité.

Au cas où la concurrence n'est pas suffisamment efficace, où si l'on estime pour d'autres raisons particulières qu'il est nécessaire de suivre attentivement la structure du marché, ou de susciter des conditions propres à assurer la transparence des prix, le Conseil de la concurrence peut :

1) ordonner à une entreprise ou à une association, etc. pour une période de deux ans maximum de lui faire rapport, dans un délai déterminé, en fournissant des informations de type précis sur les prix, les bénéfices, les escomptes, les remises, les conditions commerciales, les relations financières et avec d'autres organisations, etc. ;
2) fixer les règles d'établissement des factures et autres documents servant aux calculs des prix ;
3) fixer les règles de marquage et d'étiquetage des prix et des quantités.

Le Conseil de la concurrence est habilité à exiger les informations qui lui sont nécessaires, et, si le Tribunal a rendu une Ordonnance, à procéder sur place aux enquêtes, etc. qui sont nécessaires.

Si l'on se réfère aux commentaires auxquels la loi a donné lieu, la transparence accrue du marché limitera d'autant la raison d'être des mesures réglementaires qui freinent la concurrence.

Toutefois, à titre de mesure annexe, pour assurer l'efficacité de la concurrence, le Conseil de la concurrence a été habilité à agir contre les effets nuisibles des pratiques anticoncurrentielles et des restrictions à la liberté des échanges, qui sont le fait d'entreprises privées et d'associations groupant ces entreprises.

A l'égard des entreprises publiques ou réglementaires, le Conseil de la concurrence peut s'adresser au pouvoir public compétent et appeler son attention sur les effets potentiellement nuisibles que ces entreprises peuvent avoir sur la concurrence. L'intervention du Conseil doit être rendue publique.

La loi sur la concurrence est, comme l'était la loi sur les monopoles, fondée sur le contrôle des abus et des mesures ne sont prises que si l'exercice d'une pratique restrictive est constaté sur un certain marché et implique, ou peut impliquer des effets nuisibles à la concurrence — et, par conséquent, sur l'efficacité de la production et de la distribution de biens ou de services, etc. — soit des restrictions à la liberté des échanges.

En outre, les mesures — qui peuvent consister en une ordonnance tendant à l'annulation totale ou partielle des accords, etc., — ne peuvent être prises que si le Conseil de la concurrence a d'abord essayé de mettre fin par la négociation aux effets dommageables.

Si cette ordonnance d'annulation totale ou partielle des accords, etc. ne produit pas l'effet escompté, le Conseil de la concurrence peut à titre subsidiaire émettre une ordonnance d'avoir à fournir, et notamment rendre une ordonnance mettant fin aux droits d'exclusivité en vigueur, s'il juge ces mesures nécessaires pour créer les conditions d'une concurrence effective.

Le Conseil de la concurrence est, également à titre subsidiaire, habilité à fixer, pour une période d'un an au maximum à chaque fois, les prix et les bénéfices maxima, ou les règles de calcul, si un prix ou un bénéfice dépasse manifestement, par son montant ou sa durée, ce qui pourrait être obtenu sur un marché où règne une concurrence viable.

Lorsqu'il calcule les prix ou les bénéfices maxima, le Conseil de la concurrence peut, s'il y est conduit par des raisons puissantes, notamment par des considérations propres aux secteurs qui ont d'importants coûts de recherche et de développement, déroger aux principes généraux applicables à la détermination des prix.

L'interdiction de pratiquer en aval des prix imposés est maintenue, et précisée dans la loi sur la concurrence, toute infraction à l'interdiction étant passible d'une amende.

Pour souligner la faculté qu'ont les revendeurs de fixer leurs propres prix, il est prévu que si des prix de revente sont conseillés, il doit être bien précisé qu'il s'agit seulement de prix conseillés.

Les décisions du Conseil de la concurrence peuvent être déférées, dans un délai de quatre semaines, au Tribunal d'Appel de la concurrence. Toutefois, les décisions concernant la publication d'enquêtes et d'informations sur les prix, ainsi que les décisions par lesquelles le Conseil refuse de se saisir d'une affaire, sont définitives et ne sont pas susceptibles d'appel.

Seules ont un effet suspensif, les plaintes déposées contre les décisions sur l'accès à la jurisprudence et aux dossiers de documentation, ainsi que celles qui concernent le principe du secret professionnel, mais l'effet suspensif peut être accordé par le Conseil ou le Tribunal d'appel en cas d'appel de toute autre décision.

Les décisions du Tribunal d'Appel peuvent être portées devant la Haute Cour dans un délai de huit semaines.

Comme on l'a indiqué, le Conseil de la concurrence peut prononcer des astreintes pour faire respecter l'obligation de notifier et de soumettre des informations et, de plus, il peut imposer des amendes pour d'autres infractions à un certain nombre de dispositions de la loi.

La responsabilité pénale est limitée à 5 ans.

Enfin, il est stipulé que la Loi ne s'étend pas aux Iles Féroé ni au Groenland.

La loi de 1977 sur le marquage et l'affichage des prix

Comme le rapport annuel pour 1988/89 en a rendu compte, un amendement à la Loi sur le marquage et l'affichage des prix a été adopté par le Parlement en avril 1989.

D'après les nouvelles règles, qui sont entrées en vigueur le 1er octobre 1989, les détaillants ont l'obligation d'informer la clientèle, par l'affichage de certains signes, qu'ils consentent une remise ou d'autres avantages particuliers à certains groupes de personnes, et de montrer, sur demande, aux clients la liste des marchandises auxquelles s'applique la remise ou l'avantage.

De même, dans les ventes par correspondance et par les médias électroniques, il faut dans les informations sur les prix indiquer clairement si une réduction est accordée à des groupes ou si quelque autre avantage particulier est consenti.

D'autre part, le pouvoir notamment de mettre en application les directives communautaires sur la normalisation et le marquage des prix unitaires a été étendu pour s'appliquer au commerce de détail ainsi qu'aux opérations commerciales entre les entreprises.

Le 18 janvier 1990, le ministère de l'Industrie a déposé une proposition de nouveaux amendements à la Loi essentiellement aux fins de mise en oeuvre de l'Article 3 et de l'Article 5 de la Directive Communautaire relative au rapprochement des dispositions législatives réglementaires et administratives des Etats Membres en matière de crédit à la consommation [Directive 87(102)CEE]. Cet amendement a été adopté par le Parlement en juin 1990.

En outre, la disposition relative à la surveillance du respect de la Loi est abrogée. Cette surveillance a été jugée inutile, puisque les infractions sont punissables de sanction et peuvent faire l'objet de poursuites par les autorités de police.

Enfin, les amendements supposent un transfert de l'administration à l'Agence Nationale pour la Consommation.

Les nouvelles règles entreront en vigueur le 1er janvier 1991.

Depuis le 1er juillet 1990, les activités du Conseil de la conurrence sont régies par les Lois suivantes :

— La Loi de 1989 sur la concurrence,

— La Loi de 1977 sur le marquage et l'affichage des prix, dans sa version modifiée (jusqu'au transfert de l'administration à l'Agence Nationale de la Consommation le 1er janvier 1991),

— La Loi de 1966 sur les appels d'offres concurrentielles,

— Le 23 de la Loi de 1966 sur les produits pharmaceutiques, dans sa version modifiée,

Dans le cadre de la surveillance de l'application de

— La Loi de 1990 sur l'approvisionnement en énergie thermique,

— La Loi de 1976 sur l'approvisionnement en énergie électrique, dans sa version modifiée.

Le Secrétariat du Conseil de la concurrence s'occupe aussi des activités administratives de la Commission des prix de l'énergie électrique et de la Commission des prix du gaz et de l'énergie thermique.

Enfin, des tâches ont été confiées au Secrétariat du Conseil de la concurrence conformément à :

— La Loi sur la surveillance du respect du Règlement Communautaire N° 11/1960 sur l'Abolition de la Discrimination en matière des prix et des conditions de transport de 1972, dans sa version modifiée,

— La Loi sur la surveillance du respect des Règlements Communautaires relatifs aux Monopoles et aux Pratiques commerciales restrictives de 1972, dans sa version modifiée.

I.2. Autres mesures pertinentes, y compris la publication de directives

Les règles régissant les activités du Conseil de la concurrence

Conformément à l'Article 4(4) de la Loi sur la concurrence, le Ministre de l'Industrie a arrêté un Règlement sur les activités du Conseil de la concurrence.

A côté des règles relatives à la composition et à la désignation du Conseil de la concurrence et du Comité Exécutif, le Règlement contient des dispositions sur l'organisation pratique des réunions du Conseil et du Comité Exécutif, y compris des dispositions régissant la convocation, la notification et la fréquence des réunions.

En outre, le Règlement précise le type d'affaires dont le Conseil doit être saisi et dans quel cas le Secrétariat peut se prononcer conformément à l'orientation et à la pratique prévues par le Conseil.

Enfin, des règles sont établies sur le quorum du Conseil, sur le vote et sur la désignation des suppléants pour les Membres du Conseil, ainsi que sur la forme et le contenu des procès-verbaux des réunions. Le Règlement est entré en vigueur le 1er janvier 1990.

Les règles régissant les activités du Secrétariat du Conseil de la concurrence

Conformément à la Loi sur la Concurrence, un Secrétariat placé sous l'autorité d'un directeur est attaché au Conseil et, conformément au Règlement régissant les activités du Conseil, le Secrétariat est chargé des «Affaires journalières» du Conseil.

Afin de définir les «affaires journalières», le Conseil a fixé des directives pour le partage des tâches entre le Conseil et le Secrétariat dans le cadre de l'administration en cours de l'application de la Loi.

Ces directives prévoient le type d'affaires à soumettre au Conseil pour qu'il statue et les décisions que le Secrétariat peut arrêter conformément aux directives et à la pratique du Conseil. En outre, les directives précisent les activités dont il est jugé approprié que le Secrétariat s'occupe pour le compte du Conseil, telles que les contacts avec les entreprises, les organismes et les autorités. En outre, il appartient au Secrétariat de préparer les dossiers pour le Comité Exécutif et le Conseil, d'obtenir les renseignements nécessaires, de procéder aux enquêtes sur le marché, de rendre compte de ces enquêtes, d'informer le public des activités du Conseil, etc.

Les directives susvisées ont été adoptées lors de la réunion du Conseil du 17 janvier 1990.

Les règles régissant les activités du Tribunal d'Appel de la concurrence

Conformément à l'Article 17(3) (voir l'Article 18), de la Loi sur la Concurrence, le Ministre de L'Industrie a établi un Règlement régissant les activités du Tribunal d'Appel de la concurrence.

Ce Règlement concerne la compétence du Tribunal d'Appel appelé à statuer sur les plaintes en ce qui concerne la Loi sur la Concurrence, la Loi sur l'approvisionnement en énergie électrique et la Loi sur l'approvisionnement en énergie thermique et il expose l'organisation du Tribunal d'Appel, sa composition et l'organisation de ses réunions.

En outre, des règles sont établies en ce qui concerne les dépenses à prendre en charge pour les recours dirigés contre les décisions devant le Tribunal d'Appel. Ces frais sont entièrement ou partiellement restitués si le Tribunal fait droit totalement ou partiellement à la plainte.

Le Règlement expose également les affaires dans lesquelles le Tribunal peut arrêter une décision de rejet et la mesure dans laquelle le Tribunal peut suspendre l'exécution des décisions dont il est saisi.

Suivant le Règlement, le Tribunal d'appel est libre de se procurer toutes données nécessaires à l'examen des affaires et, en outre, il est précisé que le demandeur ainsi que l'autorité en cause ont accès aux pièces pertinentes du dossier de l'affaire et peuvent assister à la procédure orale, qui est également publique, à moins que le Président n'en décide autrement.

Enfin, des règles sont établies au sujet du quorum et du vote du Tribunal ainsi que de la forme et du contenu des procès-verbaux de ses audiences.

Le Règlement est entré en vigueur le 20 avril 1990, sauf en ce qui concerne les dispositions sur le paiement des frais de justice, qui agissent rétroactivement au 1er janvier 1990.

Les règles relatives au secret professionnel

Des instructions au sujet de l'interdiction de divulguer des données confidentielles ont été données aux Membres du Conseil de la concurrence et au personnel du Secrétariat. Ces instructions, fondées sur le droit administratif, comportent des dispositions sur le secret professionnel pour le personnel des administrations publiques et elles renvoient à l'article 10(1) de la Loi sur la concurrence au sujet du droit du public d'accéder aux documents et aux dossiers administratifs et des dérogations en la matière.

En principe, l'accès du public est illimité, mais l'intérêt des parties à la protection des renseignements de caractère technique, des travaux de recherche, des méthodes de production, etc. peut justifier que ces données soient tenues secrètes et ne soient pas divulguées au public.

Les règles relatives à la notification des accords, etc.

Conformément à l'Article 5(4) de la Loi sur la concurrence, le Conseil de la concurrence a émis un Règlement sur les procédures de notification.

Le Règlement prévoit que l'obligation de procéder à la notification s'applique à toutes sortes d'accords et de décisions, y compris des accords tacites et des pratiques concertées, ainsi qu'à des modifications de tels accords, qui exercent ou peuvent exercer une influence prépondérante sur un certain marché.

En outre, le Règlement précise le responsable chargé de la notification, la teneur de la notification, qui concerne tant des accords écrits et la notification (sous une forme descriptive) d'actions, de décisions, etc. que des accords tacites et des pratiques concertées.

La notification doit être accompagnée d'une demande éventuelle de protection du secret des données notifiées (voir l'Article 10 de la Loi sur la Concurrence).

Les questions relatives à un accord, par exemple, faisant l'objet de la notification, doivent être soumises par écrit au Secrétariat du Conseil de la concurrence et les documents reçus à cette occasion ne sont pas mis directement à la disposition du public.

Si le Conseil de la concurrence juge qu'un accord, notamment, est soumis à notification, la date de l'application constituera le critère de l'appréciation du point de savoir si la notification a été faite en temps utile et, par conséquent, si l'accord est valide.

A titre de preuve de la date de la notification, il est prévu que le Secrétariat du Conseil de la concurrence est tenu d'accuser réception à l'expéditeur.

Enfin, le règlement précise que la notification comme telle n'implique pas l'acceptation par le Conseil de la concurrence de l'accord etc., le Conseil étant toujours en droit de procéder à l'examen de l'accord en vertu des autres dispositions de la Loi sur la Concurrence.

Le Règlement est entré en vigueur le 15 février 1990.

I.3. Propositions des pouvoirs publics tendant à modifier les lois et la politique de la concurrence

La loi sur les appels d'offre à la concurrence de 1966

Une refonte de cette loi est envisagée, mais un projet définitif sur les nouvelles dispositions n'a pas encore été déposé.

II. Application du droit et des politiques de la concurrence

II.1. Action contre les pratiques anticurrentielles

II.1.a) Résumé des activités des autorités chargées de la concurrence

Les activités du conseil de la concurrence

Au cours du premier semestre de 1990, le Conseil de la concurrence s'est réuni sept fois et a statué dans 25 affaires.

Affaires soumises au tribunal d'appel des monopoles

Depuis le 1er janvier 1990, le Tribunal d'Appel a été saisi de 23 recours formés contre des décisions du Conseil de la concurrence (14), de la Commission des prix de l'énergie élecrique (3) et de la Commission des prix du gaz et de l'énergie thermique (6).

II.1.b) Exposé d'affaires importantes

A. Article 5 de la Loi sur la concurrence

L'obligation de notifier les accords et décisions est maintenue dans la Loi sur la concurrence, mais il n'y a plus de dispositions sur la notification des entreprises et associations particulières en position dominante.

Par conséquent, à l'entrée en vigueur de la Loi sur la concurrence le 1er janvier 1990, tous les enregistrements des entreprises individuelles dominantes en application de l'Article 6(2) de la Loisur les Monopoles ont été annulés, y compris l'enregistrement de la fabrique de chaux Faxe Kalk A/S, qui avait été au préalable notifiée en sa qualité d'entreprise individuelle dominante pour la production et la vente de chaux vive, de chaux hydratée et de chaux agricole (dans le Spacland).

Le Conseil de la concurrence a constaté que 5 accords de livraison que la société avait conclus avec plusieurs acquéreurs en gros de chaux vive et qui avaient été communiqués au Conseil de la concurrence conformément à l'Article 22(3) de la Loi sur la Concurrence, étaient soumis à notification en vertu de l'Article 5(1) de la Loi. Le Conseil de la concurrence a jugé important que Faxe Kalk A/S était le seul fabricant de chaux vive sur le marché danois et qu'il existait de grands obstacles à la concurrence des autres fournisseurs.

Dans le même contexte, le conseil de la Concurrence a exigé la notification des accords de livraison de chaux vive que deux centrales électriques avaient conclus avec leur fournisseur belge Carrière et Fours à Chaux Dumont-Wautiers S.A.

Faxe Kalk A/S a attaqué la décision du Conseil de la concurrence devant le Tribunal d'Appel de la Concurrence.

Un accord enregistré entre F.Junckers Industrier A/S et Tarkett AB, (Suède) a également été communiqué au Conseil de la Concurrence. En vertu de cet accord conclu en 1975, Junckers Industrier a l'autorisation en exclusivité au Danemark de distribuer des articles de parqueterie à base de lamelles et de plancheiage en vinyle Tarkett.

Conformément à l'autorisation accordée par le ministre de l'Industrie, en vertu de l'Article 9(2) de la Loi sur les monopoles, certaines clauses de l'accord qui ont été enregistées, bénéficiaient de la confidentialité ; voir le paragraphe II.1.b).D ci-après.

Junckers Industrier est le seul fournisseur sur le marché danois de produits de parqueterie compacts (exception faite des produits réalisés à partir de bois tropicaux). Il existe plusieurs fournisseurs de parquets lattés sur le marché danois, mais en vertu de l'accord de Tarkett AB, Junckers Industrier détient une grande part de ce marché.

Etant donné qu'au surplus, le marché des produits de parqueterie est le plus grand marché du secteur des produits de planchéiage et que Junckers Industrier détient également une part considérable du marché des produits de planchéiage en vinyle, le Conseil de la concurrence a estimé que l'accord dans son ensemble était soumis à notification, en application de l'Article 5 de la Loi sur la Concurrence.

Une fusion entre deux groupes d'agents immobiliers a pris effet à compter du 1er janvier 1990.

Le Conseil de la concurrence a constaté que les règles sur les barèmes d'honoraires recommandés, établis par la nouvelle association professionnelle pour une assistance dans le cadre d'affaires immobilières étaient soumies à notification, conformément à l'Article 5(1) de la Loi sur la concurrence, puisqu'elles pèsent ou peuvent peser de manière décisive sur le marché.

Le Conseil de la concurrence a estimé que les règles susvisées avaient les mêmes effets qu'un accord effectif au sujet des honoraires recommandés collectivement et a jugé que le système avait un caractère réglementaire et exerçait une influence sensible sur la fixation des prix de l'agent particulier.

Les résolutions adoptées par l'ordre des avocats a été examinée par le Conseil de la concurrence, qui a jugé qu'elles étaient soumises à notification, en application de l'article 5(1) de la Loi sur la Concurrence, dans la mesure où elles exercent ou risquent d'exercer une influence prépondérante sur l'exercice de la profession en cause.

Le Conseil de la concurrence a jugé important que tous les avocats soient tenus de s'inscrire au barreau et que, par conséquent, les résolutions de l'ordre des avocats avaient le même effet que si tous les avocats avaient conclu un accord sur des honoraires collectivement recommandés, sur la publicité, etc.

En examinant les résolutions de l'ordre des avocats dans le contexte de la Loi sur la Concurrence, le Conseil de la concurrence a également estimé d'une importance capitale que d'autres mesures législatives contiennent des dispositions qui amplifient les pratiques restrictives adoptées par l'ordre des avocats et qui ont aussi un effet restrictif sur les secteurs du marché touchés par la profession d'avocat, telles que les dispositions de la loi sur l'administration de la justice concernant le droit exclusif des avocats de comparaître devant une juridiction pour compte d'autrui et concernant la possibilité pour les avocats de s'installer dans plusieurs ressorts judiciaires.

Enfin, le Conseil de la concurrence a décidé d'exiger la notification d'un accord de distribution en exclusivité conclu entre la Société de Télécommunications danoise KTAS et L.M. Ericsson A/S concernant les installations téléphoniques PABC MD 110 et BCS 150.

Le Conseil de la concurrence a notamment fondé sa décision sur le fait que L.M. Ericsson détient une part de 41 pour cent du marché danois pour toutes les installations PABC et de 59 pour cent pour les grandes installations MD 110 respectivement, que deux importants fournisseurs d'installations PABC sont présents sur le marché, qu'il s'agit d'un marché en faible croissance et qu'il y a substitution d'un fournisseur à l'autre surtout dans le cadre de nouveaux achats d'équipements à la suite d'importantes extensions de l'entreprise. KTAS a formé un recours contre la décision du Conseil devant le Tribunal d'Appel de la Concurrence.

B. Article 7 de la Loi sur la concurrence

Là où la concurrence n'est pas suffisamment viable, ou où, pour diverses raisons particulières, il est nécessaire de respecter les conditions de la concurrence ou de créer la transparence des conditions de prix, le Conseil de la concurrence peut pour une période donnée de deux années successives au maximum ordonner à une entreprise ou à une association de lui fournir régulièrement des informations au sujet des prix, des bénéfices, des conditions commerciales, des relations financières et avec d'autres organisations, etc.

Au cours de la période en cause, le Conseil de la concurrence a, pour diverses raisons — compte tenu des conditions des marchés particuliers — ordonné à des entreprises relevant de plusieurs segments du marché de soumettre des informations précises.

En ce qui concerne les produits pharmaceutiques, les raisons principales ont été l'absence de concurrence dans le secteur du gros, la protection au titre de brevets des préparations et le lancement — habituellement avec succès — de nouveaux produits par une commercialisation intensive en visant les médecins traitants, ce qui permet de maintenir de considérables écarts de prix, par comparaison avec les préparations génériques.

En ce qui concerne les épiceries, etc. il existe une concurrence efficace au niveau des prix, mais également de fortes tendances structurelles à la concentration, des accords, etc., et des conditions commerciales d'un caractère restrictif, y compris des tentatives d'exploitation du pouvoir d'achat.

La structure du marché de l'équipement audio-vidéo est relativement rigide et l'existence d'un grand nombre de refus d'approvisionnement et de tentatives de boycottage visant les nouveaux circuits de distribution est notoire. L'ordre du Conseil de la concurrence à certaines grosses entreprises de ce marché de présenter des données précises constitue également une suite normale du rapport que l'OCM a diffusé en novembre 1989 au sujet de ce marché et qui a révélé l'existence d'une marge bénéficiaire élevée.

Sur les marchés dans lesquels le mécanisme des prix a été suspendu dans le cadre de dérogations provisoires à l'interdiction prévue à l'Article 14 de la Loi sur la concurrence de mettre en application des prix imposés, comme c'est le cas en ce qui concerne le tabac et les magazines, il a été jugé nécessaire de créer la transparence des autres conditions et de la structure de ces marchés, afin de promouvoir une plus grande efficacité.

Le sucre, l'alcool et la farine constituent des postes importants du secteur de la consommation tant privée que commerciale des produits d'épicerie. Les voitures et les pièces de rechange sont des produits qui constituent un poste important de la consommation et le marché est caractérisé par des produits de marques et les préférences marquées des consommateurs. Des méthodes impénétrables de remises et de primes sont appliquées dans le secteur du pétrole et une forte concentration pèse sur le marché. Quatre compagnies pétrolières se partagent 70 pour cent du marché danois, et il existe donc un besoin de transparence sur ce marché.

Le marché du matériel de traitement des données (matériel, logiciels, services techniques et entretien du logiciel) semble être marqué par une concurrence efficace, mais, notamment, l'octroi généralisé de remises et les liens existants entre les divers éléments dans le contexte des applications de l'équipement de traitement de données rendent le marché encore peu quantifiable. Par conséquent, il existe un besoin de transparence accrue, que le Conseil de la concurrence espère être capable de créer en exigeant que l'une des entreprises particulières dominant le marché fournisse des informations précises.

La fabrication de béton et d'amiante utilisés dans la construction est fortement concentrée. Chaque produit n'a qu'un seul fabricant au Danemark. L'importation du béton représente actuellement 10 pour cent au maximum de la consommation et, en raison de la position dominante détenue par l'usine de ciment danoise Aalborg Portland-Cement-Fabrik, il avait existé de 1977 à l'entrée en vigueur de la Loi sur la concurrence, un accord sur la fixation des prix du béton. Le marché de l'amiante-ciment est également influencé par des restrictions à la concurrence. Les possibilités de substitution ne sont que peu nombreuses en raison des différences entre les qualités des produits et, comme nous l'avons signalé, de l'existence d'un seul fabricant danois.

En ce qui concerne le marché des articles de planchéiage, il n'existe également qu'un seul fabricant danois (Junckers Industrier A/S).

Le marché du placoplâtre est un secteur où les fournisseurs sont fortement concentrés et les grands fournisseurs sur ce marché (Dano Gips A/S et Gyproc A/S) ont mis fin à la concurrence au niveau des prix par la fixation de prix uniformes.

En ce qui concerne les produits à base de laine minérale, le marché subit l'influence de la concentration et de l'interdépendance entre les deux sociétés. Rockwool A/S et Scan Glasuld A/S.

Sur le marché des canalisations et des tuyauteries en plastique, les deux grands fabricants, Nordisk Wavin A/S et Uponor A/S, détiennent conjointement une très grande part du marché pour tous les types de produits (canalisations, canalisations souterraines, canalisations sanitaires, gouttières, conduites de gaz, et tubes électriques en plastique).

Il existe sur le marché un seul grand producteur de matériel pour installations électriques et un réseau d'accords avec les grossistes sur ce marché, y compris des accords sur d'importants rabais pour quantités et des systèmes de primes qui ont réduit la transparence en ce qui concerne les prix.

Plusieurs des entreprises auxquelles le Conseil de la concurrence a ordonné de communiquer des informations se sont pourvues contre sa décision devant le Tribunal d'Appel de la Concurrence.

C. Article 8 de la Loi sur la concurrence

Conformément à l'Article 8 de la loi sur la Concurrence, le Conseil de la concurrence doit procéder à des enquêtes et peut publier des rapports au sujet de ces enquêtes propres à favoriser la transparence en ce qui concerne les conditions de la concurrence. Les entreprises, etc. visées par une enquête sont informées de la teneur du rapport avant sa publication et leurs observations éventuelles sont sur leur demande publiées avec le rapport.

Le Conseil de la concurrence a décidé de poursuivre et de faire connaître au public la première phase d'une enquête engagée par l'Office de contrôle des monopoles (OCM) sur le marché des équipements pour installations électriques, afin notamment d'analyser la structure du marché et la rentabilité à chaque stade des échanges.

En outre, le Conseil de la concurrence a décidé de passer à la deuxième phase de l'enquête qui consistera dans l'exposé des prix, des remises et des bénéfices dans le secteur des équipements pour installations électriques, une importance particulière étant attachée à la démonstration de l'effet du réseau d'accords et de relations commerciales jouant un rôle important dans ce secteur.

Le Conseil de la concurrence a également décidé de poursuivre l'enquête de l'OCM au sujet des fusions et des prises de contrôle au Danemark en 1989 (dont il s'agit plus loin au paragraphe II.2).

Enfin, il a décidé d'entreprendre une enquête globale préliminaire sur la structure et les conditions de la concurrence dans le secteur financier (banques, compagnies d'assurances et organismes de crédit hypothécaire) afin de jeter les bases des activités concernant ce secteur, qui au titre de la loi sur les monopoles est désormais de la compétence de l'organe danois de la surveillance des activités bancaires, des assurances et des valeurs mobilières.

En outre, il a établi un rapport sur les frais afférents aux changements de résidence par des propriétaires occupants (publié en août 1990). Ce rapport traite des frais pouvant être engagés dans le cadre de l'achat et de la vente de maisons unifamiliales ou d'appartements occupés par leur propriétaire, et dont la vente est librement négociée. En 1989, environ 55 000 de ces résidences ont été vendues.

Le rapport rend compte des éléments dont il y a lieu de tenir compte dans le cadre de l'achat et de la vente des résidences occupées par le propriétaire et décrit l'état du marché des conseillers, c'est-à-dire des services (d'agents immobiliers, d'avocats, etc.), qui sont proposés dans ce domaine. En outre, il contient une ventilation des divers postes de dépenses et rend compte de leur importance moyenne pour l'acheteur et le vendeur ainsi que de la hausse des revenus nécessaires pour décharger l'acquéreur et le vendeur de leurs frais afférents au changement de résidence.

D. Article 10 de la Loi sur la concurrence

Alors qu'en application de la Loi sur les monopoles — en vertu de l'Article 21 de cette loi concernant l'obligation des Membres du Monopolies Control Board et des agents de l'OCM de ne pas divulguer de données confidentielles — certaines affaires ont fait l'objet d'une dérogation aux règles générales et légales sur l'accès du public aux documents et aux dossiers administratifs, le public peut en général prendre connaissance des dossiers concernant des affaires traitées au titre de la Loi sur la Concurrence, cette loi ne contenant pas de dispositions similaires. En conséquence, les dispositions de la loi sur l'administration publique relative à l'accès des parties aux documents, etc. et de la loi sur l'accès du public aux documents et aux dossiers administratifs s'appliquent aux activités administratives du Conseil de la concurrence, à moins qu'il ne s'agisse de questions techniques (confidentielles).

Conformément à l'Article 10(2) de la Loi sur la Concurrence, il est interdit de divulguer des données au public ou de les mettre à sa disposition, si une entreprise ou une association risque de subir de ce fait une perte financière considérable.

Dans l'affaire concernant Faxe Kalk A/S (visée au paragraphe II.1.b).A ci-dessus), cette société avait demandé un traitement confidentiel en application de l'Article 10(1) et (2) en ce qui concerne ses accords de livraisons de chaux vive.

De l'avis de Faxe Kalk A/S, la publication des accords porterait préjudice à la société, car les concurrents étrangers seraient en mesure de prendre eux-mêmes connaissance de leur teneur. La société avait en particulier souligné que ses investissements du Gotland pourraient subir un préjudice considérable du fait de la publication des contrats, car elle risquerait de perdre des clients difficiles à remplacer.

Le Conseil de la concurrence a estimé que le faisceau d'accords tombait dans l'ensemble dans le champ d'application de l'Article 10(1) de la Loi sur la concurrence et que, par conséquent, le public pouvait en prendre connaissance sans aucune restriction. Il a jugé que les parties en cause n'avaient prouvé ni l'existence, ni la possibilité de l'existence des conditions d'application de la dérogation prévue à l'Article 10. Faxe Kalk A/S s'est pourvu devant le Tribunal d'Appel de la Concurrence.

En outre, le Conseil de la concurrence a estimé que F. Junckers Industrier A/S n'avait prouvé ni l'existence ni la probabilité du risque d'un préjudice financier considérable pour l'entreprise si le grand public était autorisé à prendre connaissance de l'accord d'exclusivité de la société avec Tarkett AB, (Suède), concernant la distribution de parquets de bois latté et d'articles de planchéiage en vinyle (dont il est question au paragraphe II.1.b)A ci-dessus), et il a estimé que le public devait pouvoir prendre connaissance du texte intégral de l'accord. Junckers Indutrier A/S s'est également pourvu contre cette décision devant le Tribunal d'Appel de la Concurrence.

E. Articles 11 à 13 de la Loi sur la concurrence

Comme la loi sur les monopoles, la loi sur la concurrence contient des dispositions relatives aux mesures à prendre contre les effets nocifs des pratiques anticoncurrentielles.

Si le Conseil de la concurrence estime qu'une pratique anticoncurrentielle s'exerce sur un marché déterminé, laquelle entraine ou risque d'entrainer des conséquences nuisibles à la concurrence et par conséquent à l'efficacité de la production et de la distribution des biens et des services, etc. ou des restrictions à la liberté des échanges, le Conseil peut s'efforcer de mettre fin à ces effets nocifs par des négociations. S'il n'est pas mis fin à ces effets nocifs par la négociation, le Conseil arrête une ordonnace en ce sens en application de l'article 12(1) de la Loi sur la concurrence.

Conformément à l'Article 12(2) de la Loi sur la Concurrence, le Conseil peut prendre une ordonnance d'approvisionnement, si une ordonnance rendue en application de l'Article 12(1) ne met pas fin aux effets préjudiciables.

Le pouvoir du Conseil de la concurrence d'arrêter des mesures dirigées contre le calcul des prix et des bénéfices est prévu à l'Article 13 de la Loi sur la Concurrence.

En ce qui concerne l'absence d'une plus grande efficacité dans le secteur de la vitrerie, ce qui est en particulier la conséquence de la structure des prix et des remises des fournisseurs de verres thermiques et de glaces de vitrage, le Conseil de la concurrence a entamé des négociations en application de l'Article 11 de la Loi sur la concurrence avec les entreprises du secteur de la verrerie thermique et des glaces de vitrage et avec l'association des industries de la vitre au Danemark. L'objectif est de modifier le système actuel des prix en vue de son assouplissement, partiellement par des modifications des listes des prix des principaux fournisseurs et partiellement par des modifications du calcul des prix des articles de vitrage par les entreprises du secteur de la vitrerie.

Saisi d'une plainte relative à des prix d'éviction dans le cadre de la vente de béton prémélangé, le Conseil de la concurrence a engagé des négociations avec Unicon Beton I/S et 4K Beton A/S afin d'obtenir des éclaircissements sur la structure des coûts et la politique des prix des sociétés.

Sur la demande d'une entreprise privée d'exploitation de chemins de fer, Ostbanen A/S, le Conseil de la concurrence a procédé à une étude de l'application des clauses en matière de concurrence dans deux systèmes concurrents de transport de marchandises de tous types (les règles des entreprises danoises de transport par route et la proposition de la société nationale danoise de chemins de fer pour un nouvel accord de coopération avec Ostbanen au sujet du transport de marchandises de tout type par son système de transport polyvalent).

Se fondant sur l'étude de l'effet des clauses en matière de concurrence sur le marché des transports polyvalents à l'intérieur de la région desservie par Ostbanen, le Conseil de la concurrence a jugé que ces clauses n'entraînaient pas des effets aussi préjudiciables que ceux qui étaient mentionnés à l'Article 11 de la Loi sur la Concurrence, sous réserve que la société nationale danoise des chemins de fer et les entreprises danoises de transports par route les appliquent systématiquement.

Le Conseil de la concurrence n'a pas encore eu l'occasion d'exercer ses pouvoirs au titre de l'Article 12(2) de la Loi sur la concurrence, mais après avoir été saisi d'une plainte selon laquelle le fabricant de meubles Fritz Hansen Møbler, avait cessé de fournir du mobilier de style danois à Franks Bolighus ApS, il a entamé des négociations en application de l'Article 11 de la Loi sur la concurrence avec Fritz Hansen Mobler afin d'amener cette entreprise à recommencer à fournir ses produits à Franks Bolighus.

Une autre plainte concernant le refus d'un grossiste de fournir du fil à tricoter a été rejetée par le Conseil de la concurrence au motif qu'il s'agissait d'une affaire sans importance.

F. Article 14 de la Loi sur la concurrence

Comme la loi sur les monopoles, la loi sur la concurrence comprend également une interdiction de l'application de prix imposés et les contrevenants à cette interdiction sont passibles d'une amende [voir l'Article 20(1) de la loi]. Lorsque des motifs puissants le justifient, le Conseil de la concurrence peut déroger à l'interdiction. Lorsque la loi sur les monopoles a été remplacée par la loi sur la concurrence, il existait des dérogations de ce type en ce qui concerne les livres, les journaux et les magazines danois, les cahiers de musique et les partitions, et le tabac.

La dérogation en faveur des livres, des magazines et des cahiers de musique a été motivée par des considérations culturelles, alors que la dérogation relative au tabac avait à l'origine été justifiée par des considérations fiscales.

En novembre 1988, l'OCM a décidé d'abroger la dérogation accordée pour le tabac avec effet à compter du 1er juillet 1989. La décision en ce sens a été attaquée devant le Tribunal d'Appel des Monopoles par plusieurs associations de grossistes et de détaillants, mais il n'a pas été statué à la suite de l'abrogation de la loi sur les monopoles en date du 31 décembre 1989.

Après avoir accordé une dérogation temporaire, en application de l'Article 14(1) de la Loi sur la Concurrence, en vue de l'application de prix imposés pour les livres, les journaux et les magazines et le tabac jusqu'au 1er juillet 1990, le Conseil de la concurrence a décidé d'annuler la dérogation en ce qui concerne le tabac avec effet à compter du 1er janvier 1991, date à laquelle un amendement prévu à la loi sur la taxation du tabac devait être mis en oeuvre.

La décision en ce sens a été arrêtée au motif que les prix fixes font obstacle à une concurrence au niveau des prix, parce qu'un système de prix fixes peut contribuer au blocage d'un régime de distribution inefficace, de sorte que les détaillants sont empêchés d'exercer leurs activités commerciales efficacement et de tirer parti de leurs prix afin d'obtenir l'avantage concurrentiel lié à la baisse des prix.

En ce qui concerne les livres, les journaux et les magazines, le Conseil de la concurrence a décidé que jusqu'à nouvel avis, il continuera à se réserver le droit d'appliquer des prix de détail imposés pour les livres dans l'année de leur publication et l'année civile suivante et pour les journaux et les magazines.

G. Activités diverses

La Loi sur la concurrence ne contient pas de dispositions au sujet du contrôle des fusions et par conséquent un examen des aspects concurrentiels des fusions dans le cadre de la Loi sur la concurrence devrait être fondé sur les effets que ces fusions peuvent avoir sur l'efficacité de la production et de la distribution des biens et des services au sein de la collectivité (voir l'Article 1 de la Loi sur la Concurrence).

Conformément à la Loi sur les banques commerciales et les caisses d'épargne, les projets de fusion d'entreprises de banques doivent être soumis au Ministre de l'Industrie pour approbation.

Dans le cadre de la fusion de deux grandes banques — Unibank et Den Danske Bank — le Conseil de la concurrence a été prié de faire rapport au Ministre de l'Industrie au sujet des aspects concurrentiels de cette fusion.

Le Conseil de la concurrence a souligné dans son rapport que, l'objectif de la Loi sur la concurrence étant d'encourager la concurrence et donc de renforcer l'efficacité de la production et de la distribution des biens et des services, etc., il prêtera une attention accrue aux activités des banques (accords, pratiques concertées, conditions commerciales, fixation des prix) afin de parer aux conséquences anormales que l'existence d'une position dominante sur le marché pourrait entraîner.

Comme nous l'avons indiqué au paragraphe II.1.b).C, le Conseil de la concurrence a entrepris une enquête au sujet du secteur financier et, à cet égard, il suivra la tendance générale des coûts, des prix et de la structure des prix (écarts des taux d'intérêts, etc.) afin de vérifier si des réductions de coûts sont opérées et si ces réductions se répercutent sur la formation des prix.

Sur la demande du Ministère de l'Industrie, le Conseil de la concurrence a également présenté un exposé au sujet d'un rapport relatif à la levée des obstacles sectoriels et aux concessions dans le secteur immobilier, rapport qui avait été établi par le Ministère de la Justice, le Ministère du Logement, et le Ministère de l'Industrie.

Dans son exposé, le Conseil de la concurrence a approuvé un projet de constitution d'un Comité chargé de procéder à une enquête plus approfondie au sujet de l'expansion du secteur immobilier afin d'élaborer une proposition concernant la future réglementation de ce secteur.

II.2 Fusions et concentration

Le Conseil de la concurrence a décidé de poursuivre l'enquête de l'OCM sur les fusions et les prises de contrôle au Danemark en 1989 (publiée en juillet 1990).

L'enquête a fait apparaître un nombre de fusions et de prises de contrôle qui s'est élevé à 425 au Danemark en 1989 et concernait 472 entreprises dotées de la personnalité juridique. Les entreprises avaient un chiffre d'affaires global d'environ 42 milliards de couronnes danoises et occupaient environ 46 000 salariés. L'enquête ne concerne pas le secteur financier. Le nombre d'entreprises absorbées en 1989 a plus que triplé par rapport à 1987, année au cours de laquelle ce nombre était de 150. Environ 60 pour cent des prises de contrôle en 1989 étaient des achats horizontaux, c'est-à-dire conclus dans la même branche d'activités et au même stade commercial. En 1989, des entreprises étrangères ont acheté 99 entreprises, soit nettement plus de 20 pour cent. En 1988, les achats étrangers portaient sur 65 entreprises. La moitié des prises de contrôle étrangères ont été réalisées par des entreprises scandinaves et 25 pour cent par des entreprises de pays de la Communauté européenne.

III. Le rôle des autorités chargées de la concurrence dans la formulation et la mise en oeuvre d'autres mesures

Contrairement à la Loi sur les monopoles, la Loi sur la concurrence s'applique également aux activités commerciales réglementées ou exercées par les pouvoirs publics, lesquels consistent dans l'offre et dans la demande de biens et de services, etc. présentant de l'importance pour la concurrence dans le cadre du commerce et de l'industrie. Par exemple, les autorités publiques sont également tenues de notifier les accords, etc. qui exercent ou qui peuvent exercer une influence prépondérante. Néanmoins, le pouvoir de prendre des mesures contre les effets préjudiciables des pratiques anticoncurrentielles ne peut s'exercer à l'encontre des activités commerciales susvisées. Le Conseil de la concurrence peut toutefois prendre contact avec les autorités publiques compétentes et attirer leur attention sur les effets théoriquement préjudiciables sur la concurrence et sa communication à ce sujet sera publiée.

Afin d'obtenir une plus grande connaissance du secteur public, qui, comme nous l'avons signalé, constitue un nouveau terrain d'activité au titre de la législation danoise sur la concurrence, le Conseil de la concurrence envisage des enquêtes sur certaines branches d'activités, telles que les transports, le secteur pharmaceutique et le secteur des télécommunications, ainsi que des enquêtes sur des questions intéressant plus d'un secteur.

IV. Publications

L'objectif de la Loi sur la concurrence étant d'encourager la concurrence par la transparence des conditions de la concurrence, etc., une mission spéciale est confiée au Conseil de la concurrence en ce qui concerne les activités de publication. Il diffuse donc plusieurs publications.

Des communiqués de presse sont diffusés lorsque le Conseil de la concurrence a arrêté une décision au sujet de questions de principe. Des communiqués de presse sont diffusés le jour de la prise de décision et ils contiennent un bref exposé de l'affaire et les motifs de la décision.

Les «Nouvelles de la concurrence» paraissent une ou deux fois par mois. Ce bulletin contient des informations d'intérêt immédiat au sujet des décisions les plus récentes adoptées par le Conseil de la concurrence et le Tribunal d'Appel de la concurrence. D'autres thèmes d'importance pour les conditions de la concurrence sont également traitées dans cette publication, et notamment les décisions importantes arrêtées par les autorités des Communautés Européennes et des autres pays compétentes en matière de concurrence.

Les numéros de la série Documentation paraissent quatre fois par an et contiennent un exposé plus complet des affaires particulières et des activités du Conseil de la concurrence.

A côté de ces publications, le Conseil de la concurrence publie des rapports sur la structure de certains marchés, sur le droit communautaire de la concurrence, etc. et, enfin, il peut diffuser des directives relatives à la législation en vigueur.

ESPAGNE

(1989)

I. Modifications des lois concernant la concurrence

La Loi 16/1989 du 17 juillet sur la Défense de la Concurrence, est entrée en vigueur le 8 août. L'ancienne Loi 110/1963 du 20 juillet, sur la Repression des Pratiques Restrictives de la Concurrence, en vigueur depuis 26 ans, a donc été abrogée.

Cette nouvelle loi poursuit l'adéquation du cadre législatif à la nouvelle situation de l'Espagne après son adhésion à la Communauté Économique Européenne.

Les principaux éléments de cette nouvelle Loi, dont certains sont entièrement nouveaux, peuvent se grouper selon les aspects substantifs, organiques et de procédure.

En effet, sous l'aspect substantif, il faut souligner:

— Interdiction des accords restrictifs en tant que tel, même s'ils ne sont pas appliqués dans la pratique ;

— Établissement de la possibilité de faire exception pour certains types d'accords dans leur ensemble ;

— Interdiction de l'abus de position dominante ;

— Les actes de concurrence déloyale qui concernent l'intérêt public et qui impliquent une distortion sensible de la libre concurrence, sont du domaine de la Loi ;

— Établissement d'un contrôle des fusions ;

— Introduction de la possibilité d'intervention dans l'octroi des aides publiques aux différents secteurs de l'industrie.

Sous l'aspect organique, l'existence de deux organes différents, l'un pour instruire et l'autre pour statuer, est maintenue :

— Le Service de Défense de la Concurrence est intégré dans le Ministère compétent, dont les fonctions supposent la réalisation de tâches telles que l'instruction des enquêtes, la recherche dans les secteurs économiques, le registre, le contrôle de l'exécution des résolutions adoptées pour l'application de la Loi, l'assistance et la coopération avec les organismes étrangers et les institutions internationales ;

— La Loi 16/1989 a apporté peu de modifications à la composition du Tribunal de Défense de la Concurrence qui est, malgré son nom, un organe administratif. Il se compose toujours d'un Président et de huit membres. Le mandat de ces membres, avant inamovibles, a maintenant une durée de six ans, avec des renouvellements partiels, par moitié, tous les trois ans. D'autre part, les membres peuvent être nommés pour une nouvelle période de six ans. Ils seront désignés parmi des juristes, des économistes ou des praticiens éminents avec plus de quinze ans d'expérience professionnelle.

Certaines des fonctions du Tribunal sont nouvelles : donnner des autorisations particulières pour des accords, des décisions, des recommandations et des pratiques contraires à la concurrence lorsqu'elles entrainent des avantages pour la production, la distribution, ou le progrès technique ou économique. Il aura de même à statuer, sur demande du Ministère de l'Economie, sur les fusions d'entreprises qui concernent 25 pour cent ou plus du marché d'un produit ou d'un service ou qui dépassent la somme de 20 milliards de pesetas, ainsi que sur les aides aux entreprises prélevées sur les fonds publics en fonction des effets sur les conditions de concurrence.

En plus des fonctions résolutoires, le Tribunal est chargé de fonctions consultatives et d'émission de rapports. Il doit notamment : a) donner son avis sur les avant-projets de normes qui concernent la concurrence ; b) envoyer des rapports à tout pouvoir ou organe de l'Etat, et c) examiner et soumettre au Gouvernement, des propositions pour des modifications de la Loi, d'après l'expérience acquise dans l'application du Droit national et communautaire.

Le Tribunal pourra également être consulté par les Commissions des Chambres Législatives sur des projets ou des propositions de Loi et sur des questions relatives à la libre concurrence. Il pourra de même émettre des rapports sur ces questions à la demande du Gouvernment, des Départements ministériels, des Communautés autonomes, des corporations locales et des organisations patronales, syndicales ou de consommateurs et d'utilisateurs. Il devra promouvoir des études et des travaux de recherche en matière de concurrence.

L'ancien Conseil de Défense de la Concurrence, organe d'assistance d'ordre pluriministériel, est considéré désormais inutile et disparaît donc d'un cadre d'action devenu plus efficace et plus rapide.

Enfin, sous l'aspect de la procédure, il faut souligner :

— Les pouvoirs de recherche attribués au Service de Défense de la Concurrence. Les fonctions du Tribunal supposeront l'obligation pour toutes les personnes physiques ou juridiques de collaborer et de fournir sur requête du Tribunal toutes les données et les informations nécessaires à l'application de la Loi de Défense de la Concurrence ;

— La faculté accordée aux deux organes pour imposer des sanctions pécunières en cas de refus de fourniture d'information ou de fourniture d'information inexacte ou incomplète ;

— Fixation d'un délai de prescription ;

— Recours : le recours de requête devant l'Assemblée plénière du Tribunal est supprimé ;
— Le Tribunal peut, à la demande du Service ou des personnes concernées, adopter des mesures conservatoires pour assurer l'application des décisions. Auparavant le Tribunal n'avait pas ce pouvoir ;
— Amendes : le Tribunal peut imposer directement, sans l'intervention du Gouvernement, des amendes pour des infractions à la Loi 16/1989. Le Tribunal peut maintenant imposer des sanctions économiques à hauteur de 150 millions de pesetas, et qui peuvent atteindre un maximum de 10 pour cent du chiffre d'affaires de l'exercice économique précédant la décision du Tribunal.
— Enfin, le déroulement des enquêtes a été accéléré.

II. Application de la législation et de la politique concernant la concurrence

a) Activité de la Direction Générale de la Défense de la Concurrence

L'activité de la Direction Générale de Défense de la Concurrence (DGDC) a augmenté pendant l'année 1989 (voir tableaux 1 et 2).

Tableau 1. **Nouveaux dossiers et dossiers suivis en 1989**

	Nouveaux		Suivis	
	Total mensuel	Cumul des mois	Total mensuel	Cumul des mois
Janvier	10	10	5	5
Février	4	14	2	7
Mars	4	18	3	10
Avril	2	20	1	11
Mai	-	20	7	18
Juin	5	25	2	20
Juillet	6	31	12	32
Août	4	35	1	33
Septembre	1	36	-	33
Octobre	6	42	2	35
Novembre	5	47	1	36
Décembre	6	53	5	41
Total de l'année	53		41	

Notes :

En 1989, 53 nouvelles enquêtes ont été entamées afin de déterminer l'existence de pratiques restrictives de la concurrence. Ce chiffre représente une augmentation de 8.5 pour cent par rapport à l'année précédente.

Parmi les enquêtes citées, 62 pour cent furent entamées à l'initiative d'une ou des parties, et 38 pour cent d'office par la DGCD. Cette deuxième catégorie a connu une augmentation de 8 pour cent par rapport à l'année précédente.

Les 41 dossiers admis pour suivi comprenaient de nouveaux dossiers et des dossiers des années antérieures. Ce chiffre constitue une augmentation de 60 pour cent.

Tableau 2. **Réglements d'enquêtes en 1989**

En cours au 1er janvier 1989			54
Enquêtes nouvelles en 1989			53
		TOTAL	107
— Achevées au 31.12.89	48		
— En cours au 31.12.89	59		
Achevées :			
Envoyées au Tribunal de Défense de la Concurrence			19
— Accords	13		
— Abus de position dominante	6		
Décision de ne pas poursuivre			6
Classées			17
Autres			6
		TOTAL	48
En cours au 31 décembre 1989			
Loi 110/63	43		
Loi 16/89	16		
		TOTAL	59
En attente de la nouvelle loi			
Pratiques interdites	13		
Enquêtes à des fins d'autorisation	3		
		TOTAL	16

Notes :

En 1989, 48 enquêtes ont été réglées, ce qui représente une augmentation de 56.5 pour cent par rapport en 1988 (27). Ce progrès est corroboré par le fait que le rapport entre les nouvelles enquêtes et les enquêtes terminées est passé de 62 pour cent en 1988 à 90.57 pour cent en 1989.

Des 48 enquêtes, 19 ont été envoyées au Tribunal de Défense de la Concurrence. Ce chiffre est favorable en comparaison avec celui de l'année 1988 (7). Parmi les 19 dossiers cités, 13 concernaient un accord tandis que dans les six restants, la pratique interdite était l'abus de position dominante. Des 29 autres, six n'ont pas donné lieu à une procédure du fait que la pratique dénonçée était étrangère à celles considérées par la Loi, 17 ont été classées et six sont restées sans décision.

Des 59 enquêtes en cours au 31 décembre 1989, 16 étaient instruites en vertu de la nouvelle Loi 16/89 alors que les 43 restants l'étaient sous la Loi 110/63.

b) Activité du Tribunal de Défense de la Concurrence

Le Tribunal a prononçé en 1989 19 décisions. Certaines d'entre elles se rapportent à des questions de procédure, mais celles qui règlent les questions de fond liées aux infractions contre la libre concurrence, concernent des secteurs économiques variés : fabrication de matériel électrique, l'immobilier, accords concertés dans la presse, agences de voyages, producteurs vinicoles, distribution et commerce du café, pratiques restrictives par des auto-écoles, loyers des coffres-fort, et attribution d'activités commerciales. Huit de ces Résolutions ont imposé des sanctions pour des pratiques interdites alors que six autres ont repoussé la sanction par manque de preuve de l'existence de pratiques contraires à la concurrence. Dans sept recours, la proposition que le Conseil de Ministres impose des sanctions économiques a été acceptée.

Certaines des décisions du Tribunal ont compté, en l'absence de preuve d'infractions, sur des présomptions. Ainsi, des faits incontestablement constatés, comme l'égalité des tarifs appliqués par les auto-écoles en Asturias, ou des augmentations de prix simultanées pour des «revistas del corazón» et d'autres publications périodiques dans le pays basque, ont permis une présomption de pratique concertée. Certaines de ces Résolutions ont décrit au détail les conditions requises pour admettre la présomption comme une preuve : constatation indubitable des faits qui mènent à la présomption et existence d'une liaison précise et directe entre ces faits et l'affirmation de la présomption.

Une des décisions en matière de presse insiste (comme des décisions antérieures) sur l'importance de la concurrence en matière de prix pour certains types de publications. L'argument qui prétend que seul le contenu des publications comptait en matière de concurrence fut rejeté. L'élément prix est important et sa fixation concertée de la part des entreprises de la presse est qualifiée de pratique contraire à la concurrence.

Dans un cas d'attribution d'activités commerciales concrètes à chacun des magasins situés dans un immeuble d'habitations, il fut estimé que ceci ne constituait aucun obstacle à la concurrence, puisque l'immeuble se trouvait dans un noyau urbain de plusieurs milliers d'habitants et que dans les alentours de l'immeuble il y avait plusieurs magasins proposant les mêmes produits que ceux de l'immeuble.

Dans un cas intéressant de concurrence déloyale réglé par le Tribunal, les lignes téléphoniques d'une agence immobilière de Madrid étaient bloquées par des appels constants effectués par des concurrents. L'entreprise concernée, qui venait de commencer son activité, fondait son système de vente sur la réponse téléphonique par des lecteurs à ses annonces parues dans la presse. Le téléphone de l'agence étant constamment bloqué pendant les heures ouvrables, les clients potentiels ne pouvaient jamais communiquer avec l'agence ce qui laissait prévoir sa ruine par manque de clientèle.

La Loi antérieure (110/1963) décrivait une conduite contraire à la concurrence : elle consistait en une politique commerciale qui visait, au moyen d'actes de concurrence déloyale, à éliminer les concurrents. Telle était en fait la situation dans le cas de cette agence immobilière. La décision du Tribunal du 21 décembre 1989 décrit en détail les conditions requises pour qu'une conduite soit considérée comme contraire à la concurrence : un seul acte commercial isolé ne constitue pas une politique commerciale, l'intention d'éliminer le concurrent doit être prouvée, les actes anticoncurrentiels doivent être déloyaux et enfin, il doit exister une intention de restreindre la concurrence.

Dans un cas qui fait référence au loyer des coffres-fort, plusieurs entreprises (similaires en dénomination et en activité) s'étaient partagées des marchés régionaux. Aucune entreprise ne pouvait agir dans les régions attribuées aux autres entreprises. Cette pratique a été jugée par le Tribunal comme contraire à la libre concurrence.

Sa décision du 25 juillet 1989, examine et renvoie l'argument comme quoi la Loi espagnole antérieure sur la Concurrence empêchait l'exercice des droits reconnus par la Constitution espagnole de 1987, notamment celui de la liberté d'entreprise (article 38 de la Constitution). Le Tribunal a affirmé que la défense de la Concurrence non seulement n'est pas contraire à la liberté d'entreprise dans le cadre d'une économie de marché sanctionnée constitutionnellement, mais encore, que le precept constitutionnel a renforcé l'intention légitime déjà établie avant la Constitution, de protéger la liberté d'entreprise et l'économie de marché. En outre, cette intention de défendre la concurrence est clairement reflétée dans la jurisprudence du Tribunal Constitutionnel espagnol.

Enfin, le Tribunal de Défense de la Concurrence a proposé des amendes pécuniaires pour les cas d'infractions à la Loi. Le total des amendes proposées pour l'année 1989 a été de 13 millions de pesetas.

c) Autres activités

La Direction Générale et le Tribunal de Défense de la Concurrence ont poursuivi les mesures pour diffuser des informations sur la concurrence. Les quatres journées de Droit de la Concurrence ont été tenues a Sigüenza pour examiner la nouvelle Loi de Défense de la Concurrence ainsi que le contrôle des concentrations et les implications pour la défense de la concurrence des Offres Publiques d'Achat (OPA).

Au niveau international, des réunions ont été tenues avec les autorités de la concurrence à Paris, Bonn, Londres et Madrid, sans compter les réunions et contacts maintenus au sein des Communautés Européennes (et qui ont été particulièrement nombreux en 1989 du fait de la présidence espagnole des Communautés Européennes pendant le premier semestre et des travaux qui ont conduit à l'adoption finale du Règlement de Contrôle des Concentrations en décembre), de l'OCDE et de l'UNCTAD. Il faut souligner également la participation espagnole à la 28ème conférence «Antitrust Issues in Today's Economy» à New York, au Séminaire sur les Fusions et les Acquisitions à Londres au mois de juin, et au Séminaire sur les Pratiques Commerciales Restrictives à Douala au mois de décembre.

Enfin, des contacts bilatéraux ont été maintenus avec d'autres pays membres de l'OCDE dans le cadre de la recommandation révisée du Conseil de l'OCDE [C(86)44 Final].

III. Développement législatif

Une série de nouvelles Lois et de nouveaux Décrets de base ont été introduits en 1989.

Loi 13/1989 du 26 mai. Loi des Coopératives de Crédit. Normes régulatrices.

Cette Loi est promulguée dans le but d'établir les bases et le régime juridique des Coopératives de Crédit leur permettant d'effectuer les mêmes opérations que les institutions de Crédit. Les Coopératives ont cependant une plus grande souplesse dans leurs démarches et peuvent être plus attentifs aux besoins financiers de leurs associés.

Cette Loi a d'autre part pour mission de garantir la solvabilité de ces coopératives et leur responsabilité face aux tiers de façon à éviter des abus éventuels et d'assurer qu'elles fonctionnent correctement. La Loi admet de même la possibilité pour les Communautés Autonomes de fixer d'autres normes à condition qu'elles respectent les normes de base établies par l'Etat.

Loi 19/1989 du 25 juillet. Loi des Sociétés-Code de Commerce.

Cette Loi cherche à aligner le droit espagnol sur le droit Communautaire des Sociétés. Elle établit un régime de registre qui permet une augmentation du nombre des Sociétés inscrites et la création du registre commercial central.

Sous la nouvelle Loi, les Sociétés devront avoir un capital minimum fixé par l'administration lors de l'enregistrement ; ceci afin de diminuer certains risques.

Décret Royal 37/1989 du 13 janvier. Institutions de Dépôt.

Ce décret modifie le coefficient d'investissement obligatoire, qui sera progressivement supprimé. Ceci représente un pas important vers la libéralisation du système financier espagnol.

Décret Royal 1044/1989 du 29 août sur les ressources des Institutions de Crédit.

L'objet de ce Décret Royal est de garantir la solvabilité des institutions en question et de réduire ainsi des risques.

Décret Royal 771/1989 du 23 juin. Institutions de Crédit. Création d'institutions spécialisées.

Ce Décret sera appliqué à la création des Sociétés de Crédit Hypothécaire, des Institutions de Financement, des Sociétés de Location Financière et des Sociétés d'Entremise du Marché de l'Argent. Les autorités fixeront le capital minimum que ces Sociétés devront apporter et qui va de trois cents millions à sept cents millions de pesetas.

Les Institutions étrangères consacrées à l'une des activités citées ci-dessus seront réglées par le Décret Royal 1144/1988. Elles devront cependant limiter leur activité à un seul type d'activité énuméré par le Décret Royal. Le capital minimum sera le même que celui exigé précédemment.

Décret Royal 545/1989 du 19 mai. Télévision. Constitution et Statut de la Société Publique du Réseau Technique de Télévision Espagnole (RETEVISION).

RETEVISION est une institution de droit public avec personnalité juridique qui détient l'exploitation exclusive du réseau public de transmission et de diffusion des signaux de télévision. Il dessert la diffusion radio-télévision espagnole, la chaîne autonome et les sociétés concessionnaires de la gestion indirecte du service public de télévision.

Décret Royal 1160/1989 du 22 septembre. Télévision. Règlement Technique du Service de Diffusion par satellite.

Ce Décret Royal établit les normes techniques pour la diffusion directe de télévision par satellite qui sont les mêmes que celles en vigueur dans la CEE. La diffusion de la télévision sera gérée par la société publique RETEVISION en régime de monopole.

Décret Royal 276/1989 du 22 mars. Sociétés et Agences de Valeurs.

Ce Décret Royal a pour but de régulariser la création des Sociétés et des agences de valeurs qui vont constituer les organes directeurs de la Bourse.

D'une part, ce Décret Royal fixe la procédure et les conditions requises pour l'autorisation et l'inscription des sociétés et des agences de valeurs. Il établit d'autre part le régime de contrôle administratif de leurs statuts. Il contient de même des dispositions sur la fusion des sociétés ou agences de valeurs, les infractions à la loi et la divulgation d'informations.

Le Décret Royal réglemente également : les coefficients de liquidité pour ces sociétés afin de prévenir des risques excessifs de découverte, les opérations qui impliquent la réception ou le placement de fonds dans d'autres sociétés financières, ainsi que la réception de fonds du public.

Décret Royal 726/1989 du 23 juin. Bourses de Valeurs.

Ce Décret Royal réglemente les organes directeurs, leurs membres, la Société de Bourses et la Caution Collective.

Une société est admise en bourse sur une base volontaire. Les sociétés admises devront cependant s'en tenir à l'autorité de l'organe directeur de la bourse.

Les organes directeurs sont des sociétés anonymes (ouvertes à toutes les sociétés et agences de valeurs) qui ont la responsabilité de surveiller le Marché. Vu le caractère délicat de la tâche de ces organes, leurs membres doivent satisfaire à certains critères de réputation et d'expérience.

Quant aux associations de Bourse, elles sont chargées d'assurer la liaison entre les diverses bourses du pays, aspect indispensable au fonctionnement de la Bourse.

Circulaires 2/1989 du 26 juillet et 3/1989. Sociétés et Agences de Valeurs.

La première circulaire donne à la Commission Nationale du Marché des Valeurs le pouvoir de dicter les normes comptables et les modèles de bilan et de comptes pour les sociétés et agences de valeurs.

La deuxième réglemente les coefficients de solvabilité et de liquidité ainsi que d'autres conditions exigées des sociétés de valeurs. Les positions de risque sont évaluées également et, afin de les éviter, un mécanisme de contrôle du respect des coefficients établis est mis en place.

Décret Royal 844/1989 du 7 juillet. Télécommunications.

Ce Décret Royal développe le Règlement de la Loi 31/87 sur l'utilisation privée et publique des fréquences radio.

Vue l'augmentation de l'utilisation privée de ces fréquences, il était nécessaire de la réglementer afin de garantir une utilisation rationnelle et économique en régime de libre concurrence et dans le respect des normes internationales.

En accord avec ces normes, l'adjudication des bandes de fréquence dépendra de la mesure dans laquelle le service proposé répond à un besoin social et à l'intérêt public. Une partie des bandes est réservée à l'administration et une partie aux utilisateurs privés.

Décrets Royaux 1017/1989 et 1066/1989.

Ces deux décrets développent aussi la Loi 31/1987. Le Décret Royal 1017/1989 précise les taxes que l'Etat va appliquer pour la prestation de services de télécommunications.

Décret Royal 1066/1989. Télécommunications.

Ce Décret règle l'utilisation des équipements et appareils de télécommunication en régime de libre commerce. Les normes fixées sont en conformité avec les directives de la CEE.

Décret Royal 227/1989 du 3 mars. Transports aériens.

Suite à la Directive 87/601 de la CEE, ce Décret répond au besoin d'adopter des normes communes pour le transport aérien afin de proposer de meilleurs services à des prix plus concurrentiels.

Dans ce but, la Directive essaye d'établir des processus plus souples pour l'approbation des tarifs passagers par les Etats Membres, avec consultation préalable des compagnies aériennes dans le but d'arrêter les termes des accords entre les lignes aériennes, car ils apportent de sérieux avantages. Ces mesures ont pour but l'achèvement du Marché Unique dans le Transport Aérien pour 1992.

Décret Royal 1080/1989 du 1er septembre. Transport routier.

L'objet de ce Décret est la modification des tarifs des services urbains et interurbains de transport routier.

Le régime tarifaire applicable sera établi par les administrations compétentes après consultation des associations professionnelles d'entrepreneurs et de travailleurs. D'autre part, l'affichage des tarifs à l'intérieur du véhicule est obligatoire, avec les suppléments et les tarifs spéciaux (aéroports, stations ferroviaires, etc.). Ces tarifs devront être respectés par les détenteurs des licences.

Décret Royal 287/1989 du 21 mars. Propriété intellectuelle.

Ce décret augmente les droits à payer pour la reproduction de livres, de photos et de films vidéos afin de protéger la propriété intellectuelle, étant donné que leur reproduction non autorisée a connu une augmentation considérable.

Afin de garantir le respect du Décret Royal, une Commission mixte est créée pour fixer les normes d'action et contrôler son application.

ETATS-UNIS

(1er janvier au 31 décembre 1989)

Introduction

Le présent rapport décrit l'évolution des questions antitrust aux Etats-Unis pendant l'année civile 1989. Il rend compte succinctement des activités tant de la division antitrust («la Division») du Ministère de la justice des Etats-Unis («le Ministère») que du (Bureau de la concurrence de la Federal Trade Commission (la «FTC» ou la «Commission»).

Le 26 juin 1989, James F. Rill a été nommé au poste d'Assistant Attorney General chargé de la division antitrust ; il était précédemment associé du cabinet juridique Collier, Shannon, Rill & Scott, à Washington D.C., et avait d'autre part, présidé la section de la législation antitrust de l'Ordre des avocats des Etats-Unis.

La composition du personnel de la Commission et de son bureau directorial a été modifiée depuis l'année derniè!re. Le 11 août 1989, Janet D. Steiger a prêté serment en qualité de président succédant à Daniel Oliver, et, le 25 octobre 1989, Deborah K. Owen a prêté serment en qualité de commissaire titularie du poste occupé auparavant par Margaret Machol. De même, au bureau de la concurrence le directeur Jeffrey Zuckerman a été remplacé par Kevin J. Arquit, qui faisait fonction auparavant de conseil général.

I. Modification des lois ou des politiques

A. *Modifications de la législation antitrust ou de la législation connexe*

Les lois sur la concurrence, que le Ministère et la Commission sont chargés de faire appliquer, n'ont subi aucune modification sur le fond. Néanmoins, une loi a été adoptée en 1989 dans le cadre du projet de loi de finances pour l'exercice fiscal 1990. (Pub. L. n° 101-162) laquelle loi a prévu l'obligation de payer une redevance de 20 000 $ par les personnes achetant des titres ou des actifs assortis d'un droit de vote et tenues de procéder à des notifications préalables aux fusions par l'article 7A de la loi Clayton (15 U.S.C. para. 18a) (La loi Hart-Scott-Rodino «H-S-R»). Au titre de cette loi, le dossier est incomplet et la période d'attente prévue par la loi Hart-Scott-Rodino ne court pas tant que la redevance afférente à la constitution du dossier n'est pas versée. Les redevances recueillies pour le dépôt des notifications doivent être partagées également entre la Division antitrust et la Commission, étant entendu que tout montant recueilli au cours de l'exercice 1990 et dépassant 40 millions de dollars alimentera le Trésor des Etats-Unis.

B. Modifications des règles, des politiques ou des directives antitrust

En vertu de la loi Hart-Scott-Rodino, les entreprises d'une certaine dimension qui envisagent des fusions ou des acquisitions d'une certaine ampleur ont tenues de déposer des notifications auprès de la FTC et de la Division et de laisser s'écouler un certain délai avant de conclure la transaction. Cette loi prévoit également que la FTC, en accord avec la Division, arrête des règles en application de la loi. En 1989, la Commission a publié un avis préalable d'un projet de réglementation («ANPR»), afin de demander des observations sur un certain nombre de propositions visant à améliorer l'efficacité du programme H-S-R de notification préalable aux fusions. Voir 54 Federal Register 7960 (24 février 1989). La «ANPR» contenait l'exposé de cinq formules possibles à examiner : (1) modifier la règle de la «fluidité» (flow-through) afin d'exiger de certaines entités de création récente la notification de leur acquisition ; (2) affecter un associé général ou un co-gérant à la surveillance d'une association ; (3) abaisser la participation majoritaire en dessous du niveau de 50 pour cent ; (4) restituer à la notion d'»identité» celle de «groupe» ; et (5) revenir à la règle du «mécanisme d'acquisition». La Commission a reçu des observations en 1989 mais n'a pris aucune autre mesure.

La Commission a également arrêté un règlement définitif qui a modifié légèrement les procédures de publication en matière de résiliations anticipées au titre du programme de notification H-S-R. Désormais, toutes les résiliations anticipées autorisées le précédent jour ouvrable seront non seulement publiées périodiquement au registre fédéral par la Commission mais en outre elle les annoncera par l'intermédiaire de sa section chargée des avis au public. Voir 54 Fed. Reg. 21425.

C. Projets officiels de modification des lois, de la législation connexe ou des politiques antitrust

1) Observations du Ministère au sujet de projets de loi

En 1989, le Ministère a déposé des conclusions auprès du Congrès au sujet d'un projet de loi prévoyant plusieurs amendements aux dispositions de la loi Hart-Scott-Rodino en matière de notifications préalables aux fusions. Il a approuvé certaines dispositions du projet, y compris pour ce qui concerne l'augmentation du maximum de la peine civile sanctionnant les violations de la loi Hart-Scott-Rodino et n'a pas critiqué une disposition visant à prolonger le délai d'attente pour certaines opérations. Néanmoins, il s'est opposé à une disposition concernant le trtaitement des acquisitions réalisées par des associations. Hormis la fixation de redevances pour le dépôt des notifications préalables aux fusions (voir le par. 4 ci-dessus), le Congrès n'a voté aucune disposition concernant la loi Hart-Scott-Rodino en 1989.

En 1989, le Ministère a également présenté des observations au sujet d'un projet de loi prévoyant plusieurs amendements à l'article 8 de la loi Clayton, qui proscrit de manière générale les directions croisées entre firmes en concurrence. Il a approuvé la loi visant à résoudre le grave problème soulevé par l'article 8 — soit l'interdiction apparente des liaisons croisées entre firmes qui techniquement peuvent être tenues pour concurrentes, mais qui en fait ne se font qu'une concurrence négligeable. Il a également approuvé des améliorations appelées à actualiser le seuil légal de la dimension des firmes en le portant à 10 millions de dollars et à l'indexer sur le produit national brut des Etats-Unis et à exiger des deux firmes en liaison croisée qu'elles dépassent le seuil légal et non simplement d'une seule, comme le prévoit actuellement l'article 8.

Le Ministère a soutenu énergiquement un projet de loi qui augmenterait l'amende maximale pouvant être infligée à une entreprise commerciale en cas de violation antitrust en la portant à 10 millions de dollars. Il n'a également soulevé aucune objection à ce que l'amende antitrust maximale prévue pour les particuliers par la loi Sherman elle-même passe de 100 000 dollars à 250 OOO dollars (les particuliers qui violent la loi Sherman sont actuellement passibles d'une amende de 250 000 dollars au titre de la loi de 1989 sur la réforme des peines. Voir 18 U.S.C. 3751(b).)

2) Observations de la FTC au sujet de projets de loi

La Commission a présenté des conclusions favorables au sujet de trois projets de loi déposés devant le Sénat, qui auraient modifié les lois antitrust dont elle surveille l'application. Le rpojet de loi 994 aurait (a) étendu l'interdiction actuelle visant les relations réciproques entre administrateurs d'entreprises (article 8 de la loi Clayton) aux cadres d'entreprises, (b) relevé le seuil monétaire auquel s'applique l'interdiction et (c) prévu une adaptation au seuil monétaire en fonction des fluctuations annuelles du produit national brut. Le projet de loi 995 aurait augmenté les amendes maximales sanctionnant la violation des lois antitrust en les portant de 1 million à 10 millions de dollars pour les sociétés et de 100 000 dollars à 250 000 dollars pour les particuliers. Le projet de loi aurait également amendé la loi H-S-R en (1) supprimant l'échappatoire exploité par les associations en exigeant une notification si un associé général répondait indépendamment au critère de la «dimension» de la personne ; (2) en relevant certains des seuils exprimés en dollars qui déclenchent l'obligation de dépôt d'une notification ; (3) en étendant la période d'attente après le dépôt d'une notification pour les appels d'offres au comptant de 15 à 20 jours et de 10 à 20 jours dans certains cas ; (4) en augmentant la peine civile maximale en cas de manquement à l'obligation dee respecter les exigences de la loi H-S-R en matière de dépôt de notification en la portant de 10 000 à 100 000 dollars par jour ; (5) en autorisant la Commission à demander réparation en équité en cas de violation de la loi H-S-R et en conférant à la Commission l'autonomie requise pour réclamer des peines civiles et des réparations en équité au titre de la loi. Le projet de loi 996 aurait permis aux Etats-Unis, en qualité de plaignant dans une affaire antitrust, de percevoir des domages intérêts triples au lieu de dommages-intérêts simples.

II. Mise en oeuvre des lois et des politiques antitrust

A. Lutte contre les pratiques anticoncurrentielles

1) Statistiques de la Division et de la Federal Trade (FTC)

a) Statistiques concernant les effectifs et l'action de la Division

La Division, qui disposait de 508 employés à plein temps, a engagé 97 actions antitrust en 1989 et ouvert 142 enquêtes. La section d'appel de la Division a déposé des conclusions devant la Cour suprême et devant les Cours d'appel dans 12 affaires et 15 affaires antitrust respectivement. La Division a également pris part devant les agences fédérales de réglementation à 12 procédures administratives, en déposant des conclusions, en participant à des auditions, en développant des arguments oralement et en présentant ses observations. A l'issue de l'année 1989, 162 instructions totales étaient en instance devant un «grand jury». A l'occasion de ses enquêtes civiles, la Division a déposé 456 demandes civiles aux fins d'enquêtes. Quatre règlements amiables ou jugements définitifs ont été négociés dans des affaires civiles au cours de l'année et les tribunaux ont ratifié quatre règlements ou jugements de ce type.

La Division a engagé des poursuites pénales pour 91 affaires en 1989. Les parties défenderesses dans des affaires antitrust ont été condamnées à des peines correspondant à 15 880 jours d'incarcération, dont 4 746 devront être effectivement purgés. Les amendes et les dommages-intérêts ont dépassé au total 28 millions 500 000 dollars.

b) Statistiques concernant les effectifs et l'action de la FTC

A la fin de l'année, le Bureau de la concurrence («Bureau of Competition») avait à son service 194 employés, dont 132 avocats, 28 cadres divers et 34 employés de bureau.

En 1989, toutes affaires de concurrence confondues, y compris en matière de fusions, la Commission a émis six avis, déposé sept plaintes administratives, approuvé définitivement 14 règlements amiables et accepté cinq règlements amiables, sous réserve des observations du public. Elle a engagé 63 enquêtes préliminaires et procédé à 54 enquêtes complètes. En outre, 15 enquêtes préliminaires sont devenues des enquêtes complètes. Une décision préliminaire a été arrêtée par une juridiction administrative. La Commission a engagé deux enquêtes visant à déterminer si la loi avait été respectée. Elle a modifié ou annulé six requêtes définitives et rejeté six requêtes introduites en vue d'une modification d'ordonnances définitives, tandis que cinq autres requêtes introduites aux mêmes fins restaient en instance à la fin de l'année dans l'attente de leur examen définitif. Enfin, la Commission a engagé deux actions civiles et obtenu qu'il soit statué au sujet de deux affaires civiles.

2) Affaires antitrust portées devant les tribunaux

a) Affaires portées devant la Cour suprême

1. Affaires intéressant la Division sur lesquelles il a été statuée en 1989

La Cour suprême a statué au fond dans deux affaires intéressant la Division et relatives toutes deux à des appels dirigés contre des condamnations pénales prononcées en vertu de la législation antitrust et fondés sur des points de procédure pénale et non sur des points de droit antitrust positif.

Dans l'affaire Etats-Unis contre Broce, 109 S.Ct. 757, la Cour suprême s'est rangée du côté de la Division et a annulé une décision d'une juridiction inférieure qui avait appliqué la garantie constitutionnelle contre une double condamnation de manière à annuler une des condamnations prononcées sur un aveu de culpabilité dans deux affaires pénales antitrust. Les défendeurs avaient plaidé coupable d'une double infraction d'entente illicite en vue de soumissions frauduleuses. Par la suite, ils ont fait valoir qu'il n'y avait eu qu'une seule entente et que les condamnations distinctes qui leur avaient été infligées constituaient donc des peines multiples sanctionnant une seule infraction, en violation de la clause sur la double condamnation figurant dans la Constitution des Etats-Unis (voir le par. 24 du rapport pour 1988). La Cour suprême ne les a pas suivis et a conclu qu'en plaidant coupables sur deux chefs d'accusation, dont chacun portait sur une entente distincte, les défendeurs avaient reconnu leur participation à deux infractions distinctes. La Cour a invoqué le «principe constant suivant lequel un aveu de culpabilité volontaire et intelligent par un inculpé qui avait été conseillé par un avocat compétent ne peut être attaqué indirectement». 109 S.Ct., 765. En conséquence, les condamnations pour soumissions frauduleuses ont été confirmées.

Dans l'affaire Midland Asphalt Corp. contre Etats-Unis, 109 S.Ct. 1494, la Cour suprême s'est rangée également du côté de la Division, en confirmant le refus de la Cour d'appel d'autoriser un recours direct (et non un recours formé après qu'il ait été attaqué) dirigé contre le rejet par une juridiction de jugement d'une requête visant à faire rejeter les accusations de soumissions frauduleuses au motif que le gouvernement aurait prétendument violé le secret des travaux du «grand jury». (Voir par. 24 et 30 du rapport pour 1988). La Cour a souligné qu'il était de l'intérêt d'une bonne administration de la justice de restreindre le droit d'interjeter appel aux ordonnances et aux décisions définitives. Elle a conclu qu'il n'existait aucune raison à une exception à la règle du caractère définitif dans les affaires concernant une prétendue violation par le gouvernement du secret des travaux d'un «grand jury».

Il y a plusieurs années, le Ministère a engagé une action en faisant valoir que la location à long terme par un fabricant de sirop de maïs à haute teneur en fructose («HFCS») des installations de fabrication de HFCS d'un concurrent affaiblirait sensiblement la concurrence sur le marché de ce produit aux Etats-Unis, en violation de l'article 7 de la loi Clayton. En 1988, la Cour d'appel a reconnu avec le Ministère que le marché en cause était celui du HFCS et a statué après une procédure simplifiée en faveur du Ministère dans cette affaire. Etats-Unis contre Archer-Daniels-Midland Co., 866 F.2ème 242 (8ème Cir.). (Voir le rapport pour 1988 au par. 37). An avril 1989, les défendeurs ont demandé à la Cour suprême un examen de la question de la définition du marché. Le Ministère a fait opposition à la demande et la Cour a refusé ultérieurement l'examen. 110. S.Ct. 51. L'affaire a été renvoyée pour jugement, qui est prévu pour septermbre 1990.

En 1988, à l'issue d'une procédure judiciaire, le Ministère a obtenu la condamnation pénale pour refus d'obtempérer aux ordres d'un tribunal, de la Twentieth Century-Fox Film Corporation («Fox») et celle d'un dirigeant de succusale pour avoir pratiqué la «location en bloc» d'un certain nombre de films, en violation de l'interdiction de cette pratique par une décision judiciaire de 1951. Les défendeurs ont été condamnés à des amendes s'élevant au total à 505 000 dollars (voir le par. 47 du rapport pour 1988). En 1989, la Cour d'appel de la deuxième circonscription a confirmé la constatation par le tribunal d'instance du refus d'otempérer aux ordres d'un tribunal mais a sursis à statuer sur la condamnation à infliger à la Fox. Etats-Unis contre Twentieth Century-Fox Film Corp., 882 F. 2ème 656. En particulier la Cour d'appel a rejeté l'argument de Fox selon lequel elle échappait à sa responsability simplement en mettant en oeuvre un programme d'application de la législation antitrust aux sociétés. Par la suite, en 1989, Fox a demandé en vain un examen par la Cour suprême — le Ministère faisant opposition — de l'arrêt de la Cour d'appel.

2. Affaires intéressant la Commission sur lesquelles il a été statué en 1989

Dans l'affaire Superior Court Trial Lawyers Association contre FTC, n°s 88-1198 et 88-1393, la Cour suprême a fait droit le 17 avril 1989 à des demandes reconventionnelles certiorari en vue d'un examen d'un arrêt de la Cour d'appel des Etats-Unis pour la circonscription du district de Columbia. La Cour d'appel avait examiné une décision par laquelle la Commission tenait pour illégal un refus concerté entre avocats privés du District de Columbia qui étaient remboursés de leurs frais encourus pour représenter des défendeurs indigents au titre de la Loi sur la justice pénale du district de Columbia, (D.C. Code Ann. par. 11-2601 et ss.) d'accepter de nouvelles missions. La Cour d'appel a jugé que ces avocats ne pouvaient invoquer le premier amendement pour faire échapper leur action à une enquête au titre de la législation antitrust mais a renvoyé l'affaire à la Commission, pour qu'elle se prononce sur le point de savoir si ces avocats détenaient une position de force sur le marché, ce que la Cour jugeait nécessaire à une condamnation pour boycottage.

Le 22 janvier 1990, la Cour suprême a annulé partiellement la décision de la Cour d'appel (110 S. Ct. 768). Par six voix contre trois, la Cour a jugé que le comportement des avocats était en lui-même illégal et qu'en renvoyant le dossier à la Commission pour qu'elle se prononce sur l'existence d'une position de force sur le marché, la Cour d'appel avait commis une erreur. La Cour a rejeté à l'unanimité les arguments des avocats suivant lesquels leur comportement était absolument inattaquable en vertu du premier amendement.

3. Affaires intéressant des particuliers sur lesquelles il a été statué par la Cour suprême en 1989

En 1989, la Cour suprême a statué au fond au sujet d'une affaire antitrust intéressant des particuliers. Californie contre ARC America Corp., 109 S.Ct. 1661. Dans cette affaire, plusieurs gouvernements d'Etat avaient engagé des actions au titre de la législation antitrust tant fédérale que des Etats, en demandant des dommages-intérêts en tant qu'acquéreurs indirects de ciment qui avait prétendument fait l'objet d'une entente pour la fixation des prix. A l'issue d'une longue procédure de mise en état, à laquelle des Etats et des plaignants privés étaient parties, il a été statué. Le juge du fond a accordé la totalité des dommages-intérêts aux acquéreurs directs de ciment ayant fait prétendument l'objet d'une fixation des prix et n'a rien accordé aux Etats en tant qu'acquéreurs indirects ayant engagé leur action au titre de la législation étatique prévoyant des dommages-intérêts pour les acquéreurs indirects. La décision du juge du fond, qui a été confirmée en appel, était fondée sur les arrêts par lesquels la Cour suprême avait rejeté les demandes introduites par des acheteurs indirects au titre de la Législation fédérale antitrust (voir Illinois Brick Co. contre Illinois, 431 U.S. 720 (1977). Les juridictions inférieures ont fait valoir que les demandes introduites par des acheteurs indirects au titre de la Législation de l'Etat étaient en conflit avec la politique fédérale antitrust et qu'elles étaient ainsi destinées par le Congrès à être réduites à néant par la Législation fédérale. En qualité d'amicus curiae, le Ministère a invité instamment la Cour suprême à annuler leur décision et à juger que la Législation des Etats n'était pas réduite à néant par la Législation fédérale antitrust et ne contrecarrait pas de manière intolérable l'application de la Législation fédérale antitrust, (voir le par. 25 du rapport pour 1988). La Cour a statué en ce sens en constatant qu'il n'existait pas de prééminence explicite ou implicite de la Législation fédérale.

4. Affaires intéressant la Division, en instance devant la Cour suprême

La Division n'était partie à aucune affaire en instance devant la Cour suprême à la fin de 1989.

5. Conclusions déposées par le Ministère et par la FTC dans des affaires privées dont la Cour suprême était saisie

En 1989, le ministère a déposé à titre d'amicus des conclusions dans plusieurs affaires privées antitrust devant la Cour suprême. Dans l'affaire Atlantic Richfield Co. contre USA Petroleum Co., n° 88-1668, le Ministère et la Commission ont demandé avec insistance qu'il plaise à la Cour d'annuler la décision d'une cour d'appel, 859 F. 2ème 687 (9ème Cir. 1988), suivant laquelle un distributeur d'essence avait «qualité» pour attaquer une entente prétendue en matière de fixation de prix plafond à la revente entre un raffineur d'essence et des détaillants faisant concurrence au plaignant. La fixation du prix plafond comportait prétendument des engagements entre le raffineur et ses détaillants, en vertu desquels les détaillants répercuteraient sur les consommateurs diverses remises proposées par le raffineur. Le détaillant qui avait porté plainte faisait valoir que la concurrence à laquelle il était confronté du fait de l'abaissement des prix lui portait préjudice et il demandait donc des dommages-intérêts. Le juge du fond a conclu qu'il n'était pas établi que les prix inférieurs étaient des «prix de bradage». La Cour d'appel a jugé cependant que la fixation des prix était en soi une distorsion illégale du marché et que les personnes lésées avaient de ce fait subi un «préjudice au regard de la Législation antitrust» leur conférant qualité pour agir. Dans les conclusions qu'ils ont déposées à titre d'amicus, le Ministère et la Commission ont marqué leur désaccord avec la Cour d'appel, en soutenant qu'un plaignant ne subit un préjudice au regard de la Législation antitrust que s'il est lésé par le comportement en cause sous ses aspects anticoncurrentiels. Des prix peu élevés, qui ne sont pas des prix de bradage, n'étant pas anticoncurrentiels, le concurrent qui avait porté plainte n'avais pas qualité pour agir dans cette affaire, même si les détaillants ou les consommateurs lésés à la suite d'une atténuation de la concurrence auraient eu qualité pour demander réparation au titre de la Législation antitrust. L'affaire a été examinée en décembre 1989.

Dans une autre affaire concernant la distribution d'essence, Texaco Inc. contre Hasbrouck, n° 87-2048, dont la Cour suprême avait été saisie, le Ministère et la Commission ont déposé conjointement des conclusions en qualité d'amicus, en demandant l'annulation de la décision d'une cour d'appel au sujet d'une discrimination quant au prix, au titre de la Loi Robinson-Patman (15 U.S.C. § 13A). La Cour d'appel avait accordé à des distributeurs d'essence au détail qui achetaient cette essence directement à un raffineur, des dommages-intérêts en réparation du préjudice subi, lorsque le raffineur faisait payer des prix moins élevés à deux grossistes indépendants, qui quelquefois faisaient bénéficier de leur remise leur propre clientèle de détaillants, laquelle obtenait ainsi un avantage sur les plaignants en matière de prix. 842 F. 2d 1034 (9ème Cir. 1987). Le Ministère et la Commission ont soutenu que la Cour d'appel avait appliqué un critère juridique erroné, ce qui avait compromis l'offre normale de «remises fonctionnelles» en termes de coûts de distribution encourus par les grossistes et en jugeant que les détaillants concurrents pouvaient faire grief de ce qu'un grossiste fasse bénéficier un détaillant de certaines de ses remises pour les achats de gros. Dans les conclusions qu'ils avaient déposées en qualité d'amicus, ils ont insisté pour que la Loi Robinson-Patman soit interprétée comme suit : cette Loi consacre en général la légitimité des remises fonctionnelles et elle n'exige pas des producteurs qu'ils surveillent les prix et les coûts de leur clientèle de grossistes. L'affaire a été examinée en décembre 1989.

Le Ministère a également déposé des conclusions dans deux affaires dont la Cour d'appel avait été saisie au sujet d'une exception prétendue à la règle exposée dans l'affaire Illinois Brick Co. contre Illinois, 431 U.S. 720 (1977), qui fait obstacle aux demandes de dommages-intérêts triples par des acquéreurs indirects d'articles à prix fixe. Le Ministère a invité instamment la Cour à examiner l'appel dans l'affaire Kansas contre Kansas Power & Light Co., n° 88-2109, mais à ne pas connaître de l'affaire plus confuse Allevato contre County of Oakland, n° 89-56. Ces deux affaires concernent une exception théorique formulée par la Cour suprême dans l'affaire Illinois Brick à sa règle faisant obstacle aux demandes des acheteurs indirects. Cette exception théorique pourrait concerner des affaires relatives à des achats indirects au titre d'un contrat dit à «coûts majorés» («cost-plus»), là où l'acquéreur indirect subit tout le préjudice dans le domaine antitrust, alors que l'acquéreur direct n'en subit aucun. Dans l'affaire Kansas Power & Light, les demandeurs sont des Etats agissant au nom des consommateurs de gaz naturel cédé par des services publics réglementés ayant acheté, pour leur part, à des producteurs ayant prétendument fixé les prix. La Cour d'appel a jugé dans cette affaire que les griefs soulevés par les acquéreurs indirects devaient être rejetés. 866 F.2d 1286 (10ème Cir. 1989). De même, dans l'affaire Allevato, une autre cour d'appel "a jugé que des autorités régionales («county»), agissant en tant qu'acquéreurs directs de certains services de collecte des eaux usées pourraient maintenir leur demnd ede domages-intérêts triples même si les dommages étaient prétendument répercutés sur d'autres niveaux du gouvernement. Le Ministère a recommandé à la Cour suprême d'utiliser Kansas Power plutôt que Allevato pour examiner les exceptions à la règle de l'acquéreur indirect, compte tenu des éléments de fait plus précis versés au dossier dans la première affaire. Il a déclaré qu'il n'avait pas encore pris position au sujet de la justification de l'établissement d'exceptions à la règle de l'acquéreur indirect, mais il a invité instamment la Cour à régler le conflit entre les cours d'appel au sujet de cette importante question.

Comme indiqué au par. 69 du rapport pour 1988, un examen par la Cour suprême a été demandé par des plaideurs privés dans des affaires concernant l'interprétation de la théorie de l'acte d'Etat. Dans l'affaire Environmental Tectonics contre W.S. Kirkpatrick, Inc., 847 F. 2D 1052 (3ème cir., 1988), droit d'évocation exercé, 109 S.Ct. 3213 (1989), la Cour d'appel a jugé que la théorie de l'acte d'Etat n'exigeait pas le rejet d'un recours qu'une entreprise américaine avait formé contre une firme concurrente en faisant valoir que cette firme avait obtenu un contrat du gouvernement nigérian en versant des pots de vin. Agissant en qualité d'amicus curiae, le Ministère a déposé deux conclusions auprès de la Cour suprême en 1989. Dans les premières, la Cour était invitée à examiner l'affaire, ce qu'elle a accepté par la suite. Dans les secondes, le Ministère examinait l'historique et l'application de la théorie de l'acte d'Etat et recommandait la confirmation de la décision de la Cour d'appel. Dans ses premières conclusions, il invoquait un conflit entre les circonscriptions sur la question de savoir si cette théorie faisait obstacle à l'examen du point de savoir si des actes d'Etats souverains étrangers étaient motivés par le versement de pots de vin. Il évoquait également la confusion possible au sujet de l'application de certaines des premières décisions de la Cour suprême concernant des «actes d'Etat» à l'évolution de la théorie de l'acte d'état. En concluant sur le fond, le Ministère, à l'avis duquel s'était rangé le Département d'Etat, soutenait que, dans l'application de la théorie de l'acte d'Etat, ni la «courtoisie internationale» ni la «séparation des pouvoirs» fondant cette théorie, ne pouvait être invoquée en faveur d'une exception d'irrecevabilité de l'action en cause. En particulier, il constatait que les parties en l'espèce étaient des ressortissants américains et non des gouvernements étrangers, que la Loi applicable était une Loi américaine et non des gouvernements étrangers, que la Loi applicable était une Loi américaine et non une règle de droit international et que l'examen des actes de corruption dans cette affaire ne mettait pas nécessairement en cause la régularité des actes du gouvernement nigérian. Il relevait également que la Législation nigérianne, dans la même mesure que celle de la plupart des pays, condamnait la corruption et que, de ce fait, la poursuite de l'action dans cette affaire n'était pas en contradiction avec les intérêts juridiques nigérians. En outre, le Ministère soulignait que le Département d'Etat avait informé le tribunal d'instance que cette affaire ne compromettait pas les intérêts des Etats-Unis en matière de politique étrangère et que, de ce fait, des considérations relatives à la «séparation des pouvoirs» ou à la «politique étrangère» n'étaient pas d'actualité.

b) Affaires jugées par des Cours d'appel

1. Affaires intéressant la Division, jugées en 1989

Dans deux affaires intéressant la Division, les Cours d'appel ont statué au fond en 1989 au sujet de points relevant de la Législation antitrust. Dans l'affaire United States contre Carilion Health System (voir le par. 89 du rapport pour 1988), la Cour d'appel de la quatrième circonscription a confirmé une décision d'un tribunal d'instance suivant laquelle une fusion de deux des trois hôpitaux de la Roanoke Valley (Virginie) ne constituait pas une violation de l'article 7 de la Loi Clayton ou de l'article 1 de la Loi Sherman. 1989-2 Trade Cas. (CCH) § 68.859. De l'avis du Ministère, le juge du fond avait commis l'erreur de considérer la fusion «globalement» pour définir le marché du produit en cause et de présumer l'interchangeabilité des services hospitaliers extérieurs et les services hospitaliers éloignés et ruraux, au lieu d'examiner les catégories particulières des services nécessitant des soins complets dispensés aux malades hospitalisés. Le Ministère estimait en outre que le juge du fond avait commis une erreur en constatant l'existence d'un marché géographique se composant de l'ensemble des régions d'où provenaient les malades soignés par les entreprises hospitalières en train de fusionner plutôt que des régions dans lesquelles les malades pouvaient normalement rechercher des solutions de rechange au cas où ces entreprises relèveraient leurs prix. Afin d'étayer en appel sa position, le Ministère a cité les conclusions au sens contraire auxquelles le juge du fond avait abouti dans l'affaire très similaire Rockford Memorial (voir ci-après le paragraphe 32). Néanmoins, dans un avis succinct non publié, la Cour d'appel a conclu qu'il n'était pas évident que les constatations du tribunal d'instance au sujet du marché en cause étaient erronées.

Dans l'affaire United States contre Loews Inc., 882 F. 2d 29, la Cour d'appel de la deuxième circonscription a annulé le refus du tribanl d'instance d'autoriser une acquisition aux conditions d'un règlement amiable en suspens. Le règlement a été ratifié en 1951 à la suite d'une importante action contentieuse des pouvoirs publics contre un réseau de restrictions horizontales et verticales entre des producteurs, des distributeurs et des exploitants de films. Les dispositions du règlement prévoyaient notamment que les défendeurs ne feraient l'acquisition de salles de cinéma qu'après avoir demandé l'autorisation au Ministère et après avoir apporté la preuve auprès de la Cour d'appel qu'aucune acquisition de cette nature «ne restreindrait excessivement la concurrence dans le secteur de la distribution et de la présentation de films». En 1987, un défendeur a obtenu du Ministère l'autorisation d'acquérir une chaîne de salles de cinéma, mais le tribunal d'instance a marqué son désaccord avec le

Ministère en ce qui concerne l'absence d'une conséquence anticoncurrentielle. La Cour d'appel a annulé la décision, en constatant l'évolution radicale du secteur du spectacle depuis 1951 et, en particulier, la nouvelle concurrence des vidéo-cassettes et de la télévision, y compris la télévision par câble, ce qui rendait improbable que cette acquisition verticale élimine la concurrence au niveau de la distribution ou de la présentation de films. En appliquant le critère du règlement amiable, assimilé à l'article 7 de la Loi Clayton, la Cour d'appel n'a constaté aucune menace à la concurrence et a donc renvoyé l'affaire à la juridiction inférieure, en ordonnant l'autorisation de l'acquisition sans autres conditions.

2. Affaires intéressant la Commission, jugées en 1989

Dans l'affaire B.F. Goodrich Co. contre FTC, n° 88-4065 (Cour d'appel de la seconde Cir.), la société a demandé que soit révisée une ordonnance de la Commission l'obligeant à se dessaisir d'actifs, qu'elle avait acquis de Diamond Shamrock Chemical Co., utilisés pour la production de chlorure de vinyle monomère. L'affaire a été examinée par la Cour d'appel de la seconde circonscription, le 9 janvier 1989. Le 7 avril 1989, les parties ont déposé un projet de règlement de l'affaire, qui a été ratifié par la Cour d'appel le 24 avril 1989. Au titre de ce règlement, la Commission a accepté de réviser son ordonnance afin de modifier l'obligation de B.F. Goodrich de se dessaisir d'actifs.

Dans l'affaire FTC contre Elders Grain, Inc. et Illinois Cereal Mills, Inc., n°s 88-2493 et 88-2494 (Cour d'appel de la septième cir.), la Commission a demandé réparation sous forme d'injonction préliminaire en application de l'article 13b de la Loi relative à la FTC. La Commission a demandé qu'il soit sursis à la vente d'installations de minoterie par Elders Grain, Inc.s à Illinois Cereal Mills, Inc., tant que la procédure administrative visant à déterminer la légalité de la transaction ne serait pas clôturée. Le tribunal d'instance a ordonné la résiliation et les défendeurs ont interjeté appel. Par son arrêt du 19 janvier 1989, la Cour d'appel de la septième circonscription a confirmé l'ordonnance de résiliation arrêtée par le tribunal d'instance. 1989-1 Trade Cas. (CCH) par. 68.411.

3. Affaires intéressant la Division en instance devant les Cours d'appel

Dans l'affaire Etats-Unis contre Rockford Memorial Corporation, le Ministère demande la confirmation par la Cour d'appel de la septième circonscription d'une décision d'un tribunal d'instance interdisant une fusion entre entreprises hospitalières de la région de Rockford (Illinois) (voir le par. 90 du rapport pour 1988). En mai 1989, le tribunal d'instance a conclu qu'un projet de fusion de deux des trois hôpitaux de la région de Rockford constituerait une violation de l'article 7 de la Loi Clayton. 1989-1 Trade Cas. (CCH) par. 68462 (N.D. I11.). En appel, le Ministère a demandé à la Cour d'appel de reconnaître avec la juridiction de jugement, que le marché du produit concerné portait exclusivement sur les soins hospitaliers dispensés aux malades hospitalisés, que le marché géographique concerné était constitué exclusivement par la région de Rockford et certaines régions contiguës et que le marché concerné, ainsi défini, subirait un préjudice grave causé par le projet de fusion. Sur un autre point, les défendeurs ont soutenu que l'article 7 ne s'appliquait pas aux fusions entre institutions ne poursuivant pas un but lucratif ; le Ministère a répondu que l'article 7 était en fait applicable et que, même s'il n'était pas applicable, les fusions seraient illégales au titre de la règle équivalente formulée à l'article 1 de la Loi Shermann.

4. Affaires intéressant la Commission en instance devant les Cours d'appel

Dans l'affaire New England Motor Rate Bureau contre FTC, n° 89-1963 (1ère cir.), les appelants ont demandé la révision de la décision par laquelle la FTC avait estimé que la tarification des entreprises de transport intra-étatique par un office de tarification était une méthode de concurrence déloyale (fixation des prix) et que la théorie de «l'acte de l'Etat» ne la faisait pas échapper à l'application de la législation antitrust, au motif que les activités de cet office de tarification n'étaient pas «activement surveillées» par les Etats respectifs dans lesquelles elles étaient exercées. La demande de révision a été déposée le 12 octobre 1989.

Dans l'affaire Barnette Pontiac-Datsun, Inc. contre FTC, n°s 89-3389-3392 (6ème cir.), les appelants ont demandé la révision d'une décision par laquelle la FTC avait considéré un accord entre les revendeurs de voitures automobiles concurrents de Détroit visant à restreindre le nombre d'heures consacrées à la vente de voitures comme une forme de concurrence déloyale. Les revendeurs ont déposé une demande en révision le 8 mai 1989.

Dans l'affaire Ticor Title Insurance Co. contre FTC, n° 89-3787 (3ème Cir.), les appelants ont demandé la révision d'une décision par laquelle FTC avait considéré les activités de tarification collective de sociétés d'assurance de titres de propriété en matière de services de recherches et d'examen de titres de propriété comme une méthode de concurrence déloyale (fixation des prix). Les sociétés soutiennent que leurs opérations dans ce domaine sont protégées par la théorie de «l'acte de l'Etat» et échappent également à l'application de la Législation fédérale antitrust parce qu'elles constituent «l'activité d'assurance». La demande de révision a été déposée le 15 décembre 1989.

3) Statistiques sur les actions privées et publiques engagées en 1989

Selon le rapport annuel du Director of the Administrative Office des tribunaux des Etats-Unis, les actions nouvelles antitrust civiles et pénales, tant publiques que privées, engagées devant des tribunaux d'instance fédéraux ont diminué de 1.9 pour cent au cours de l'exercice budgétaire qui a pris fin le 30 juin 1989, en passant de 752 pour l'année précédente à 738. Les actions engagées par des particuliers entre le 1er juillet 1988 et le 30 juin 1989 ont diminué de 2.3 pour cent en passant à 639, contre 654 pour l'année précédente.

4) Affaires importantes engagées en 1989

a) Mesures d'application prises par le Ministère et par la FTC

1. Affaires pénales engagées par le Ministère en 1989

En 1989, le Ministère a engagé des actions pénales contre la fixation horizontale de prix et la répartition des marchés dans toute une série de marchés de produits de service notamment des produits suivants : blocs en béton, palissades de treillis métallique, boissons non alcoolisées, structures en fil de fer soudé et saumures claires bromées (utilisées par les services des gisements pétroliers). Le Ministère a engagé également une action pénale contre les soumissions frauduleuses et la répartition de clientèle qui leur était associée, dans de nombreux domaines : projets de construction de routes, d'installations de drainage et de ligne électriques, évacuation des déchets solides, pièces de rechange pour automobiles, ventes aux enchères d'équipement commercial usagé, vente à l'armée américaine d'uniformes, de fournitures médicales, services de déménagement et de garde-meubles et ventes aux écoles publiques de lait et de carrosseries de cars de ramassage scolaire.

Au cours des récentes années, le Ministère a déployé un effort sensible pour s'attaquer aux ententes pour la fixation des prix des boissons non alcoolisées sur les marchés locaux dans de nombreux Etats (voir le paragraphe 50 du rapport pour 1987). Depuis 1986, le Ministère a engagé 40 actions dans ce domaine, concernant 25 entreprises et 24 particuliers en qualité de défendeurs et a obtenu la condamnation de 23 entreprises et de 24 particuliers. En 1989 seulement, il a obtenu la condamnation de quatre entreprises et de sept particuliers dans des affaires de fixation des prix des boissons non alcoolisées ; des amendes s'élevant au total à 4 400 000 dollars ont été infligées et un particulier a été condamné à une peine de prison. Les enquêtes du Ministère sur la fixation des prix des boissons non alcoolisées se poursuivent.

Le Ministère a également entrepris de lutter activement contre la présentation, dans plusieurs Etats, de soumissions frauduleuses concertées pour l'achat de biens (tels que des machines et du matériel commercial d'occasion) lors de ventes publiques aux enchères. Depuis 1987, il a engagé 34 actions de ce type contre 65 sociétés et 43 particuliers dans des affaires de ce type et a obtenu la condamnation de 63 sociétés et de 39 particuliers. En 1989 seulement il a obtenu la condamnation de 19 entreprises et de huit particuliers dans des affaires de soumissions frauduleuses lors de ventes aux enchères ; des amendes s'élevant au total à près de 1 400 000 dollars ont été infligées et deux particuliers ont été condamnés à des peines de prison dans le cadre de ces affaires. Les enquêtes de la Division au sujet des soumissions frauduleuses lors de ventes aux enchères publiques se poursuivent.

2. Modification ou abrogation et mise à exécution de réglements amiables aux quels le Ministère était partie

Le Ministère a continué d'étudier les règlements amiables et les décisions litigieuses qui sont toujours en suspens, afin de déterminer s'ils avaient des effets anticoncurrentiels ou si d'une autre manière ils n'étaient plus conformes à l'intérêt général. En 1989, il a déposé des conclusions en soutenant qu'il faudrait modifier ou abroger sept décisions judiciaires et les juridictions ont modifié ou abrogé cinq décisions périmées.

Ainsi que nous l'avons vu au paragraphe 49 du rapport pour 1988, le Ministère a recommandé en 1987 au tribunal d'instance ayant compétence pour connaître du règlement amiable conclu en 1982 dans l'affaire AT & T de lever la plupart des restrictions interdisant aux sociétés Bell Operating Companies («BOC») créées à la suite d'un démantèlement l'exercice de certaines activités économiques. En septembre 1987, ce tribunal avait décidé que les BOC ne seraient toujours pas autorisés à fournir des services interurbains ou à fabriquer du matériel mais que les restrictions à la fourniture des services dans des secteurs autres que les télécommunications devaient être levées. En ce qui concerne les restrictions à la fourniture par les BOC de services d'information, il a conclu que les BOC devaient être autorisées à fournir certaines catégories de services de stockage et de traitement de l'information, mais que par ailleurs les restrictions devaient être maintenues. Dans sa décision de mars 1988, il a statué en ce sens, en autorisant les BOC à fournir certains services de transmission des informations d'audiotex et de vidéotex, dénommés «points d'accès», ainsi que des services de messagerie vocale. Néanmoins, il a refusé d'autoriser les BOC à produire ou à manipuler la teneur de l'information et leur a interdit d'exercer une discrimination entre les fournisseurs de services d'information ou à leur détriment.

Le Ministère a interjeté appel des décisions du tribunal d'instance lui interdisant de lever toutes les restrictions à la fourniture des services de fabrication et d'information. En exposant que ce tribunal avait mal interprété la règle juridique régissant les actions visant à modifier les restrictions à l'exercice d'activités, il a soutenu que le tribunal avait commis une erreur en jugeant que des considérations d'intérêt général autres que l'effet sur la concurrence au sein du marché dans lequel les BOC cherchaient à pénétrer pouvaient justifier le maintien des restrictions et en tenant compte d'éléments aussi peu pertinents que l'objectif du service téléphonique ouvert à tous et l'équilibre de la balance commerciale des Etats-Unis avec les pays étrangers. Il a fait valoir avec insistance que la règle erronée appliquée par le tribunal nécessitait des mesures correctives même si le tribunal était parvenu à des conclusions exactes en ce qui concerne les marchés des services interurbains et certains autres marchés. En décembre 1989, la Cour d'appel a entendu des plaidoiries sur les appels joints des décisions arrêtées par le tribunal de district en septembre 1987 et en mars 1988. Il devrait être statué en 1990.

Un autre fait nouveau relatif aux décisions du tribunal de district sur les «points d'accès», concerne la demande que Bell Atlantic, une BOC, a introduite auprès du tribunal d'instance afin d'en obtenir une décision déclaratoire l'autorisant à utiliser un «processeur» central unique afin de répondre aux besoins de l'ensemble de son réseau de points d'accès sans tenir compte des limitations LATA ; Bell Atlantic n'a cependant pas demandé la levée des restrictions à la fourniture de services interurbains prévues par le règlement amiable AT&T. Le Ministère a déclaré son opposition à la demande de Bell Atlantic, en soutenant que la structuration d'un service autorisé de points d'accès sous cette forme constituerait une violation de la restriction, prévue par le règlement amiable, à la fourniture par les BOC de services interurbains. En 1989, le tribunal d'instance s'est rangé à l'avis du Ministère et a rejeté la demande de Bell Atlantic. Celle-ci a formé un recours contre la décision du tribunal.

En avril 1989, AT&T a demandé que le tribunal d'instance lève la restriction prévue au point VIII(D) du règlement amiable AT&T qui lui interdisait de procéder à la publication électronique en passant par ses propres installations de transmission. Le règlement amiable prévoyait que la restriction serait levée dès août 1989 à moins que le tribunal ne constate que les conditions de la concurrence en nécessitent manifestement la prorogation. Le Ministère a appuyé la demande d'AT&T, en faisant valoir que la concurrence sur le marché des services interurbains est importante, qu'AT&T ne dispose pas sur ces services d'une prépondérance constituant un «goulot d'étranglement» et que les conditions de la concurrence éliminent ainsi tout risque qu'AT&T ne freine la concurrence en matière de publication électronique en exerçant une discrimination en ce qui concerne l'accès à son réseau interurbain. Le tribunal d'instance a fait droit à la demande d'AT&T et a abrogé la partie VIII(D) avec effet dès août 1989.

Ainsi que nous l'avons exposé aux paragraphes 52 à 54 du rapport pour 1988, le Ministère a donné suite aux demandes introduites par deux BOC, à savoir NYNEX et Pacific Telesis, en vue d'obtenir des dérogations aux restrictions, prévues par le règlement amiable AT&T, à la fourniture de services interurbains afin d'être autorisées à participer à des entreprises de télécommunications transocéaniques par câble. En août 1988, le Ministère a recommandé que le tribunal d'instance rejette la demande de dérogation déposée par NYNEX en vue de l'acquisition et de l'exploitation de Private Transatlantic Telecommunications System, Inc. («PTAT»), qui doit assurer des services de lignes directes de télécommunications entre les Etats-Unis et la Grande-Bretagne par l'intermédiaire d'une entreprise commune à participation par moitié avec une firme britannique, Cable & Wireless. En novembre 1988, le Ministère a recommandé que le tribunal d'instance fasse droit à la demande de Pacific Telesis en lui accordant une dérogation lui permettant d'acquérir une participation de 10 pour cent dans le capital de International Digital Communications («IDC»), qui se propose de fournir des services de télécommunications internationales à destination du Japon et de constituer une entreprise commune par moitié avec une autre entreprise pour la construction et l'exploitation d'un réseau de câbles transpacifiques à fibres optiques. En examinant les deux demandes, le Ministère a conclu que seule la demande de Pacific était conforme au critère prévu par le règlement amiable. De l'avis du Ministère, la participation de 10 pour cent de Pacific dans le capital d'IDC, à la différence de l'acquisition par NYNEX de la totalité du capital de PTAT, était si faible qu'elle éliminait tout risque important que Pacific exploite son monopole régional afin de faire obstacle à la concurrence sur le marché des télécommunications transocéaniques. Au surplus, à la différence de NYNEX, Pacific ne se proposait pas de commercialiser des services interurbains internationaux aux Etats-Unis.

Le tribunal d'instance a statué dans ces deux affaires en 1989 ; il s'est rallié aux recommandations du Ministère en rejetant la demande de NYNEX tout en faisant droit à la demande de Pacific. Il a conclu que NYNEX non seulement n'avait pas établi qu'il n'y avait pas un grand risque qu'elle exploite son monopole pour freiner la concurrence, mais qu'elle avait effectivement le pouvoir de freiner la concurrence sur le marché international des télécommunications. Le tribunal a établi une distinction entre la demande de NYNEX et celle de Pacific, non seulement en ce qui concerne l'importance relative des participations que les deux BOC détiendraient mais également en se fondant sur le fait que NYNEX mais non Pacific commercialiserait directement les services à fournir. NYNEX n'a pas interjeté appel de la décision du tribunal de district. US Sprint, un pourvoyeur de services interurbains, a acheté ensuite la participation de NYNEX et l'entreprise PTAT développe ses activités.

En avril 1989, Pacific Telesis a demandé une levée de la restriction prévue dans le règlement amiable AT&T, à la fourniture de services intercirconscriptions, afin d'être autororisée à posséder des stations terrestres pour satellites de réception seulement dans un pays étranger pour capter des programmes dans le cadre de son exploitation de systèmes de télévision câblée dans des pays étrangers. Pacific avait acquis une participation dans le capital d'une société britannique de télévision câblée qui diffuse des programmes dans plusieurs parties de Londres. La société britannique possédait également une station terrestre de réception seulement utilisée pour capter des programmes diffusés par satellite à partir de plusieurs pays dont les Etats-Unis. Après avoir examiné l'affaire, le Ministère a informé Pacific que l'acquisition du réseau étranger était autorisée au titre de sa renonciation à l'entreprise étrangère, mais que le règlement amiable lui interdisait de posséder une station terrestre recevant des télécommunications directement à partir de certains points aux Etats-Unis. Pacific a demandé ensuite une dérogation pour la station terrestre et, en juin 1989, le Ministère a recommandé que le tribunal de district acquiesce à la demande de Pacific. Le tribunal d'instance n'a pas encore statué au sujet de cette affaire.

3. Mesures d'application diverses ne concernant pas des fusions, prises par le Ministère

En 1988, la commission japonaise sur la loyauté des transactions commerciales (la «JFTC») a constaté que 140 entreprises avaient participé, par l'intermédiaire de la Star Friendship Association, à des soumissions frauduleuses de mars 1984 à octobre 1987 pour les appels d'offres concernant des contrats de construction et de services lancés par la base navale des Etats-Unis à Yokosuka (Japon). En 1989, se fondant sur l'action engagée par la commission japonaise et sur les éléments de preuve obtenus par le gouvernement des Etats-Unis, le Ministère a envoyé des lettres à tous les membres de la Star Friendship Association en signalant qu'il envisageait d'engager une action civile au Japon au titre des lois japonaises contre les monopoles et sur les délits civils, et/ou aux Etats-Unis au titre de la Législation antitrust des Etats-Unis et du False Claims Act, afin d'obtenir réparation des dommages que le gouvernement des Etats-Unis avait subis à la suite des soumissions frauduleuses. En décembre 1989, 100 firmes parmi celles affiliées à la Star Friendship Association ont accepté de payer aux Etats-Unis plus de 33 millions de dollars au titre des réparations qui leur étaient demandés. Le Ministère continue à chercher à obtenir réparation du reste du préjudice auprès des 40 autres firmes.

4. Mesures d'application ne concernant pas des fusions, prises par la FTC en 1989

La Commission a estimé qu'un accord conclu entre les revendeurs de voitures neuves de la région de Détroit sur la fermeture des salles d'exposition le dimanche et les soirs de trois jours ouvrables par semaine équivalait économiquement à une fixation des prix et constituait donc une restriction illégale aux échanges. Elle a estimé que la restriction, qui, aux termes de la plainte, avait été en vigueur depuis 1960, n'était pas protégée par la dérogation extra-légale concernant la dérogation qui, dans certains cas, protège les accords conclus avec les employeurs dans le cadre des conventions collectives. «Une hausse des prix» résultait d'une réduction des facilités et des services et avait pour effet un transfert de revenu des consommateurs aux revendeurs sous la forme de temps libre et non d'argent. La Commission a ordonné aux revendeurs d'ouvrir leurs salles d'exposition au moins 64 heures par semaine pendant un an à compter de la date à laquelle l'ordonnance sera devenue définitive. Voir Detroit Auto Dealers Association, Docket n° 9189, 5 Trade Reg. Rep. (CCH) par. 22.653.

La Commission a estimé que le New England Motor Rate Bureau («NEMRB») avait illégalement fixé les prix en formulant et en enregistrant collectivement les prix à demander par les transporteurs affiliés pour le transport intra-étatique de marchandises au Massachusett et dans le New Hampshire. Il s'agissait essentiellement du point de savoir si les activités du NEMRB étaient protégées par la théorie de l'acte d'Etat qui fait échapper un comportement privé à la responsabilité au titre de la Législation antitrust, s'il existait une mesure étatique «clairement formulée» visant à supplanter la concurrence par la réglementation et si ce comportement privé était «surveillé activement» par l'Etat. La Commission a considéré que cette condition n'était pas remplie dans ces deux Etats, mais qu'elle l'était à Rhode Island, qui avait été visé dans la plainte initiale. Voir New England Motor Rate Bureau, Inc., Docket n° 9170, 5 Trade Reg. Rep. (CCH), par. 22.722 (voir également le par. 33 du présent rapport).

Une réclamation très similaire dirigée contre la Motor Transport Association du Connecticut a été rejetée par la Commission au motif que la condition relative à l'acte d'Etat était remplie. Voir Motor Transport Association of Connecticut, Docket n° 9186, 5 Trade Reg. Rep. (CCH), par. 22.726.

La théorie de l'acte d'Etat était également une question essentielle lorsque la Commission avait estimé que cinq grands assureurs nationaux en matière de titres de propriété s'étaient illégalement concertés afin de fixer leurs prix pour des services d'enquête et d'examen grâce à leur participation à des bureaux d'évaluation dans six Etats. Les imputations n'ont pas été retenues en ce qui concerne deux Etats qui surveillaient activement les bureaux d'évaluation. La Commission a également constaté que les services fournis par les assureurs de titres de propriété ne constituaient pas «l'activité d'assurance», qui échappe à l'application de la Législation antitrust en vertu de la Loi McCarran-Ferguson. Voir Ticor Title Insurance Co., et autres, Docket n° 9190, 5 Trade Reg. Rep. (CCH), par. 22744. (Voir également le par. 35 du présent rapport).

En mars, la Commission a approuvé définitivement un accord amiable avec la Cleveland Automobile Dealers Association à laquelle il était reproché dans la plainte qui y était jointe de limiter les heures d'accès aux salles d'exposition le soir et les week-ends. Afin de réparer le préjudice à la concurrence et à la faculté des consommateurs de faire leurs achats sur la base d'une comparaison, elle a prié la Commission de publier une série d'annonces pour exposer que ses membres étaient libres de fixer leurs propres heures d'ouverture. Voir Cleveland Automobile Dealers Association, Docket n° C-3247, 5 Trade Reg. Rep. (CCH), par. 22629.

En avril, la Commission a reproché à huit chaînes de pharmacie de vente au détail, à une association commerciale et à un particulier de s'être entendus illégalement pour boycotter un régime de remboursement des salariés de Etat de New York afin d'imposer un relèvement des taux de remboursement des ordonnances au titre du programme. Selon les plaintes déposées, le boycottage avait coûté à New York environ 7 millions de dollars en 18 mois. Trois des chaînes de pharmacie ont accepté de régler le litige au titre d'accords amiables et une plainte administrative a été déposée contre les autres chaînes de pharmacie et le particulier. Voir Chain Pharmacy Association of New York State, Inc., Docket n° C-3256, 5 Trade Reg. Rep. (CCH), par. 22676.

b) Affaires privées ayant des conséquences internationales

Lors d'une procédure contentieuse qui a donné lieu à plusieurs décisions de tribunaux d'instance et à un arrêt de la cour d'appel en 1988 et en 1989, Consolidated Gold Fields («Gold Fields»), une firme constituée au Royaume-Uni, a réussi à faire échec à une tentative d'absorption non souhaitée par Minorco, une société de droit Luxembourgeois, à participation sud-africaine majoritaire, en invoquant la compétence des juridictions des Etats-Unis au titre de la législation antitrust. Voir, par exemple, Consolidated Gold Fields PLC contre Minorco, S.A., 871 F. 2d 252 (2ème cir. 1989) ; Consolidated Gold Fields PLC contre Anglo American Corp., 713 F. Supp. 1457, 1479 (S.D.N.Y. 1989). Gold Fields et Minorco, avec leurs filiales, constituaient respectivement le deuxième producteur d'or et le plus important producteur d'or, en dehors de la partie du monde qui était à cette époque d'obédience communiste, et Gold Fields était propriétaire de sociétés d'exploitation de mines d'or aux Etats-Unis ou d'une participation minoritaire importante dans ces sociétés. Bien que de nombreux commentateurs aient exposé qu'il s'agissait d'une affaire dans laquelle les juridictions des Etats-Unis servaient de champ de bataille au sujet d'un projet de fusions de deux firmes étrangères, la décision des juridictions d'exercer leur compétence dans cette affaire était motivée dans une large mesure par le fait que l'acquisition aurait porté notamment sur des entreprises américaines appartenant exclusivement ou partiellement à Gold Fields et faisant concurrence à Minorco. Après l'interdiction préliminaire par les juridictions américaines de l'exécution du projet de prise de contrôle, une firme britannique, Hanson PLC, est entrée en scène pour tenir le rôle de «sauveur» et a mis fin à la bataille en achetant les actions en circulation de Gold Fields, y compris celles qui avaient appartenu à Minorco.

Dans l'affaire Go-Video, Inc. contre Akai Electri Co., Ltd., 885 F. éd 1406 (9ème Cir. 1989), la Cour d'appel de la neuvième circonscription a appliqué la théorie des «contacts nationaux» à l'appui de la compétence ratione personae sur les entreprises japonaises des secteurs de l'électronique de consommation dans le cadre d'une action antitrust privée engagée devant un tribunal d'instance américain en Arizona. La Cour a jugé que dans le cadre d'une action engagée au titre de la législation américaine antitrust, la condition constitutionnelle suivant laquelle un défendeur doit avoir «un minimum de contacts» avec l'instance pour que la compétence ratione personae puisse être invoquée est remplie si une société étrangère a des contacts suffisants avec les Etats-Unis dans leur ensemble — même si le défendeur n'a pas eu de contacts avec l'Etat du siège de la juridiction. Les juridictions américaines n'ont pas toutes reconnu le bien-fondé de la théorie des «contacts nationaux» et la Cour suprême n'a pas abordé la question.

En appliquant le critère de la courtoisie entre Etats Timberlane, un tribunal d'instance américain a rejeté le recours formé contre des défendeurs étrangers dans une série d'affaires dans lesquelles 19 Etats et plusieurs plaignants privés avaient fait valoir une entente illégale entre des sociétés d'assurance américaines et étrangères, des sociétés de ré-assurance, des assureurs maritimes, des courtiers, des particuliers, etc., visant à restreindre l'offre d'une certaine couverture de la responsabilité générale commerciale et de l'assurance dommage aux biens. Affaire Re Insurance Antitrust Litigation, 723 F. Supp. 464 (N.D.Cal. 1989). Invoquant l'affaire Timberlane, dans laquelle la Cour d'appel de circonscription où siégeait le tribunal d'instance avait statué, le tribunal d'instance a jugé que la courtoisie entre Etats exigeait le rejet des griefs suivants lesquels des ré-assureurs de Londres s'étaient entendus pour rendre plus rigoureuses les conditions de la ré-assurance et pour refuser de réassurer certains risques assurés par les premiers assureurs aux Etats-Unis. Bien que le tribunal ait constaté que les allégations des plaignants au sujet d'un effet direct sur le commerce aux Etats-Unis étaient suffisantes pour établir la compétence ratione materiae, il a conclu que la compétence ne devait cependant pas s'exercer au motif que l'application de la législation antitrust des Etats-Unis en l'espèce entraînerait un grave conflit avec la législation et la politique britanniques. Il a été interjeté appel de sa décision.

B. Fusions et concentration

1) Statistiques du Ministère et de la Commission sur les fusions

Les statistiques établies par le Ministère et par la Commission concernent les fusions et acquisitions déclarées en application des dispositions de la Loi Hart-Scott-Rodino sur la notification préalable des fusions. Seules celles qui remplissent certains critères de dimension ou autres doivent être déclarées conformément à la Loi. En 1989, les deux agences ont reçu 5.364 dossiers concernant 2.818 opérations notifiées en application du programme de notification préalable des fusions.

a) Examen par le Ministère de notifications préalables à des fusions

Après examen des dossiers de notifications préalables, le Ministère a envoyé 77 lettres pour demander des renseignements complémentaires («second requests») se rapportant à 43 opérations en 1989. Pendant cette période, il a également étudié 1.200 fusions et acquisitions engagées par des banques et diverses institutions financières non visées par la Loi Hart-Scott-Rodino.

b) Examen par la FTC de notifications préalables à des fusions

En 1989, la Commission a envoyé 52 demandes de renseignements complémentaires («second requests») et elle a consenti à mettre fin par anticipation au délai d'attente concernant 1.875 opérations.

c) Mise en oeuvre des obligations concernant la notification préalable des fusions

Le Ministère et la Commission se sont activement employés à faire respecter les dispositions de la Loi Hart-Scott-Rodino concernant la notification préalable des fusions et, à cette fin, ils ont entamé devant les juridictions fédérales des poursuites, qui dans un certain nombre de cas, ont abouti à des condamnations à des amendes civiles. Dans ces affaires, la Commission demande au Ministère de déposer un acte introductif d'instance et de plaider dans les actions en justice qui en résultent. Les actions sont engagées devant le tribunal d'instance du district de Columbia. Les affaires relatées ci-après témoignent de l'activité du Ministère et de la Commission dans ce domaine.

En juin 1989, Tengelmann Warenhandelsgesellschaft («Tengelmann»), une entreprise de la République fédérale d'Allemagne, et The Great Atlantic & Pacific Tea Company («A&P»), une entreprise américaine dans laquelle Tengelmann avait une participation majoritaire, ont été accusées d'avoir failli à leur obligation de se conformer aux exigences de la Loi Hart-Scott-Rodino dans le cadre de l'acquisition par A&P de Waldbaum Inc., une entreprise américaine d'exploitation de magasins d'alimentation au détail. A&P et Tenglemann ont organisé leur acquisition de Waldbaum dans le cadre d'une association générale qui était en réalité un moyen d'esquiver leurs obligations au titre de la Loi Hart-Scott-Rodino. Tengelmann et A&P ont accepté de régler le litige en versant une amende civile de 3 millions de dollars, soit l'amende la plus importante jamais fixée pour une violation de la Loi Hart-Scott-Rodino. United States contre Tengelmann Warenhandelsgesellschaft, 1989-I Trade Cas. (CCH) par. 68623 (D.D.C., 7 juin 1989).

En décembre, le Ministère a accusé Oy Tampella Ab, une entreprise finlandaise, d'avoir violé la Loi Hart-Scott-Rodino en omettant de présenter un document d'importance stratégique au titre de la notification obligatoire préalable à l'acquisition, en ce qui concerne son projet d'acquisition de certains actifs de Baker Hughes Inc., une entreprise américaine. Le Ministère lui a imputé cette violation dans le contexte de son action visant à faire obstacle au projet d'acquisition par Tampella de la filiale Eimco Secoma de Baker Hughes, lequel projet est exposé ci-après au par. 70. Tant l'affaire relative à la violation de la loi Hart-Scott-Rodino que l'affaire relative à la fusion sont en instance devant le tribunal de district.

2) Examen d'activités concernant des fusions

a) Affaires engagées par le Ministère en matière de fusions

En janvier 1989, le Ministère a engagé une action pour faire obstacle au projet d'entreprise commune entre Ivaco Inc., une société canadienne, et Jackson Jordan, Inc., une firme américaine pour la fabrication de matériel d'entretien des voies ferrées. (Voir le par. 92 du rapport pour 1988.) Il a déclaré que ce projet d'entreprise commune aurait pour effet de réduire sensiblement la concurrence aux Etats-Unispour la fabrication et la vente de bourreurs automatiques de traverses, qui sont des gros éléments d'équipement utilisés pour niveler et aligner les voies ferrées. Ivaco, par l'intermédiaire de sa filiale américaine Canron, Inc., et Jackson Jordan sont deux des trois seuls fournisseurs de bourreurs automatiques sur le marché américain et, par l'intermédiaire de l'entreprise commune, elles auraient dominé plus de 70 pour cent du marché américain. En février, le tribunal d'instance a arrêté une injonction préliminaire dirigée contre l'entreprise commune. United States contre Ivaco, Inc., 704 F. Supp. 1409 (W.D. Mich.). Le tribunal d'instance a rejeté l'argument des défendeurs selon lequel l'entreprise commune était nécessaire à la mise au point d'un produit technologiquement supérieur, au motif que les parties n'avaient pas établi qu'elle était nécessaire ni même propice à une amélioration technologique. En fait, le tribunal a conclu que la décision des défendeurs de choisir l'entreprise commune avait pour motif essentiel que cette entreprise leur donnerait les moyens d'éliminer la concurrence au niveau des prix. Le tribunal a également rejeté les arguments des défendeurs suivant lesquels tout effet négatif sur la concurrence aux Etats-Unis serait compensé par les avantages découlant pour ce pays d'un accroissement des exportations. Il a conclu que ce n'était pas là un argument pertinent, compte tenu des effets probablement anticoncurrentiels de l'entreprise commune aux Etats-Unis. Par conséquent, il a jugé que les effets anticoncurrentiels probables de l'entreprise commune sur la concurrence au niveau des prix l'emportaient sur les effets favorables à la concurrence invoqués par les défendeurs. Les défendeurs ont interjeté appel, mais se sont désistés avant le dépôt des conclusions.

En février, le Ministère a engagé une action afin de faire obstacle à la réalisation de deux projets d'entreprise commune entre Westinghouse Electric Corporation, une firme américaine, et ABB Asea Brown Boveri, Ltd., une firme à participation suisse et suédoise. Un des projets d'entreprise commune aurait été la fusion de la production des génératrices à turbine à vapeur de ces firmes et de leurs activités de services aux Etats-Unis, alors que l'autre projet avait pour objet la fusion des productions d'équipement de transport et de distribution d'énergie électrique par ces firmes aux Etats-Unis. Après une longue enquête, le Ministère a conclu que les deux entreprises exerceraient vraisemblablement des effets anticoncurentiels sensibles en combinant des agents économiques de premier plan sur des marchés fortement concentrés (Westinghouse et ABB étaient respectivement le premier et le troisième fournisseurs de génératrices à turbine à vapeur aux Etats-Unis, avec une part de marché globale de 62 pour cent ; dans le secteur des convertisseurs-transformateurs, la part d'ABB sur le marché américain dépassait 50 pour cent, alors que Westinghouse était une des quatre seules entreprises proposant ces transformateurs aux Etats-Unis). Un projet de règlement amiable a été déposé avec l'acte introductif d'instance et ratifié par le tribunal en mai ; ce projet autorisait l'entreprise commune à poursuivre ses activités en matière de transport et de distribution de l'énergie électrique, après le désaisissement d'une usine, de technologies et de divers actifs suffisants pour le maintien d'activités concurrentes rentables et régulières dans le secteur des transformateurs et des convertisseurs-transformateurs d'énergie. En outre, Westinghouse a été priée de renoncer aux restrictions contractuelles à la production de transformateurs d'énergie par General Electric («GE»), restrictions découlant de la vente d'équipements pour la transformation d'énergie par GE à Westinghouse en 1986 ; le règlement permettra ainsi à GE, qui avait été jadis le plus gros producteur américain d'équipement électrique, de redevenir un concurrent sur le marché des transformateurs d'énergie. En revanche, le Ministère a conclu que le projet d'entreprise commune de production de génératrices à turbine à vapeur était anticoncurrentiel au point d'être «irréformable» ; par conséquent, le règlement amiable a interdit à Westinghouse et à ABB de participer à une telle entreprise pendant 10 ans, sans approbation du Ministère. *United States* contre *Westinghouse Electric Corp.*, 1989-1 Trade Cas. (CCH) par. 68607 (S.D.N.Y., 9 mai 1989).

En avril, le Ministère a annoncé son intention d'engager une action afin de faire obstacle à l'acquisition d'AmeriGas Inc., une Filiale d'UGI Corporation, une entreprise américaine, par BOC Group plc, une firme britannique. Il a constaté que le projet d'acquisition constituait une menace sensible pour la concurrence dans le secteur de la production de la vente de gaz industriel en Californie du Nord et dans le couloir Chicago-Milwaukee et dans celui de la production et de la vente de dioxyde de carbone liquide dans la région côtière du Golfe au Texas. Les parties ont réaménagé ensuite le projet d'acquisition afin d'en éliminer les éléments critiqués par le Ministère.

En juin, le Ministère a annoncé son intention d'engager une action afin de faire obstacle au projet de vente par Eastern Airlines, Inc. à USAir, Inc. de portes d'embarquement pour passagers à l'aéroport international de Philadelphie et d'autorisation d'exploiter la ligne Philadelphie-Toronto (Canada). Il a constaté que le projet de transaction, qui aurait été contesté au titre de l'article 1 de la Loi Shermann, menaçait de diminuer la concurrence pour la fourniture de services de transport aérien pour passagers entre Philadelphie et d'autres villes américaines et entre Philaldelphie et Toronto. USAir et Eastern disposaient du plus important et du deuxième groupe de portes d'embarquement respectivement à l'aéroport de Philadelphie. Les parties ont ensuite renoncé à leur projet de transaction. Eastern a cédé ultérieurement la plus grande partie de ses activités de Philadelphie à Midway Airlines, qui n'était guère présente auparavant à Philadelphie.

En juin également, dans le cadre d'une autre action concernant le secteur de la navigation aérienne aux Etats-Unis, le Ministère a annoncé son intention d'engager une action afin de faire obstacle au projet d'entreprise commune portant sur les systèmes de réservation informatisés («CRS») d'AMR Corporation, la société mère d'American Airlines Inc., et de Delta Air Lines, Inc. Le Ministère a fait valoir que le projet d'entreprise commune aurait constitué une violation tant de l'article 7 de la loi Clayton que de l'article 1 de la loi Shermann en réduisant sensiblement la concurrence tant pour la vente de services de réservation informatisés aux agents de voyage que pour la fourniture de services de transport aériens réguliers pour passagers. American et Delta exploitent respectivement le plus important et le cinquième système de réservations informatisées aux Etats-Unis, et le projet d'entreprise commune aurait entraîné la constitution d'une part de marché globale d'environ 48 pour cent pour ces systèmes de réservation informatisés. Le Ministère a également fait valoir que le projet de transaction aurait rendu plus difficile aux autres compagnies aériennes l'accès au marché des lignes de ville à ville desservies par American et Delta, marché déjà fortement concentré, de sorte que les tarifs sur ce marché augmenteraient probablement. Les parties ont renoncé par la suite au projet d'entreprise commune.

En juin, le Ministère a engagé une action afin de faire obstacle au projet d'acquisition d'Edmont Inc., une entreprise américaine, par Pacific Dunlop Holdings Inc., une filiale américaine de Pacific Dunlop Ltd., une firme australienne. (La société mère d'Edmont, Bercton, Dickinson and Company, une entreprise américaine, était également partie au procès en qualité de défendeur). Le Ministère a fait valoir que le projet d'acquisition exercerait probablement un effet anticoncurrentiel sur les marchés américains pour cinq types de gants industriels, marchés dont chacun est fortement concentré et dont la concentration s'accentuerait sensiblement à la suite du projet d'acquisition. Au titre d'un règlement amiable déposé en même temps que la requête, Pacific Dunlop a accepté de vendre deux usines américaines de production de gants, en sauvegardant par là la concurrence qui aurait été sinon éliminée du fait de l'acquisition.

En décembre, le Ministère a engagé une action afin de faire obstacle au projet d'acquisition d'Eimco Secoma, une filiale française de Baker Hughes Inc., une entreprise américaine, par Oy Tampella Ab, une entreprise finlandaise. Tampella, par l'intermédiaire de sa division Tamrock, et Eimco Secoma sont les deux plus grands vendeurs aux Etats-Unis d'équipements de forage hydraulique en sous-sol de roche dure, avec 58 pour cent et 18 pour cent du marché américain respectivement. (Le requérant demande également des peines civiles sanctionnant la violation prétendue par Tampella de son obligation de notification préalable de la fusion au titre de la loi Hart-Scott-Rodino. (Voir ci-dessus). Sur la demande du Ministère, le tribunal d'instance a arrêté une ordonnance d'interdiction provisoire de la transaction et l'affaire est actuellement entrée dans la phase contentieuse.

A la fin de décembre, le Ministère a annoncé qu'il n'attaquerait pas l'acquisition par l'United States Banknote, L.P. («USB») d'International Banknote Company, compte tenu de la vente par USB de certains actifs au groupe François-Charles Oberthur («Oberthur»). USB et International Banknote, qui sont toutes deux des firmes américaines, sont les principaux imprimeurs de titres commerciaux du pays et le Ministère s'est déclaré vivement préoccupé par les effets sur la concurrence de leur projet de fusion. USB en a tenu compte en acceptant de vendre certains actifs, dont une imprimerie américaine, à Oberthur, une firme française qui est un des principaux imprimeurs de titres dans le monde mais qui n'avait pas auparavant été un concurrent sur le marché américain. De l'avis du Ministère, la vente à Oberthur dissipait toute préoccupation au sujet de la conclusion de l'opération entre USB et

International Banknote du fait de l'entrée en scène d'un nouveau concurrent agressif sur les marchés américains de l'impression des catégories de titres en cause.

b) Actions engagées par la FTC en matière de fusions

1. Résumé

Le libre fonctionnement des marchés des capitaux et des valeurs mobilières est indispensable au fonctionnement efficace de l'économie des Etats-Unis. Fusions et acquisitions permettent une réorganisation efficiente de ces actifs et elles améliorent le bien-être des consommateurs en réduisant les coûts et les prix. Cependant, certaines fusions peuvent sensiblement réduire la concurrence et entraîner la hausse des prix demandés aux consommateurs. Au cours de l'année civile écoulée, la Commission s'est efforcée de faire obstacle à huit fusions. De plus, elle a déposé cinq demandes introductives d'instances administratives pour essayer de revenir sur des fusions réalisées et accepté neuf accords amiables pour mettre fin aux difficultés d'ordre anticoncurrentiel soulevées par des projets de fusions. Ces efforts témoignent de l'engagement pris par la Commission de s'opposer aux fusions risquant d'avoir des effets anticoncurrentiels, sans pour autant empêcher des opérations qui peuvent renforcer la productivité.

2. Injonctions préliminaires autoriséees

En février, la Commission a autorisé son personnel à demander une injonction préliminaire pour faire obstacle au projet de Textron Inc. d'acquérir soit les actifs soit les activités d'Avdel Plc. Textron avait déjà acquis la majorité du capital d'Avdel. La Commission avait toute raison de croire que l'acquisition réduirait sensiblement la concurrence dans le domaine de la construction, de la production et de la vente de rivets aveugles pour la construction aérospatiale — utilisés pour la construction d'avions et d'autres engins aériens — et de rivets aveugles pour d'autres secteurs que la construction aérospatiale —, utilisés pour la fabrication de camions, d'autocars, de remorques et de véhicules divers. La Commission a déposé une requête administrative et une injonction préliminaire a été délivrée peu après. Voir Textron, Inc./Avdel Plc. Docket n° 9226, 5 Trade Reg. Rep. (CCH), par. 22654.

En février également, la Commission a autorisé son personnel à demander une injonction préliminaire pour faire obstacle au projet d'acquisition par BOC Group Inc. de la division des produits sous vide de Varian Associates, Inc. aux motifs que l'opération aurait sensiblement réduit la concurrence pour la production et la vente de détecteurs de fuites équipés de spectromètres de masse à l'hélium. Les dispositifs utilisent de l'hélium afin de détecter les fuites des soupapes électroniques, des système de réfrigération et des systhèmes à combustible nucléaire. Après que la Commission eut annoncé qu'elle demanderait une injonction pour remédier à la situation, les parties ont renoncé à l'opération. Voir BOC Group Inc./Varian Associates, Inc., Files n° 881-0137, 5 Trade Reg. Rep. (CCH) par. 22650.

En mars, la Commission a autorisé son personnel à demander une injonction préliminaire pour s'opposer au projet d'acquisition par Red Food Stores Inc. du groupe des sept épiceries de Kroger Co. à Chattanooga (Tennessee). Red Food, une filiale en propriété exclusive de Promodes S.A., une société française d'alimentation, exploitait 27 magasins à Chattanooga et l'acquisition aurait augmenté sa part du marché en la portant à près de 75 pour cent. Un tribunal d'instance fédéral a rejeté la demande d'injonction et les parties ont réalisé la transaction. Peu après, la Commission a déposé une requête administrative. Voir Promodes S.A., Docket n° 92228, 5 Trade Reg. Rep. (CCH), par. 22671.

En mai, la Commission a autorisé son personnel à demander une injonction préliminaire pour faire obstacle au projet d'acquisition par U.S. Can Co. de Armstrong Industries Inc., au motif que la concurrence serait sensiblement réduite dans le secteur de la production et de la vente de conteneurs de peinture métalliques d'un gallon (3 litres 68). U.S. Can et la filiale d'Armstrong, Armstrong Containers Inc., sont les deux plus grands fabricants du pays de bidons de peinture. Après que la Commission eut annoncé qu'elle demanderait une injonction pour remédier à la situation, les parties ont renoncé à l'opération. Voir U.S. Can co./Armstrong Industries, Inc., File n° 891-0067, 5 Trade Reg. Rep. (CCH) par. 22698.

En juillet, la Commission a autorisé son personnel à demander une injonction préliminaire pour faire obstacle à l'offre publique d'achat de Tylan Corp. par Autoclave Engineers Inc., au motif qu'elle réduirait sensiblement la concurrence dans le secteur de la fabrication et la vente d'instruments de contrôle des flux massiques, qui sont des instruments électroniques de précision servant à mesurer, à surveiller et à maîtriser les flux de gaz industriels utilisés pour la fabrication de semi-conducteurs et de produits divers. Après que la Commission eut fait savoir qu'elle demanderait une injonction pour remédier à la situation, les parties ont renoncé à l'opération. Voir Autoclave Engineers Inc./Tylan Corp., File n° 891-0082, 5 Trade Reg. Rep. (CCH), par. 22698.

En juillet également, la Commission a autorisé son personnel à demander une injonction préliminaire afin de faire obstacle au projet d'acquisition de Pennwalt Corp. par la Société Nationale Elf Aquitaine. La Commission a déclaré qu'elle avait des raisons de croire que l'acquisition réduirait sensiblement la concurrence dans le secteur de la production et de la vente de polyfluorure de vinylidène («PVDF») et de fluorine de vinylidene. Pennwalt est le plus important fournisseur aux Etats-Unis et dans le monde de PVDF et la filiale d'Elf, Atochem, en est le troisième fournisseur tant aux Etats-Unis que dans le monde. Pennwalt et Atochem sont aux Etats-Unis les deux seuls fournisseurs de fluorure de vinylidene. Le 28 décembre, la Commission a accepté à titre définitif un accord amiable qui permettait à Elf d'acquérir Pennwalt mais prévoyait son desaisissement de l'usine chimique de Pennwalt à Thorofare (Etats-Unis) et le maintien de l'indépendance de toute la division de florocarbone de Pennwalt jusqu'au désaisissement. En outre, l'accord prévoit également que, pendant dix ans, l'acquisition par Elf de toute société de fabrication ou de vente de l'un ou l'autre de ces produits chimiques aux Etats-Unis serait subordonnée à l'accord de la Commission. Voir Société Elf Aquitaine/Pennwalt Corp., File n° 891-0069, 5 Trade Reg. Rep. (CCH), par. 22712.

En octobre, la Commission a autorisé son personnel à demander une injonction préliminaire pour faire obstacle à l'acquisition par Imo Industries Inc. des actions en circulation d'Optic-Electronic Corp., une filiale en propriété exclusive de United Scientific Holdings plc, une société britannique. Imo et OEC sont les deux plus grands fabricants aux Etats-Unis de tubes de vision nocturne intensificateurs d'image, vendus essentiellement à l'industrie de la défense. L'injonction préliminaire a été délivrée et une requête administrative a été déposée en novembre ; les parties ont par la suite renoncé à l'opération. Voir Imo Industries Inc., Docket n° D.92235, 5 Trade Reg. Rep. (CCH), par. 22768.

En décembre, la Commission a autorisé son personnel à demander une injonction préliminaire pour faire obstacle au projet d'acquisition de K.B. Alloys Inc. par SKW Alloys Inc.. SKW est une filiale américaine de SKW Trostberg AG, qui elle-même est une filiale de VIAG AG, une entreprise allemande. SKW Trostberg est également propriétaire d'une filiale britannique, Anglo Blackwells, qui est un concurrent direct de K.B. Alloys pour la fabrication et la vente de raffineurs de la texture granulaire de l'aluminium utilisés pour rendre l'aluminium plus malléable. Après que la Commission eut fait savoir qu'elle demanderait une injonction pour remédier à la situation, les parties ont renoncé à l'opération. Voir SKW Allys Inc./ K.B. Alloys Inc., File n° 901-0003, 5 Trade Reg. Rep. (CCH), par. 22773.

3. Décisions administratives arrêtées par la Commission

En juillet, la Commission a renoncé à attaquer l'acquisition par MidCon Corp. de United Energy Resources, Inc. au motif que d'après les éléments disponibles, l'existence d'une forte probabilité d'effets anticoncurrentiels sur aucun des marchés géographiques examinés n'était pas établie. MidCon et United étaient des concurrents dans le secteur du transport du gaz naturel par conduites à partir du plateau continental extérieur («OCS») du Golfe du Mexique. Du fait de l'acquisition, MidCon est devenue titulaire d'une participation d'au moins de moitié dans l'exploitation de trois conduites et d'une participation de 40 pour cent dans l'exploitation d'une autre conduite dans la région en cause ; la Commission a constaté que l'ensemble du plateau constituait le marché géographique en cause et que les conduites contiguës et en intersection constituaient des formules de rechange possibles. Voir MidCon Corp., Docket n° 9198, 5 Trade Reg. Rep. (CCH) par. 22708.

En septembre, un juge administratif a jugé que l'acquisition par Owens-Illinois Inc. en 1988 de Brockway Inc. constituait une violation de la législation antitrust au motif que la fusion de deux des trois plus importants fabricants de conteneurs en verre aux Etats-Unis entraînerait la formation de la plus grosse entreprise de production. Il a constaté que, pour de nombreux clients, il n'existait pas d'autre possibilité pratique que les emballages en verre, bien que les parties aient fait valoir la concurrence des conteneurs en métal et en plastique. Il a ordonné à Owen-Illinois de se dessaisir de toutes ses installations de fabrication de conteneurs en verre de Brockway au profit d'un acquéreur agréé par la Commission dans un délai d'un an. Voir Owens-Illinois/Brockway, Docket n° 9212, 5 Trade Reg. Rep. (CCH) par. 22731.

En 1989 également, la Commission a accepté de soumettre à des observations ou approuvé définitivement les accords amiables en matière de fusion dans les affaires suivantes :

— PPG Industries, Docket n° D.9204 (définitif)
— Dr. Pepper/Seven-Up, Docket n° D.9215 (définitif)
— Sun/Atlantic, File n° 881-0120 (définitif)
— KKR/RJR Nabisco, File n° 891-0013 (définitif)
— Pepsi-General Cinema, File n° 891-0030 (définitif)
— Panhandle/Texas Eastern, File n° 891-0059 (définitif)
— Arkla, File n° 871-0048 (définitif)
— MTH-Salomon/Grand Union, File n° 891-0001 (définitif)
— Illinois Cereal Mills, Docket n° 9213 (observation).

c) Examens d'activités menés par le Ministère

Le Ministère a fait part de ses intentions concernant l'application de la loi à neuf projets commerciaux en 1989 (pour un exposé de la procédure suivie dans ce domaine par le Ministère, voir note de bas de page 12, par. 90 du rapport pour 1982-83).

En mars, le Ministère a déclaré qu'il ne mettrait pas en cause un projet d'entreprise commune entre RMJ Securities Corp., Garban Ltd., et Fundamental Brokers, Inc. pour l'établissement et la diffusion d'informations sur les cotations des fonds d'Etat américain. L'entreprise commune projetée achèterait les dernières cotes des fonds d'Etat aux entreprises associées ainsi qu'à divers courtiers et opérateurs et vendraient l'information aux distributeurs de l'information financière sans exclusive ni discrimination. Le Ministère a constaté que l'entreprise commune fournirait des informations à de nombreux investisseurs qui achètent et vendent des fonds d'Etat et qui en sont actuellement privés, ce qui améliorerait le fonctionnement du marché, et a conclu que, selon toute probabilité, elle renforcerait et ne réduirait pas la concurrence.

En août, le Ministère a refusé de faire part de ses intentions concernant l'application de la loi en ce qui concerne le projet de Beverage Importers Freight Association, une association d'affréteurs, d'accepter de nouveaux membres. A la place, le Ministère a fourni de nouvelles explications au sujet de ses règles préalablement annoncées relatives au «hâvre protégé», pour les associations sans but lucratif regroupant des affréteurs et constituées en vue de la négociation collective de tarifs océaniques et de contrats avec les transports océaniques. Le Ministère a déclaré qu'il n'attaquerait probablement pas la constitution d'une telle association d'affréteurs au titre de la législation antitrust si (1) l'association achetait moins de 35 pour cent de l'ensemble de services de transport océanique fournis, (2) si les coûts de transport constituaient moins de 20 pour cent du prix du produit à la livraison et (3) si l'association adoptait certaines garanties de procédures afin de réduire les risques de collusion anticoncurrentielle entre ses membres. Il a exposé que l'association devait comparer les cargaisons totales, mesurées en tonnages ou en recettes, de chaque membre à chaque port de départ avec les cargaisons totales expédiées au port de destination afin de déterminer si la condition de 35 pour cent était remplie. Là où une association utilise un équipement spécialisé, le critère correct est le total de la livraison mobilisant cet équipement. Là où ces conditions du «hâvre protégé» ne sont pas remplies, le Ministère doit nécessairement mener une enquête complémentaire afin de déterminer s'il était probable que la constitution de l'association d'affréteurs serait anticoncurrentielle.

III. Politique de réglementation et politique commerciale

A. Politique de réglementation

1) Participation du Ministère aux procédures de réglementation

En 1989, le Ministère n'a pas cessé de préconiser un renforcement de la concurrence dans le secteur réglementé, en insistant pour qu'il soit mis fin à l'ingérence des pouvoirs publics dans le libre fonctionnement du marché si elle était inutile ou contraire à la productivité. Lorsque les objectifs légitimes de la réglementation appelaient une intervention des pouvoirs publics sur un marché, le Ministère préconise l'emploi des formes d'intervention les moins préjudiciables à la concurrence.

En juillet 1989, le Ministère a déposé des conclusions auprès de la Federal Communications Commission («FCC») concernant son projet de substitution à sa tarification actuelle en fonction du rendement des pourvoyeurs de services locaux («LEC») (par exemple les Bell Operating Companies, BOC) d'une forme de tarification plafonnée. Dans ses observations, le Ministère s'est rallié à l'objectif de la FCC concernant le choix d'une méthode de réglementation pour les LEC les incitant à procéder de manière rentable et réduisant les coûts administratifs élevés afférents à la tarification en fonction du rendement. Néanmoins, il a conclu que les objectifs de la FCC seraient des mieux servis non par une nouvelle méthode de réglementation, mais par la modification du régime actuel de tarification en fonction du rendement. La tarification plafonnée convient particulièrement sur les marchés (tels que ceux des services téléphoniques interurbains) où la concurrence commence à se manifester et où une réglementation à long terme n'est vraisemblablement pas nécessaire, mais ce n'est pas ce qui caractérise la situation du marché actuel sur lequel les LEC sont pratiquement en position de monopole en ce qui concerne la clientèle locale et la plus grande partie de la clientèle commerciale. Le Ministère a constaté que les tentatives de la FCC de s'en prendre à la situation de monopole des LEC dans un contexte de plafonnement étaient appelées à affaiblir l'efficacité du projet de tarification plafonnée et accroîtraient certainement l'incertitude existante en matière de réglementation. Il a, par conséquent, recommandé que la FCC renforce l'efficacité de son système actuel de tarification en fonction du rendement en prolongeant la durée des intervalles réglementaires, en instituant des adaptations de coûts exogènes automatiques et en permettant une plus grande souplesse pour une baisse des prix. De cette manière, de l'avis du Ministère, la FCC retirerait un grand nombre des mêmes avantages du projet en cause. La FCC n'a pas encore arrêté de décision en 1989 au sujet de son projet de plafonnement.

En 1989, le Ministère a poursuivi mais n'a pas achevé son étude au sujet du point de savoir si l'intérêt général serait servi par le renforcement de la concurrence dans le secteur des services postaux et, dans l'affirmative, quels seraient les meilleurs moyens d'atteindre cet objectif (par exemple en privatisant certaines activités des services postaux américains («USPS») ou en autorisant le secteur privé à faire concurrence à l'USPS). (Voir le par. 125 du rapport pour 1988.)

En 1988, le Ministère a déposé des observations auprès du Federal Reserve LBoard («le Board») en insistant pour qu'il modifie l'interdiction générale dont il frappe l'acquisition et l'exploitation des institututions d'épargne (par exemple, des associations d'épargne et de prêt) par des holding bancaires. (Voir au par. 127 du rapport pour 1988.) En 1989, le Board a autorisé l'acquisition et l'exploitation de ces institutions, le Financial Institutions Reform, Recovery and Enforcement Act de 1989 l'ayant autorisé expressément à approuver ce type d'acquisition.

Le Ministère a poursuivi ses activités dans le secteur de la réglementation des transports. En novembre 1989, il a notifié à l'Interstate Commerce Commission («ICC») son opposition à une demande déposée par deux exploitants américains de voitures blindées, Brink's Incorporated and Loomis Armored Inc., afin d'échapper à son examen réglementaire du projet d'acquisition de Loomis par Brink. Au titre de la législation américaine, il ne peut être procédé à l'acquisition que si l'ICC soit l'approuve après une audition soit accorde une dérogation qui a pour effet de la faire échapper à l'application des législations antitrust de la fédération et des Etats. Le Ministère a prié instamment l'ICC d'entendre toutes les parties afin d'examiner les points importants soulevés par l'opération en matière de concurrence. Brink's et Loomis sont respectivement le plus grand et le deuxième exploitants de voitures blindées aux Etats-Unis, leur clientèle comptant le Federal Reserve Board, des banques et diverses entreprises ; grâce au projet d'acquisition Brink's deviendrait le fournisseur unique ou dominant de services de transport par véhicules blindés dans plusieurs grandes villes. Le Ministère a également prié ICC d'enquêter sur des effets concurrentiels du projet d'acquisition sur la fourniture de services de messagerie aérienne à sécurité renforcée, qui comportent des transports aériens et terrestres garantis à l'échelle du pays ; Brink et Loomis sont les deux seuls grands pourvoyeurs de services aériens de messagerie régulier à sécurité renforcée entre les grandes villes. La ICC ne s'est pas encore prononcée au sujet de cette affaire en 1989.

Dans le secteur de l'énergie, le Ministère est intervenu dans plusieurs procédures d'autorisation de construction de conduites de transport de gaz naturel devant la Federal Energy Regulatory Commission («FERC») au cours des deux dernières années (voir le par. 131 du rapport pour 1988), en soutenant que tous les demandeurs devraient recevoir le permis de construire et que c'était au marché de décider quelles conduites de gaz naturel seraient construites et quelle serait leur configuration (par ex. la dimension et les points de livraison). Dans le cadre d'autres procédures engagées devant la FERC en 1989, le Ministère a déposé des observations en mettant en garde contre les abus en matière de concurrence qui risquaient d'être commis, lorsque des entreprises exploitant des conduites de gaz naturel réglementées et détentrices d'une position de force sur le marché exercent une discrimination en faveur de la vente de gaz non réglementé vendu par leurs filiales commerciales, et a soutenu des propositions visant à autoriser la revente de droits de transport fermes par les conduites de ces entreprises sur le marché secondaire non réglementé. La FERC ne s'est pas prononcée à ce sujet en 1989.

Dans une autre procédure intéressant la FERC, des demandes en vue de la construction de nouvelles conduites de gaz naturel destiné à alimenter la Nouvelle Angleterre et le Nord-Est ont été déposées en janvier 1989. Deux des entreprises demanderesses, Iroquois et Champlain, qui étaient destinées à importer du gaz à partir du Canada, sont la propriété de consortiums contrôlant des conduites concurrentes approvisionnant déjà le nord-est des Etats-Unis à partir de gisements de gaz de la côte du Golfe. Le Ministère est intervenu dans cette procédure afin de demander à la FERC d'étudier l'incidence de cette participation croisée sur la concurrence entre les exploitants de nouvelles conduites et les pourvoyeurs existants.

Au cours des deux dernières années, le Ministère a participé à une procédure devant l'ICC dans laquelle Trailer Train Company avait demandé une prorogation de l'immunité en matière antitrust qu'elle lui avait précédemment accordée (voir le par. 130 du rapport pour 1988 et le par. 125 du rapport pour 1987). Trailer Train est une entreprise commune appartenant à seize des principales compagnies de chemin de fer du pays ; elle est propriétaire d'au moins 95 pour cent de tous les wagons plats dont elle assure la gestion aux Etats-Unis. A l'issue des auditions devant la ICC au sujet de la demande, le Ministère a demandé à ICC de limiter tout octroi d'une dérogation à la législation antitrust afin de réduire au minimum le risque que Trailor Train n'exerce un pouvoir de monopsome et que les compagnies de chemin de fer membres de cette société ne puissent l'utiliser comme instrument de répartition du marché. Au début de 1989, ICC a arrêté sa décision en se ralliant à un grand nombre des propositions du Ministère. Elle a limité la dérogation à la législation antitrust en faveur de Trailor Train et rejeté certain projet d'action collective par les compagnies de chemin de fer affiliées qui, selon le Ministère, auraient débouché sur un pouvoir de monopsome de Trailer Train sur la fourniture de wagons de chemins de fer.

En 1987 et 1988, la Division a participé à des procédures administratives concernant la demande déposée par les deux principaux quotidiens de Détroit en vue de la conclusion d'«un accord pour l'exploitation commune des quotidiens» («JOA»), comme le permet le Newspaper Preservation Act. (Voir le par. 130 du rapport pour 1987 et le par. 134 du rapport pour 1988). En août 1988, le Ministère de la justice a approuvé la demande d'autorisation d'un accord pour l'exploitation commune déposée par les journaux et il a été fait appel de sa décision par certaines personnes privées. Un tribunal d'instance fédéral a confirmé en 1988 la décision du Ministère de la justice et la Cour d'appel a entériné la décision de ce tribunal en 1989. *Michigan Citizens for an Independent Press* contre *Thornburgh*, 868 F. 2d 1285 (D.C. Cir.). Les parties privées contestant la décision ont ensuite demandé un examen par la Cour suprême et la Cour a arrêté une ordonnance de renvoi pour excès d'attribution. En novembre 1989, l'arrêt de la Cour d'appel a été cependant confirmé par une Cour suprême dont les membres étaient également partagés (un juge a été récusé) ; la Cour suprême n'a émis aucun avis. 110 S. Ct. 398. En décembre 1989, l'accord JOA pour l'exploitation commune des quotidiens est finalement entré en vigueur.

En décembre, la Division a recommandé au Ministère de la justice d'approuver un accord pour l'exploitation commune entre les deux quotidiens de Las Vegas (Névada). Elle a justifié sa recommandation en faisant valoir que les deux quotidiens avaient établi qu'un d'entre eux était était exposé à un grand risque de déconfiture et que l'approbation de l'accord pour l'exploitation commune des quotidiens servirait l'objectif du Newspaper Preservation Act.

En 1989, le Ministère a poursuivi l'examen des demandes déposées en application de l'Export Trading Company Act et de ses règlements d'application. Au cours de cette période, le Ministère a reçu 26 demandes et a participé à l'émission de 23 certificats d'examen. Les biens et services couverts par les certificats comprennent les produits des cultures fruitières et de la sylviculture, les machines et l'équipement de construction, l'équipement médical et les soupapes industrielles.

2) Activités de la FTC en matière réglementaire et législative au niveau des états

En s'acquittant de sa tâche en matière de concurrence et de protection du consommateur, la Commission cherche à empêcher ou à atténuer les dommages causés au consommateur par les activités privées ou publiques entraînant une ingérence dans le fonctionnement normal du marché. Dans certains cas, les lois ou les règlements peuvent porter préjudice aux consommateurs dans la mesure où ils restreignent l'accès au marché, protègent les positions de force sur le marché, découragent l'innovation ou limitent la capacité des entreprises d'affronter la concurrence et entraînent un gaspillage des ressources. Ce sont là des résultats qui ne sont possibles que parce que les intérêts des consommateurs ne sont pas toujours suffisamment représentés. Un objectif du programme de défense est donc de réduire le préjudice qui peut être causé aux consommateurs en informant les organes gouvernementaux compétents au sujet des effets potentiels sur les consommateurs, effets tant positifs que négatifs, du projet de législation ou de réglementation. L'Office of Consumer and Competition Advocacy (bureau de la protection du consommateur et de la concurrence) est le centre de planification, de coordination, d'examen et d'information pour les activités du personnel dans ce domaine. En 1989, le personnel de la Commission a présenté 85 observations à divers Etats et organismes dans les domaines suivants : publicité, législation antitrust, communications, soins de santé, autorisations professionnelles, surveillance des loyers et transport.

Le personnel de la Commission a déposé des observations auprès de l'Environmental Protection Agency (agence de la protection de l'environnement) sur ses projets de réglementation visant à limiter la production de certains produits chimiques perturbant la couche d'ozone. Le projet de cette agence avait pour objet la création d'un système d'autorisations commercialisables à répartir entre les producteurs et les importateurs de certains produits chimiques. Le programme d'incitations fondé sur le marché semble constituer le moyen le moins coûteux, le plus efficace, le plus favorable à la concurrence, de réduire la production chimique conformément au protocole de Montréal, selon le personnel de la Commission.

Répondant à un avis d'enquête de la Federal Communications Commission (Commission fédérale des communications), la Commission a déposé des observations sur plusieurs projets de mesures réglementaires au sujet de la télévision la plus moderne (ATV). Dans ses observations, la Commission soulève plusieurs points. En premier lieu, la FCC doit envisager de laisser le marché déterminer la part totale attribuée à la télévision ATV dans la distribution des fréquences. En deuxième lieu, il est nécessaire de disposer d'un volume d'informations considérable au sujet des avantages et des coûts pour la société et, en troisième lieu, l'exigence proposée de la comptabilité de la télévision ATV avec les téléviseurs actuels pourrait imposer à la société des coûts ultérieurs dépassant les avantages qui doivent en résulter.

Le personnel de la Commission a également déposé des observations au sujet de l'enquête de l'International Trade Commission au sujet des effets des restrictions importantes à l'importation de produits manufacturés, de produits et de services agricoles et à base de ressources naturelles. Dans ses observations, la Commission a examiné plusieurs modèles et conclu que les gains annuels pour l'économie et les consommateurs américains résultant de la suppression de tous les droits tarifaires sur les importations d'articles manufacturés s'échelonnaient entre 600 millions et 1 milliard 300 millions de dollars par an. Au surplus, tant les salaires et les revenus des travailleurs que le loyer de l'argent pour les détenteurs de capitaux passent pour augmenter légèrement si ces droits tarifaires sont supprimés.

Le personnel de la Commission a déposé des observations au sujet d'un projet de loi dont le Sénat de l'Alabama était saisi et qui aurait pour effet d'interdire aux fournisseurs d'équipements de construction de cesser d'approvisionner un revendeur de l'Alabama à moins que celui-ci ne viole une disposition essentielle «raisonnable» de l'accord de franchisage et omette de remédier à cette violation dans le délai de plusieurs mois qui lui était imparti à cette fin. Dans ses observations, le personnel a précisé que le projet de loi porterait vraisemblablement préjudice aux consommateurs de l'Alabama en augmentant les coûts de distribution de l'équipement de construction, dissuaderait les fournisseurs d'équipements de s'engager dans des négociations avec les revendeurs de l'Alabama et entraînerait peut-être une hausse des prix supérieure au niveau qui serait atteint sur un marché concurrentiel.

Le personnel de la Commission a déposé des observations sur un projet de loi en Illinois en vue de la réduction de la capacité des acquéreurs de sociétés de s'engager dans des activités de fusions commerciales pendant une période de trois ans après l'acquisition de 15 pour cent des parts de la firme cible. Dans ses observations, le personnel a relevé qu'une forte activité en matière de prise de contrôles renforce l'efficacité et profite donc aux consommateurs, à la population active et aux actionnaires. L'adoption du projet de loi, selon ces observations, est appelée à décourager les prises de contrôle qui sont de nature à améliorer effectivement le bien-être économique.

Le personnel de la Commission a également déposé des observations sur un projet de loi du Massachusetts qui amenderait la législation de l'Etat afin de réglementer certaines fusions commerciales concernant les sociétés du Massachusett et autoriserait l'emploi de «pillules empoisonnées», en d'autres termes des restrictions à l'utilisation du capital acquis. Dans ses observations, le personnel a proposé de limiter l'application des dispositions du projet aux sociétés qui choisissent expressément d'être régies par elles, de sorte que c'est aux actionnaires d'une société de décider si les restrictions au transfert de la majorité sont conformes à l'intérêt de la société. Au surplus, afin d'empêcher les cadres directeurs de protéger leurs propres intérêts en utilisant les «pillules empoisonnées» susvisées, le personnel de la Commission propose que les dispositions en la matière soient approuvées par un vote de la majorité des propriétaires d'actions en circulation.

Le personnel de la Commission a déposé des observations au sujet de plusieurs dispositions d'un projet de loi de l'Etat de New-York, régissant les opérations de location de voitures. Dans ses observations, le personnel a déclaré que la partie de la loi qui comportait de nouvelles restrictions à la faculté des sociétés de location de voitures de faire la publicité de certaines prestations déterminées et de faire payer une contrepartie pour ces prestations pourrait acroître le coût de la publicité des prix et nuire à leur faculté de faire la publicité de leurs prestations au niveau national. Il pourrait en résulter une promotion moindre au niveau des prix et une hausse des prix. De même, le projet de loi exigerait que la renonciation au dommage résultant de collisions soit achetée dans le cadre de toutes les opérations de location, ce qui mettrait fin à la liberté du consommateur de choisir ou non l'achat d'une couverture dans ce domaine. Dans ses observations, le personnel a déclaré qu'il en résulterait une restriction au choix du consommateur et que celui-ci serait obligé de payer des coûts plus élevés, essentiellement sous la forme d'un relèvement de prix de base. Lorsque le consommateur souffre du manque d'information, des mesures d'amélioration de l'information sont plus propres à résoudre le problème qu'une disposition de cette nature. Enfin, le personnel a présenté des observations au sujet d'une disposition interdisant aux sociétés de location de voitures d'exiger une garantie pour une location. Il pourrait en résulter un accroissement du nombre de cas où les sociétés de location ne parviendraient pas à obtenir le règlement des locations de voitures ou à se faire dédommager pour des actes dont la personne qui a loué la voiture est responsable. Les conducteurs honnêtes et prudents auront donc à supporter le poids de l'endettement des conducteurs moins prudents.

B. Activités du Ministère en matière de politique commerciale

Le Ministère a poursuivi sa participation aux débats entre les administrations et à la prise des décisions concernant l'élaboration et la mise en application de la politique commerciale internationale des Etats-Unis. En 1989, par exemple, le Ministère a participé aux discussions avec la Communauté européenne et les gouvernements membres au sujet des problèmes de télécommunications et la participation financière de l'Etat au programme d'Airbus Industrie, aux consultations avec le gouvernement japonais concernant l'initiative en matière d'entraves structurelles et les échanges de semi-conducteurs et aux négociations multilatérales de l'Uruguay Round pour la modification de l'Accord général sur les tarifs et le commerce.

IV. Etudes nouvelles relatives à la politique antitrust

A. Notes de synthèse du Ministère

Le Groupe d'analyse économique de la Division antitrust prépare régulièrement des notes de synthèse sur des sujets intéressant les praticiens de la législation antitrust. On trouvera à l'appendice I une liste des notes qui ont été publiées jusqu'à présent en 1989. Ces notes peuvent être obtenues auprès de l'Economic Analysis Group, Antitrust Division, Department of Justice, Judiciary Center Building, Room 11-453, 555 Fourth St., N.W., Washington, D.C. 20001.

B. Rapports économiques, documents économiques, études diverses de la Commission

La Commission est avant tout un organisme chargé de l'application de la loi, mais elle réunit, analyse et publie aussi des informations sur divers aspects de l'économie du pays. Ses travaux sont réalisés par le Bureau of Economics et comprennent des études sur un grand nombre de sujets se rapportant aux questions antitrust, à la protection du consommateur et à la réglementation. On trouvera à l'appendice II du présent rapport une liste des études de la FTC qui sont à la disposition du public. Des exemplaires de ces études peuvent être obtenus en s'adressant à la Federal Trade Commission, Division of International Antitrust, 601 Pennsyvania Ave., N.W. Washington, D.C. 20580.

Appendice I

Division Antitrust

Notes de synthèse du Groupe d'analyse économique

BRENNAN, Timothy J. (1989), «Refusing to Cooperate with Competitors: A Theory of Horizontal Boycotts.» EAG 89-1, 8 March.

WERDEN, Gregory J. (1989), «The Limited Relevance of Patient Migration Data in Market Delineation for Hospital Merger Cases», EAG 89-2, 10 March.

COLLINS, Kevin (1989), «Fee-Shifting and Detrebling Damages in Private Predatory Pricing Cases,» EAG 89-3, 15 March.

McFARLAND, Henry (1989), «The Effects of U.S. Railroad Deregulation on Shippers, Labor and Capital,» EAG 89-4, 23 March.

RUBINOVITZ, Robert (1989), «How Does Financial Performance Influence a Thrift's Decision to Diversify?» EAG 89-5, 30 May.

SCHWARTZ, Marius (1989), «Third-Degree Price Discrimination and Output: Generalizing a Welfare Result,» EAG 89-6, 3 June.

KIMMEL, Sheldon (1989), «Existence, Uniqueness and Efficiency of Auction Equilibria,» EAG 89-7, 7 June.

MALUEG, David A. and SCHWARTZ, Marius (1989), «Preemptive Investment, Toehold Entry, and the Mimicking Principle,» EAG 89-8, 20 June.

JOYCE, Jon M. (1989), «Firm Financial Strength, Defendant Fines, and Antitrust Deterrence: A Preliminary Empirical Exploration,» EAG 89-9, 17 July.

FROEB, Luke (1989), «Do Plea Bargaining Mechanisms Release Information?» EAG 89-10, 21 July.

NYE, William W. (1989), «Some Evidence on Firm-Specific Learning-by-Doing in Semiconductor Production,» EAG 89-11, 26 July.

SIMPSON, R. David (1989), «Signaling in an Infinitely Repeated Cournot Game With Output Restrictions,» EAG 89-12, 31 July.

FROEB, Luke and AMEL, Dean (1989), «Do Firms Differ Much?» EAG 89-13, 25 August.

SIMPSON, R. David (1989), «Output Responses in a Supergame with Varying Costs,» EAG 89-14, 28 September.

WERDEN, Gregory J., JOSKOW, Andrew S. and JOHNSON, Richard L. (1989), «The Effects of Mergers on Economic Performance: Two CAse Studies from the Airline Industry,» EAG 89-15, 2 October.

PITTMAN, Russell W. and WERDEN, Gregory J. (1989), «The Divergence of SIC Industries From Antitrust Markets: Indications From Justice Department Merger Cases,» EAG 89-16, 28 November.

Appendice II

Fédéral Trade Commission

a) Rapports économiques

DUKE, Richard (1989), *Local Building Codes and the Use of Cost-Saving Methods*, January.

TARR, David G. (1989), *A General Equilibrium Analysis of the Welfare and Employment Effects of U.S. Quotas in Textiles, Autos, and Steel*, February.

KLEIN, Christopher C. (1989), *Economics of Sham Litigation: Theory, Cases, and Policy*, April.

CRESWELL, Jay S. Jr., HARVEY, Scott M. et SILVIA, Louis (1989), *Mergers in the U.S. Petroleum Industry, 1971-1984: An Updated Comparative Analysis*, May.

IPPOLITO, Pauline M. et MATHIOS, Alan D. (1989), *Health Claims in Advertising and Labeling: A Study of the Cereal Market*, August.

CALFEE, John E. et PAPPALARDO, Janis K. (1989), *How Should Health Claims for Foods Be Regulated? An Economic Perspective*, September.

b) Documents économiques

REITZES, James (1989), *The Impact of Tariffs and Quotas on Strategic R&D Behavior*, January.

LEVY, David (1989), *Predation, Entry and the Diversified Firm*, January.

REIFFEN, David et KLEIT, Andrew N. (1989), *Terminal Railroad Revisited: Foreclosure of an Essential Facility or Simple Horizontal Monopoly*, April.

ANDERSON, Keith B. (1989), Regulation, Market Structure, and Hospital Costs: A Comment on the Work of Mayo and McFarland, May.

METZGER, Michael R. (1989), *A Recalculation of Cline's Estimates of the Gains to Trade Liberalization in the Textile and Apparel Industries*, May.

COATE, Malcolm et KLEIT, Andrew N. (1989), *Antitrust Policy for Declining Industries*, October.

KLEIT, Andrew N. (1989), *An Analysis of Vertical Relationships Among Railroads: Why Competitive Access should not be an Antitrust Concern*, October.

LEVY, David T. et REITZES, James D. (1989), *Merger in the Round: Anticompetitive Effects of Mergers in Markets with Localized Competition*, November.

FINLANDE

(1989 — début 1990)

Introduction

L'amélioration de la politique de la concurrence constitue l'un des objectifs majeurs du programme du Gouvernement. La législation relative à la concurrence a été révisée en 1988, et diverses mesures pour accroître la concurrence sont à l'étude.

Un programme exposant les mesures nécessaires pour renforcer la concurrence a reçu l'accord du Gouvernement le 24 novembre 1989. En outre, le 15 décembre, une lettre du Premier Ministre a été envoyée à tous les Ministères. Ceux-ci ont reçu pour instruction d'obtenir un rapport de l'Office de la libre concurrence avant d'édicter une réglementation susceptible de limiter la concurrence. L'objet de cette procédure est de s'assurer que la liberté de la concurrence est bien prise en compte dans la préparation des dispositions législatives.

C'est en 1989 que pour la première fois l'Office de la libre concurrence a fonctionné pendant une année complète.

I. Lois et politiques de la concurrence : modifications adoptées ou envisagées

A. Resumé des dispositions nouvelles de la loi sur la concurrence et des lois s'y rattachant

Au cours de l'année 1989 et dans les premiers mois de 1990, aucune modification n'a été apportée à la loi.

Améliorer les dispositifs résultant de la loi sur la concurrence constitue l'un des aspects du programme qui a reçu l'accord du Gouvernement. La progression des négociations entre les CE et l'AELE sur l'Espace économique européen sera prise en compte.

B. Autres mesures

Déréglementation

Il est indispensable d'abroger au plus vite les dispositions législatives qui limitent, de façon directe ou indirecte, l'esprit d'entreprise, par exemple en retardant la création d'une entreprise ou son entrée sur le marché, et de supprimer progressivement le controle quantitatif des importations par exemple des produits alimentaires ou pétroliers ; la réglementation nouvelle ne devrait pas comprendre de dispositions restrictives. En outre, l'efficacité des services publics devrait être assurée.

La nouvelle loi sur le transport des marchandises tendant à déréglementer cette branche d'activité, et qui avait été soumise au Parlement en 1989, entrera en vigueur en 1991. Elle stipule que l'attribution des autorisations de transport routier ne sera plus soumise à l'évaluation préalable de la nécessité du service. Les conditions requises pour obtenir une autorisation seront les mêmes que celles que prévoit la Directive n° 74/561 de la Communauté Européenne, c'est-à-dire une excellente réputation, une situation financière saine et la compétence professionnelle.

Au printemps 1989, le Ministère du commerce et de l'industtrie a mis en place une Commission chargée d'élaborer un programme pour le secteur des produits alimentaires. Cette Commission a terminé son rapport au printemps de 1990 ; elle préconise la déréglementation et propose des mesures afin d'accroître la concurrence, ce qui laisse prévoir que le système des autorisations, c'est-à-dire le contrôle quantitatif des importations de denrées alimentaires afin de garantir l'autonomie agricole, va être progressivement supprimé. La délivrance d'autorisations sera remplacée par un système fondé sur des taxes à l'importation variables. Au stade de la distribution, la réglementation concernant les heures d'ouverture des commerces sera abrogée.

Afin d'accroître la concurrence sur le marché des produits pétroliers finlandais, il est indispensable de mettre fin aux limitations des importations de produits pétroliers. Un groupe de travail composé de membres de l'Office de la libre concurrence et du Ministère du commerce et de l'industrie a proposé, en août 1989, la suppression du système actuel d'autorisations.

Une Commission a été chargée par le Ministère des affaires sociales et de la santé d'étudier, d'ici la fin de février 1991, les conditions de la concurrence et les possibilités d'une déréglementation dans les branches suivantes : industrie pharmaceutique, et vente de médicaments (importation, commerce de gros et distribution au détail).

II. Application des lois et de la politique de la concurrence

A. *Action des autorités chargées de la concurrence contre les pratiques anticoncurrentielles*

L'Office de la libre concurrence

En 1989, l'Office de la libre concurrence a fait porter la majeure partie de ses efforts sur la suppression des accords horizontaux. Il a accordé une attention particulière à la déréglementation.

Les ententes préjudiciables

La loi finlandaise sur la concurrence n'interdit pas les accords horizontaux en eux-mêmes, mais les sanctions prévues en cas d'inexécution des accords horizontaux sur les prix, les contingents, les conditions d'approvisionnement et le partage du marché entre entreprises ne sont pas valables. Néanmoins, les ententes entre les entreprises sur les prix et les conditions de livraison, conclues à un même stade de la production et de la distribution, peuvent être considérées, selon la définition de la loi, comme préjudiciables à une concurrence efficace et loyale. Les accords horizontaux ont généralement des effets préjudiciables sur la formation des prix et l'efficacité des mécanismes économiques.

A la fin de 1988, l'Office de la libre concurrence a fait parvenir à plus de 100 entreprises ou associations d'entreprises une lettre mettant l'accent sur la désapprobation des autorités chargées de la concurrence vis-à-vis des ententes horizontales. Les destinataires étaient invités à mettre fin à ces ententes, ou à expliquer pourquoi elles devraient être maintenues. En 1989, environ 80 ententes ont été annulées à la suite de cette lettre et après consultations avec les entreprises.

Déréglementation

L'Office de la libre concurrence a pris des mesures en vue de supprimer les dispositions législatives entraînant des restrictions à la concurrence et a engagé des consultations avec d'autres autorités pour supprimer les obstacles nuisibles à la concurrence.

Restrictions verticales à la concurrence

Les principales restrictions verticales à la concurrence se sont révélées être le refus d'approvisionnement et les restrictions à la distribution.

Abus de position dominante

L'Office a enquêté sur les systèmes de remises discriminatoires pratiqués par des entreprises occupant une position dominante sur le marché, sur les accords limitant la distribution, ainsi que sur les abus de position dominante qui sont le fait des pouvoirs publics, à savoir des conditions de vente déraisonnables.

Le Conseil de la Concurrence

Au cas où l'Office de la libre concurrence serait dans l'impossibilité de supprimer les effets préjudiciables d'une limitation de concurrence, il saisira de l'affaire le Conseil de la concurrence. Le Conseil peut en effet interdire à l'entreprise de maintenir les pratiques préjudiciables. Au cours de la période considérée, le Conseil de la concurrence n'a été saisi d'aucune affaire.

B. Description d'affaires représentatives

En 1989, l'Office de la libre concurrence a traité environ 200 affaires concernant des pratiques commerciales restrictives. A la fin de l'année, 785 accords restrictifs avaient été enregistrés.

Les affaires les plus importantes que l'Office de la libre concurrence ait eu à traiter sont résumées ci-après.

Biens de consommation

(i) Du fait de la réglementation, la Société Kemira est la seule productrice d'engrais en Finlande. Les centrales d'achat et de vente jouent un rôle essentiel dans la commercialisation des engrais car elles contrôlent, directement ou indirectement, le réseau de distribution, ce qui fait qu'il n'existe aucun concurrent réel ou potentiel.

Pendant une trentaine d'années a existé un accord entre Kemira et les centrales d'achat et de vente, aux termes duquel Kemira s'engageait à confier l'exclusivité de la vente de ses engrais à ces centrales qui s'engageaient en échange à ne vendre que les engrais Kemira. L'accord avait ainsi pour effet d'empêcher la commercialisation d'engrais étrangers en Finlande. De plus, il y a tout lieu de croire que les centrales d'achat et de vente avaient conclu entre elles des accords horizontaux.

A l'issue de consultations entre l'Office de la libre concurrence et les parties en cause, Kemira a annulé l'accord à partir du 30 juillet 1989.

(ii) Après consultations avec l'Office de la libre concurrence, un accord sur les pratiques commerciales conclu entre les principaux marchands de céréales a été annulé à l'automne de 1989.

(iii) Kesko, la principale centrale d'achat et de vente, détient 40 pour cent du marché de la distribution et de la vente des denrées périssables. Pour pouvoir exercer leurs activités, les fabricants et les importateurs doivent avoir accès à un circuit de distribution.

L'Office de la libre concurrence procède à une enquête afin de déterminer dans quelle mesure Kesko et les autres centrales d'achat et de vente imposent des conditions discriminatoires aux producteurs désirant bénéficier de leurs débouchés et en exigent une rémunération supplémentaire. Cette étude a également pour objet de découvrir si les centrales d'achat et de vente n'exercent pas à l'encontre de leurs distributeurs et autres clients des pratiques restrictives anticoncurrentielles. L'Office désire, entre autres choses, supprimer le système actuel selon lequel la facturation doit être effectuée par l'intermédiaire des centrales d'achat et de vente, alors même que les marchandises sont transportées directement du producteur à un autre utilisateur industriel ou au détaillant.

Questions internes aux entreprises et production d'énergie

(i) Finnboard (Association finlandaise des fabricants de carton) est un organisme de commercialisation qui occupe une place dominante sur le marché du carton. Ruoveden Pakkaus, entreprise spécialisée dans la fabrication de carton ondulé, a demandé à l'Office de la libre concurrence de prendre des mesures en vue de mettre fin au système de remises pratiqué par Finnboard, qui opérait une discrimination à l'encontre de Ruoveden Pakkaus, en tant que petit fabricant. Celui-ci ne bénéficiait que d'une remise de 1 pour cent sur ses achats à Finnboard, alors que les autres acheteurs se voyaient octroyer des remises pouvant aller de 8 à 12 pour cent. Ruoveden Pakkaus se trouvait particulièrement désavantagé dans les exportations vers l'Union Soviétique car il existe des règles d'origine spéciales, d'après lesquelles les marchandises exportées vers l'Union Soviétique doivent être fabriquées à partir de matières premières finlandaises.

Ce système de remises ne se justifiait aucunement par des différences de coûts. L'Office de la libre concurrence a donc exigé de Finnboard qu'il supprime son système de remises discriminatoires et fixe un prix égal pour tous ses clients. Après consultations, Finnboard a mis fin à son système de remises à partir du 1er janvier 1990.

(ii) Dans le domaine des importations de ciment, Partek avait passé un contrat préalable avec les autorités soviétiques, selon lequel ces importations devaient se faire par l'intermédiaire de Partek. Le ciment importé d'Union Soviétique ou d'Allemagne de l'Est était moins cher que le ciment finlandais. Or, le prix fixé dans le contrat préalable était plus élevé que le prix usuel. C'est pourquoi l'Office de la libre concurrrence a exigé l'annulation du contrat préalable, ce qui fut fait au début de l'année 1989.

(iii) Le seul importateur de pétrole en Finlande est l'entreprise publique Neste. Elle détient le monopole du marché de l'essence et occupe une position dominante sur le marché du gazole, du fuel léger et du fuel lourd. Jusqu'à présent Neste a refusé de vendre directement ses produits à la coopérative SEO, constituée par 87 propriétaires indépendants de stations-services. Neste joue le rôle de grossiste vis-à-vis de toutes les autres sociétés distributrices, mais SEO a dû acheter ces produits à Finnoil, société de distribution, dont Neste détient 50 pour cent du capital.

SEO a demandé à l'Office de la libre concurrence de prendre des mesures pour mettre fin aux conditions de vente qui opèrent une discrimination à son encontre et pour lui permettre d'acheter directement à Neste. L'office de la libre concurrence a consulté les parties intéressées, et il semble que Neste soit disposée à vendre à l'avenir les produits pétroliers directement à SEO.

(iv) Finnpap (Association des fabricants de papier finlandais) est un organisme de commercialisation qui s'occupe des exportations de papier et des ventes sur le marché intérieur pour le compte de ses membres. Les prix sur le marché intérieur sont uniformes et basés sur les prix à l'exportation. L'Office de la libre concurrence a demandé à Finnpap d'autoriser ses membres à vendre directement à leurs clients finlandais. Finnpap a donné son accord de principe, et les modifications nécessaires seront apportées aux statuts de l'Association à la fin de 1990.

(v) La Fédération finlandaise des grossistes de l'industrie électrique publie ce qu'elle appelle un Livre Noir, qui contient une liste de leurs produits avec indication des prix. En fait, les grossistes s'entendent pour uniformiser leurs prix. La concurrence s'exerce entre les sociétés par le biais des remises qu'elles accordent. L'Office de la libre concurrence, considérant cette entente comme préjudiciable, a exigé que les prix ne soient plus mentionnés dans le Livre Noir. La Fédération des grossistes de l'industrie électrique s'y opposant, l'affaire sera déférée au Conseil de la Concurrence.

Services

(i) Avec le concours de fabricants de peinture, certains négociants en quincaillerie et en peinture faisaient imprimer des tarifs communs de prix de détail qu'ils distribuaient à des milliers d'exemplaires. Selon l'Office de la libre concurrence, les prix fixés ne tenaient pas compte de la situation concurrentielle des entreprises en cause et les tarifs avaient pour effet de limiter la concurrence par les prix. Après des consultations, les négociants ont mis un terme à ce type de coopération.

(ii) Les associations de vendeurs d'appareils de radio, de services après-vente d'appareils électro-ménagers et d'entreprises d'électricité avaient chacune approuvé des prix conseillés pour les prestations de service de leurs adhérents. L'Office de la libre concurrence a considéré cet accord comme préjudiciable. Les associations ont donc décidé de s'abstenir d'émettre de tels conseils.

(iii) Le projet visant à mettre un terme aux ententes préjudiciables a abouti à l'annulation de dizaines d'accords dans le secteur des services. Ces accords portaient principalement sur des prix conseillés.

C. Fusion et concentration

L'Office de la libre concurrence a obligé 18 entreprises occupant une place dominante sur le marché à notifier leurs acquisitions d'entreprises nationales. Les sociétés sont tenues de notifier les accords susceptibles d'avoir une répercussion importante sur les conditions de la concurrence. Selon les cas, les accords concernant l'acquisition d'entreprises dont le chiffre d'affaire est au moins de 3 à 5 millions de Markkaa et/ou dont les ventes représentent au moins 1 pour cent des ventes du secteur ont dû en pratique être notifiés.

III. Nouvelles études ayant trait à la politique de la concurrence

En 1989, l'Office de la libre concurrence a terminé les études concernant l'état de la concurrence dans les secteurs suivants : télévision par câble, industrie forestière, meunerie, production du verre et secteur de la santé. Ont en outre été terminées : une étude sur le pouvoir relatif de négociation dans l'industrie alimentaire et sur les centrales d'achat et de vente ; une étude sur les relations internes des chaînes créées par les centrales d'achat et de vente dans le secteur de la distribution des denrées périssables ainsi qu'une étude sur la construction de logements. L'Office de la libre concurrence a également fait une évaluation théorique de la possibilité d'accroître la concurrence dans le domaine des transports. Les études publiées par l'Office sont disponibles en finlandais.

FRANCE

(1989)

I. Modifications ou projets de modification des lois et des politiques de la concurrence

Résumé des principales dispositions législatives et réglementaires

1. Incidence du droit communautaire sur le droit national

1.1. Transcription des directives Marchés publics

Le décret du 17 avril 1989 a complété le Code des Marchés publics d'un livre V qui transpose en droit français les dispositions de la directive communautaire du 23 mars 1988 relative aux marchés de fournitures.

— La directive du 18 juillet 1989 relative aux marchés publics de travaux doit être transcrite en droit français par une loi avant la fin juillet 1990.

— La directive relative aux contrôles et à la surveillance des procédures de passation des marchés de fournitures et de travaux du 21 décembre 1989 sera transcrite en droit national le 1er janvier 1992 au plus tard.

1.2 Le règlement communautaire n° 4064/89 du 21 décembre 89 relatif aux concentrations vient modifier l'application de l'ordonnance du 1er décembre 1986

D'application directe, ce règlement transfère la compétence d'examen des concentrations importantes à la Commission ; le principe est qu'au-dessus d'un certain seuil (5 milliards d'écus de chiffre d'affaires mondial et 250 millions d'écus dans la CEE pour deux entreprises parties à la fusion), la Commission est seule compétente pour connaître d'une opération de concentration.

2. Modifications ou projets de modification de réglementations nationales

2.1 Le décret du 31 août 1989 a aboli le monopole de collecte des huiles usées

Depuis 1979, la collecte était assurée par un ramasseur unique, généralement au niveau départemental. Seule la moitié des huiles usées étant récupérées, le Gouvernement a réformé profondément les modalités de collecte en permettant aux préfets d'agréer plusieurs ramasseurs sur une même zone. La mise en concurrence des opérateurs devrait conduire à une amélioration du rendement de la collecte.

2.2 Projet de modification de la loi du 28 décembre 1904 confiant aux communes le monopole du service public des pompes funèbres

Si la commune n'opte pas pour un régime de liberté, ce service public est exploité, soit en régie, soit en concession (à 60 pour cent au profit d'une entreprise, les P.F.G.). Il ne fonctionne pas de manière satisfaisante : opacité des prestations offertes aux familles, prix parfois élevés ; aussi une mission administrative d'étude a-t-elle dressé un bilan de la situation à la demande des Ministres de l'Économie, de l'Intérieur et de la Santé, auxquels elle a remis son rapport en juillet 1989.

Ce rapport contient d'importantes propositions de réforme d'un système jugé obsolète.

3. Décrets — prix

La réglementation des prix représente l'exception au principe de liberté posé par l'article 1er de l'ordonnance du 1er décembre 1986.

3.1 Cette réglementation peut intervenir dans les secteurs où la concurrence par les prix est limitée (art. 1er, alinéa 2).

Deux décrets sont intervenus sur cette base :

— décret n° 88-1208 du 30 décembre 1988 relatif aux péages autoroutiers : les prix ne pouvant se fixer librement en raison du monopole d'exploitation conféré aux sociétés concessionnaires, les tarifs sont fixés par le Ministre de l'Économie en fonction de critères économiques définis par le décret, qui protègent les sociétés exploitantes de tout risque d'arbitraire administratif.

— décret n° 89-477 du 11 juillet 1989 réglementant les prix du dépannage-remorquage sur autoroutes et routes express.

Pour des raisons de sécurité, seules des entreprises agréées peuvent intervenir en cas d'immobilisation d'un véhicule sur les autoroutes et routes express. Ces dépanneurs sont tenus à des permanences afin que leur intervention soit possible 24 h sur 24.

En l'absence de concurrence réelle entre dépanneurs, les prix de leurs interventions ont été réglementés par le décret.

3.2 En cas de circonstances exceptionnelles (art. 1er, alinéa 3 de l'ordonnance) l'intervention des pouvoirs publics peut être nécessaire.

Le passage du cyclone HUGO en Guadeloupe a donné lieu à la première application de cette disposition de l'ordonnance. Le 20 septembre 1989, un décret règlementant les prix et les marges de certains produits sensibles à été adopté, afin de prévenir la hausse brutale des prix consécutive à la pénurie provoquée par le cataclysme.

Le décret répond à deux objectifs : permettre aux consommateurs locaux de se procurer les produits indispensables à la vie quotidienne, et favoriser la réparation des dégâts causés par le cyclone.

II. Application des lois et politiques de la concurrence

A. Action contre les pratiques anticoncurrentielles

1. Activité du Conseil de la Concurrence

Pendant l'année 1989, le Conseil a eu une activité importante, comparable d'un point de vue quantitatif à celle de l'année précédente et témoignant en outre, d'un approfondissement de son action.

En effet, cette année est marquée par une extension du champ des investigations du Conseil, son domaine d'appréciation s'étant élargi à des secteurs nouveaux, tels que ceux de la presse et de l'information, des droits de reproduction d'oeuvres intellectuelles, des jeux, de l'équipement électrique etc.

Il est noté également l'importance particulière de décisions en matière d'appels d'offres sur des marchés très différents : dans des marchés de construction (travaux routiers, centrales d'épuration, cantines scolaires, génies climatiques), dans des marchés de fournitures (appareillage électrique, asphalte), dans des marchés de prestations de service (contrôle technique).

Un accroissement sensible du montant des sanctions pécuniaires peut être remarqué par rapport à l'année précédente mais qui paraît davantage dû à la nature des affaires que le Conseil a eu à connaître, que résulter d'une modification de sa jurisprudence en matière de sanctions. Au total, dans les 14 affaires pour lesquelles des sanctions pécuniaires ont été infligées, un montant de 358.5 millions de francs a été prononcé. En particulier, dans trois affaires, les sanctions ont été fortes : 15 millions de francs dans le secteur du contrôle technique, 167 millions au total pour 71 entreprises de travaux routiers et 128 millions pour 43 entreprises dans le secteur de la construction électrique.

Pour déterminer le montant des sanctions, sans avoir à le motiver, le Conseil applique un principe de proportionnalité et prend en considération de nombreux éléments dont la nature et l'importance des atteintes à la concurrence, leur durée ou leur caractère répétitif, l'importance du dommage causé à l'économie, le chiffre d'affaires de leurs auteurs, le rôle que chacun a pris dans leur élaboration et leur mise en oeuvre. Bien entendu, d'autres mesures soit complémentaires soit indépendantes des sanctions pécuniaires ont été prises, en particulier des injonctions de modifier des clauses contractuelles ou des pratiques et la publication des décisions dans la presse ; le Conseil confirme ainsi le caractère dissuasif, correctif et pédagogique de son action.

1.1. Bilan de l'activité du Conseil

Pendant l'année 1989, le Conseil de la concurrence a enregistré 105 saisines contentieuses ou demandes d'avis (127 en 1988).

Les saisines contentieuses ont pour origine :

- les entreprises = 35 saisines et 11 demandes de mesures conservatoires.
- Le Ministre chargé de l'économie = 34 saisines
- les organisations professionnelles = 10 saisines et 4 demandes de mesures conservatoires.
- les organisations de consommateurs = 2 saisines
- Enfin, le Conseil de la concurrence s'est saisi d'office pour contrôler l'éxécution d'une injonction.

S'agissant des demandes d'avis, le Conseil a été saisi à huit reprises dont:

- 7 sur des questions relatives à la concurrence (dont deux fois par le Ministre chargé de l'économie),
- 1 par une juridiction.

Le Conseil a pris 59 décisions contentieuses dont :

- 17 concernant des affaires pour lesquels des griefs ont été notifiés ;
- 15 décisions statuant sur l'octroi ou non de mesures conservatoires;
- 13 décisions de non-lieu à poursuivre la procédure, ainsi que 5 d'irrecevabilité, 4 de classement, 4 de sursis à statuer ;
- 1 décision concernant les suites qui avaient été apportées à une précédente décision.

Par ailleurs le Conseil a émis 13 avis dont 1 relatif à un texte de réglementation de prix, 9 sur des questions intéressant la concurrence, 2 relatifs à des opérations de concentration, et 1 en réponse à une demande d'une juridiction.

1.2 Les décisions du Conseil

Dans ses décisions, le Conseil a eu l'occasion de préciser le champ de ses investigations, le déroulement de la procédure tels que prévus dans l'ordonnance du 1er décembre 1986 et, bien entendu, de préciser son analyse des différentes questions de faits et de fond qui lui ont été posées concernant les ententes, les positions de domination et les opérations de concentration.

a) Le champ de compétence et le déroulement de la procédure

La compétence du Conseil est limitée aux pratiques anticoncurrentielles qui portent atteinte au fonctionnement normal d'un marché et qui résultent d'ententes, d'abus de position dominante ou de situation de dépendance ; le Conseil ne saurait donc être appelé à trancher tous les litiges en matière de concurrence dont la grande majorité relève des juridictions. Il ne peut être appelé à intervenir que pour redresser le mécanisme économique d'un marché déterminé, lorsque le jeu de ce mécanisme est faussé.

Par exemple, le Conseil a décliné sa compétence pour statuer sur la rupture d'une concession exclusive, laquelle relève du juge de droit commun ; toutefois, il lui appartient d'apprécier si la situation ainsi créée est susceptible de perturber le fonctionnement du marché (affaire PHINELEC).

De même, le Conseil a précisé qu'il n'avait pas compétence pour appliquer les textes réprimant la publicité mensongère ou les règles de la responsabilité civile (décision relative au marché de la chaussure de sport).

Par ailleurs, dans une affaire où étaient dénoncées des pratiques discriminatoires d'une société de droit étranger que celle-ci avait mises en oeuvre lors de la modification de son système de distribution en France, le Conseil a estimé qu'il pouvait connaître des effets sur le territoire français de tels contrats.

Enfin, le Conseil a confirmé que les dispositions de l'ordonnance fixant les règles de la concurrence étaient bien applicables à différents secteurs et pratiques, ainsi qu'à des refus d'insertion de publicité opposés par des organismes de presse détenant des positions dominantes, aux activités afférentes au droit de reproduction mécanique des auteurs, compositeurs et éditeurs, et aux activités des chirurgiens-dentistes.

De nombreuses questions relatives au déroulement de la procédure ont dû être examinées par le Conseil durant cette troisième année d'application des dispositions de l'ordonnance.

En particulier, le Conseil a rappelé les modalités du déroulement de l'instruction précisant notamment les conséquences découlant de l'obligation de conférer à cette procédure un caractère contradictoire, dont doivent bénéficier les parties intéressées tant au stade des investigations préalables à la notification de griefs qu'après celles-ci.

A cet égard, le Conseil a rappelé qu'il ne pouvait retenir un grief à l'encontre d'une entreprise ou organisation qui n'en avait pas été informée selon les règles prévues et, donc, n'aurait pas pu faire valoir ses observations.

Le Conseil a rappelé que pour établir l'existence d'ententes anticoncurrentielles ou la participation d'entreprises à des pratiques prohibées, il s'appuie soit sur des preuves matérielles soit sur un faisceau d'indices graves, précis et concordants.

Ainsi, dans l'affaire de la distribution des carburants en Corse, le Conseil, tout en reconnaissant que le fait de s'aligner sur un concurrent déterminé peut en certaines circonstances ne pas être illicite, a estimé que l'alignement systématique d'une société sur des prix dont elle savait qu'il ne résultait pas du jeu de la concurrence, était assimilable à une adhésion à une pratique anticoncurrentielle et était constitutif d'une pratique prohibée par les dispositions de l'ordonnance.

Dans l'affaire des chirurgiens-dentistes, le Conseil a fait grief à divers syndicats locaux de s'être associés aux recommandations de leur fédération nationale en mettant en oeuvre les consignes collectives diffusées par celle-ci ; il a également sanctionné les chirurgiens-dentistes qui avaient adressé à leurs prothésistes des lettres collectives les menaçant de boycott manifestant ainsi leur volonté de participer personnellement et activement à cette pratique anticoncurrentielle reprochée à leurs organisations professionnelles.

La méthode de l'établissement de preuves sur le fondement d'un faisceau d'indices a été utilisée par le Conseil dans sa décision concernant des pratiques relevées dans le secteur de l'équipement électrique, dans laquelle il a souligné que la preuve d'entente anticoncurrentielle peut en matière de marchés publics résulter du faisceau d'indices constitué par le rapprochement de diverses pièces recueillies au cours de l'instruction même si chacune de ces pièces prises isolément n'a pas de caractère suffisamment probant.

La preuve fondée sur un parallélisme de comportements a également fait l'objet de précisions de la part du Conseil lors de son examen du fonctionnement du marché de la levure de panification. Il a rappelé qu'un parallélisme de comportements — en l'occurrence constitué par des hausses successives de prix à des dates identiques et de montants similaires de la part des deux offreurs dominants opérant sur ce marché — ne peut être regardé comme une entente prohibée que si les comportements identiques ne peuvent s'expliquer ni par les conditions de fonctionnement du marché auxquelles chaque entreprise est soumise ni par la poursuite de l'intérêt individuel de chacune d'elle. Par une décision dont le raisonnement a été confirmé par la Cour d'appel, le Conseil a sanctionné les entreprises, ayant considéré d'une part, que la concurrence par les prix était possible dans ce secteur comme en témoignait la politique de prix des importateurs et d'autre part, que la stratégie suivie par l'une des entreprises ne pouvait résulter de la seule poursuite de son intérêt individuel, en dehors de toute entente, au moins tacite, avec son concurrent.

A l'inverse, tout en suivant un raisonnement similaire, le Conseil a considéré que le parallélisme de comportements entre compagnies pétrolières dans leurs relations avec les grossistes multi-marques du marché de la distribution de produits lubrifiants pour automobiles aux grandes surfaces, n'était pas constitué : les pratiques témoignant éventuellement d'un parallélisme de comportements doivent en effet être suffisamment similaires et être adoptées sinon simultanément au moins à des dates rapprochées, ce qui n'était pas le cas en l'espèce.

b) Les ententes illicites

Trois principales catégories de pratiques de nature à enrayer le processus concurrentiel sont prohibées par les dispositions de l'ordonnance :

— la détermination ou la mise en oeuvre de stratégies communes à plusieurs opérateurs par les ententes exclusives ou tacites qui viole la condition d'autonomie des décisions,

— l'échange d'informations sur les stratégies que chacun des opérateurs est susceptible de mettre en oeuvre à l'encontre de la condition d'incertitude,

— les stratégies d'exclusion qui limitent ou interdisent l'entrée sur le marché.

Pendant l'année 1989, le Conseil a été saisi de nombreuses ententes revêtissant des formes diverses et mettant en oeuvre de telles pratiques :

— des ententes horizontales, par exemple des accords entre entreprises sur les prix par le moyen de barèmes, recommandations, mercuriales syndicales, échanges d'informations, des accords de répartition sur des marchés privés ou publics, ou des ententes visant à exclure une entreprise d'un marché (ainsi notamment dans les secteurs du contrôle technique, du marché de la levure, du secteur de la robinetterie ou gaz domestique, de la fabrication des encres d'imprimeries, secteur des travaux routiers). A cet égard, à six reprises, le Conseil a constaté le rôle qu'ont joué les organisations professionnelles et saisi l'opportunité pour fixer les limites au-delà desquelles seraient enfreintes les règles de la concurrence : ces organisations ne peuvent pas diffuser des barèmes de prix conseillés, organiser des échanges d'informations sur les prix, organiser des pratiques de boycott concerté, se substituer à leurs adhérents pour conduire des négociations commerciales, mais elles peuvent en revanche, fournir à leurs membres des informations sur l'évolution des indices et du coût des matières premières ou des informations techniques sur les modalités d'exécution et sur les définitions des différents services, dès lors, dans ce dernier cas, qu'il s'agissait d'une activité nouvelle non précisée par des textes règlementaires (décision relative aux pratiques relevées dans le secteur du contrôle technique) ;

— des ententes verticales, résultant d'accords entre un producteur et ses distributeurs dans le cadre notamment de contrats de distribution sélective ou de clauses d'exclusivité (ainsi que sa décision relative à des pratiques sur le marché de la chaussure de sport haute et moyenne gamme ou le secteur de la vente de livres par clubs);

— des entreprises communes : selon le Conseil, la création d'une filiale commune de production par plusieurs entreprises opérant sur le même marché ne constitue pas en soi une pratique anticoncurrentielle mais les entreprises associées ne peuvent pas utiliser cette structure commune pour mettre en oeuvre des pratiques concertées susceptibles de limiter le libre jeu de la concurrence (décision relative au secteur des travaux routiers et, plus particulièrement à cet égard, concernant les conventions d'exploitation de centrales d'enrobés);

— des ententes entre entreprises appartenant à un même groupe : se prononçant à l'occasion de l'examen d'appels d'offres de marchés, le Conseil a estimé qu'il n'est pas contraire aux règles de la concurrence pour des entreprises ayant entre elles des liens juridiques ou financiers de renoncer à leur autonomie commerciale et de se concerter pour établir et transmettre même séparément leurs propositions en réponse à un appel d'offres, à la condition, toutefois, d'en informer les maîtres d'oeuvre et d'ouvrage lors du dépôt de leur soumission (décisions relatives au secteur des travaux routiers et au secteur de l'équipement électrique).

c) Les positions de domination

Pendant l'année 1989, le Conseil a pris 11 décisions concernant l'application de l'article 8 de l'ordonnance de 1986 réprimant d'une part l'exploitation abusive d'une position dominante et d'autre part, l'abus de l'état de dépendance économique dans lequel se trouve une entreprise cliente ou fournisseur qui ne dispose pas de solution équivalente.

Les abus de position dominante

La mise en jeu de ces dispositions présuppose que soit défini le marché pertinent et que sur ce marché l'entreprise en cause dispose effectivement d'une position dominante. Sur ces deux points, le Conseil a apporté quelques précisions.

Afin de déterminer les produits pouvant être considérés comme appartenant au même marché, il convient d'évaluer le degré de substituabilité de ces produits, en fonction de plusieurs éléments dont les caractéristiques propres des produits, leurs conditions d'utilisation technique, leurs coûts d'usage, ou de mise à la disposition, la stratégie de leurs offreurs. Le Conseil a ainsi estimé qu'il existait un marché de la diffusion des annonces immobilières par la voie de la presse quotidienne régionale, de même que peut être défini un marché spécifique des nouvelles brutes fournies par les agences de presse aux professionels (décision société PLURIMEDIA), aucun autre média s'avérant substituable pour répondre aux exigences des utilisateurs.

De même, dans son examen de la situation de la concurrence dans le secteur de la vente de livres par clubs, le Conseil a considéré que le marché pertinent était celui de la distribution des livres par les clubs et non pas celui de l'édition en général, le mode de distribution en l'espèce, par les services qui le définissent, se révèlant essentiel.

S'agissant de la définition même de la position dominante, le Conseil recherche si l'entreprise est à même de s'abstraire de la pression de la concurrence ; il apprécie la part de marché détenue par l'entreprise ainsi que celle de chacun des autres opérateurs sur ce marché, le fait que l'entreprise en cause appartienne ou non à un groupe puissant, son statut, son accès à certaines sources de financement et, par ailleurs, l'existence de barrières à l'entrée sur le marché pour évaluer la probabilité d'une éventuelle contestation de sa suprématie.

Ainsi, sur le marché de la vente de livres par clubs, la société FRANCE LOISIRS, détenant 78 pour cent des ventes, contrôlée par deux groupes puissants, a été considérée comme étant en position dominante, ceci d'autant plus que le coût des investissements constitue une barrière à l'entrée importante sur ce marché. A l'inverse, par exemple, sur le marché des lubrifiants le Conseil a estimé que les parts de marché des entreprises pétrolières en cause (13.6 pour cent du marché au maximum), étaient trop faibles ou trop proches de celles de leurs principaux concurrents pour que soit retenue l'existence d'une position dominante.

Enfin, pour qu'une pratique soit constitutive d'un abus de position dominante, et donc illicite, il est nécessaire qu'elle soit anticoncurrentielle et abusive ; au cas par cas, le Conseil examine si ces deux conditions sont remplies. Ainsi, dans le cas précité relatif au secteur de la vente de livres par clubs, la clause d'exclusivité que la société FRANCE LOISIRS insérait dans les contrats de cession de droit qu'elle proposait aux éditeurs a été considérée comme anticoncurrentielle et abusive dans la mesure où elle visait à éliminer toute forme de concurrence.

Situation de dépendance économique

En 1989, le Conseil a eu à connaître trois dossiers mettant en jeu la notion de dépendance économique ; deux d'entre eux concernaient les rapports entre un producteur et ses distributeurs et un autre les rapports entre les prestataires de services et un utilisateur.

Le Conseil a pu indiquer dans l'affaire relative à des pratiques reprochées à la société MERCEDES BENZ FRANCE, que la dépendance économique d'un distributeur par rapport à un producteur s'apprécie en tenant compte de quatre critères qui doivent être simultanément réunis : l'importance de la part du fournisseur dans le chiffre d'affaires du revendeur, la notoriété de la marque ou du fournisseur, l'importance de la part de marché de ce dernier et l'impossibilité pour le distributeur d'obtenir du fournisseur des produits équivalents.

Au cas d'espèce, les quatre critères n'étaient pas tous réunis ; le taux de notoriété était élevé mais il en était de même pour les autres marques concurrentes, les parts de marché de ce constructeur étaient faibles et un concessionnaire pouvait passer d'un réseau de constructeur à un autre en cas de cessation de son contrat de concession.

A l'occasion de l'examen d'une autre affaire, relative à des pratiques de la société KENNER PARKER TONKA FRANCE, le Conseil a considéré que dans le segment des jeux de sociétés (sur lequel la société en cause réalisait environ 40 pour cent des ventes dont 3/4 dus au seul jeu TRIVIAL PURSUIT), les grossistes en jouets étaient dans une situation de dépendance vis-à-vis de cette société eu égard au faible degré de substituabilité de ce jeu par rapport aux autres jeux de société, au fait que KENNER PARKER TONKA FRANCE avait conclu un contrat de licence exclusive avec les fabricants alors qu'en raison de l'importance essentielle de la langue utilisée, il n'existait pas à l'étranger de solution équivalente et, enfin, pour des raisons de cumul de remises qui pouvaient favoriser les seuls grossistes disposant du jeu.

Comme pour les abus de position dominante le Conseil estime que les pratiques d'une entreprise tenant une autre entreprise en situation de dépendance ne sont prohibées que si elles restreignent le jeu de la concurrence sur le marché et si elles sont abusives. Dans l'affaire KENNER PARKER précitée, par exemple, le Conseil n'a pas retenu à l'encontre de cette entreprise le grief d'abus, constatant que la sélection des grossistes qu'elle effectuait n'avait ni pour objet ni pour effet de restreindre la capacité d'approvisionnement ou la capacité commerciale des distributeurs détaillants ; un fournisseur, quelle que soit sa position sur le marché ou vis-à-vis des membres de son réseau est libre de modifier l'organisation de ce réseau dès lors qu'il ne restreint pas la concurrence sur le marché.

d) Les pratiques anticoncurrentielles non prohibées

Le texte de l'ordonnance prévoit que ne sont pas prohibées les pratiques qui résultent de l'application d'un texte législatif ou d'un texte réglementaire pris pour son application, ou lorsque leurs auteurs peuvent justifier qu'elles ont pour effet d'assurer un progrès économique et qu'elles réservent aux utilisateurs une partie équitable du profit sans donner aux entreprises intéressées la possibilité d'éliminer la concurrence pour une partie substantielle des produits en cause.

Le Conseil n'a admis dans aucun cas les exemptions fondées sur l'existence revendiquée de textes législatifs ou réglementaires d'application ; de même il n'a accepté aucune justification basée sur un éventuel progrès économique allégué.

Dans deux de ces décisions, le Conseil a estimé notamment que les entreprises ne pouvaient se prévaloir de ces dispositions au simple motif que leurs pratiques anticoncurrentielles leur avaient permis de faire face à une conjoncture économique difficile caractérisée par une vive concurrence étrangère et une érosion de leurs prix (décisions relatives au secteur de la fabrication des encres d'imprimerie et au secteur du contrôle technique). Dans d'autres cas, le Conseil a constaté que les parties en cause n'apportaient pas la preuve que le progrès économique allégué n'aurait pu être atteint par d'autres moyens que par les pratiques qui leur étaient reprochées, par exemple dans l'affaire relative au marché de la levure, ainsi que dans celle des travaux routiers, s'agissant des clauses de non concurrence insérées dans les conventions d'exploitation des centrales d'enrobée conclues entre les entreprises associées.

e) Les demandes de mesures conservatoires

Le Conseil a pris 14 décisions en matière de demandes de mesures conservatoires pendant l'année concernée.

Trois de ces demandes émanaient d'organisations professionnelles, quatre de prestataires de services, (secteurs de la publicité, presse, télévision) une d'une entreprise de production et six de distributeurs (dont cinq de détaillants de matériel hifi).

Aucune demande n'a été acceptée. Le Conseil a rappelé à plusieurs reprises qu'une demande ne peut être prise en considération que lorsqu'elle est accessoire à une saisine au fond, que les pratiques dénoncées entrent bien entendu dans le champ de sa compétence résultant de l'article 7 de l'ordonnance (interdiction des ententes) ou 8 (prohibition des abus de domination) ; ces pratiques doivent être manifestement illicites et porter une atteinte immédiate et difficilement réversible, ou même irréversible, au jeu de la concurrence, en occasionnant un danger grave et immédiat à l'économie générale, à celle du secteur intéressé, à l'intérêt des consommateurs ou à l'entreprise plaignante.

Le Conseil a eu l'occasion de préciser que la pratique dénoncée doit être précisément formulée et qu'elle doit être effective ; l'évocation d'un manque à gagner futur hypothétique ne saurait justifier des mesures d'urgence ; ainsi dans la décision relative à une demande présentée par un journal régional et un syndicat de presse qui alléguait une perte de 6 300 exemplaires, il a considéré que cette circonstance, à la supposer établie, ne pouvait constituer un danger grave immédiat compte tenu de la forte position sur le marché de ce journal et de l'importance de son chiffre d'affaires.

1.3. Les avis du Conseil

a) Avis sur les opérations de concentration

En 1989, le Conseil a rendu deux avis concernant des opérations de concentrations, le premier ayant trait à l'achat par la société NESTLE S.A. de la société britannique ROWNTREE PLC, le second relatif à un accord de principe conclu entre les sociétés CHARGEUR S.A. et MINNESOTA MINING AND MANUFACTURING CO (3 M) en vue de la cession à 3 M par CHARGEUR S.A. des activités mondiales de SPONTEX WORLDWIDE.

Lorsqu'il est saisi d'une opération de concentration, le Conseil est conduit suivant les dispositions de l'ordonnance à s'interroger sur les questions ci-après :

- l'opération constitue-t-elle effectivement une concentration ?
- les seuils ouvrant à un contrôle sont-ils remplis ?
- la concentration est-elle de nature à porter atteinte à la concurrence ?
- si l'opération limite la concurrence, un bilan économique permet-il de conclure que la concentration apporte au progrès économique une contribution suffisante pour compenser les atteintes à la concurrence ?

Dans les deux affaires, le Conseil a constaté que les seuils étaient dépassés et que les opérations constituaient effectivement une concentration.

Pour apprécier la potentialité d'atteinte à la concurrence, le Conseil prend en compte outre la part de marché de l'ensemble ainsi constituée, les parts de marché des autres offreurs nationaux ainsi que diverses variables telle que la capacité des importations à concurrencer les produits domestiques, les difficultés d'approvisionnement en matières premières ou en facteurs spécialisés de production, l'importance des économies d'échelle et l'intensité capitalistique du secteur considéré, l'ampleur des efforts pour pénétrer ou se maintenir sur le marché notamment en matière d'investissements publicitaires ou technologiques.

Dans l'affaire NESTLÉ - ROWNTREE, le Conseil a estimé que cette concentration pouvait affecter l'exercice de la concurrence dès lors que l'opération était susceptible de donner aux entreprises une forte puissance d'achat et de vente alors que la concurrence sur le marché était limitée (le fait, notamment, que les baisses des prix du cacao et des produits semi finis en chocolat n'avaient pas été répercutées dans le prix des produits finis l'attestait).

Dans le projet SPONTEX 3 M, le Conseil a également considéré que l'opération pouvait affecter la concurrence compte tenu des parts de marché résultant du regroupement, mais aussi compte tenu de trois éléments : du fait que le nouvel ensemble aurait été le seul à offrir à la fois des deux catégories de produits (épongeage-essuyage et récurants) ce qui aurait donné un avantage important sur les concurrents, du fait que les produits SPONTEX présentaient des qualités sans équivalent, enfin du fait de la forte notoriété des produits de ces entreprises ; le Conseil notait toutefois que les atteintes à la concurrence seraient vraisemblablement limitées en raison de l'absence de fortes barrières à l'entrée sur le marché.

Au terme d'un bilan économique, le Conseil a admis que les avantages de l'opération NESTLE-ROWNTREE étaient suffisants pour contrebalancer les éventuels inconvénients du point de vue de la concurrence, eu égard à l'amélioration potentielle de la productivité et à l'accroissement de la capacité concurrentielle sur le marché mondial dont pourraient bénéficier les parties.

Dans l'affaire SPONTEX — 3 M, le Conseil se plaçant sur le terrain de l'expertise qui est le sien, n'a pas formulé d'objection au projet, considérant que la mise en commun des moyens des deux entreprises pouvaient faciliter leur adaptation à la compétition mondiale en leur permettant d'améliorer la qualité et la diversité de leurs produits.

b) Les autres avis

Le Conseil a rendu 11 autres avis dont un sur un projet de règlementation de prix : dans le secteur des maisons de retraite non conventionnées ; un sur la demande d'une juridiction ; neuf sur la demande d'organisations professionnelles.

A l'occasion de l'examen de ces demandes d'avis, le Conseil a précisé qu'il n'a pas à intervenir dans une procédure juridictionnelle pendante (avis relatif aux questions posées par la fédération nationale des agents généraux d'assurance). Il ne lui appartient pas davantage de se prononcer sur le bien fondé d'un texte législatif ou réglementaire ; tout au plus, peut-il procéder à l'analyse technique de la portée des textes sur le fonctionnement des marchés en cause.

Le Conseil s'est également prononcé sur des questions d'ordre général concernant la concurrence. Ainsi, par exemple, il a été interrogé par la fédération nationale du commerce et de l'artisanat de l'automobile sur la réalisation et la publication de prix dans le secteur de la réparation : le Conseil a émis l'avis que si de telles mercuriales peuvent être admissibles dans certains cas, lorsque l'information des consommateurs est faible et qu'elles sont de nature à inciter les opérateurs à abaisser leurs prix, en revanche, elles présentent un risque sérieux d'atteinte à la concurrence, comme en l'espèce, en raison de la petite dimension des opérateurs sur le marché qui limite l'intensité de la concurrence et du fait que le secteur est caractérisé par une grande transparence de prix.

2. *L'activité de la Cour d'Appel de Paris*

L'activité de la Cour d'Appel de Paris a vite atteint un rythme de croisière après le vote de la loi du 6 juillet 1987 lui donnant compétence pour connaître des recours contre les décisions du Conseil de la Concurrence. Le nombre de jugements rendus en 1988 et 1989 est sensiblement le même, avec 22 jugements en 1988 (dont la moitié concernant des recours formés en 1987) et 20 en 1989 (dont quatre recours formés en 1988). Un seul recours formé en 1989 sera jugé en 1990.

La Cour d'Appel fait donc preuve d'une remarquable diligence, pendant que se dessine une tendance des justiciables à utiliser de plus en plus fréquemment la nouvelle voie de droit qui leur est offerte.

Ainsi au premier trimestre 1990, une dizaine de recours ont déjà été formés contre des décisions du Conseil de la Concurrence.

Parmi les nombreuses décisions rendues en 1989, quelques unes sont citées à titre d'exemple en raison de leur importance sur le plan jurisprudentiel.

2.1 Arrêts de la Chambre civile de la Cour d'Appel sur saisine externe

Pompes Funèbres Générales contre Consorts Leclerc, 26 avril 1989

— Procédure : Incompétente pour connaître des contrats liant des communes aux PFG, dont seule la juridiction administrative est habilitée à prononcer la nullité, la Chambre civile a rappelé la compétence exclusive de la Chambre concurrence pour apprécier et sanctionner un éventuel abus de position dominante sur le ou les marchés concernés.

— Sur le fond : La Cour a considéré, contrairement à l'avis du Conseil, que le fait que les services funéraires proposés dans une commune ne sont pas forcément substituables à ceux fournis dans une autre, et que les familles sont dans l'obligation de s'adresser aux services du territoire communal des défunts, ne conduisait pas nécessairement à définir le marché pertinent comme un marché local.

— En présence d'une entreprise cumulant une série de positions dominantes locales résultant de concessions de service public, l'examen d'un éventuel abus de position dominante pourrait également être mené en retenant le territoire national comme marché pertinent.

«Tecnison contre SERAP», 17 janvier 1989

Le principal intérêt de l'arrêt réside dans la définition du rôle du Ministre de l'Economie : ce dernier ne peut être assimilé à une partie à l'instance, formulant une demande, lorsqu'il intervient devant les juridictions de l'ordre judiciaire en vertu de l'article 56.

Il détient à ce titre un rôle d'expert qui l'amène à formuler un avis dans le cadre de sa mission de défense de l'ordre public économique, au moment qu'il estime opportun, à condition toutefois que la date du dépôt de l'avis ne fasse pas obstacle au principe du contradictoire.

2.2 *Arrêts sur recours contre des décisions du Conseil de la Concurrence*

Cour d'Appel de Paris (Chambre Concurrence) 9 novembre 1989 sur la distribution des carburants dans la région Corse

La Cour d'Appel a confirmé pour l'essentiel la décision du Conseil de la Concurrence en estimant, dans la lignée de la jurisprudence de la Cour de Justice des Communautés Européennes, que le parallélisme de comportement pouvait constituer un élément de preuve d'une pratique concertée, lorsque aucune autre explication de ces comportements parallèles que l'entente ne pouvait être avancée.

Cour d'Appel de Paris (Chambre Concurrence) 15 novembre 1989 Marché de la levure fraîche de panification

Cet arrêt constitue une première jurisprudence d'appel sur les décisions de secret des affaires prises par le Président du Conseil de la Concurrence en vertu de l'article 23 de l'ordonnance du 1er décembre 1986, qui dispose que «le président du Conseil de la Concurrence peut refuser la communication de pièces mettant en jeu le secret des affaires, sauf dans le cas où la consultation de ces documents est nécessaire à la procédure ou à l'exercice des droits des parties. Les pièces considérées sont retirées des dossiers».

Il convient de noter que l'appel contre une telle décision ne peut être formé qu'au moment et avec le recours contre la décision du Conseil sur le fond (art. 19 du décret du 19 octobre 1987).

A l'occasion de son recours contre la condammation prononcée à son encontre par le Conseil pour entente sur les prix le 22 mars 1989, une des sociétés en cause a contesté la légitimité de deux décisions de secret des affaires prises au cours de la procédure, qui auraient porté atteinte selon la requérante au principe du contradictoire.

L'arrêt de la Cour d'Appel précise pour la première fois que

— «la finalité des dispositions de l'article 23 de l'ordonnance exclut tout débat contradictoire devant le Président du Conseil, qui doit statuer en fonction des seules observations de la partie qui l'a saisi» ;
— la faculté de retirer certaines pièces du dossier à la demande des parties ne connaît pas de limites procédurales quant au moment de son exercice ;
— «la règle posée par l'article 13 est destinée à protéger les intérêts des parties».

Il est donc toujours loisible à une partie qui estimerait indispensable à sa défense la production d'informations frappées par une décision de secret des affaires, «de renoncer à la protection accordée par la décision» et de produire les informations en cause aux débats à tout moment de la procédure, et en dernier lieu devant la Cour elle-même.

La Cour a par ces motifs rejeté le moyen.

Cour d'Appel de Paris (Chambre Concurrence) 15 novembre 1989 «La Cinq contre les organismes français de radiodiffusion-télévision»

Cet arrêt vient préciser la jurisprudence encore peu abondante en matière de mesures conservatoires dans le sens d'un moindre formalisme.

— Si l'article 12 du décret du 29 décembre 1986 exige bien une demande formelle, cette demande peut résulter de façon implicite de l'ensemble du mémoire introductif, en particulier lorsque la demande de mesures conservatoires et la requête au fond sont jointes.
— Alors que la jurisprudence exigeait jusqu'à présent que soit démontré de façon quasi-comptable le lien direct entre la pratique dénoncée et le péril financier imminent allégué par la société requérante, la Cour a procédé à une approche «qualitative» du manque à gagner en relevant que le retentissement négatif sur les ressources financières de l'entreprise d'un déséquilibre dans sa programmation portait une atteinte grave et immédiate à ses intérêts.
— La notion d'atteinte immédiate est affinée par la Cour : si elle peut être constituée par les effets directement constatables d'une pratique litigieuse, elle peut également résulter de la très forte probabilité de création d'une situation irréversible et grave.

Cet arrêt va dans le sens d'une utilisation accrue des demandes de mesures conservatoires dans le monde des affaires, sans porter atteinte à la nécessaire sécurité juridique qui est garantie par le maintien de l'exigence d'une demande formelle, d'une présomption forte de l'illicéité de la pratique dénoncée et de la preuve de l'urgence par une atteinte grave dont les effets sont, soit immédiatement néfastes, soit irréversibles.

3. Pourvois en cassation

1989 a vu le début de l'activité de la Cour de Cassation (Chambre Commerciale) en matière de droit de la concurrence (pourvois contre des arrêts rendus par la Cour d'Appel sur des décisions du Conseil de la Concurrence).

Huit pourvois ont été formés. Six sont actuellement pendants, après un désistement et un jugement de la Cour.

Le 25 avril 1989, la Cour de Cassation a pour la première fois statué sur un recours formé à l'encontre d'un jugement de la Cour d'Appel en date du 28 janvier 1988. Ce jugement avait condamné des sociétés de dermopharmacie pour entente illicite avec l'ordre national des pharmaciens concernant la distribution exclusive en pharmacie de leurs produits.

Rejetant le pourvoi, la Cour de Cassation relève notamment que c'est à bon droit que la Cour d'Appel a jugé que «l'exclusion a priori de toute forme de commercialisation (...) autre que la pharmacie d'officine constitue une restriction discriminatoire» sur le marché français, et que le système de distribution exclusive retenu avait «un effet sensible sur le commerce intra-communautaire».

L'unique décision à ce jour de la juridiction suprême confirme donc pleinement la jurisprudence de la Cour d'Appel.

4. L'activité de la Direction Générale de la Concurrence, de la Consommation et de la Répression des Fraudes

4.1 Les pratiques commerciales restrictives (titre IV de l'ordonnance)

L'activité de la Direction Générale de la Concurrence s'est sensiblement accrue en la matière depuis 1987 (cf. rapport précédent).

Compte non tenu de la vérification du respect de l'article 28 (relatif à la publicité des prix), 18 827 contrôles ont été effectués en 1989, dont le détail est repris dans le tableau ci-après.

Ils ont donné lieu à 1 408 avertissements, et 853 procès-verbaux ont été dressés.

En matière de publicité des prix, si le nombre d'interventions a légèrement décru (97 400 en 1988, 96 713 en 1989) par contre les avertissements sont plus fréquents (11 581 en 1988 et 12 019 en 1989, soit une augmentation de 3.78 pour cent) de même que les procès-verbaux (2 327 en 1988, 3 081 en 1989, soit 32.4 pour cent de progression).

Tableau 1. **Tableau récapitulatif 1989**

(Titre IV)	Interventions	Avertissements	Procès-verbaux
Refus de vente	300	15	2
Pratiques discriminatoires	562	24	4
Subordination de vente	65	5	1
Non communication de barèmes	392	32	14
Prix minimum imposé	1 143	6	5
Revente à perte	4 784	141	404
Délais de paiement	2 630	289	151
Paracommercialisme	1 438	126	39
Règles de facturation	7 513	770	233
SOUS-TOTAL	18 827	1 408	853
Publicité des prix	96 713	12 019	3 081
TOTAL	115 540	13 427	3 934

4.2 Les pratiques anticoncurrentielles (titre III)

La Direction Générale de la Concurrence, de la Consommation et de la Répression des Fraudes a lancé 164 enquêtes en 1988 et 212 en 1989, relatives aux pratiques visées par le titre III de l'ordonnance du 1er décembre 1986 : ententes, abus de position dominante, abus de l'état de dépendance économique.

La faculté, pour le Ministre, de saisir le Conseil de la Concurrence en vertu de l'article 11 de l'ordonnance a été mis en oeuvre 30 fois en 1988 et 34 fois en 1989.

L'accroissement du nombre des saisines ministérielles s'est accompagné d'un élargissement de leur champ économique : marchés publics, mais aussi biens de consommation (sucre, pomme de terre, parfumerie, petit électroménager), ainsi que de nombreuses activités de services (coiffure, cinéma, administration de biens immobiliers notamment).

Par ailleurs, dans ses fonctions de Commissaire du Gouvernement auprès du Conseil de la Concurrence, le Directeur Général de la Concurrence, de la Consommation et de la Répression des Fraudes s'est attaché à faire prendre conscience aux acteurs économiques de leur responsabilité dans le fonctionnement concurrentiel du marché. Afin de dissuader les entreprises, leurs groupements et les organisations professionnelles d'exercer des pratiques anticoncurrentielles, le Commissaire du Gouvernement a été conduit à demander des sanctions pécuniaires importantes.

Un accroissement sensible du montant global des sanctions prononcées a marqué l'année 1989 avec 358 millions de francs, contre 22.5 millions de francs en 1988 et 4.4 millions de francs en 1987.

Conformément aux dispositions de l'ordonnance du 1er décembre 1986, qui prévoit que le Ministre chargé de l'économie veille à l'exécution des décisions du Conseil de la Concurrence, la Direction Générale est chargée notamment du recouvrement des sanctions pécuniaires prononcées : à la fin de l'année 1989, plus de 90 pour cent du montant des «amendes» mises en état de recouvrement était déjà perçu.

5. *Activité des tribunaux judiciaires*

1988 a vu l'intégration dans la pratique courante des tribunaux civils et commerciaux du titre IV de l'ordonnance. L'apport jurisprudentiel s'est considérablement enrichi en 1989.

5.1 Le refus de vente

L'action de la Direction Générale en sa qualité de partie principale dans l'action civile a été consacrée par les tribunaux en 1989.

Parallèlement à son pouvoir de production de conclusions, soit à la demande du tribunal, soit en sa qualité d'intervenant volontaire [cf. supra(4)], la Direction Générale a pu mettre en oeuvre de nouvelles prérogatives au nom de sa mission de protection de l'ordre public économique grâce à l'article 36.

C'est ainsi qu'à la suite du non respect par les principaux fabricants de laits infantiles de l'arrêté du 9/6/88 permettant la libre commercialisation, plusieurs directions départementales ont engagé au nom du ministre chargé de l'Economie des actions à l'encontre des entreprises auteurs de refus de vente.

Le 6 juin 1989, le Tribunal de Grande Instance de Paris a reconnu le bien-fondé de cette action et a condamné la société WYETH-France à livrer immédiatement les laits commandés ou ceux qui pourraient l'être.

5.2 La distribution sélective

La Cour de Cassation a rejeté le pourvoi formé à l'encontre d'un arrêt de la Cour d'Appel de Paris [cf. Supra, (3)] arrêt qui confirmait la décision du Conseil de la Concurrence de sanctionner la distribution exclusive en pharmacie des produits cosmétiques et d'hygiène corporelle.

Par l'arrêt précité WYETH-France (5.1) le tribunal de Grande Instance de Paris a déclaré nul, en vertu de l'article 9 de l'ordonnance, l'ensemble des clauses et conditions générales par lesquelles cette société réservait aux pharmaciens la vente exclusive des laits infantiles.

Une décision analogue a été rendue par le Tribunal de Grande Instance de Nanterre le 26 avril 1989.

5.3 La revente à perte

Le principe de l'intégration des rabais, remises et ristournes consentis hors facture dans le calcul du seuil de revente à perte est à présent de jurisprudence constante, sous réserve de leur imputabilité aux produits en cause.

La Cour d'Appel de Rion (Arrêt du 16 décembre 1987) a rappelé que l'article 32 de l'ordonnance étant «un texte répressif [il] s'interprète de manière restrictive et doit comprendre les rabais de toutes natures consentis».

La Cour d'Appel de Caen (23 février 1989) a précisé que l'infraction de revente à perte ne peut être constituée que si le produit est revendu en l'état.

Pour les juges, le critère de périssabilité d'un produit (exception prévue par la loi du 2 juillet 1963) ne suffit pas pour justifier sa revente à perte. Il faut en outre que la menace d'altération soit certaine, condition souverainement appréciée par les tribunaux (TGI d'Angers, 17 juin 1988 et TGI d'Avesnes-sur-Helpe, 28 septembre 1988).

L'exception d'alignement sur les prix légalement pratiqués pour les mêmes produits par un autre commerçant dans la même zone d'activité (II, 6° de la loi du 2 juillet 1963) est interprétée très strictement par les juges.

L'exception est rejetée lorsque la preuve n'est pas rapportée de la simultanéité des ventes promotionnelles de deux commerçants, ou lorsqu'il n'est pas établi que le prévenu s'était aligné sur des prix légalement pratiqués par ses concurrents (TGI de Châlon-sur-Saone, 15 février 1988).

Le nombre d'infractions en matière de facturation et de revente à perte devrait diminuer, et les contrôles être facilités, par l'application de l'accord «Industrie-Commerce» intervenu le 12 septembre 1989.

Cet accord a été élaboré par le Conseil national du patronat français (CNPF) en réponse notamment au souci de la Direction Générale de la Concurrence, de la Consommation et de la Répression des Fraudes de voir s'établir des relations commerciales plus transparentes.

Les professionnels ont ainsi dressé la liste des rabais, remises et ristournes devant figurer sur les factures, et défini les éléments constitutifs du prix d'achat.

Une série d'interventions a été programmée par la Direction Générale de la Concurrence, de la Consommation et de la Répression des Fraudes pour 1990, afin d'observer les conséquences pratiques de cet accord.

5.4 La publicité des prix (art. 28)

La Cour d'Appel de Rouen a confirmé la condamnation du directeur d'un hypermarché pour non respect des prix annoncés.

Dans son arrêt du 24 octobre 1988, la Cour a notamment relevé que «la pratique de prix supérieurs à ceux annoncés» sur un document publicitaire avait à bon droit été sanctionnée par le tribunal de police de Louviers en vertu de l'article 28 de l'ordonnance du 1er décembre 1986.

B. Fusions et concentrations

1. Statistiques

La Direction Générale a enregistré 751 opérations en 1988, et 801 en 1989. En pourcentage, la progression avait été particulièrement importante en 1988 avec une augmentation de 27.3 pour cent. Elle s'est ralentie en 1989 avec l'enregistrement de 6.7 pour cent d'opérations supplémentaires.

Ce ralentissement de la progression recouvre néanmoins des différences importantes selon les secteurs :

- — le nombre de concentrations a triplé dans l'agro-alimentaire ;
- — les opérations concernant les biens intermédiaires ont augmenté de 36 pour cent ;
- — le secteur du bâtiment-travaux publics a enregistré 64 pour cent de fusions supplémentaires en 1989.

Tableau 2. **Principaux secteurs d'activités concernés**

Secteurs d'activité	Nombre d'opérations
Biens d'équipement	184
Services	153
Biens de consommation courante	141
Commerce	60
Industrie agro-alimentaire	84
Biens intermédiaires	135
Bâtiment-travaux publics	18
Energie (production et distribution)	2
Produits de l'agriculture	24

2. *Données récapitulatives sur les fusions soumises à contrôle*

En tout, 68 opérations, paraissant avoir des conséquences négatives du point de vue de la concurrence, ont donné lieu à un examen approfondi de la part des services spécialisés de la Direction Générale de la Concurrence, de la Consommation et de la Répression des Fraudes.

22 projets ont été notifiés à la Direction Générale en 1989 (19 en 1988) :

— 18 ont donné lieu à un accord sans réserve

— 3 ont donné lieu à un accord sous réserve d'engagement particulier

— 1 s'est soldé par un abandon du projet.

Si le nombre des saisines du Conseil de la Concurrence est limité il ne saurait traduire l'importance de l'activité de contrôle des concentrations, qui se caractérise par un recensement systématique des opérations et un examen au fond de toutes celles qui sont susceptibles de porter atteinte à la concurrence.

Le Ministre de l'Economie, qui n'a pas saisi le Conseil pour avis sur des projets de concentration en 1989, a engagé officiellement la procédure à trois reprises en début de 1990 : WCRS-Eurocom-Canal Espace dans le secteur de la publicité et de l'achat d'espaces, Eurosucre dans la distribution du sucre, ESYS dans le chauffage urbain.

III. Action de formation

La Direction Générale a poursuivi en 1989 ses actions de formation au droit de la concurrence :

1) Dans les universités, des conférences sont tenues à la demande des enseignants.

2) Deux sessions de formation ont été organisées en liaison avec l'Institut de Formation Continue des avocats.

3) Des stagiaires venant du barreau ou de l'université sont régulièrement accueillis à l'Administration Centrale afin d'améliorer leur connaissance du droit de la concurrence.

4) La formation initiale des fonctionnaires de la Direction Générale de la Concurrence, de la Consommation et de la Répression des Fraudes est largement ouverte aux ressortissants étrangers : six fonctionnaires tunisiens, gabonais et djiboutien ont ainsi suivi pendant un an le programme du Centre National de Formation, de Documentation et de Coopération internationale à Montpellier.

5) Près de 400 personnes en provenance des milieux économiques ont suivi en 1989 les enseignements dispensés par le Centre de Formation de Paris.

6) Un séminaire international consacré à la politique de la concurrence et au développement a été organisé par la France en liaison avec la CNUCED à Douala (Cameroun) du 27 au 30 novembre 1989. Destiné aux pays francophones, hispanophones et lusophones d'Afrique, ce séminaire a réuni 24 pays auxquels la France a fait part de son expérience en matière de politique de la concurrence : adoption ou renforcement d'une législation pour lutter contre les ententes et abus de position dominante, mise en place des institutions et des moyens nécessaires pour l'appliquer.

7) Lors de la clôture, des suites ont été prévues dans deux directions :

   — une entraide au niveau régional basée sur l'expérience des pays disposant d'une politique de lutte contre les pratiques anticoncurrentielles ;

   — une assistance technique et juridique renforcée de la part de la France en liaison avec la CNUCED, notamment par l'organisation de stages de formation.

GRECE

(1989)

I. Modifications apportées au droit et à la politique de la concurrence

Pendant la période sous revue, aucune modification législative n'a été apportée à la Loi 703/77 sur le «contrôle des monopoles et des oligopoles et sur la protection de la concurrence».

La nouvelle réglementation n14/89 sur les prix du marché mise en application le 11 juin 1989, qui rend effectif l'objectif de la libre formation des prix, abolit un certain nombre de réglementations sur les prix du marché qui se sont révélés avoir des effets néfastes sur les marchés des produits concernés. Dans ses nouvelles dispositions, elle codifie en même temps toutes les réglementations du marché existantes pour les 121 biens et services qui sont encore sous le contrôle des prix. Les prix des biens mentionnés ci-dessus sont soit soumis à un plafond, soit déterminés au niveau de la vente en détail ou en gros suivant des marges brutes pré-établies.

Quant à la libre formation des prix de ces 121 biens et services de base, elle sera appliquée progressivement en fonction du jeu de la concurrence sur le marché de ces produits.

Compte tenu de ces faits et du besoin d'un ajustement des principes de concurrence face aux nouvelles conditions et exigences de l'économie grecque avec la perspective d'une intégration à l'intérieur du Marché Commun, il est suggéré de modifier la législation en vigueur sur la concurrence. L'amendement comprendra des dispositions sur le contrôle préventif des fusions par une procédure de notification obligatoire ainsi que des dispositions attribuant au Minitre du Commerce les pouvoirs nécessaires pour décider d'exempter globalement de l'application de la loi 703/77 certaines catégories d'accords (comme par exemple le franchisage, les contrats de distribution exclusive, etc).

II. Application des lois et des politiques relatives à la concurrence

A. Autorités chargées de la concurrence

Pendant la période sous revue, le Service de la protection de la concurrence a étudié 30 affaires soit de sa propre initiative, soit à partir de notifications et de plaintes écrites concernant des pratiques anticoncurrentielles. Sur la base de ces enquêtes, le Service de la protection de la concurrence a décidé de porter 19 affaires devant la Commission de la concurrence. Puis cette Commission a émis des avis juridiques dont le Ministre du Commerce a tenu compte lors de la prise de décisions.

Les plus significatives de ces affaires portent sur :

a) Une plainte déposée par trois stations radiophoniques (deux privées et une municipale) contre AEPI (le syndicat grec qui gère les copyrights de ses membres sur les oeuvres musicales) pour avoir abusé de sa position dominante sur la perception des droits d'auteur pour l'oeuvre musicale de ses membres.

b) La notification d'un accord entre trois agences de publicité portant sur l'établissement d'une filiale commune (Media House) ;

c) Une plainte déposée par une société (P. Salacos S.A.) contre «TETRA PAK» Hellas et «ELOPAK» Hellas pour avoir abusé de leur position dominante dans leur politique de ventes d'equipement et de matériel de conditionnement du lait frais ;

d) L'enquête sur la «3E» S.A. (Producteur grec de Coca-Cola) lancée par le Service de la protection de la concurrence, après qu'il ait reçu une plainte comme quoi la société abusait de sa position dominante.

B. Décisions judiciaires

La Cour d'appel de la juridiction administrative pour la période sous revue a pris deux décisions.

Dans sa première décision, cette Cour d'appel a rejeté le recours présenté par «WEA INTERNATIONAL INC» contre la décision prise par le Ministre du Commerce stipulant que la dite société, ainsi que les filiales grecques de «EMI OVERSEAS HOLDING LTD» et «VIRGIN RECORDS LTD», avait enfreint la loi grecque 703/77 sur la concurrence, en imprimant sur la pochette des disques qu'elle avait elle même produits, les titres des chansons de chanteurs étrangers célèbres en caractères grecs.

Le tribunal a fait valoir que par ses pratiques concertées, la société visait à empêcher les exportations dans d'autres pays de la CEE.

Selon la deuxième décision, la Cour d'appel a jugé recevable le recours déposé par «AGFA GEVAERT B.V.» et par le distributeur exclusif des films radiographiques «FUJI» en Grèce contre la décision du Ministre du commerce, suivant laquelle ces deux sociétés enfreignaient les règles nationales de la concurrence, car elles avaient recours à des pratiques concertées dans les adjudications de films radiographiques pour les hôpitaux publics.

Les recours ont été recevables pour les motifs suivants :

— Le nombre des adjudications dans lesquelles ces deux sociétés étaient les moins disantes, était trop petit par rapport à l'échantillon étudié, et par conséquent, la violation du principe du partage du marché hospitalier grec entre elles n'a pu être prouvée ;

— Des actions identiques assez fréquentes entreprises par des sociétés engagées dans un marché de ce genre, se rencontrent souvent et sont souvent dues aux conditions des adjudications, de même qu'aux pratiques commerciales et financières objectivement justifiées qui visent le plus grand profit possible sans nécessairement aller contre les intérêts des consommateurs.

C. Description des principales affaires

La Direction de l'étude du marché et de la concurrence a commencé une enquête et trouvé que la politique des prix suivie par l'Union des entreprises d'installation et d'entretien d'ascenseurs constituait une infraction à la loi 703/77 sur la concurrence.

Ce secteur des services est composé de sociétés techniques de statut juridique différent. Le 1er janvier 1989, son Assemblée Générale a adopté un nouveau barème pour le service d'entretien des ascenseurs.

Dès que les nouveaux prix du catalogue ont été adoptés ils ont entraîné un nombre croissant de plaintes car ils étaient considérés trop élevés et injustifiés. Selon l'enquête, les prix avaient augmenté de 20 à 150 pour cent par rapport aux précédents. Etant donné que l'entretien des ascenseurs est soumis au contrôle des prix, le nouveau barème devrait être justifié par l'augmentation des principaux éléments du prix de revient. Finalement, cette même enquête a permis d'estimer qu'une augmentation raisonnable se situerait à environ 37 pour cent, et ce, principalement en raison d'une hausse des rémunérations.

Selon l'Article 1 par. 1 de la Loi 703/77 sont interdits tous accords entre entreprises, toutes décisions prises par des associations d'entreprises et toutes pratiques concertées qui ont pour objet ou pour effet d'empêcher, de restreindre ou de fausser le jeu de la concurrence et surtout ceux qui fixent directement ou indirectement les prix d'achat et de vente ou d'autres conditions de transactions.

Dans la présente affaire, concernant l'installation et l'entretien d'ascenseurs, la Commission de la concurrence a jugé que :

a) Ces services techniques sont des entreprises au sens de l'Article 1, para. 1 ;

b) L'Union étant une entité juridique, elle constitue une association d'entreprises au sens des dispositions de l'Article mentionné précedemment;

c) Le barème déterminé par l'Assemblée générale est l'expression officielle de la volonté de l'Union, et par conséquent, est conforme à la décision par laquelle une association reconnait ce barème comme un guide ;

d) Selon les dispositions de l'Article 1 de la Loi 703/77, le barème a pour objet d'empêcher la concurrence dans le secteur des services.

Il est de moindre importance de savoir si la prévention de la concurrence a été effective, puisque les décisions prises par les associations ayant pour objet d'empêcher la concurrence tombent sous le coup de la même interdiction.

Finalement, la commission a jugé que :

a) la promulgation du barème était nulle et non avenue et

b) Si le barème n'était pas annulé, ou en cas d'un nouveau barème, une amende devrait être infligée.

Pendant la période considérée, la Commission de la concurrence a examiné 11 demandes d'attestation négative dans le domaine de la distribution sélective, concernant des accords entre les importateurs de produits de beauté et les revendeurs. Après que la Commission de la concurrence ait émis des avis juridiques pour ces 11 affaires, le Ministre du commerce a pris un même nombre de décisions.

Des attestations négatives ont été accordées à six de ces accords, comme n'enfreignant pas les règles de la concurrence.

Les principaux termes de ces six accords étaient les suivants :

— Afin d'être accepté dans le réseau de distribution sélective, le revendeur doit être un détaillant professionnel sur le marché des produits de beauté et des parfums ;
— Il doit avoir, ainsi que ses employés, une situation dans la profession ;
— La qualité de ses locaux commerciaux doit coïncider avec le prestige et le statut international des produits concernés ;
— La superficie couverte par les points de vente ne doit pas être disproportionnée par rapport au nombre total de produits mis en vente sous des marques différentes ;
— Ses produits doivent être stockés selon les meilleures normes de conservation ;
— Ses produits ne doivent être revendus qu'à ceux qui participent au réseau de distribution sélective de la société et ont pour champ de transaction, les pays de la CEE ;
— Le revendeur devait offrir la meilleure présentation possible des produits en utilisant périodiquement ses plus belles vitrines à l'intérieur comme à l'extérieur et
— Il doit se servir du matériel de publicité fourni par la société pour présenter ces produits dans ses locaux commerciaux.

Les termes suivants ont été jugés de nature néfaste, enfreignant les dispositions de la loi 703/77, et par conséquent aucune attestation négative n'a été accordée aux accords contenant ces termes :

— La détermination de la superficie à couvrir par les étalages ;
— La participation du revendeur aux dépenses de publicité des produits concernés ;
— L'engagement de la société à faire une remise supplémentaire de dix pour cent aux revendeurs satisfaisants à tous les termes mentionnés ci-dessus ;

— Le pouvoir de la société de modifier les termes et les conditions à remplir par les magasins ;
— L'obligation pour le revendeur s'y conformer.

D. Fusions et concentrations

Pendant la période sous revue, aucune fusion n'a été notifiée au Service de la protection de la concurrence.

IRLANDE

(1er janvier 1989 — 31 mars 1990)

I. Modifications ou projets de modification des lois et des politiques de la concurrence

Aucune modification n'a été apportée à la loi sur la concurrence au cours des 15 mois qui ont précédé le 31 mars 1990.

Le 2 février 1989, le parti démocrate progressiste, qui faisait alors partie de l'opposition, a publié le projet de loi Enterprise (pour la protection de la concurrence et du consommateur). Dans l'exposé des motifs, il était déclaré que l'Irlande n'était pas essentiellement en harmonie avec le droit européen et qu'en raison de l'avènement du marché unique en 1992, il était impératif de mettre à jour les lois sur les pratiques anti-concurrentielles. En outre, il était également spécifié que le projet de loi s'inspirait des Articles 85 et 86 du Traité de Rome.

Se prononçant contre l'adoption du projet de loi, le Ministre de l'Industrie et du Commerce de l'époque a déclaré que ce projet comprenait une proposition fondamentale qui modifierait radicalement les bases de la législation irlandaise sur la concurrence si elle était adoptée .Il a également déclaré que la Fair Trade Commission (Commission pour la loyauté dans le commerce) avait entrepris une étude approfondie sur les avantages et inconvénients respectifs du système d'interdiction et du système de contrôle des abus et que, dans le cadre de l'adoption d'un éventuel système d'interdiction tel que l'envisage le projet de loi, un grand nombre de questions fondamentales se posaient et devaient être examinées avec attention. Le projet de loi a été rejeté.

Un Programme de gouvernement a été publié le 12 juillet 1989, à la suite des élections législatives et de la proposition du parti démocrate progressiste d'entrer au gouvernement. Ce programme comprenait la décision suivante :

> «Loi sur la concurrence. Le prochain gouvernement déposera un texte de loi visant à introduire dans la législation nationale des dispositions semblables à celles des Articles 85 et 86 du Traité de Rome après présentation au gouvernement du rapport de la Fair Trade Commission. Cette loi témoignera de façon significative des efforts entrepris par le prochain gouvernement pour préparer les entreprises irlandaises à la concurrence accrue que ne manquera pas d'occasionner la mise en place du marché unique en 1992.»

Cette décision signifie concrètement que le principe d'adoption du système d'interdiction a été accepté.

En décembre 1989, la Fair Trade Commission a soumis au Ministre une étude sur la loi de la concurrence et lui a proposé un nouveau Competition Act. La préparation des projets de lois est en cours.

Autres mesures pertinentes

a) Télédiffusion

En plus de la station de radiodiffusion d'Etat, de nombreuses stations de radio commerciales autorisées ont été mises en place. Une deuxième chaîne de télévision, nationale mais indépendante, devrait être opérationnelle en 1990. Un système de relais pour les ondes de télévision a été créé afin que la quasi-totalité des régions du pays puissent recevoir des chaînes étrangères.

b) Publicité faite par les solicitors

En décembre 1988, les solicitors ont été autorisés par un texte réglementaire à faire de la publicité sous certaines réserves. C'était l'une des recommandations faites par la Commission des pratiques restrictives de l'époque dans son rapport de 1982.

c) Loi sur les sociétés de prêts immobiliers

Cette loi permet maintenant aux sociétés de prêts immobiliers d'assurer des services de commissaire-priseur ainsi que des services ayant trait à la propriété foncière, comme par exemple l'arpentage et l'expertise. En outre, sous réserve que certaines réglementations soient prises, les sociétés de prêts immobiliers pourraient être autorisées à assurer la rédaction des actes translatifs de propriété, ce qui mettrait fin au monopole des Solicitors dans ce domaine. Il existe des dispositions destinées à empêcher les opérations de vente à perte.

II. Application des lois et des politiques de la concurrence

Action contre les pratiques anti-concurrentielles

a) et b) Résumé des activités et affaires importantes

Application de l'Arrêté sur les articles d'épicerie.

Au cours de la période examinée, le Directeur chargé des affaires intéressant les consommateurs et la loyauté dans le commerce a privilégié l'application des Arrêtés sur les pratiques restrictives en vigueur, donnant la priorité à l'Arrêté de

1987 sur les pratiques restrictives (articles d'épicerie). En 1989, sept plaintes concernant des ventes présumées à des prix inférieurs aux coûts ont été déposées. Toutes ces plaintes n'ont pas fait l'objet d'une enquête, mais dans le cas où une enquête a eu lieu, le Directeur a estimé qu'il n'y avait pas lieu de donner suite.

En application de l'Article 16 (4) de l'Arrêté sur les articles d'épicerie, les détaillants doivent se conformer aux conditions de crédit énoncées dans les conditions rendues publiques par les fournisseurs. Une enquête sur l'application de cette disposition a amené à examiner les relevés des paiements d'un certain nombre de détaillants vis-à-vis de leurs fournisseurs. A la suite de cette enquête, le Directeur chargé des affaires intéressant les consommateurs et la loyauté dans le commerce a engagé une procédure visant à prendre une injonction faisant obligation à une épicerie à succursales multiples de régler tous ses fournisseurs conformément aux conditions de crédit qu'ils ont eux-même fixées. Au cours de la procédure préalable, il a été pris des engagements qui donnaient satisfaction au Directeur et au tribunal ; sur cette base, il a été convenu de classer l'affaire. L'examen des relevés des paiements d'autres détaillants et grossistes se poursuit.

Description d'affaires importantes

En 1988 le Directeur avait demandé des assurances de la part d'un certain nombre de laiteries et de l'association de laiteries impliquées dans la diffusion de lettres qui paraissaient constituer un accord tendant à ne pas approvisionner tout détaillant ou représentant qui vendait du lait à un prix inférieur au prix de détail conseillé. En 1989, le Directeur a obtenu ces assurances des parties concernées.

L'affaire de la société de distribution de sucre qui était présumée avoir aidé un grossiste et un détaillant indépendant à évincer une marque de sucre concurrente, — affaire mentionnée dans le rapport 1988 comme étant en instance — n'a toujours pas été jugée au fond.

Le Restrictive Trade Practices (Intoxicating Liquor and Non-Alcoholic Beverages) Order (Arrêté de 1965 sur les pratiques commerciales restrictives : vin et spiritueux, boissons non alcoolisées) interdit les ententes ou autres actions contraires à la concurrence de la part des associations de détaillants détenant une licence de débit de boissons. Le rapport 1988 faisait mention de l'acquittement d'une association de ce genre, qui était présumée avoir adressé des circulaires indiquant, entre autres, (à titre d'information) le montant dont une entreprise pourrait avoir à majorer le prix des boissons pour compenser une récente hausse des coûts. Le Directeur a fait appel de la décision, et l'affaire devrait être jugée en appel au cours des prochains mois.

Vente d'appareils électriques

En novembre, le Ministre de l'Industrie et du Commerce a demandé au Directeur d'enquêter sur l'utilisation faite par l'Electricity Supply Board (ESB) de son système de facturation pour promouvoir la vente au détail de ses appareils électriques. Le but de l'enquête est de déterminer si l'utilisation par l'ESB du système de facturation pour percevoir le remboursement des achats à crédit d'appareils au détail constitue une pratique déloyale défavorisant ses concurrents. L'enquête se poursuit.

Enquête publique sur l'offre et la distribution de carburants pour moteur

A la demande du Ministre, la Fair Trade Commission a entrepris une enquête publique sur l'offre et la distribution de carburants pour moteur. Des séances publiques ont eu lieu du 24 mai au 28 juin 1989. L'enquête portait sur les points suivants :

— les incidences des primes et des mesures promotionnelles sur les prix ;
— les répercussions des activités de l'Irish National Petroleum Corporation sur les prix ;
— la mise en oeuvre de l'Arrêté de 1981 sur les pratiques restrictives (Essence et lubrifiants pour véhicules à moteur)

La Commission a présenté un rapport intérimaire au Ministre le 31 juillet 1989. La Commission a ainsi annoncé que dans son Rapport final, elle recommanderait la déréglementation complète des prix de l'essence et du carburant diesel.

La Commission a recommandé de modifier de façon significative l'actuel barème de formation des prix maximum du pétrole et du carburant diesel. Il en est résulté une hausse des prix. Le Ministre a accepté certaines recommandations et un barème de prix corrigé est actuellement appliqué. La Commission devrait terminer le rapport final sur l'enquête au cours des mois prochains.

Etudes sur les professions libérales

Une étude sur les pratiques restrictives concernant les professions d'agents en marques commerciales et brevets d'invention a été terminée en 1988, et le rapport a été soumis au Ministre en février 1989. Il n'a pas encore été publié.

Une étude sur les pratiques restrictives dans la profession juridique s'est poursuivie pour 1989 et a été soumise au Ministre en mars 1990. Elle devrait être bientôt publiée.

Un rapport portant sur les restrictions dans les professions d'architectes, géomètres, commissaires-priseurs et experts a également été soumis au Ministre en mars 1990.

III. Fusion et concentrations

Description des affaires importantes

Affaires sur renvoi concernant l'industrie de la viande

Le 23 mai 1989, le Ministre a demandé à la Commission d'examiner le projet de changement de contrôle de Master Meat Group, ainsi que les conséquences éventuelles d'un transfert de propriété du groupe et de la vente des usines. Un rapport sur cette affaire a été soumis au Ministre le 2 octobre 1989.

Le 11 septembre 1989, le Ministre a demandé à la Commission d'enquêter sur le projet d'acquisition par Anglo Irish Beef Processors Limited de la totalité des actions émises de DJS Meats Limited. Un rapport sur cette affaire a été soumis au Ministre le 10 octobre 1989.

Le 11 avril 1990, le Ministre a pris deux Arrêtés interdisant la prise de contrôle d'une des usines de Master Meat Group ainsi que celle de DJS Meat par Anglo Irish Beef Processors Ltd, à moins que les autres usines de Master Meat Group ne soient vendues à des parties n'ayant aucun lien avec Anglo Irish Beef Processors Ltd. Le Ministre a stipulé qu'il ne devrait pas y avoir d'accord, d'arrangement ou de convention empêchant, limitant ou faussant la concurrence dans l'achat de bovins. Le Ministre a édicté ces Arrêtés en raison de la nécessité d'assurer une compétition effective dans les achats de bovins.

Walkersteel

Le 16 janvier 1990, le Ministre a demandé à la Commission d'enquêter sur le projet d'acquisition par British Steel plc de Walkersteel, société britannique possédant un certain nombre de filiales en Irlande. Le rapport a été soumis au Ministre le 9 février 1990.

Le 26 février 1990, le Ministre a pris un Arrêté interdisant la prise de contrôle et a déclaré qu'il redoutait que le projet d'acquisition ne donne lieu à un degré de concentration inacceptable sur le marché pour les produits concernés, faisant apparaître ainsi un risque non négligeable de la réduction de la concurrence, ce qui aurait des effets néfastes sur les secteurs d'activité qui utilisent ces produits et par conséquent aussi sur les emplois concernés.

Ce projet d'acquisition a également été renvoyé devant la Commission des monopoles et des fusions du Royaume-Uni, dont le rapport a été publié en mars 1990.

En application du Traité de Paris, les prises de participation par des sociétés concernant des produits entrant dans le cadre du traité sont du ressort de la Commission de la Communauté européenne. Celle-ci examine aussi le projet de prise de participation de Walkersteel.

IV. Rôle des autorités chargées de la concurrence dans la formulation et la mise en oeuvre d'autres politiques

Les services du Ministère chargés des échanges et de la politique industrielle consultent la Division qui, au sein du Ministère de l'Industrie et du Commerce, est responsable de la politique de la concurrence. Ces services sollicitent également les avis des autres ministères sur les propositions de réglementation.

V. Descriptions ou référence à de nouvelles études ayant trait à la politique de la concurrence

L'étude sur la Loi de la concurrence réalisée par la Fair Trade Commission et terminée en 1989 devrait être publiée courant 1990.

JAPON

(1989)

Introduction

On trouvera dans le présent rapport annuel un résumé des principaux faits intervenus dans la politique japonaise de la concurrence entre les mois de janvier et de décembre 1989. Lorsque l'examen portera sur des faits intervenus entre janvier et avril 1990, il en sera fait état dans le texte.

La composition de la Fair Trade Commission n'a pas été modifiée au cours de la période couverte par le présent rapport. Cette composition est la suivante :

M. Setsuo Umezawa	Président
M. Tsutomu Miyadai	Membre de la Commission
M. Hiroshi Iyori	Membre de la Commission
M. Tokutaro Sato	Membre de la Commission
M. Michio Uga	Membre de la Commission

I. Lois sur les politiques de la concurrence : modifications apportées ou envisagées

Résumé des dispositions nouvelles dans le droit de la concurrence et de la législation connexe

La politique antimonopole du Japon a été mise en oeuvre conformément à la loi portant interdiction des monopoles privés et préservation de la loyauté dans les échanges (Loi n° 54 de 1947, ci-après dénommée Loi antimonopole), et à deux autres lois : la loi visant à éviter des retards dans les paiements aux sous-traitants (Loi n° 120 de 1956, dénommée Loi sur la sous-traitance) et la loi contre les primes injustifiées et les présentations trompeuses (Loi n° 134 de 1962, ci-après dénommée Loi sur les primes et les présentations trompeuses). Aucune n'a fait l'objet d'une révision durant la période couverte par le présent rapport.

Toutefois, pour accroître l'effet dissuasif et prévenir les infractions, le Gouvernement envisage de réviser au cours de l'exercice fiscal 1991 la Loi antimonopole : les surtaxes que doivent payer certaines ententes seraient majorées afin de rendre ces surtaxes plus efficaces.

Autres mesures connexes, notamment publication de directives

a) Mesures visant les systèmes de distribution, les pratiques commerciales, etc. prises en application de la politique de la concurrence

En ce qui concerne les systèmes de distribution, les pratiques commerciales etc., la Fair Trade Commission estime que pour ouvrir davantage le marché japonais et en accroître l'efficacité et pour améliorer par ailleurs l'accès à ce marché, il est indispensable de préserver et de favoriser une concurrence libre et loyale. Soucieuse d'appliquer strictement la loi antimonopole, la Fair Trade Commission a, de plus, mené activement tout un ensemble d'études, et elle a par ailleurs élaboré et promulgué des directives en application de la Loi antimonopole, etc. Les mesures adoptées en 1989 sont indiquées ci-après.

Les problèmes liés aux systèmes de distribution du Japon et à ses pratiques commerciales etc. ont suscité divers commentaires tant au Japon qu'à l'étranger. Pour pouvoir évaluer globalement les mesures de politique de la concurrence de nature à régler ces questions, la Commission a créé le Groupe consultatif sur les systèmes de distribution, les pratiques commerciales et la politique de la concurrence. Constitué en septembre 1989, ce Groupe est composé de diverses personnalités venues de l'Université et du milieu des affaires.

A partir des propositions du Groupe, la Commission a l'intention d'élaborer et de promulguer dans les meilleurs délais possibles de nouvelles directives donnant des précisions sur les pratiques commerciales déloyales et les autres infractions aux pratiques du commerce et de la distribution ainsi que des directives révisées sur les contrats conclus avec les distributeurs exclusifs de produits importés.

Dans le cadre de ces activités, la Commission s'est également penchée sur le problème des produits de marque européens et américains importés au Japon et a publié les résultats de son étude. Elle étudie actuellement la disparité des prix des produits de fabrication nationale et étrangère.

b) Révisions des directives applicables aux contrats de licence internationaux au titre de la Loi antimonopole

En février 1989, la Commission a publié de nouvelles directives applicables au titre de la Loi antimonopole aux tranferts de technologie ; il s'agit des «Directives en vue de la réglementation des pratiques commerciales déloyales en matière d'accords de licences d'exploitation de brevet et de savoir-faire». (Voir rapport de 1988-1989).

II. Application des lois et des politiques de la concurrence

Actions contre les pratiques anti-concurrentielles

A. Fair Trade Commission

a) Enquêtes

Au cours de la période examinée, la FTC a ouvert une enquête sur un ensemble de 242 affaires concernant des infractions présumées à la Loi anti-monopole, dont 79 affaires se rattachaient à l'exercice précédent. La FTC a mené à leur terme 155 enquêtes et les 87 autres ont été reportées sur la période suivante.

Sur les 155 affaires dont elle a achevé l'examen, la FTC a dans six cas enjoint aux entreprises de mettre fin à des pratiques illégales ; dans 114 cas elle a formulé des avertissements sans engager d'actions devant les tribunaux et dans 27 autres cas elle a formulé des mises en garde. Enfin, huit dossiers ont été classés car l'infraction n'a pu être prouvée.

b) Condamnations au versement d'une surtaxe

Lorsque des entreprises ou des associations professionnelles créent une entente qui soit influe sur les prix des produits ou des services soit limite sensiblement l'offre de produits ou de services et de ce fait influe sur leurs prix, la FTC peut à ces entreprises ou associations ou à leurs membres ordonner de payer une surtaxe. Au cours de la période examinée, 54 chefs d'entreprise impliqués dans six affaires d'entente ont été condamnés par la FTC à verser une surtaxe de 803 490 000 yen au total.

c) Audiences

Au cours de la période examinée, une procédure d'audience a été engagée pour une affaire mettant en cause une hausse du prix des laminés, hausse qui était présumée résulter d'une action présumée concertée (infraction présumée de l'Article 3 de la Loi antimonopole). Trois autres affaires étaient en attente d'audience devant la FTC : une action présumée concertée visant à modifier les coûts d'entretien des ascenseurs (infraction de l'Article 3 de la Loi antimonopole) et deux autres cas de présentation présumée trompeuse sur la qualité de produits d'alimentation (infraction présumée de l'Article 4 de la Loi sur les primes et les présentations trompeuses).

d) Décisions

Au cours de la période examinée, la FTC a rendu des décisions comportant des recommandations dans les six affaires suivantes :

Affaire Sanwa Shutter Corp. et quatre autres entreprises

Cinq fabricants de volets s'étaient entendus pour majorer le prix de vente des volets en matériau léger ou lourd dans la région de Kyushu, ceci en infraction de l'Article 3 de la Loi antimonopole (restriction injustifiée à la liberté du commerce). Le 25 avril 1989, la FTC a rendu sa décision par laquelle elle ordonnait aux parties de mettre fin à ces pratiques.

Affaire Sanwa Shutter Corp. et cinq autres entreprises

Six fabricants de volets s'étaient entendus pour maintenir et accroître le prix des volets en matériau lourd vendus à de grosses entreprises de construction de la région de Chiba, ceci en infraction de l'Article 3 de la Loi antimonopole (restriction injustifiée à la liberté du commerce). Le 25 avril 1989, la FTC a rendu sa décision ordonnant aux parties de mettre fin à ces pratiques.

Affaire Sanwa Shutter Corp. et sept autres entreprises

Huit fabricants de volets s'étaient entendus pour maintenir et majorer le prix de vente des volets en matériau lourd ou léger dans la région de Toyama en infraction de l'Article 3 de la Loi antimonopole (restriction injustifiée à la liberté du commerce). Le 25 avril 1989, la FTC a rendu une décision ordonnant aux parties de mettre fin à ces pratiques.

Affaire Hitachi Chemical Co., Ltd. et six autres entreprises

Sept fabricants de laminés s'étaient entendus avec Toshiba Chemical Corp. pour majorer le prix de vente des laminés plaqué cuivre au papier phénolé, en infraction de l'Article 3 de la Loi antimonopole (restriction injustifiée à la liberté du commerce). Le 8 août 1989, la FTC a rendu une décision dans laquelle elle ordonnant aux parties de mettre fin à ces pratiques.

Affaire Marine Reclamation Contruction Association

Lors des travaux d'aménagement de l'île artificielle prévue dans le projet de construction de l'Aéroport international de Kansai, il a été constaté que la Marine Reclamation Construction Association avait imposé des barèmes de prix à ses adhérents pour le transport de la terre par voie maritime, ceci en infraction de l'Article 8, paragraphe 1, alinéa 1 de la Loi antimonopole (restriction injustifiée du commerce par des associations professionnelles). Le 12 septembre 1989, la FTC a rendu une décision ordonnant à l'Association de mettre fin à cette pratique.

Affaire Hokkaido Building Maintenance Association, Inc.

Il a été constaté que la Hokkaido Building Maintenance Association, Inc. avait enfreint l'Article 8, paragraphe 1, de la Loi antimonopole (restriction injustifiée du commerce par des associations professionnelles) : ses adhérents avaient en effet présenté des soumissions concertées pour les contrats d'entretien de bâtiments passés par des administrations dans la région de Sapporo. Les membres de l'association s'étaient entendus de façon que d'autres membres ne puissent obtenir de commandes pour des bâtiments ayant déjà fait l'objet d'un contrat passé avec l'un d'entre eux ; par ailleurs, les membres ne devaient pas accepter de commandes pour de nouveaux travaux à un prix inférieur à 80 pour cent du prix envisagé. Le 21 novembre 1989, la FTC a rendu une décision par laquelle elle enjoignait à l'Association de mettre un terme à ces pratiques.

e) Enquêtes sur le suivi

Lorsqu'elle ouvre une enquête sur les activités des parties ayant fait l'objet d'une décision, la FTC ne s'assure pas seulement que la décision est respectée, elle cherche aussi à empêcher que ne se reproduisent des activités illégales. Au cours de la période examinée, la FTC a engagé quatre enquêtes sur le suivi.

Dans l'affaire concernant l'entente sur la limitation des importations de soude (décision de mars 1983), la FTC a publié en novembre 1987 une mise en garde à l'intention des fabricants nationaux, leur recommandant de ne pas commettre d'actes pouvant donner à craindre qu'il y a limitation de la concurrence loyale. Elle a continué à suivre l'évolution de la situation.

f) Ententes faisant l'objet d'une dérogation

En règle générale, la loi antimonopole interdit toutes les ententes entre des chefs d'entreprise ou des associations professionnelles. Mais la loi admet une exception pour les ententes qui remplissent certaines conditions. Le régime de dérogation est prévu non seulement par les dispositions de la loi antimonopole proprement dite mais aussi par certaines lois spécifiques telles que la loi sur l'organisation des groupements de petites et moyennes entreprises et la loi sur le commerce d'exportation et d'importation. D'une façon générale, les ententes qui peuvent bénéficier d'une dérogation doivent être notifiées et agréées par la FTC ou par l'administration compétente en la matière.

A la fin de 1989, on dénombrait 265 ententes bénéficiant d'une dérogation (à l'exclusion de celles mettant en cause l'impôt à la consommation), soit 20 de moins qu'à la fin de 1988. Pour la plupart, il s'agit soit d'ententes visant des petites et moyennes entreprises, soit d'ententes à l'exportation créées pour éviter des conflits dans les échanges internationaux.

Ententes bénéficiant d'une dérogation au titre de la loi antimonopole

La loi antimonopole prévoit deux types d'ententes pouvant bénéficier d'une dérogation : les ententes en cas de crise, prévues à l'article 24 (3) et les ententes de rationalisation au titre de l'article 24 (4). Ces deux types d'ententes doivent être approuvées par la FTC.

Au cours de la période examinée dans le présent rapport, deux ententes en cas de crise ont été réalisées, l'une entre les constructeurs navals, l'autre entre les fabricants de gros moteurs diesel destinés aux navires. Au départ, la FTC avait approuvé la création d'une entente en cas de crise dans ces deux branches d'activités pour une année à compter d'avril 1987. Cet accord avait été reconduit à deux reprises et venait à expiration en mars 1990. La situation de la demande et le marché s'améliorant, l'industrie de la construction navale et l'industrie des gros moteurs marins ont enregistré une reprise, mais dans la mesure où la situation devrait continuer à s'améliorer, la FTC a ordonné aux deux branches d'activités de démanteler leurs ententes. Toutes deux ont accepté et les ententes ont été dissoutes en septembre 1986, soit six mois avant la date prévue. Depuis la suppression de ces deux ententes, il n'existe plus d'ententes de ce type.

Au cours de la période examinée, aucune entente de rationalisation n'a été enregistrée.

Ententes bénéficiant d'une dérogation au titre de lois autres que la loi antimonopole

Lorsqu'une entente peut bénéficier d'une dérogation au titre d'autres lois que la loi antimonopole, il est souvent demandé à la FTC de donner son accord ou de consulter le ministre compétent et obtenir son avis. Au cours de la période examinée, 231 consultations ont eu lieu. La FTC a été consultée sur la création d'ententes dérogatoires du point de vue strict de la politique de la concurrence.

On a pu dénombrer 265 ententes pouvant bénéficier d'une dérogation au titre de lois autres que la loi antimonopole. Le nombre élevé d'ententes autorisées au titre de la loi concernant l'organisation des groupements de petites et moyennes entreprises et de la loi sur l'amélioration des activités commerciales ayant une incidence sur l'hygiène tient au fait qu'elles sont recensées par des unités géographiques telles que les préfectures, etc.

Tableau 1. **Ententes bénéficiant d'une dérogation**
Nombre et catégories

Loi justifiant l'entente	Fin de 1988	Fin de 1989
Loi antimonopole		
(1) Ententes en cas de crise	2(2)	0
(2) Ententes de rationalisation	0	0
Loi concernant l'organisation des groupements de petites et moyennes entreprises	180(13)	174(11)
Loi sur le commerce d'exportation et d'importation	54(54)	45(45)
Loi sur les mesures provisoires de stabilisation des prix des engrais	3(1)	—
Loi instituant des mesures provisoires en vue de la coordination de la production dans l'industrie de la pêche	3(3)	3(3)
Loi sur le développement de l'industrie du transport maritime à l'exportation	1(1)	1(1)
Loi instituant des mesures extraordinaires en vue de la reconstruction de l'industrie de la pêche	0	1(1)
Loi sur l'amélioration des activités commerciales ayant une incidence sur l'hygiène	40(4)	39(3)
Loi sur l'association des transporteurs maritimes côtier	2(1)	2(1)
Total	285	265

Notes : (1) La loi sur les mesures provisoires de stabilisation des prix des engrais a été abrogée en juin 1989.

(2) Les chiffres entre parenthèses indiquent le nombre de secteurs industriels intéressés.

g) Recommandations et directives formulées au titre de la loi sur la sous-traitance

Du fait de leur situation même, il n'est guère probable que des sous-traitants signalent aux autorités les infractions à la loi sur la sous-traitance. Aussi la FTC et l'Agence chargée des petites et moyennes entreprises (qui relève du MITI) procèdent chaque année à des enquêtes auprès des entreprises mères et de leurs sous-traitants pour s'assurer que des infractions ne sont pas commises. Au cours de la période examinée, la FTC et l'Agence ont adressé des questionnaires à 47 416 entreprises mères et à 105 530 sous-traitants.

Les enquêtes ont permis de constater que 4 313 entreprises mères avaient enfreint la loi sur la sous-traitance. La FTC leur a enjoint de mettre fin à leur comportement illicite et de prendre les mesures nécessaires pour indemniser leurs sous-traitants des pertes qu'ils auraient subies. Dans 377 des cas mentionnés plus haut, il s'agissait d'une réduction abusive du montant des versements effectués aux sous-traitants et les entreprises en infraction ont dû rembourser une sommes globale de 182 850 000 yen.

Lorsque la FTC ou l'Agence chargée des petites et moyennes entreprises ouvrent une enquête sur des infractions éventuelles, les entreprises mères mettent normalement fin à l'infraction et prennent volontairement les mesures nécessaires pour remédier à la situation. De ce fait, la FTC n'a pas eu, au cours de la période examinée, à formuler de recommandations au titre de l'article 7 de la loi sur la sous-traitance.

De même, pour s'assurer que les prix pratiqués dans la sous-traitance tiennent compte de l'impôt à la consommation institué le 1er avril 1989, la FTC a ouvert une enquête spéciale auprès de 7 001 entreprises mères et de 66 134 sous-traitants. A l'issue de l'enquête, la FTC a formulé un avis pour les cas où les entreprises mères pouvaient être présumées enfreindre la loi sur la sous-traitance.

h) Injonctions prohibitives prononcées en application de la loi sur les primes et les présentations trompeuses

Au cours de la période examinée, la FTC a ouvert 1 487 enquêtes au titre de la loi sur les primes et les présentations trompeuses. Des injonctions prohibitives ont été prononcées au titre de l'article 6 de la loi ; dans trois cas il s'agissait d'indications mensongères concernant des biens immobiliers, une autre concernait des pianos et des orgues électriques, une autre enfin des indications trompeuses sur le pays d'origine de vêtements pour femmes. La FTC a adressé 747 avertissements dans des affaires n'ayant pas donné lieu à une action devant les tribunaux.

B. Actions judiciaires

Arrêt de la Cour Suprême dans l'affaire Tsuruoka Kerosene

En novembre 1974 et en février 1975, plusieurs consommateurs membres de la Tsuruoka Co-op et la Fédération des ménagères avaient engagé un procès devant le Tribunal de district de Yamagata (Division Tsuruoka) alléguant qu'ils avaient subi des dommages du fait d'une entente sur les prix conclue entre douze compagnies pétrolières et d'une entente à la production de la Japan Petroleum Industry Association. Aux termes de l'article 709 du Code Civil, une partie lésée peut obtenir des dommages et intérêts lorsque ses droits sont, délibérément ou par négligence, enfreints par une autre partie. Ces deux demandes ont été jointes en 1979.

En février 1974, la FTC avait rendu des décisions ordonnant la suppression de l'entente sur les prix organisée par les compagnies pétrolières et celle de l'entente sur la production conclue par la Japan Petroleum Industry Association.

Le Tribunal de district avait rendu sa décision en mars 1981 et la High Court avait statué en mars 1985. Consommateurs et compagnies pétrolières mécontents les uns et les autres de la décision rendue en appel avaient porté l'affaire devant la Cour Suprême.

En décembre 1989, la Cour Suprême a rendu un arrêt par lequel elle rejetait l'appel introduit par le demandeur, considérant que dans la mesure où les dommages n'étaient pas prouvés, le jugement de la juridiction inférieure qui était défavorable aux compagnies pétrolières concernant l'entente présumée sur les prix était infirmé. Quant à l'accusation d'entente sur la production qu'aurait conclue la Petroleum Industry Association, la Cour Suprême a débouté l'appelant, au motif qu'on ne pouvait affirmer qu'il existait un lien de cause à effet entre l'entente et le dommage subi par les consommateurs.

Fusions et concentration économique

A. Statistiques sur les fusions

Conformément aux Articles 15 et 16 de la Loi antimonopole, les fusions et les acquisitions doivent être notifiées préalablement à la FTC. Au cours de la période examinée, 1 432 fusions au titre de l'Article 15 et 1 050 acquisitions d'entreprises au titre de l'Article 16 ont été notifiées à la FTC.

Au cours de cet exercice, la FTC n'a pris aucune mesure légale contre des fusions ou des acquisitions.

Sans aller jusqu'à des mesures légales, la FTC a donné son accord sous condition dans 14 cas (la FTC approuverait la fusion ou l'acquisition si les parties acceptaient au cours de la période précédant la consultation de respecter certaines conditions telles que la remise d'un rapport intérimaire).

Lorsqu'un projet de fusion suscite des inquiétudes au regard de la Loi antimonopole, des consultations ont lieu avec la FTC avant de procéder à sa notification et, lorsque la fusion ne crée pas en fait de problème au regard de la Loi antimonopole, cela peut être vérifié à ce stade préliminaire de consultation. Lorsqu'on estime qu'un problème se pose, ou bien la fusion n'est pas réalisée, ou bien sa forme est modifiée.

Tableau 2. **Fusions et acquisitions ayant fait l'objet d'une notification**

Année	1987	1988	1989
Nombre de notifications			
Fusions	1 188	1 162	1 432
Acquisitions	1 080	1 063	1 050
Total	2 268	2 225	2 482
Approbations sous condition	11	26	14

B. Principales fusions

Au cours de la période examinée, les principales fusions sont celles qui ont été réalisées d'une part entre Yamashita Shinnihon Steamship Co., Ltd. et Japan Line, Ltd., d'autre part entre Mitsui Bank, Ltd. et Taiyo Kobe Bank, Ltd.

Fusion entre Yamashita Shinnihon Steamship Co., Ltd. et Japan Line, Ltd.

Selon l'examen qu'en a fait la FTC, Yamashita Shinnihon Steamship Co., Ltd., principale compagnie en termes de ventes dans l'industrie du transport maritime, et Japan Line Co., Ltd., cinquième compagnie, avaient envisagé de fusionner pour réduire leurs coûts indirects et rationaliser leurs opérations, et améliorer ainsi leur compétitivité.

A la suite de cette fusion, la part de la compagnie est passée à 25 pour cent dans le transport maritime du minerai de fer et de charbon brut, et à 15 pour cent dans le transport maritime de pétrole brut, ce qui dans les deux cas en faisait le numéro un de la branche d'activité. Mais compte tenu des facteurs suivants, la FTC a décidé que dans l'immédiat cette fusion ne limitait sensiblement la concurrence dans aucun secteur commercial particulier.

— Sauf dans les contrats à long terme à coût garanti, les prix se forment sur les marchés étrangers gravitant autour de Londres et de New York et il s'agit d'un marché extrêmement concurrentiel ;
— Les chargeurs occupent une position de marchandage solide ;
— Il existe des concurrents puissants ;
— Les deux compagnies traversent une période de crise.

Fusion entre Mitsui Bank, Ltd. et Taiyo Kobe Bank, Ltd.

Comme avait pu le constater la FTC lors de son examen, Mitsui Bank, Ltd., banque urbaine de taille moyenne et Taiyo Kobe Bank, autre banque urbaine de taille moyenne, envisageaient de fusionner pour mettre en place un réseau équilibré de succursales nationales, éviter de réaliser des investissements faisant double emploi dans des systèmes informatiques, etc., s'assurer enfin le concours d'effectifs de premier plan et les répartir de façon rationnelle.

La banque résultant de la fusion deviendrait la première du Japon non seulement par le nombre de succursales mais aussi par l'encours des dépôts et des prêts au plan national et la seconde par le montant total des dépôts dans le monde. Prenant en considération les facteurs suivants, la FTC a décidé toutefois que dans l'immédiat l'opération ne limiterait sensiblement la concurrence dans aucun secteur particulier du commerce.

— Pour ce qui est du nombre de succursales, dans la majorité des régions où sa part augmenterait, l'une ou l'autre banque détient déjà une part importante, ou bien le marché compte d'autres concurrents puissants ;

par ailleurs dans presqu'aucune des régions la fusion n'aurait pour effet de modifier sensiblement les conditions de la concurrence ;

— S'agissant de l'encours des dépôts et des prêts au plan national, la part des banques parmi les banques urbaines est d'environ 15 pour cent, même sur une base nationale, et on dénombre plus de dix autres banques urbaines dont certaines ont des parts supérieures à 10 pour cent ;
— Au plan régional, même dans les cas où la part de l'encours des dépôts et des prêts augmente, par addition des banques régionales, des associations de crédit etc. ainsi que des succursales, les régions dans lesquelles les conditions de la concurrence seront fortement modifiées sont peu nombreuses et dans la plupart des cas, l'une ou l'autre banque détient déjà une part importante, ou bien la région compte d'autres concurrents puissants ;
— Dans des secteurs non bancaires tels que les valeurs mobilières, les opérations de change et le financement international où l'on observe des tendances continues à l'expansion, les participants sont généralement plus nombreux que sur le marché des dépôts et des prêts, la part des banques est relativement faible et le marché est plus diversifié et plus concurrentiel.

III. Le rôle des autorités chargées de la concurrence dans la formulation et la mise en oeuvre de la politique de réglementation

A. *Gouvernement*

Le Conseil provisoire chargé de promouvoir la réforme administrative, qui étudie la réglementation par les pouvoirs publics par l'intermédiaire de son sous-comité (créé en février 1988), a soumis au Premier Ministre, en décembre 1988, son rapport sur la déréglementation publique et autres questions. A la suite de ce rapport, le Cabinet a décidé ce même mois d'élaborer la Plate-forme pour promouvoir la déréglementation. En novembre 1989, le sous-comité a publié son rapport dans lequel figurait une recommandation préconisant de limiter au strict minimum les exemptions à la Loi antimonopole.

B. *Fair Trade Commission*

Depuis la publication en 1979 de la Recommandation du Conseil de l'OCDE sur la politique de la concurrence et les secteurs exemptés ou réglementés, la FTC procède à un examen à long et à moyen terme des systèmes de réglementation publique. En août 1982, la FTC a fait connaître son point de vue sur les effets négatifs des réglementations publiques sur la politique de la concurrence. La FTC a attiré l'attention des ministères et des organismes publics compétents sur la nécessité d'examiner les problèmes que posent 16 branches d'activité.

Cela fait, la FTC a continué d'étudier l'opportunité et l'efficacité d'une réglementation publique. En juillet 1987, elle a créé le Groupe d'étude sur la réglementation publique et la politique de la concurrence au sein du Bureau exécutif. En février puis à nouveau en octobre 1989, la FTC a rendu publics les résultats de cette étude.

Pour l'industrie des télécommunications, la FTC a créé le Sous-groupe sur la politique de la concurrence concernant les services d'informations et de communications afin d'étudier les problèmes que posent la réglementation publique et Nippon Telegraph and Telephone Co., Ltd. ; les résultats de cette étude ont été publiés en septembre 1989.

IV. Nouvelles études concernant la politique de la concurrence

Evolution des réseaux d'informations dans le secteur de la distribution

La FTC a entrepris d'étudier les progrès réalisés par le système d'information et ses effets sur le secteur de la distribution en concentrant son attention sur les principaux réseaux verticaux qui opèrent dans ce secteur. Par l'intermédiaire du Groupe d'étude sur les problèmes de distribution constitué au sein du Bureau exécutif, la FTC a procédé à des évaluations au regard de la politique de la concurrence et effectué des études sur les problèmes actuels et futurs. Les résultats ont été rendu publics en septembre 1989.

Le Groupe d'étude a formulé les observations suivantes. Les réseaux d'informations dans le secteur de la distribution contribue de façon essentielle à la rationalisation et à l'accroissement d'efficacité dans le secteur et, du point de vue de la politique de la concurrence, ils sont considérés comme un élément qui renforce celle-ci. Par ailleurs, selon la façon dont ces réseaux sont créés et fonctionnent, des problèmes peuvent se poser du point de vue de la politique de la concurrence car ces réseaux peuvent être par la suite empêchés d'accéder au marché, les circuits de distribution peuvent être renforcés et cela peut conduire à un système de prix de vente imposés. Pour prévenir des problèmes de ce genre et favoriser le développement des réseaux d'informations dans des conditions saines, il importe de garantir la possibilité d'entrer librement dans le réseau ou de s'en retirer.

La FTC suit avec attention le fonctionnement des réseaux d'informations afin de prévenir toute restriction de la concurrence. Compte tenu de l'évolution future des réseaux d'informations, la FTC étudiera les mesures à prendre en tant que de besoin.

Marques du pays d'origine et loi sur les primes et les présentations trompeuses

En septembre 1989, le Groupe d'étude sur les indications du pays d'origine, constitué au sein du Bureau exécutif, a présenté à la FTC son rapport intitulé «Marques du pays d'origine et Loi sur les primes et représentations trompeuses». Dans ce rapport, le Groupe d'étude examinait et résumait les questions ci-après en tenant compte des réglementations sur les marques du pays d'origine en vigueur au Japon et dans d'autres pays et des conditions relatives à l'application de la notification du pays d'origine et faisait le point de la situation dans ce domaine.

a) Observation fondamentale

Les réglementations relatives aux marques du pays d'origine sont importantes car elles aident le consommateur moyen à choisir les produits, mais dans le même temps ces réglementations doivent respecter les normes internationales et ne pas devenir un obstacle aux importations.

b) Définition du pays d'origine et normes agréées

Actuellement, les réglementations définissent le pays d'origine comme étant celui où sont apportées des modifications substantielles, et cette définition n'appelle pas de changements. S'agissant de ce qu'il faut entendre par «modifications substantielles», il conviendrait comme par le passé d'apporter des précisions en fournissant en tant que de besoin des indications détaillées complémentaires.

c) Obligation d'indiquer les marques du pays d'origine

Lorsqu'il s'agit de produits importés, il est généralement inutile de faire de l'indication de la marque du pays d'origine une obligation. Mais selon le produit, il peut y avoir des cas dans lesquels les consommateurs risquent d'être induits en erreur quant au pays d'orige de sorte qu'il est nécessaire d'étudier des mesures appropriées.

d) Suppression des marques du pays d'origine

Il est nécessaire d'étudier des mesures applicables à la suppression des marques du pays d'origine sauf dans les cas où, à l'évidence, cette suppression n'induira pas en erreur le consommateur moyen.

e) Marques induisant en erreur quant au pays d'origine

Pour ne pas accroître la confusion quant au pays d'origine, il est nécessaire d'élaborer des directives concernant l'indication du pays d'origine.

f) Marques du pays d'origine sur les produits d'alimentation et leurs composants

Pour éviter que le consommateur moyen ne soit induit en erreur, il faut étudier les produits pour lesquels il serait souhaitable d'indiquer la marque du pays d'origine.

g) Moyens d'indiquer clairement le pays d'origine

Il est nécessaire de préciser les directives en la matière.

Problèmes concernant la politique de la concurrence dans le service des télécommunications

En septembre 1989, le Groupe d'étude sur la politique de la concurrence au regard des services d'information et des communications, constitué au sein du Bureau exécutif, a remis à la FTC son rapport intitulé «Problèmes liés à la politique de la concurrence actuelle dans les services de télécommunication». Le rapport met l'accent sur deux problèmes qu'il conviendrait d'examiner sans tarder : les réglementations publiques et NTT. (Un résumé de ce rapport est paru dans FTC/Japan Views, n° 8).

Examen des réglementations publiques du point de vue de la politique de la concurrence

En février 1989, le Groupe d'étude sur les réglementations publiques et la politique de la concurrence, créé par le Bureau exécutif, a présenté à la FTC son rapport intitulé «Comment favoriser la déréglementation», suivi en octobre 1989 du rapport consacré à l'«Examen des réglementations publiques du point de vue de la politique de la concurrence». Ces rapports passent en revue la réglementation par les pouvoirs publics, en particulier la réglementation économique, et examinent les politiques visant à favoriser et à maintenir la concurrence dans certains secteurs. (Ces deux rapports sont résumés et publiés respectivement dans FTC/Japan Views, n°6 et FTC/Japan Views, n° 8).

«Réglementations relatives au dumping et politique de la concurrence» et «Application extraterritoriale de la loi antimonopole» (1990)

En février 1990, le Groupe d'étude chargé d'examiner la loi antimonopole du point de vue des affaires extérieures a présenté à la FTC son rapport intitulé «Réglementations relatives au dumping et politique de la concurrence» et «Application extraterritoriale de la loi antimonopole». Dans la Partie I de ce rapport sont examinés les moyens dont dispose la politique de la concurrence pour empêcher la limitation injustifiée des importations du fait des réglementations relatives au dumping. La Partie II présente des commentaires sur l'application extraterritoriale de la loi antimonopole. (Ce rapport doit être résumé et publié dans FTC/Japan Views, n° 9).

Etude documentaire des importations de produits de marque européens et américains (1990)

En vue d'étudier le régime actuel des importations de produits de marque européens et américains, la FTC a organisé des audiences et adressé des questionnaires aux principaux magasins de détail. Les résultats de cette enquête ont été rendus publics en mars 1990.

Selon cette étude, les produits de marque européens et américains ont largement pénétré le marché japonais ; un nombre important de magasins de détail vendent ces produits et les importations de produits américains et européens représentent parfois, selon les produits, un pourcentage élevé des ventes. Les importations parallèles sont elles aussi en nette progression, non seulement par le nombre de magasins de détail où sont vendus ces produits, mais aussi par l'éventail des produits qui en font l'objet.

Le prix élevé des produits de marque européens et américains importés par un distributeur exclusif, comparé au prix pratiqué sur les marchés européen et américain paraît souvent lié au fait qu'il est fixé par le dit distributeur. Le système des prix de détail conseillés dans les grands magasins contribue également au niveau élevé des prix. Alors que le système d'importation exclusive des produits de marque européens et américains se traduit par un niveau élevé des prix, les importations parallèles favorisent la concurrence par les prix sur le marché intérieur et permettent de rectifier les écarts entre les prix pratiqués sur le marché intérieur et sur marché étranger. Il est donc nécessaire du point de vue de la politique de la concurrence de créer des conditions propres à faciliter les importations parallèles.

Selon le produit et la marque, on a pu constater que le distributeur exclusif de produits importés peut fortement intervenir dans les politiques de vente des magasins de détail, notamment dans la fixation des prix. Comme de telles activités ont des effets très négatifs sur la concurrence, notamment lorsqu'il s'agit de marques connues, un contrôle renforcé est indispensable. Par ailleurs, on a constaté que bon nombre des magasins de détail vendant des produits d'importations parallèles ont eu des problèmes avec les distributeurs exclusifs de produits importés. Ceci prouve la nécesité de mieux informer le public de l'existence des directives concernant les limitations injustifiées d'importations parallèles et de renforcer la surveillance sur les activités qui font abusivement obstacle aux importations parallèles.

Annexe

INDEX DE FTC/JAPAN VIEWS

N° 4, janvier 1989

A. Plan du rapport annuel de la Fair Trade Commission pour l'exercice fiscal 1987.

B. Directives pour l'interprétation de la Loi relative aux primes et présentations trompeuses lorsqu'il s'agit d'offres de primes aux chefs d'entreprise.

N° 5, mars 1989

Grandes lignes des directives concernant la répercussion de la taxe sur la consommation et la Loi antimonopole.

N° 6, avril 1989

A. Comment favoriser la déréglementation.

B. Directives en vue de la réglementation des pratiques commerciales déloyales en matière d'accords de licences d'exploitation de brevet et de savoir-faire.

N° 7, août 1989

Le point de la situation concernant les six principaux groupes de sociétés.

N° 8, mars 1990

A. Le «Groupe consultatif sur les systèmes de distribution, les pratiques commerciales et la politique de la concurrence».

B. Examen des réglementations publiques du point de vue de la politique de la concurrence.

C. Problèmes liés à la politique de la concurrence actuelle dans les services de télécommunications.

NORVEGE

(15 août 1989 — 1er mai 1990)

I. Base juridique

Depuis la promulgation en 1988 d'une disposition instituant un contrôle des fusions, aucune modification n'a été apportée à la Loi sur les prix. La Loi temporaire sur la réglementation des revenus, appliquée depuis 1988, a été levée à la fin d'avril 1990. Les directives applicables aux opérations des autorités responsables de la concurrence n'ont subi que de légères modifications et soulignent la nécessité de mener une politique vigoureuse dans le domaine de la concurrence.

Commission chargée du réexamen de la Loi sur les prix

Le Gouvernement a désigné une commission chargée de réexaminer la Loi sur les prix. Le Directeur des prix est membre de la commission. Celle-ci a pour mandat d'examiner :

- L'objectif et le domaine d'application de la politique de la concurrence et des prix ;
- La question de savoir si les réglementations générales tels que les blocages des prix devraient être mises en oeuvre au moyen d'une législation spéciale au cas par cas ou si les exigences de l'élaboration nécessitent une loi permanente donnant de larges pouvoirs en matière de réglementation des prix ;
- La question de savoir si la réglementation des prix dans certains domaines devrait faire partie intégrante de la politique de la concurrence, l'objectif étant de limiter l'exercice de la puissance économique ;
- Le degré de compétence qu'il y aurait lieu d'attribuer aux autorités responsables de la concurrence ;
- La question de savoir si la législation devrait s'appuyer essentiellement sur le principe d'interdiction ou sur le principe de l'abus ;
- La question de savoir si une politique de la concurrence a réellement besoin d'un système détaillé de notification des pratiques restrictives et des entreprises dominantes ;

— Le champ d'application de la politique de la concurrence et la question de savoir s'il faut en exempter certains secteurs du commerce et de l'industrie ;
— La ligne de partage entre législation relative à la concurrence et restrictions sur le marché du travail ;
— Le rapport existant entre les autorités responsables de la concurrence et les autres organismes publics ;
— La prise de décision dans la politique de la concurrence et l'organisation des instances responsables en matière de prix ;
— Un système de sanctions approprié comprenant des sanctions autres que des peines d'amendes et d'emprisonnement ;
— La relation avec les règles applicables dans le Marché Commun.

La commission doit proposer une série de dispositions réglementaires avant le 1er juin 1991.

II. Application des lois et des politiques de la concurrence

La Direction des prix peut intervenir contre des réglementations qui limitent les échanges ou qui sont jugées déraisonnables ou préjudiciables à l'intérêt général. Deux formes particulières de réglementations sont interdites depuis longtemps :

a) Les prix de vente imposés sont illicites. Les entreprises individuelles peuvent toutefois publier des prix de ventes conseillés.

b) Sont interdites la coopération horizontale entre entreprises en matière de prix, de rabais et de hausse des prix ainsi que les soumissions concertées. La Direction des prix peut accorder des dérogations à ces interdictions.

La majeure partie des activités courantes de la Direction des prix vise l'exercice de ces pouvoirs de réglementation et ces interdictions. Les questions qui se posent sont les suivantes : est-il juste d'agir contre une restriction manifeste du commerce ? Y a-t-il des raisons d'accorder dans certains cas une dérogation ?

Professions libérales

La Direction des prix a procédé à l'examen des statuts et des règles déontologiques de plusieurs professions libérales parmi lesquelles la Ligue des architectes norvégiens, la Fédération norvégienne des décorateurs d'intérieur, la Fédération norvégienne des architectes paysagistes, la Fédération norvégienne des concepteurs industriels et la Fédération norvégienne des concepteurs graphiques.

Les statuts ou les règles déontologiques de certaines de ces associations comportent des dispositions qui interdisent à leurs membres de se livrer à une concurrence par les prix. On a souvent allégué que les membres ne souhaitaient pas une concurrence par les prix car celle-ci peut entraîner une baisse de la qualité du service. La

Direction des prix a estimé qu'il n'y avait pas de raison de croire que les prestataires de services, davantage que les exploitants d'entreprises commerciales et industrielles, permettent à la concurrence par les prix d'entraîner une baisse de la qualité. Une concurrence active sur le plan des prix aboutirait peut-être à élargir l'éventail des prix et des qualités, ce qui permettrait de donner aux consommateurs un choix plus grand. C'est pourquoi plusieurs exemptions ont été supprimées.

Généralement, les statuts et les règles déontologiques contiennent également des dispositions qui réglementent de diverses autres façons la concurrence entre membres, par exemple des dispositions qui limitent la publicité ou restreignent les possibilités de soutenir la concurrence par d'autres moyens que les prix. Dans un certain nombre de cas, la Direction des prix est intervenue contre ces dispositions et a enjoint à l'association en cause de les annuler en application de l'article 42 de la loi sur les prix.

Les actions engagées contre l'Association des avocats norvégiens ont déjà été décrites dans le rapport 1988-1989. Les dérogations permettant une coopération sur les prix et les honoraires ont été supprimées, la Direction est intervenue contre certaines clauses des statuts de l'Association qui limitaient le droit des membres de faire de la publicité et de conclure des formes individuelles de contrats avec leurs clients.

L'Association a fait appel de cette décision.

Le Gouvernement a examiné récemment l'affaire et a maintenu la décision de la Direction sur tous les points. L'Association norvégienne des avocats doit en conséquence mettre fin à ses pratiques restrictives d'ici le 1er juillet 1990.

Chaînes et groupements d'entreprises

La Direction des prix a examiné un certain nombre de requêtes émanant de chaînes ou de groupements d'entreprises qui demandaient à bénéficier d'une dérogation à l'interdiction des accords sur les prix. Une coopération de ce genre peut avoir des avantages car elle permet au groupe de concurrencer des entreprises plus importantes ou d'autres groupes.

Pour accroître la concurrence, la Direction des prix a accordé au total 68 exemptions pour la plupart dans le secteur de l'épicerie. Les dérogations ont été principalement accordées pour permettre la coopération en matière de publicité annonçant des prix spéciaux avantageux, mais une dérogation plus générale a été consentie à certains groupes de franchise dans le secteur de la location des voitures.

Systèmes de calcul des prix

La coopération entre entreprises sur la façon d'établir le prix de leurs services est interdite. Plusieurs associations professionnelles ont, dans le cadre des services proposés à leurs membres, préparé des systèmes ou des manuels à leur intention afin de leur faciliter les calculs en cas de projets complexes. L'introduction de ces systèmes peut se traduire par une plus grande uniformité des prix et des soumissions. En revanche, elle peut également susciter des réductions sur les coûts et permettre aux entreprises de soumissionner pour un plus grand nombre de tâches, accroissant ainsi la concurrence.

En 1989, la Direction des prix a mis en oeuvre des directives concernant l'octroi d'exemptions dans le secteur de la construction. Elle a déclaré qu'elle accepterait d'une façon générale les systèmes de calculs prenant en compte les salaires et les taux d'imposition, mais qu'elle n'accepterait pas ceux qui ajouteraient d'autres coûts pouvant différer d'une entreprise à l'autre selon leur degré de compétitivité.

Manutention des marchandises faisant l'objet de cabotage

Nor-Cargo occupe une position dominante dans le transport côtier de marchandises. Cette société a conclu avec les manutentionnaires des contrats d'exclusivité leur interdisant de traiter des cargaisons pour d'autres compagnies de transport de marchandises.

Comme le volume de marchandises manutentionnées dans plusieurs ports est trop faible pour intéresser plus d'un manutentionnaire à la fois, la Direction des prix a estimé que le contrat d'exclusivité institué par Nor-Cargo constituait un obstacle efficace à l'entrée au marché. Même si l'on peut soutenir que des problèmes de fidélité peuvent se poser lorsqu'un manutentionnaire, qui est peut-être l'agent d'une compagnie, doit traiter également des marchandises pour d'autres compagnies, la Direction des prix est intervenue contre cette restriction du commerce et a interdit la clause d'exclusivité figurant dans le contrat de manutention.

Remises de fidélité

Joh. System est le principal grossiste d'articles d'épicerie en Norvège. Principal fournisseur des détaillants, il représente 35 pour cent des ventes totales d'articles d'épicerie aux consommateurs.

Joh. System applique un système fondé sur les remises de fidélité ou de concentration, accordant aux acheteurs un bonus dont le montant augmente en proportion du volume d'achats de produits Joh. System dans le total de leurs achats.

Selon la Direction des prix, ce type de remise peut avoir des effets négatifs sur le comportement des détaillants car ceux-ci ont alors intérêt à acheter leurs produits auprès de Joy. System même si les conditions sont telles qu'ils pourraient s'approvisionner auprès d'autres grossistes à des prix moins élevés. La Direction des prix a donc ordonné à l'entreprise de supprimer ce type particulier de remise avant le 1er août 1990.

Refus d'avoir des relations d'affaires

Il y a quelque temps, un détaillant implanté dans la partie occidentale du pays a commencé à acheter du Coca-Cola à l'usine d'embouteillage de Nora, près d'Oslo, dans la partie orientale de la Norvège. La raison en était que les prix pratiqués par

Nora étaient inférieurs aux prix demandés par l'embouteilleur concessionnaire de la licence dans la propre région du détaillant. Informé de la situation, Nora a refusé de vendre en se référant à l'accord de licence qui le liait à la compagnie Coca-Cola. Les modalités de commercialisation de la compagnie Coca-Cola en Norvège rappellent beaucoup celles qui ont cours dans d'autres pays. Mais pour des raisons historiques, à savoir les anciens accords de commercialisation des cartels de bière norvégiens, la compagnie Coca-Cola a six concessionnaires de licences en Norvège, chacun ayant des droits exclusifs de vente du Coca-Cola dans sa propre région. L'affaire est en instance. La Direction des prix est d'avis que les accords de licence Coca-Cola en Norvège compromettent gravement l'exercice d'une concurrence efficace sur les marchés de la bière et des boissons non alcoolisées. Même si l'on devait accepter le système de licence en tant que tel, le refus de vendre constituerait en l'espèce un obstacle à ce qui pourrait être considéré comme une importation parallèle. La Direction des prix est donc portée à soutenir que ce refus particulier de vendre devrait être interdit car il contribue à protéger les brasseries et les usines d'embouteillage régionales contre une concurrence efficace, ceci au détriment des consommateurs.

Fusions

En 1989, la Direction a été saisie de 418 cas de fusion ou projets de fusion. 27 ont fait l'objet d'une enquête dont 22 ont été abandonnées ultérieurement. Trois sont en cours d'examen et deux ont été présentées au Conseil des prix accompagnées d'une proposition d'intervention. Dans ces deux cas de fusion, il s'agissait de brasseries.

La première affaire, l'acquisition de Hansa par Procordia, gros conglomérat suédois, a été examinée dans le rapport 1988-1989. Procordia avait pris le contrôle de Hansa, seconde brasserie norvégienne. En même temps Procordia détenait une part substantielle d'actions dans le capital de Nora, principale brasserie norvégienne. D'après la Direction des prix, la prise de participation dans de telles conditions réduirait sensiblement la concurrence sur les marchés de la bière et des boissons non alcoolisées. Procordia devrait céder ses parts dans la société Nora pour être autorisée à acquérir Hansa. L'affaire a été portée devant le Conseil des prix qui s'est déclaré du même avis. Par la suite Procordia a vendu ses parts dans la société Nora.

La deuxième fusion visait l'achat, par la principale brasserie norvégienne Nora, d'actions de la société Tou, qui dominait le marché local de la bière. En 1989, Nora a porté à 31,8 pour cent sa participation dans la société Tou, avec l'intention d'en prendre le contrôle total, intention que ne contestait pas Nora. L'achat a donc été considéré comme une prise de contrôle totale de Tou par Nora.

La Direction des prix était d'avis que la fusion affaiblirait la concurrence déjà sérieusement limitée sur un certain nombre de marchés locaux de la bière et de boissons non alcoolisées, et qu'elle serait donc préjudiciable à l'intérêt général.

Nora affirmait que l'acquisition de la société Tou était nécessaire pour atteindre une taille qui permettrait à la compagnie de soutenir la concurrence de l'étranger et à se déployer sur les marchés extérieurs. La Direction des prix alléguait que la compagnie n'avait pas prouvé que l'acquisition entraînerait un accroissement de la productivité, que la concurrence internationale sur les marchés considérés était très faible et qu'en réalité, Nora tirerait profit de la prise de contrôle pour intensifier sa puissance économique.

La Direction des prix a demandé que Nora ramène à 10 pour cent sa prise de participation dans la société Tou. Nora a refusé. L'affaire a été portée devant le Conseil des prix qui une fois encore s'est déclaré en accord avec la Direction des prix et a ordonné à Nora de limiter à 10 pour cent sa part dans la société Tou.

III. Rôle des autorités responsables de la concurrence dans la formulation et la mise en oeuvre des politiques dans d'autres domaines

Aux termes des directives, les responsables de la concurrence ont pour mission d'examiner les effets préjudiciables que peuvent avoir sur la concurrence les dispositions et réglementations édictées par d'autres instances publiques, ainsi que les baisses d'efficacité qui peuvent en résulter. En liaison étroite avec les autorités compétentes, la Direction des prix doit chercher à réduire ces effets.

Réglementation sur les emballages destinée à protéger l'environnement

Pour des raisons d'environnement, les autorités ont institué de lourdes taxes sur les emballages perdus tels que bouteilles en plastique et boîtes en aluminium. Il en résulte que les bouteilles en verre ont joué un rôle prépondérant dans les industries de la bière et des boissons non alcoolisées. On estime que plus de 95 pour cent de toutes les bouteilles en verre sont collectées et réutilisées.

Du point de vue de la concurrence, ceci confère aux brasseries déjà implantées une position dominante en raison de l'importance des coûts de transport que supportent les brasseries qui tentent de s'implanter dans de nouvelles régions.

Un programme visant à instituer un système de recyclage des boîtes en aluminium et autres types d'emballage a été présenté récemment. La Direction des prix a recommandé au Gouvernement d'appuyer ce programme et de supprimer la taxe d'environnement perçue sur les boîtes d'aluminium et les boîtes et bouteilles en plastique lorsque celles-ci sont récupérées pour être réutilisées ou détruites. L'utilisation de boîtes en aluminium et de bouteilles en plastique pour la bière et les boissons non alcoolisées peut accroître substantiellement la concurrence sur ces marchés en raison des réductions des coûts de transport qui permettraient de faciliter les importations parallèles et les «exportations» vers de nouvelles régions. La Direction des prix a fait observer que les nouveaux types d'emballage sur ce marché pourraient conduire sur ces marchés à une application moins rigoureuse du contrôle des fusions et du droit de la concurrence en général.

Normes techniques applicables à la margarine

La Norvège applique des réglementations très détaillées en matière de production et de commercialisation de la margarine. Le Ministère de l'agriculture a édicté des réglements détaillés pour la coloration de la margarine et pour son emballage ainsi que pour le type de «message» qui peut être imprimé sur les paquets. En même temps, il a institué un droit d'importation de 25 pour cent.

Les réglementations actuelles ont été instituées à l'origine pour protéger le beurre contre la concurrence de la margarine. Mais aujourd'hui, elles protègent essentiellement l'industrie nationale de la margarine contre la concurrence étrangère. Comme l'industrie de la margarine est extrêmement concentrée et qu'il n'existe qu'un seul producteur national de matières grasses, la concurrence sur ce marché a été très faible et aurait pu conduire à des prix anormalement élevés pour les produits à base de margarine. Il a donc été nécessaire de réglementer les prix de gros de la margarine.

Le Ministère de l'agriculture a institué un Groupe de travail chargé d'étudier les règlementations en vigueur. Ce Groupe a conclu que les règlementations devraient être supprimées, mais a proposé de les maintenir pendant encore 15 années afin d'éviter le démantèlement inutile des installations actuelles de production. La Direction des prix s'est fermement élevée contre cette période très longue de mise en oeuvre.

IV. Planification et méthodes de travail

En 1989, la Direction des prix et l'Inspection des prix ont entrepris une planification formelle et systématique des activités. Cette planification a été instituée dans l'ensemble de l'administration publique : il s'agit de fixer des objectifs, de mettre en oeuvre les moyens de les réaliser et de dégager les ressources indispensables.

Dans le cadre de cette activité de planification, la Direction des prix a lancé un programme dit de «contrôle actif». L'un des principes fondamentaux de la loi actuelle sur les prix veut que tout accord sur des pratiques commerciales restrictives soit notifié à la Direction des prix. Ces accords doivent être rendus publics.

Cette réglementation de la notification n'a jamais été réellement appliquée. Les accords enregistrés ne résultent pas en pratique d'une notification mais d'une enquête. Le public montre peu d'intérêt pour les informations disponibles et, fait plus important encore, les autorités responsables de la concurrence n'ont guère utilisé les informations dont elles disposaient.

En 1989, la Direction des prix a décidé de soumettre le système à un essai réel et définitif. Elle a décidé d'actualiser les informations figurant au registre en visitant au cours d'une période fixée à trois ans toutes les entreprises dominantes et les associations inscrites au registre.

Un deuxième objectif c'est de s'assurer que chaque entreprise est pleinement consciente de son obligation de signaler tout accord restrictif. Mais le principal objectif est d'obtenir des informations qui permettent à la Direction des prix de fixer des priorités pour ses travaux à venir. On espère que cette opération de «contrôle actif» accroîtra la productivité de la Direction des prix en l'orientant vers les marchés où il est vraiment nécessaire de mener une politique rigoureuse en matière de concurrence.

L'Association norvégienne de franchise a défini la franchise en ces termes : la franchise est une collaboration commerciale entre deux parties indépendantes. L'une des parties, celle qui accorde la franchise, a mis au point un plan normalisé qui permet de commercialiser un produit ou un service et de gérer une entreprise commerciale ayant un certain profil. L'autre partie s'engage à exploiter une entreprise locale sur la base d'un accord écrit détaillé.

La partie qui accorde la franchise fournit souvent des biens ou de l'équipement à l'entreprise, mais ces prestations n'ont malgré tout qu'un caractère accessoire.

NOUVELLE-ZELANDE

(1er juillet 1989 — 30 juin 1990)

I. Législation et politique de la concurrence — modifications apportées ou envisagée

A. Exposé succinct des nouvelles dispositions figurant dans les lois relatives à la concurrence

Le droit de la concurrence en Nouvelle-Zélande est régi par la Loi de 1986 sur le commerce. A l'issue de son réexamen en 1988 et 1989, cette Loi a fait l'objet d'amendements importants introduits par le Commerce Amendment Act de 1998-1990. La plupart de ces mesures ont été présentées dans le rapport de 1989. Les modifications, à l'exception de celles identifiées dans les paragraphes 2 et 3 du présent rapport, ont pris effet le 1er juillet 1990.

Fusions et prises de contrôle

La principale modification apportée à la loi sur le commerce est celle qui remplace l'actuel système obligatoire de notification préalable des fusions par un système facultatif de notification préalable à compter du 1er janvier 1991. Dans le régime actuel, toutes les diffusions doivent être soit agréées, l'agrément étant accordé lorsque la fusion ou la prise de contrôle ne doit pas conférer ou renforcer une position dominante, ou autorisées, l'autorisation étant accordée lorsque la Commission du commerce est convaincue qu'il en résulte en contrepartie des avantages pour l'intérêt général. Selon le nouveau système, les participants à une fusion devront décider s'ils souhaitent ou non demander l'accord de la Commission avant de procéder à la fusion. La Comission sera habilitée à donner son agrément aux propositions qui ne posent pas de problème de domination, et une autorisation pour les propositions qui entraînent ou entraîneront probablement des avantages pour l'intérêt général.

Afin d'inciter fortement les participants à une fusion à procéder à une nofication préalable de l'opération dès lors qu'elle pose des problèmes de concurrence, la loi d'amendement prévoit une aggravation des sanctions et de nouvelles dispositions d'exécution. La loi stipule notamment que la sanction maximale passera de 300 000 dollars à 5 millions de dollars pour les sociétés et de 100 000 dollars à 500 000 dollars pour les particuliers ; la Commission et les tierces parties pourront demander aux tribunaux de prendre des injonctions afin d'empêcher la mise en oeuvre de fusions contraires à la concurrence ; enfin, la Commission sera habilitée à s'adresser aux tribunaux pour obtenir le prononcé d'injonctions de dessaisissement d'actions ou d'actifs. De plus, les fusions qui ne sont pas agréées ou autorisées par la Commission ne seront plus exemptées de l'application des dispositions de la loi relatives aux pratiques commerciales restrictives. Les fusions se verront ainsi interdire les contrats, arrangements et accords qui limitent sensiblement la concurrence. Aux termes d'un nouvel amendement, le droit d'appel contre les décisions de la Commission doit être étendu aux parties qui assistent aux conférences tenues par la Commission à l'occasion des demandes d'agrément ou d'autorisation.

Intérêt général

La Commission est priée d'examiner les demandes d'autorisation visant des fusions et des pratiques commerciales du point de vue de l'intérêt général. Précédemment, la loi ne définissait pas la notion de «l'intérêt général». Dans la loi modifiée, la Commission est invitée expressément à tenir compte de tout avantage en termes d'efficience qui résultera ou qui sera susceptible de résulter d'une fusion ou d'une pratique commerciale. Cette prescription ne constituera pas une dérogation par rapport aux autres questions d'intérêt général.

Application du droit de la concurrence dans les échanges trans-Tasman

Les Gouvernements d'Australie et de Nouvelle-Zélande ont signé en juillet 1988 un Mémorandum d'accord sur le droit des affaires commerciales qui instituait un programme d'examen des droits et réglementations commerciaux, l'objectif étant d'identifier les possibilités d'une harmonisation. Comme les droits de la concurrence de ces deux pays ont des origines similaires, on y observe déjà une certaine harmonisation et les divergences s'expliquent pour une large part par les différences dans les objectifs des pouvoirs publics, par l'énoncé des dispositions et par les arrangements constitutionnels. Les deux pays ont déjà mis au point un dispositif législatif qui permet d'étendre le droit de la concurrence à certains comportements anticoncurrenciels dans les échanges trans-Tasman (échanges Nouvelle-Zélande/Australie par la mer de Tasman). Ce dispositif est décrit dans les paragraphes 6 et 7 ci-dessous. De plus, ont été identifiées certaines différences dans le droit de la concurrence des deux pays qui devraient faire l'objet d'un examen approfondi en vue d'une plus grande harmonisation. Ces points sont examinés au paragraphe 8.

La loi, modifiée, sur le commerce prévoit des recours mieux adaptés aux relations commerciales trans-Tasman qui existent aux termes de l'Australia New Zealand Closer Economic Relations Treaty Agreement (accord sur le resserement des relations économiques conclu entre l'Australie et la Nouvelle-Zélande) (ANZCERTA). Ce résultat a été obtenu en étendant à un marché australien ou un marché combiné Nouvelle-Zélande/Australie, la disposition interdisant d'eploiter de façon contraire à la concurrence une position dominante sur un marché de Nouvelle-Zélande, pour autant que le comportement influe sur un marché de Nouvelle-Zélande. Des modifications ont également été apportées à l'Evidence Act (loi sur les preuves), le Judicature Act (loi sur l'organisation judiciaire) et le Reciprocal Enforcement of Judgements Act (loi sur la réciprocité en matière d'exécution des jugements).

La Commission a été habilitée à exiger la production de documents et d'informations de la part de personnes qui résident ordinairement en Australie ou qui y exercent une activité commerciale, et elle peut obtenir des informations et des documents au nom de la Commission australienne des pratiques commerciales. Le Gouvernement australien a modifié parallèlement les dispositions de ses lois.

Les questions retenues pour faire l'objet d'un nouvel examen lors de la prochaine série de discussions sur l'harmonisation sont les suivantes :

(a) Les seuils retenus pour déterminer s'il y a utilisation contraire à la concurrence d'une puissance économique. Le critère néo-zélandais est celui de la «domination du marché», le critère australien celui de «de détention d'une puissance économique substantiel» ;

(b) L'extension de l'interdiction d'utiliser une puissance économique dans des échanges trans-Tasman aux marchés des services exclusivement ;

(c) L'extension d'autres interdictions de comportement anti-concurrentiel aux marchés trans-Tasman ;

(d) L'examen conjoint par la Commission du commerce et la Commission des pratiques commerciales des fusions et des prises de contrôle ayant des effets sur les échanges trans-Tasman ;

(e) Le régime des ententes à l'exportation ;

(f) Le régime des ventes forcées ;

(g) Une plus grande harmonisation des sanctions ;

(h) Les règles de preuves et l'utilisation d'assesseurs.

Les fonctionnaires australiens et néo-zélandais espèrent que leurs gouvernements respectifs entérineront les recommandations sur les modifications législatives d'ici le 30 juin 1991.

B. Autres mesures pertinentes y compris la publication de directives

Aucune directive concernant l'application de la loi sur le Commerce n'a été publiée par la Commission du Commerce ou par le Ministère du Commerce. Toutefois, la Commission du Commerce et la Commission australienne des pratiques commerciales ont élaboré une politique de coopération commune à l'égard des mesures relatives aux échanges trans-Tasman présentées au paragraphe 7 ci-dessus.

II. Application de la législation et des politiques relatives à la concurrence

A. Mesures prises à l'encontre des pratiques anti-concurrentielles

Autorisations

Au cours de la période allant du 1er juillet 1989 au 30 janvier 1990, la Commission du Commerce a enregistré les demandes suivantes d'autorisation de pratiques commerciales restrictives :

En instance au 1er juillet 1989	13
Enregistrées	1
TOTAL	14
Retirées	2
Déclarations d'incompétence	3
Lettre d'approbation	1
Rejetées	2
En instance au 30 juin 1990	14

Application de la loi

Après l'autorisation accordée en 1988 à un accord national de fixation de prix collectifs, y compris les frais de stockage en frigorifique de kiwis, un Office public de commercialisation des kiwis a été institué pour contrôler les achats et les ventes de ce produit. La Commission a annulé l'autorisation car les inconvénients de l'accord de fixation des prix subsistaient alors que les avantages pour le public avaient disparus.

La Commission a rejeté la demande d'autorisation concernant les accords conclus par le Speedway Control Board avec les clubs et les compagnies participant aux courses de vitesse de motos. La Commission était d'avis que les objectifs non lucratifs des organismes sportifs et le régime facultatif volontaire n'exemptaient pas nécessairement ces associations de l'application des dispositions de la loi sur le commerce. Aucun avantage pour le public ne compensait l'inconvénient que représentait pour la concurrence la limitation d'accès aux sites de courses recherchés par le Speedway Control Board (l'organisme chargé de contrôler les courses de motos).

La Commission a décidé qu'elle n'avait pas compétence pour examiner les demandes du Conseil des assurances concernant la couverture des risques nucléaires, des modalités d'assurance «au coup par coup» pour les véhicules à moteur, ainsi qu'un programme statistique.

La Division de la commission chargée de l'application des lois a, au cours de l'année, ouvert une enquête sur 489 plaintes visant la fixation des prix et la concurrence et dans 7 cas, elle a recommandé d'engager une procédure devant les tribunaux.

Les poursuites engagées contre 14 revendeurs accusés de pratiquer un prix d'entente pour la manutention des légumes conteneurisés a donné lieu à 10 condamnations assorties cependant d'amendes minimales. Des procédures ont été également engagées contre les producteurs qui percevaient le droit de manutention.

Devant le nombre croissant de plaintes dirigées contre des entreprises publiques et d'anciens monopoles d'État récemment déréglementés, une unité spéciale a été constituée. Bon nombre des affaires faisant l'objet d'une enquête mettent en cause soit les télécommunications soit la poste néo-zélandaises. Cette unité étudie également les problèmes liés aux prix d'éviction et aux subventions croisées ainsi que les circonstances qui justifieraient de recommander au Gouvernement qu'il institue des contrôles sur les prix.

Actions privées

Au cours de la période examinée, les tribunaux ont rendu quatre décisions importantes dans des actions privées.

Affaire New Zealand Magic Millions Ltd & consorts contre Wrightson Bloodstock Ltd

Depuis de nombreuses années, Wrightson organisait des ventes aux enchères de pur-sang (yearlings) et était présumé occuper une position dominante sur le marché. Magic Millions avait été créé dans le but d'organiser, à partir de 1989 des ventes annuelles concurrentes. Peu après que Magic Millions eut annoncé les dates de ses ventes, Wrightson a fait savoir qu'il modifiait ses propres dates de sorte qu'elles coïncidaient avec celles de Magic Millions. Menacée de poursuites au titre de la loi sur le commerce, Wrightson a modifié ses dates. En mars 1989, Magic Millions annonçait les dates de ses ventes pour 1990 et peu après Wrightson annonçait ses propres dates qui coïncidaient avec les précédentes. Magic Millions a demandé aux tribunaux de prendre une injonction pour empêcher Wrightson d'organiser ses ventes aux enchères à des dates qui correspondaient à ses propres dates. Une injonction a été prise pour la période 1990-1993 inclus.

Union Shipping New Zealand Ltd & consorts contre Port Nelson Ltd

Par application du Waterfront Industry Commission Act de 1976 (loi abrogée), Harbour Boards détenait pratiquement le monopole de la fourniture de chariots élévateurs et d'équipements mobiles dans les zones portuaires, tandis que les membres du Syndicat des travailleurs portuaires étaient seuls habilités à assurer la conduite de ces engins. Le port de Nelson avait été géré comme port autonome pour toutes opérations de manutention par le Nelson Harbour Board (NHB) . Il était propriétaire des quais et des terrains adjacents, ainsi que des bâtiments et du matériel. Le NHB percevait des droits pour l'équipement et la main-d'oeuvre par application de textes de loi, les droits perçus étant distincts d'une part pour les «opérations à quai», d'autre part pour «les opérations de manutention et de triage».

En 1987, le Gouvernement a annoncé des réformes, notamment la création de sociétés portuaires, la suppression des pouvoirs de monopole en matière de fourniture d'équipements mobiles sur les quais, ainsi que l'abrogation des pouvoirs de réglementation. Avant que ces dispositions aient été mises en oeuvre, le NHB a modifié les textes correspondants de façon à amalgamer en un seul droit de quai les deux droits perçus antérieurement. Ce droit a été perçu à compter du 1er janvier 1988 tandis que les réformes étaient introduites au 1er octobre 1988. A sa création, Port Nelson Ltd (PNL) a continué d'appliquer les droits portuaires institués par voie de réglementation par le NHB au début de l'année. PLN souhaitait aussi que ses clients donnent leur accord à des contrats qui les auraient obligés à utiliser exclusivement ses installations. United Shipping New Zealand (USL) a refusé de signer. Un de ses navires étant arrivé au port (Voyage 188), USL n'avait pu utiliser son propre matériel. Le navire était reparti sans avoir pu ni charger ni décharger. Peu de temps après, il a été convenu qu'USL pourrait utiliser son propre matériel et ses propres employés pendant toute la période de la procédure juridique. PLN a institué alors un droit sur les utilisateurs d'équipements portuaires qui faisait double emploi avec certains des coûts déjà pris en compte dans les frais portuaires. Seules étaient tenues de payer ce droit les sociétés qui utilisaient leur propre matériel et leur propre personnel. USL a demandé aux tribunaux de prendre diverses injonctions pour empêcher PNL de percevoir des droits et faire valoir les dispositions contractuelles ; elle a également demandé des dommages et intérêts concernant le Voyage 1988. Il a été jugé que PNL avait utilisé sa position dominante à des fins contraires à la concurrence et il a été fait droit à la demande d'injonction.

Glaxo New Zeland Ltd contre Attorney-General

Glaxo soutenait que les pouvoirs et les compétences attribués au Ministre de la santé par la Loi sur la Sécurité sociale de 1964 conféraient à ce dernier une position dominante sur le marché des antibiotiques en Nouvelle-Zélande. Or, l'Article 5 de la loi sur le commerce exempte la Couronne de l'application des dispositions de loi pour autant qu'elle n'exerce pas une activité commerciale. La Cour d'Appel a jugé que le Ministre n'exerçait pas une activité commerciale lorsqu'il décidait quels produits pharmaceutiques il y avait lieu de subventionner en faveur du public, cette activité étant en effet une fonction de réglementation exercée à des fins de bien-être sociale. Elle a également jugé que les actions du Ministre de la santé étant «expressément autorisées» par la loi sur la sécurité sociale, ces actions étaient couvertes par les exemptions prévues à l'Article 43 de la loi sur le commerce. Les décisions rendues dans l'affaire Glaxo reflètent la position qu'entend prendre le Gouvernement au regard des dispositions dérogatoires à la Partie II de la Loi sur le commerce.

Simpson Appliances Ltd contre Fisher et Paykel Ltd

Simpson avait demandé qu'une clause d'exclusivité figurant dans l'accord conclu par Fischer et Paykel avec des détaillants soit reconnue comme limitant substantiellement la concurrence et, par conséquent, contraire à l'Article 27 de la loi sur le commerce. Toutefois, la société Fischer et Paykel avait réussi a faire admettre sa contre-proposition demandant une déclaration contraire et son appel contre le refus d'autorisation par la Commission du commerce avait été retenu. La Cour ne contestait pas les faits mis en évidence dans la décision prise par la Commission à la majorité des voix, mais déclarait n'être pas convaincue par les arguments concernant les effets sur le processus de concurrence, estimant que les coûts d'accès n'étaient pas nécessairement des obstacles à l'accès et que Fischer et Paykel étaient suffisamment limités par la concurrence des autres entreprises et des importations. La Cour a également fait observer que les avantages privés sous la forme d'économies sur les coûts obtenues grâce à une amélioration de l'efficacité, même s'ils ne paraissaient avoir été directement répercutés sur les consommateurs, constituaient bien un avantage pour l'intérêt général.

B. Fusions et concentration

Au cours de la période allant du 1er juillet 1989 au 3O juin 1990, ont été notifiées à la Commission les fusions suivantes :

Demandes de fusions enregistrées en application de l'article 66

En instance le 1er Juillet 1989 —	dans un délai de 20 jours ouvrables	29
	dans un délai de 100 jours ouvrables	0
Enregistrées en cours d'année		382
TOTAL		411
Notifications inutiles		6
Retirées dans un délai de 20 jours ouvrables		8
Agrées dans un délai de 20 jours ouvrables		355
Retirées dans un délai de 100 jours ouvrables		1
Agrées dans un délai de 100 jours ouvrables		8
Autorisées		0
Autorisation refusée		0
Retournées au titre de l'Article 66 (12)		3
Transférées au régime de l'Article 67		6
En instance au 31 juin 1990 —	20 jours ouvrables	21
	100 jours ouvrables	3
TOTAL		411

Demandes de fusions enregistrées au titre de l'article 67

En instance le 1er juillet 1989	0
Enregistrées au cours de l'année	18
Renvoyées pour non-applicabilité de l'Article 66	6
TOTAL	24
Agrées	21
Notifications inutiles	1
Transférées au régime de l'Article 66	0
En instance le 30 juin 1990	2
TOTAL	24

Les ventes d'actifs publics ont fait l'objet d'un nombre important de demandes de fusions ou de prises de contrôle, la Commission ayant considéré les propositions relatives à l'Assurance publique, la société Télécom, l'Imprimerie de l'Etat, ainsi que les parts de la Couronne dans les forêts et les communications. A la fin de l'année des enquêtes étaient en cours sur des demandes concernant l'acquisition de droits d'émission de radio et de télévision.

Dans les décisions qu'elle a rendues sur les propositions de fusions et de prises de contrôle, la Commission a insisté sur les points suivants :

Affaire Alliance Freezing Co. (Southland) Ltd/Waitaki International Ltd

La Commission a examiné si une entité résultant de la fusion ne pourrait acquérir une position dominante sur le marché du fait de sa structure. Alliance est une coopérative agricole dans laquelle les agriculteurs doivent détenir au minimum 60 pour cent. A l'époque de la proposition, aucun actionnaire ne détenait plus de 5 pour cent du capital d'Alliance. La Commission a conclu que malgré le fait que par leur vote les agriculteurs sanctionnent dans une certaine mesure les activités de la compagnie, ce vote ne se substituait pas à la concurrence au niveau des opérations. Après avoir examiné les contraintes concurrentielles sur les marchés correspondants, la Comission a jugé que la puissance économique serait certainement accrue, mais qu'elle ne serait pas illimitée. L'entité resultant de la fusion ne serait pas en mesure d'acquérir une position dominante car les concurrents avaient la faculté d'accroître leur capacité tant au niveau du traitement des viandes que pour les exportations de moutons sur pied.

Notification

La Commission australienne des pratiques commerciales a notifié l'enquête qu'elle a menée au titre de l'Article 50 de la loi sur les pratiques commerciales sur la prise de contrôle de NZ Steel par Helenus, laquelle est, à hauteur de 31 pour cent, la propriété de l'entreprise sidérurgique australienne BHP. La prise de contrôle avait été agréée par la Commission du commerce, au motif qu'il existait une concurrence suffisante de la part des fournisseurs d'acier en dehors de l'Australie et de la Nouvelle-Zélande. La Commission des pratiques commerciales a demandé que soit prise une injonction à l'encontre de la prise de contrôle car elle craignait que l'acquisition ne renforce substantiellement la domination par BHP du marché australien de certains produits sidérurgiques. La demande a été rejetée par la Cour fédérale.

III. Rôle des autorités chargées des questions de concurrence dans la formulation et dans la mise en oeuvre d'autres programmes d'action

A. Mesures de réglementation

La Commission du commerce n'intervient pas dans la formulation des programmes d'action. Le Ministre du commerce a été appelé à examiner les régimes de réglementation de plusieurs branches d'activités. Les principales études sont examinées dans la partie C ci-après.

B. Mesures commerciales

La Division de la concurrence et des questions commerciales du Ministère du commerce intervient dans les problèmes d'harmonisation de droit commercial découlant de l'ANZCERTA. Elle est aussi appelée à identifier les problèmes d'harmonisation examinés au paragraphe 8 ci-dessus.

C. Politique industrielle et ajustement structurel

Programme de ventes des actifs

Le Gouvernement poursuit son programme de ventes des actifs. A cette occasion, il est procédé dès le début à un examen des conditions de réglementation. Le Ministre du commerce est chargé de coordonner ces examens.

Aéroports internationaux : En 1988, le Gouvernement a annoncé que sous réserve d'un examen des conditions de réglementation, il vendrait les parts qu'il détient dans trois aéroports internationaux de Nouvelle-Zélande. Avant de conclure que les ventes pouvaient avoir lieu, il a été constaté lors de ces examens que :

— Les compagnies aériennes détenaient un pouvoir de contrepoids suffisamment important pour faire en sorte que les aéroports ne puissent exploiter leur position de monopole ;
— Sous réserve de certaines modifications législatives d'importance mineure, la structure de réglementation existante était suffisante pour faire échec à un comportement anti-concurrentiel.

Airways Corporation : Airways Corporation assure le contrôle du trafic aérien ainsi que les services d'information concernant les vols. Cet organisme est à capitaux publics et il opère sur une base commerciale. Il fait actuellement l'objet d'un examen sur le plan de la réglementation, examen qui porte sur les points suivants :

— La concurrence peut-elle être introduite sans compromettre la sécurité ; et

— dans la négative, comment assurer l'efficacité de la prestation de ces services.

Réforme de l'industrie de l'électricité

En mai 1989, le Gouvernement a créé l'Electricity Task Force (Groupe d'étude sur l'industrie de l'électricité) chargé de présenter un rapport sur la structure de la branche d'activité, le régime de propriété ainsi que les réglementations applicables à la production, le transport et la distribution d'électricité. Le Ministère du commerce y était représenté. Après avoir reçu le rapport du Groupe d'étude, le Gouvernement a rendu publiques les décisions suivantes :

— dissociation des activités de production et de transport d'électricité et création, sous le nom de Transpower, d'une société distincte chargée de gérer les activités de transport ;

— attribution de la propriété de Transpower à un groupe de distributeurs et de producteurs ;

— constitution en sociétés des instances chargées de la fourniture d'electricité ; et

— suppression du système de zone de franchise exclusive ainsi que de l'obligation de fourniture.

Aucune décision n'a été prise quant au point de savoir si l'entreprise publique de production d'électricité serait scindée en deux ou plusieurs entreprises concurrentes.

Industrie du gaz

Ces dernières années, le Gouvernement a vendu son entreprise chargée du développement dans le domaine de l'énergie, la Petroleum Corporation of NZ Ltd. Un accord sur la vente du gaz dont dispose le Gouvernement au titre du contrat gazier Maui a été également conclu. Une quantité déterminée du gaz qui doit revenir au Gouvernement par application de ces droits au cours de la période allant jusqu'à l'année 2009 a fait l'objet d'une vente préalable à Petrocorp et Electricorp. Le Gouvernement conservera le contrôle des contrats gaziers puisqu'ils ne font pas l'objet de ventes pur et simple.

Le Gouvernement a décidé de déréglementer l'industrie du gaz. Les zones de franchise pour la vente au détail et la distribution seront supprimées comme le seront les contrôles sur les prix de détail. Les contrôles exercés sur les prix de gros font l'objet d'un réexamen. Le Gouvernement a décidé de mettre en oeuvre un système de divulgation de l'information aux niveaux de la transmission, de la vente en gros et au détail/et au niveau de la distribution locale.

Autres secteurs

Parmi les réformes intervenues récemment dans le secteur des transports figurent la création de compagnies portuaires et la suppression des contrôles quantitatifs des licences en matière de transport public.

Actuellement, les autorités locales doivent détenir au moins 51 pour cent des actions donnant droit de vote dans les compagnies portuaires et il a été procédé à un réexamen afin d'évaluer si cette obligation devrait être maintenue. Il a été conclu qu'il était préférable de règler ces questions dans le cadre du régime des fusions prévu par la Loi sur le commerce et le contrôle doit être supprimé.

En ce qui concerne les transports publics, le Ministère des transports a publié un document de travail exposant les diverses solutions permettant de réorganiser les licences de transports publics, y compris les taxis. Le Ministère du commerce appuyait la solution consistant à remplacer l'octroi de licences quantitatives par des contrôles qualitatifs limités. Cette solution a été dans une large mesure celle qu'a adoptée le Gouvernement dans la réforme qui a suivi.

Communications

La Division des communications du Ministère du commerce formule des avis sur les grandes orientations à suivre dans ce secteur et applique la législation en vigueur dans les communications et la radiodiffusion.

Télécommunications : depuis 1987, l'accès à l'offre des biens et des services de télécommunications est progressivement déréglementé. La Loi de 1987 sur les télécommunications prévoyait l'assouplissement progressif des restrictions visant le matériel utilisé par les particuliers à leur domicile. La Loi de 1988 sur les télécommunications instituait la suppression des restrictions limitant l'offre des services de télécommunications de toutes sortes à compter du 1er avril 1989. La Loi de 1990 portant modification de la Loi sur les télécommunications a institué des pouvoirs de réglementation qui doivent permettre d'établir des conditions de transparence propres à faciliter une concurrence effective. Aux termes de cette législation, les réglementations de 1990 sur la divulgation de l'information dans les télécommunications [Telecommunications (Disclosure) Regulations] s'appliquent à la Telecom Corporation of New Zealand Ltd. Les réglementations de 1989 sur les services internationaux de télécommunications [Telecommunications (International Services) Regulations] prévoient l'enregistrement de tous les exploitants de télécommunications qui souhaitent offrir des services internationaux à partir de la Nouvelle-Zélande.

Radiocommunications : la Loi de 1989 sur les radiocommunications a introduit des réformes fondamentales dans la gestion du spectre radio de Nouvelle-Zélande, l'objectif étant de faciliter l'accès des concurrents sur les marchés des télécommunications et de la radiodiffusion et d'accroître l'efficacité de la gestion de ce spectre. Il est prévu d'instituer, et le cas échéant, de vendre par appel d'offres, les droits de gestion sur une période allant jusqu'à 20 ans ; des transferts et des partages de ces droits sont également prévus.

Radiodiffusion : Le Broadcasting Act (Loi de 1989 sur la radiodiffusion) a supprimé les obstacles réglementaires dans cette branche d'activité. Néanmoins la loi instituent des normes minimales de comportement et des restrictions partielles sur la possibilité pour les étrangers d'être majoritaires des sociétés de radiodiffusion, ainsi que sur les heures réservées à la publicité.

Réglementation des professions

Tout en reconnaissant que la réglementation des professions peut favoriser le bien-être des consommateurs, le Gouvernement a déclaré que cette réglementation risquait de conférer des avantages à la profession considérée, souvent aux dépens des consommateurs. Depuis 1988 il est procédé, sous la coordination du Ministère du commerce, à l'examen de tous les régimes de réglementation des professions. Vingt examens ont déjà été achevés et 12 autres sont en cours. Dans la majeure partie des examens achevés, les conclusions ont été qu'il était nécessaire de maintenir une certaine forme de contrôle réglementaire. Dans ces cas, il a été recommandé de prévoir une plus grande participation des non-professionnels dans le processus de réglementation.

IV. Nouvelles études concernant le droit de la concurrence

Parmi les études relatives au droit de la concurrence on notera :

Turning It Around: closure and revitalisation in New Zealand industry (Le retournement : fermetures et renouveau dans l'industrie néo-zélandaise), rédacteurs Alan Bollard et John Savage

Rapports et Décisions : Examen de la Loi de 1986 sur le commerce, Ministère du commerce, Division de la politique de la concurrence et du droit des affaires, Wellington

Guarantee of Access to Essential Facilities — A Discussion Paper (Document de travail sur la garantie d'accès aux principales installations) Ministère du commerce, Division de la politique de la concurrence et du droit des affaires, Wellington

«Problèmes actuels de la concurrence en Nouvelle-Zélande et droits des consommateurs.», *Competition Review* Volume 2, décembre 1989, Commission du commerce

VAUTIER, Kerrin M., *The Essential Facilities Doctrine* (Doctrine des principales installations)

ADHAR, Rex J., «The Competitive Effects and Legality of Maximum Price Fixing» (Effets sur la concurrence et légalité de la fixation de prix maximums), New Zealand Universities Law Review

FARMER, J.A., «*Competition Law*» (Droit de la concurrence), New Zealand Recent Law Review

The Commerce and Fair Trading Acts (Loi sur le commerce et Loi sur la loyauté dans le commerce), Séminaire organisé par la New Zealand Law Society, sous la direction de Warren Pengilley, Miriam Dean et Brian Henry

Deregulated Professionalism for the '90s (Déréglementation des professions libérales dans les années 90), Stuart Locke New Zealand Real Estate.

PAYS-BAS

(1989)

I. Législation

La nouvelle loi sur les prix de revente imposés est entrée en vigueur le 15 juin 1990. La loi interdit les prix de vente imposés — avec possibilité de dérogation, dans des conditions strictes — et elle permet d'interdire ce type de pratique à l'égard d'un revendeur particulier. La loi nouvelle incorpore dans le texte de ses dispositions l'interdiction déjà existante — avec possibilité de dérogation — édictée en application de l'Article 10 de la loi sur la concurrence économique.

Par application du dit Article 10, les prix de vente imposés à tel ou tel revendeur ont été interdits, pour certaines catégories de biens de consommation durables. Pour donner effet aux nouvelles dispositions, la Commission de la concurrence économique a été priée de donner son avis sur le point de savoir s'il y avait lieu d'accroître ou de réduire le nombre de catégories de produits relevant de l'arrêté pris au titre de l'Article 10. Dans son avis du 10 avril 1990, la Commission de la concurrence économique propose de supprimer de l'ancienne liste les voitures automobiles et d'ouvrir une enquête dans le but d'allonger la liste en fonction de l'évolution de la situation sur les marchés en cause. A long terme, la Commission propose d'appliquer une politique plus rigoureuse par incorporation dans la loi d'une interdiction générale à l'encontre des prix de vente imposés individuels (avec possibilité de dérogations). Le Secrétaire d'Etat partage l'avis de la Commission et des mesures législatives sont en cours pour réviser la liste actuelle.

Comme indiqué dans le rapport de 1988-1989, des mesures ont été prises pour renforcer l'efficacité de la politique de la concurrence aux Pays-Bas. S'agissant des accords horizontaux sur les prix, la Commission de la concurrence économique, consultée sur ce point, est d'avis d'utiliser la possibilité offerte par la loi de déclarer ces accords comme étant généralement non obligatoires. Des dérogations pourraient être accordées mais seulement dans les cas exceptionnels.

S'agissant des accords restrictifs concernant la protection de la branche d'activité et la protection de l'assortiment, la Commission de la concurrence économique a déclaré, dans son avis du 24 août 1990, qu'elle préférait une approche au cas par cas à une interdiction générale. La protection de la branche d'activité et la protection de l'assortiment sont des obstacles d'un certain type à l'accès au marché. Les accords sur la protection de la branche d'activité contiennent des clauses empêchant la création d'entreprises nouvelles et concurrentes, dans des centres commerciaux, par exemple, et ce pendant une certaine période. Les accords sur la protection d'un assortiment ou d'une ligne de produits sont des accords conclus entre distributeurs ou grossistes d'une part, vendeurs au détail d'autre part, pour les achats et les ventes de gammes de produits déterminées.

Les deux avis mentionnés plus haut sont à l'étude.

Le Gouvernement a annoncé que dans le deuxième semestre de 1990 il déposerait devant le Parlement un document d'orientation relatif à la concurrence dans ces domaines.

Dans ce document, il arrêtera également sa position sur le point de savoir si le registre des ententes sera ouvert au public. Des initiatives législatives avaient déjà été prises en 1983, mais elles ont été rejetées par la première Chambre du Parlement. Celle-ci n'avait pu parvenir à un compromis sur la question de savoir dans quelle mesure il conviendrait d'accorder à certains accords une dérogation à l'obligation de notification.

Le document d'orientation abordera une troisième question, celle de la suppression des prix minima encore pratiqués pour le pain et le lait. Selon le Gouvernement, ces prix minima constituent une entrave à l'efficacité de la concurrence au niveau de la vente au détail. Le prix minimum du sucre a été supprimé dans le courant de 1989. Les prix minima pour le pain et le lait, tous deux fixés par un organisme régi par le droit public, seront également supprimés, sans doute avec un certain délai étant donné le cadre juridique dans lequel opèrent ces organismes.

II. Application de la loi

Aucune décision n'a été prise au cours de la période examinée. Les autorités compétentes ont été saisies d'un certain nombre de plaintes tant dans les secteurs industriels que dans le secteur des professions libérales ; ces plaintes, qui concernaient les obstacles à l'accès au marché, ont été réglées après intervention.

Les hausses des prix du pétrole en février/mars 1989 ont fait l'objet d'une enquête à la suite d'une plainte émanant des associations de consommateurs. Il est apparu que les fournisseurs n'avaient pas conclu un accord et qu'ils appliquaient les politiques de fixation de prix qui étaient celles de l'entreprise exerçant une action directrice sur les prix. Une nouvelle enquête sur des accords éventuels instituant des remises discriminatoires entre fournisseurs de pétrole et stations service a été ouverte.

Une plainte concernant la tarification des frets de marchandises pour les services de transbordeurs entre le continent et le Royaume-Uni a été déposée. Il est apparu que chaque armateur avait fixé individuellement sa propre politique en matière de prix, ainsi le Ministre a-t-il conclu qu'il n'y avait aucune raison d'intervenir.

Une enquête a été ouverte dans le secteur bancaire en consultation avec le Ministre des Finances. Cette enquête porte sur les frais prélevés par les banques commerciales pour le transfert de paiements effectués pour les clients commerciaux et pour les particuliers. Les banques souhaitent accroître ces taux. Les groupements d'intérêt des consommateurs et les groupes de clients commerciaux y voient une forme de comportement concerté et doutent qu'il soit réellement nécessaire de majorer les frais.

PORTUGAL

(1989 — 1er semestre 1990)

1. Modifications des lois

1.1. Législation sur la concurrence

Au cours de l'année 1989, des études en vue de la révision du décret-loi No. 422 du 3 décembre 1989, la loi fondamentale portugaise sur la protection de la concurrence, ont été poursuivies.

Cependant, le décret-loi No. 329-A du 26 septembre 1989 a apporté une première modification à cette loi : exemption pour les manuels scolaires et les autres livres utilisés pendant les années de scolarité obligatoire, de l'interdiction d'imposition de prix minima. Le but est de faciliter leur vente, dans des conditions concurrentielles, dans les grandes surfaces.

1.2. Déréglementation

Des réformes législatives visant à rendre la concurrence plus ouverte, notamment par la poursuite de la déréglementation dans plusieurs secteurs de l'activité économique, ont été tentées.

En ce qui concerne le secteur du transport routier, la Loi Fondamentale sur le Transport Routier a été publiée au 1er semestre de 1990 (loi n° 10 du 17 mars 1990). Elle révoque une loi d'encadrement datant de 1945 et introduit une perspective de libéralisation grâce à un «régime de concurrence ample et juste, la liberté d'établissement, l'autonomie de gestion et la rentabilité juste des investissements effectués».

Sur le plan du transport aérien, la TAP — Air Portugal a été privée de son monopole en matière de vols internationaux réguliers, qui peuvent maintenant être assurés par d'autres transporteurs, homologués par l'Etat portugais. De plus, les vols intérieurs ont été libérés à l'exception des liaisons concernant les Régions Autonomes, y compris les vols inter-îles, lesquelles se trouvent encore réglementées.

Dans le domaine des télécommunications, la Loi Fondamentale d'Établissement, de Gestion et d'Exploitation des Infrastructures et des Services de Télécommunications a été publiée le 11 octobre 1989 (loi n° 88/89), laquelle s'aligne sur le «Livre Vert» de la Communauté. Bien qu'elle réserve à l'Etat, comme dans les autres pays de la CEE, le réseau de base des télécommunications, la loi consacre un article aux dénommés «services à la valeur ajoutée», dont la prestation peut être fournie par «toute personne physique ou morale», et un autre article à la protection de la concurrence dans le secteur.

En ce qui concerne le secteur de l'énergie une certaine souplesse a été introduite dans le régime des prix de l'électricité. L'étude en vue d'adapter le régime de la concurrence dans l'industrie pétrolière portugaise aux normes de la Communauté Européenne a été poursuivie. Des quotas plus élevés pour l'importation de produits pétroliers, du gas-oil et du fueloil ont été attribués à plusieurs entreprises, nationales et étrangères, dès 1988.

1.3. Privatisations

Jusqu'en juin 1989, date de la deuxième révision de la Constitution de 1976, le Gouvernement a été empêché de reprivatiser les entreprises nationalisées en 1975. Il avait pu seulement aliéner 49 pour cent du capital de quatre d'entre elles, trois dans les secteurs des services financiers (une banque et deux compagnies d'assurance) et une dans l'industrie alimentaire (une brasserie) (1). Au cours du premier semestre de 1990, l'État a aliéné 100 pour cent de ses parts dans une entreprise de presse et 31 pour cent de ses parts dans la banque Totta e Açores (il reste encore 20 pour cent, qui sera bientôt transféré à des acquéreurs privés). En 1990 on attend aussi la privatisation totale des compagnies d'assurance, dont la première moitié du capital a été privatisée en 1989, et, encore, de quatre autres entreprises publiques, dont deux dans les secteurs des services (la banque et les transports maritimes) et deux dans l'industrie (une brasserie et un cimentier).

La loi-cadre des privatisations, publiée en avril 1990 (loi n° 11 du 5 avril 1990), continue un effort législatif commencé à la publication de la loi n° 84/88, déterminant les modalités selon lesquelles les entreprises publiques deviennent des sociétés anonymes, et 13 entreprises publiques ont déjà changé leur statut juridique dans la période sous revue : Neuf d'entre elles dans les secteurs des services (quatre banques, deux compagnies d'assurance, deux entreprises de transport et une entreprise de télécommunications), trois dans l'industrie et une dans le secteur agro-alimentaire.

2. Application de la législation et de la politique de la concurrence

2.1. Sur les accords et les pratiques restrictives

2.1.1. Procédure d'instruction par la DGCeP

Dans le champ d'application de la législation de la concurrence (décret-loi n° 422 du 3 décembre 1989 et législation ultérieure complémentaire), la Direction-Général de la Concurrence et des Prix (DGCP) a introduit au cours de l'année de 1989, huit procédures d'instruction et a achevé deux enquêtes pour vérifier l'existence d'infractions aux interdictions établies par la Loi de Défense de la Concurrence. Des huit procédures engagées, seulement deux ont été adressées au

Conseil de la Concurrence. Les six autres ont été abandonnées, des enquêtes n'ayant pas prouvé l'existence des infractions présumées.

Dans l'un des deux cas adressés au Conseil, il s'agissait d'un fabricant unique de produits abrasifs (rabais discriminatoires et refus de vente) ; dans l'autre il s'agissait d'accords restrictifs dans l'industrie pharmaceutique (vente exclusive de certains produits).

2.1.2. Décisions arrêtées par le Conseil de la Concurrence

Pendant la période considérée (1989) le Conseil de la Concurrence a arrêté cinq décisions sur des procédures d'instruction ouvertes par la DGCeP. Trois furent des condamnations. Dans les deux autres cas le Conseil a trouvé qu'aucune infraction n'avait été commise.

La première concerne un abus de position dominante sur le marché des tickets-restaurant par une société à laquelle le Conseil avait déjà ordonné en 1988 de cesser certaines pratiques restrictives (l'imposition d'une clause d'exclusivité insérée dans les contrats conclus avec des établissements de restauration).

Cette décision datée de 1989, qui a infligé une amende de Esc 500 000 (cinq cent mille escudos) a condamné l'entreprise visée car elle n'avait pas éliminé la clause d'exclusivité ci-dessus, en exécution de la décision du Conseil.

La seconde décision se rapporte à un accord sur le marché des équipements pour la production de l'électricité. Il s'agit de la conclusion d'un accord entre l'entreprise publique qui est le seul producteur et distributeur d'énergie électrique dans le pays, et un ensemble de trois entreprises qui produisent des équipements en question. Sur le plan de la concurrence cet accord a été estimé restrictif à deux égards : d'une part l'engagement d'achat exclusif, d'autre part les contractants avaient renoncé mutuellement à la production de certains types d'équipement, en échange d'un engagement réciproque de non-concurrence.

Le Conseil a décidé que sous réserve du respect de certaines conditions, il n'y avait pas d'infraction, puisque l'arrangement entre les contractants bénéficiait aux consommateurs.

La troisième décision concernait une pratique concertée présumée par des bouchers-grossistes pour augmenter le prix du boeuf. La décision a été absolutoire étant donné que l'enquête n'a pas réussi à faire preuve de l'existence de pratiques concertées, incompatibles avec les règles de concurrence.

La quatrième décision, condamnatoire (amende de Esc 200 000), concernait une association nationale d'auto-écoles qui avait appliqué un barème de prix d'enseignement de la conduite des véhicules uniforme sur tout le territoire national.

Dans la dernière décision un fabricant de textiles pour la maison avait refusé de vendre à un commerçant de détail. Le Conseil de la Concurrence a imposé une amende de Esc 200 000.

2.1.3. Recours contre les décisions du Conseil de la concurrence

Il y a eu trois arrêts définitifs de la Cour entérinant, pour l'essentiel, les décisions condamnatoires du Conseil.

Pratiques anticoncurrentielles sur le marché des produits cosmétiques : La Cour d'Appel a décidé de ne pas accepter le recours introduit par l'association des professionnels du secteur des pharmacies, visant l'annulation de l'arrêt du Tribunal de première instance qui avait entériné la décision du Conseil de la Concurrence, lequel a conclu à l'existence d'une pratique restrictive de la concurrence, compte tenu de la conclusion d'accords de vente exclusive en pharmacie, pour des produits dermopharmaceutiques, entre cette association et trois entreprises du secteur.

Pratiques anticoncurrentielles sur le marché du sucre : La Cour d'appel a entériné l'arrêt du Tribunal de première instance, qui avait constaté l'abus de position dominante de la part d'une raffinerie de sucre par voie de la baisse selective du prix de vente du sucre emballé en sachets. Cependant, la Cour d'Appel s'est prononcé par la réduction substantielle de l'amende infligée par le Conseil de la Concurrence, de Esc 5 000 000 à Esc 500 000.

Pratiques anticoncurrentielles dans la distribution de la bière, des «soft drinks» et similaires : Par arrêt de la jurisdiction civile de Lisbonne, la décision du Conseil de la Concurrence a été entérinée pour l'essentiel. Cette décision, quoiqu'en acceptant le réseau commercial de distribution adopté par un des deux producteurs de bière existants, avait imposé la modification des contrats regardant la distribution des produits de l'entreprise concernée, dans le but d'empêcher l'interférence du producteur dans la formation des prix de vente du distributeur, de mettre fin à une protection territoriale absolue constatée, et de supprimer une clause imposant aux distributeurs de ne vendre aucun produit concurrent de ceux fixés dans le contrat.

2.2. Fusions

Le décret-loi n° 428 du 19 novembre 1988 est entré en vigueur en 1989. Ce décret-loi prévoit les mécanismes de consultation de la DGCeP, qui émet des avis. Pendant l'année 1989, aucun de ces mécanismes n'a été utilisé (bien que le procédé de consultation ait été mis en place), peut-être parce que la complexité des affaires ne l'exigeait pas. Par contre, en 1990, la DGCeP a émis deux avis, concernant le secteur des conserves de poisson et celui des produits chimiques.

3. Nouvelles études sur la politique de la concurrence

Durant la période concernée ont été publiés, en portugais, les études suivantes sur la politique de concurrence :

ALVES, Jorge de Jesus Ferreira (1989), *Direito da Concorrência nas Comunidades Europeias*, Coimbra Editora, Coimbra.

DIRECÇÃO-GERAL DE CONCORRÊNCIA E PREÇOS (1990), «A Politica de Concorrência na Perspectiva de 1992», *Cadernos*, n° 7, Direcção-Geral de Concorrência e Preços, Lisbonne, janvier.

FERREIRA, João Pinto (1989), «Os Acordos de Franquia na Perspectiva da Politica de Concorrência», *Cadernos*, n° 6, Direcção-Geral de Concorrência e Preços, Lisbonne, juin.

MELLO, António Sampaio et LUCENA, Diogo de (réds.) (1990), *Politica Económica para as Privatizações em Portugal*, Editorial Verbo, Lisbonne.

PINTADO, Miguel Rodrigues et MENDONÇA Alvaro (1989), *Os Novos Grupos Económicos*, Texto Editora, Lisbonne.

RIBEIRO, José Flores (1990), «O Transporte Aéreo e a Concorrência», *Cadernos,* n° 8, Direcção-Geral de Concorrência e Preços, Lisbonne, juillet.

RICOU, Teresa et RODRIGUES, Eduardo Lopes (1989), *Política Comunitária de Concorrência — Um Estímulo aos Empresários Portugueses.* Ed. Inquérito, Lisbonne.

RODRIGUES, Eduardo Lopes (1990), *«O Acto Único Europeu e a Política de Concorrência», Estudos*, n°. 30, Banco de Fomento e Exterior, Lisbonne.

Notes

1. Il s'agit du Banco Totta e Açores (une banque), de l'Aliança Seguradora et de la Companhia de Seguros Tranquilidade (deux compagnies d'assurance) et de l'Unicer (une brasserie).

ROYAUME-UNI

(juillet — décembre 1989)

Introduction

Dans le domaine de la politique de la concurrence, le deuxième semestre de 1989 a été marqué par deux importants faits nouveaux. En premier lieu, une loi, qui a été adoptée, a apporté des améliorations aux procédures d'examen des fusions, y compris un système facultatif mais formel de notification préalable des projets de fusions et la faculté de remplacer la saisine de la Commission des monopoles et des fusions (MMC) par l'engagement juridiquement obligatoire des parties à une fusion de se dessaisir d'une partie de l'entreprise ayant fait l'objet de la fusion. Cette évolution répond à la conviction du Gouvernement du Royaume-Uni que la concurrence est le critère essentiel de l'évaluation des fusions et que celles qui ne soulèvent aucun problème de concurrence ne doivent pas être retardées plus longtemps qu'il n'est absolument nécessaire.

Le deuxième fait nouveau a été la publication en juillet d'un document de politique globale intitulé «Opening Markets: New Policy on Restrictive Trade Practices» (L'ouverture des marchés : nouvelles politiques sur les pratiques commerciales restrictives). La publication de ce livre blanc a fait suite à une consultation du public au sujet des propositions publiées par le Gouvernement en mars 1988 en vue d'une orientation plus radicale en ce qui concerne la réglementation des accords restrictifs, notamment l'interdiction des accords anticoncurrentiels.

I. Modifications ou projets de modification des lois et politiques relatives à la concurrence

A. Exposé succinct des nouvelles dispositions législatives et réglementaires en matière de droit de la concurrence

Loi de 1989 sur les Sociétés

La loi sur les sociétés a modifié sur plusieurs points la législation du Royaume-Uni en matière de concurrence, notamment en ce qui concerne les procédures d'examen des fusions, la mise en place d'une nouvelle structure réglementaire pour les commissaires aux comptes, comportant un examen minutieux des règles relatives à l'effet anticoncurrentiel et des amendements à la loi sur les services financiers, qui sont appelés à conduire en temps utile à une plus grande diversification des exigences réglementaires des différentes catégories de professionnels des services financiers.

Les améliorations aux procédures d'examen des fusions sont notamment les suivantes :

a) un système facultatif mais structuré de notification préalable au Director General of Fair Trading (ci-après dénommé «Directeur général») des projets de fusion, prévoyant l'autorisation, c'est-à-dire une décision du Ministre de ne pas saisir la Commission des Monopoles et des Fusions (MMC), normalement dans les quatre semaines. Ce système est en vigueur depuis le 1er avril 1990 ;

b) la faculté du Directeur général d'obtenir et du Ministre d'accepter des engagements juridiquement obligatoires de la part des parties en vue du dessaisissement d'une partie d'une entreprise ayant fait l'objet d'une fusion au lieu de saisir la MMC. Les dispositions en la matière sont en vigueur depuis le 16 novembre 1989 ; et

c) le pouvoir de faire payer des redevances en vue de la récupération des frais afférents à la vérification de la fusion. Aucune date n'a encore été fixée pour la mise en place d'un système de redevances.

La loi sur les sociétés a également prévu ce qui suit :

a) une interdiction de l'acquisition par les parties à un projet de fusion d'actions dans une autre de ces parties au cours de la période de l'enquête par la MMC, sauf avec l'autorisation du Ministre. Les dispositions en la matière sont en vigueur depuis le 16 novembre 1989 ;

b) des dispositions améliorées pour l'examen des affaires en cas d'une accumulation progressive de participations dans une société-cible. Elles sont entrées en vigueur depuis le 16 novembre 1989 ;

c) une nouvelle infraction pénale consistant dans la communication de données fausses ou fallacieuses aux autorités compétentes en matière de concurrence ; les dispositions en la matière sont en vigueur depuis le 1er avril 1990 ;

d) de nouvelles dispositions, en application de la Huitième Directive sur le Droit des Sociétés, en vue de la réglementation des activités des commissaires aux comptes et de l'évaluation de l'effet sur la concurrence des dispositions prises par les instances de surveillance reconnues au titre de la loi ; elles doivent entrer en vigueur en 1991 ;

e) des modifications aux critères appliqués pour la reconnaissance d'un organisme d'auto-discipline ou d'une instance professionnelle au titre de la loi de 1986 sur les services financiers. Elles laisseront à ces organismes, sous réserve de l'incorporation de dispositions essentielles arrêtées par le Securities and Investments Board (Conseil des valeurs mobilières et des investissements), davantage de liberté pour ajuster leurs conditions réglementaires aux particularités des secteurs financiers déterminés dans lesquels leurs membres exercent leurs activités.

Loi de 1988 sur le droit d'auteur, les dessins et modèles et les brevets

La loi sur le droit d'auteur, les dessins et modèles et les brevets, qui a été exposée dans le rapport du Royaume-Uni pour 1988, est entrée en vigueur le 1er août 1989.

La loi de 1989 sur les eaux

La loi sur les eaux, qui est entrée en vigueur le 22 novembre 1989, prévoit la privatisation des activités régionales en matière d'adductions d'eau et d'eaux usées et la création de la National Rivers Authority chargée de la mission de surveillance et du contrôle de la qualité dont s'acquittaient antérieurement les autorités compétentes en la matière. Elle prévoit un régime spécial de contrôle des fusions pour les entreprises de distribution d'eau et de traitement des eaux usées, afin de laisser subsister un nombre suffisant d'entreprises distinctes pour permettre la comparaison de leur efficacité à des fins réglementaires. Elle prévoit également la création du poste de Directeur général des Adductions d'Eau chargé de gérer un régime réglementaire pour les adductions d'eau et les eaux usées et doté du pouvoir de saisir la MMC au titre de la législation et de la réglementation en matière de concurrence en ce qui concerne ces questions.

Loi de 1989 sur l'énergie électrique

La Loi sur l'énergie électrique, qui a reçu l'approbation royale le 27 juillet 1989, prévoit une restructuration de l'industrie à partir de la fin mars 1990, avant sa privatisation, qui devrait être achevée pour le printemps 1991, et instaure la concurrence dans le secteur de la production et de la fourniture d'énergie électrique. Les dispositions structurelles comportent la division du Central Electricity Generating Board en Angleterre et au Pays de Galles en trois sociétés de production d'énergie électrique concurrentes et la création d'une nouvelle National Grid Company, propriété des entreprises de distribution régionales, dans le cadre d'une structure à deux niveaux constitués par des sociétés de portefeuilles et des sociétés d'exploitation. Les sociétés de distribution régionale existantes seront privatisées dans une large mesure telles quelles, sous la forme d'entreprises publiques de distribution d'énergie électrique. Elles seront autorisées à fournir de l'énergie électrique à tout établissement de leur ressort mais d'autres fournisseurs, y compris des entreprises de production fournissant directement de l'énergie électrique, pourront également recevoir l'autorisation de fournir de l'énergie électrique dans ce ressort.

La loi prévoit la nomination d'un Directeur général pour l'Approvisionnement en énergie Electrique (DGES) qui encadrera et encouragera la concurrence dans ce secteur. Le DGES aura le pouvoir de saisir la MMC. La loi permet également au Directeur général pour la loyauté dans le commerce (DGFT) de saisir la MMC en ce qui concerne les monopoles relatifs à l'industrie de la fourniture d'électricité. Le Ministre aura le pouvoir, après s'être concerté avec le Directeur général et le DGES de déroger à la réglementation sur les pratiques commerciales restrictives en faveur de certains accords relatifs à la production, au transport ou à la distibution d'électricité et nécessaires à l'efficacité de l'exploitation du système après sa privatisation.

Loi de 1987 relative au tunnel sous la Manche

Trois actes réglementaires ont été adoptés en novembre et en décembre 1989 au titre de la loi de 1987 relative au tunnel sous la Manche, lesquels actes dérogent à la réglementation de la concurrence en vigueur au Royaume-Uni en faveur d'accords de coopération touchant les trains de très grande vitesse qui doivent emprunter la liaison fixe entre la Grande Bretagne et la France.

B. Projets officiels de reforme du droit et de la politique de la concurrence

Réglementation en matière de pratiques commerciales restrictives

Le rapport du Royaume-Uni pour 1988 a rendu compte de la teneur d'un document à caractère consultatif, publié en mars 1988 concernant un projet de refonte complète de la réglementation applicable aux pratiques commerciales restrictives. Un document de politique générale intitulé «Opening Markets: New Policy on Restrictive Trade Practices», qui a été publié en juillet 1989, expose les grandes lignes d'une nouvelle réglementation conforme à l'orientation tracée dans le document à caractère consultatif. L'adoption du projet rendrait la réglementation du Royaume-Uni plus conforme à l'article 85 du Traité de Rome. Jusqu'ici, aucune date d'adoption de cette réglementation n'a été annoncée.

II. Application des lois et des politiques relatives à la concurrence

A. Action des autorités et des juridictions compétentes contre les pratiques anticoncurrentielles

Plaintes

En 1989, le Directeur général et l'Office of Fair Trading ont reçu 1 207 plaintes et demandes de renseignements concernant les pratiques anticoncurrentielles et ce pour une large gamme d'industries et d'activités de services. Certaines plaintes se sont avérées sans fondement ou ne relevaient pas du champ d'application de la réglementation et, dans un certain nombre d'autres cas, le Directeur général n'a pas jugé nécessaire d'agir, au vu des explications données par les sociétés ou organismes incriminés.

Loi de 1976 sur les pratiques commerciales restrictives

En vertu de la Loi de 1976 sur les pratiques commerciales restrictives , les caractéristiques de certains types d'accords au titre desquels deux ou plusieurs parties acceptent des restrictions à leur liberté de fournir ou d'acquérir des biens ou des services, doivent être portées à la connaissance du Directeur général et consignées dans un registre que le public est autorisé à consulter.

En 1989, 998 accords ont été enregistrés, 520 concernaient des biens et 478 des services. Le total des accords concernant des biens enregistrés depuis 1956 est ainsi passé à 5 914 et celui des accords concernant des services, depuis que le décret de 1976 a étendu l'application de la réglementation aux activités de services, s'élève aujourd'hui à 2 710. En 1989, 2 053 accords ont été présentés à l'enregistrement, soit une hausse d'environ 10 pour cent par rapport à 1988.

Enquêtes

La plupart des accords enregistrés sont soumis à l'Office, en application des dispositions, qui comportent des délais de notification. Toutefois, que ce soit par accident, par ignorance ou à dessein, des aspects particuliers de certains accords susceptibles d'enregistrement ne sont pas communiqués à l'Office of Fair Trading (l'Office) et les enquêtes sur des accords soupçonnés d'être non déclarés constituent un volet important en extension des activités de l'Office. Lorsque le Directeur général a tout lieu de croire qu'une personne est susceptible d'être partie à un accord non déclaré soumis à l'enregistrement, il peut la sommer, en vertu de l'article 36 de la loi, de lui communiquer tout renseignement utile. En 1989, l'Office a procédé à de telles sommations à 32 reprises au sujet de 10 accords qui ont éveillé ses soupçons, relatifs aux services d'autobus, aux brasseries, aux entreprises immobilières, aux modèles de photographes, aux engins de pêche, etc.

Evaluation des accords

Le Directeur général est tenu de soumettre tous les accords enregistrés au tribunal compétent en matière de pratiques restrictives, pour qu'il soit statué sur le point de savoir si les restrictions qu'ils prévoient sont ou non contraires à l'intérêt général. Néanmoins, s'il estime que les restrictions ne sont pas assez importantes pour justifier une enquête par ce tribunal, il peut demander au Ministre de le dispenser de saisir cette juridiction. L'Office envisage toujours la possibilité d'une telle demande et, le cas échéant, négociera des modifications aux restrictions dans des accords enregistrés afin de les rendre susceptibles d'une telle demande. En 1989, le Directeur général a pu informer le Ministre que 1 070 accords ne contenaient pas de restrictions importantes de la concurrence : 469 de ces accords concernaient des biens et 601 des services. A côté de l'article 1 de la loi qui prévoit l'obligation du Directeur général de saisir la juridiction, l'article 35 prévoit également la saisine de cette juridiction lorsque les renseignements relatifs à l'accord n'ont pas été communiqués dans les délais légaux et que, par conséquent, les restrictions que comportent l'accord sont nulles. En outre, là où les parties ont violé les ordonnances rendues par la juridiction ou les engagements pris devant cette juridiction au titre de l'article 1 ou de l'article 35, le Directeur général peut engager des poursuites pour entrave à la bonne marche de la justice. En 1989, la juridiction a eu à connaître de trois grands accords ou groupes d'accords dont elle avait été saisie par le Directeur général. A côté de l'affaire relative au béton pré-mélangé, exposée succinctement dans le rapport du Royaume-Uni pour le premier semestre de 1989, les accords concernaient des fabricants et des distributeurs du secteur de l'industrie du verre, ainsi que des fabricants de ronds à béton. Les accords en cause concernaient des échanges d'informations sur la fixation des prix ou les prix. Les accords en cause concernant la distribution de matériaux d'isolation thermique et les exploitants de services locaux d'autobus ont fait également l'objet d'une enquête en vue de l'ouverture d'une action judiciaire.

Loi de 1986 sur les services financiers

Depuis l'entrée en vigueur pure et simple de la loi sur les services financiers le 29 avril 1988, le Directeur général a pour mission essentielle de surveiller l'application des règlements des organismes mis en place et d'examiner les modifications ou compléments qui leur sont apportés. En outre, il doit également examiner les incidences sur la concurrence des règlements régissant les organismes demandant à être reconnus en tant qu'organismes d'auto-discipline, de bourses de valeurs ou de maisons de compensation. Il est tenu de faire rapport au Ministre au sujet des incidences sur la concurrence, des règlements régissant les organismes demandant à être agrés ou des cas où il décèle un effet sensiblement anticoncurrentiel découlant des modifications aux règlements ou à la suite de sa surveillance des organismes agréés.

Le Directeur général a présenté trois rapports au cours du deuxième semestre de 1989. Ces rapports concernaient : les règles provisoires de divulgation du Conseil des Valeurs Mobilières et des Investissements (SIB) pour la commission de l'assurance-vie et des placements collectifs ; une demande déposée par le Chicago Mercantile Exchange afin d'être agréé en qualité de bourse de valeurs étrangères et une demande introduite par Stockholm Options Marknad London afin d'être agréée en qualité de bourse de valeurs au Royaume-Uni. Le Directeur général a informé le Ministre que dans aucune de ces affaires les règles ne semblaient devoir entraîner d'effet anticoncurrentiel sensible.

Les travaux se sont poursuivis pendant toute l'année au sujet de plusieurs questions que le Directeur général avait d'abord examinées dans les rapports établis en 1988. Ces questions étaient notamment les suivantes : nouvelles propositions du SIB concernant le régime de divulgation d'information en matière d'assurance-vie à mettre en oeuvre à compter de 1990 ; examen du coût du système réglementaire sur les conseillers financiers indépendants et l'effet de ces coûts sur la possibilité d'obtenir des conseils indépendants ; et examen complémentaire de règles régissant l'International Stock Exchange et diverses dispositions régissant la diffusion des communications des entreprises. Ces questions ont été exposées succinctement dans le rapport du Royaume-Uni pour la période de janvier à juin 1989. Le Directeur général envisage d'en rendre compte au cours du premier semestre de 1990.

Loi de 1976 sur les prix imposés

Au titre de la loi sur les prix imposés, il est illégal pour les fournisseurs de biens de fixer des prix minimaux de revente aux revendeurs ou de les contraindre à faire payer ces prix en les menaçant d'arrêter approvisionnement ou de leur infliger diverses sanctions. Une légère diminution du nombre de plaintes dont l'Office a été saisi pour violation de la loi a été constatée en 1989. Au total 39 plaintes ont été reçues, contre 45 en 1988. Au cours du deuxième semestre 1989, le Directeur général a obtenu l'engagement écrit de la part de quatre fournisseurs de ne pas chercher à imposer aux revendeurs des prix minimaux auxquels leurs marchandises pourraient être revendues au Royaume-Uni. En conséquence, le nombre total d'engagements écrits au cours de l'année est passé à huit.

Loi de 1980 sur la concurrence

La loi de 1980 sur la concurrence habilite le Directeur général à diligenter une enquête afin de déterminer si tel ou tel comportement commercial constitue une pratique anticoncurrentielle. S'il décèle une pratique anticoncurrentielle, il doit indiquer, dans un rapport d'enquête rendu public, s'il estime opportun de saisir la Commission des Monopoles et des Fusions (MMC). S'il se prononce en faveur de la saisine, les auteurs de la pratique en cause peuvent proposer de s'engager à remédier aux effets anticoncurrentiels qui en résultent. Le Directeur général peut accepter cet engagement et ne pas saisir la Commission.

En cas de saisine, la MMC doit établir s'il y a eu ou non pratique anticoncurrentielle et, le cas échéant, si celle-ci est contraire à l'intérêt général. Si la Commission répond par l'affirmative, le Ministre compétent peut demander au Directeur général de chercher à obtenir des intéressés qu'ils s'engagent à modifier leur comportement. Si ceux-ci ne sont pas disposés à souscrire à un engagement satisfaisant, le Ministre peut prendre une décision afin d'interdire la pratique en cause ou de remédier à ses effets préjudiciables ou y faire obstacle.

Le Directeur général a publié au cours du deuxième semestre de 1989 trois rapports, ce qui a fait passer à quatre le total pour l'année. L'enquête relative à West Yorkshire Road Car Company Limited a permis de constater qu'aucune pratique concurrentielle n'était imputable à la réduction par cette entreprise de ses tarifs sur un itinéraire contesté entre Skipton and Bradford. La riposte de Highland Scottish Omnibuses Ltd's à Inverness à la concurrence de Inverness Traction Limited a été jugée abusive et assimilable à une pratique anticoncurrentielle. La MMC a été saisie de cette affaire en décembre. La réponse à la concurrence de South Yorkshire Transport Limited a été également jugée abusive et ses modalités assimilées à une pratique anticoncurrentielle. Néanmoins, au motif qu'il avait été mis fin à cette pratique, le Directeur général a décidé de ne pas saisir la MMC de cette affaire.

Deux autres enquêtes engagées en 1989 n'étaient pas achevées à l'expiration de l'année. Ces enquêtes concernaient Oracle Teletext Limited et The Wales Tourist Board. L'enquête relative à Kingston upon Hull City Transport Limited, dont il a été fait état dans le Rapport du Royaume-Uni pour le premier semestre de 1989, se poursuivait également à la fin de l'année.

Le rapport du Royaume-Uni pour la période de janvier à juin 1989 a fait état de la saisine de la MMC de l'affaire Black et Decker. La MMC a présenté son rapport au sujet de cette affaire en octobre et entériné l'avis du Directeur général suivant lequel la pratique de Black et Decker consistant à refuser ou à menacer de refuser de fournir un produit à des détaillants qui, croyait-elle, pratiquaient des prix sacrifiés, était anticoncurrentielle. Ayant estimé que cette pratique était contraire à l'intérêt général, la MMC a recommandé une révision de la loi sur les prix imposés dans la mesure ou elle concernait la pratique des prix sacrifiés. Le Directeur général a été prié d'obtenir de l'entreprise l'engagement de mettre fin à cette pratique et des échanges de vue sur la forme de cet engagement se poursuivaient à la fin de l'année.

Loi de 1973 sur la loyauté dans le commerce — Monopoles

En vertu de cette loi le Directeur général est tenu de surveiller les «situations de monopole», c'est-à-dire essentiellement les cas où une société détient au moins 25 pour cent du marché du Royaume-Uni ou les cas où plusieurs sociétés détenant au total moins 25 pour cent du marché agissent d'une manière qui restreint la concurrence — soit une situation de'»monopole complexe». Lorsqu'il estime qu'il y a situation de monopole, le Directeur général peut saisir la MMC aux fins d'enquête. Le monopole en tant que tel n'est pas présumé contraire à l'intérêt général ; de même les éventuelles situations de monopole qui ont été constatées ne doivent pas être déférées automatiquement à la MMC. Si elle est saisie, il appartient à cette dernière de déterminer s'il y a effectivement monopole et, le cas échéant, si ce monopole nuit ou nuira vraisemblablement à l'intérêt général.

Au cours de la période de juillet à décembre 1989, le Directeur général a saisi la MMC de deux cas de monopole, ce qui fait passer le nombre de ces affaires à quatre pour l'année. Le premier concernait la fourniture de services de traversée de la Manche par ferry. Le deuxième cas concernait la fourniture de placoplâtre au Royaume-Uni.

Deux rapports sur des affaires de monopole ont été publiés au cours de la période considérée, ce qui a fait passer le total de ces rapports pour l'année à huit. Dans son rapport sur les services relatifs aux cartes de crédit, la MMC a constaté l'existence d'un monopole en faveur de Barclays Bank et d'un monopole complexe en faveur de Visa International et de banques et de sociétés de construction qui fournissaient des services de cartes de crédit Visa au Royaume-Uni. Elle a également constaté l'existence d'un monopole complexe en faveur de Joint Credit Card Company Limited et des banques émettant les cartes de crédit Master Card/EuroCard sous la marque commerciale Access. La MMC a estimé que certaines règles et pratiques des sociétés de cartes de crédit étaient contraires à l'intérêt général et recommandé d'y renoncer. Il s'agissait en premier lieu de la règle de la «non discrimination» en vertu de laquelle les commerçants doivent faire payer à leurs clients le même prix pour les achats effectués au moyen des cartes de crédit Master Cards/ Euro Cards et Visa que pour les achats effectués par d'autres moyens et en deuxième lieu des pratiques faisant obstacle à ce que les émetteurs de cartes agissent en qualité d»acheteurs professionnels» (merchant acquirers») à compter de la date de leur affiliation. Ces «merchant acquirers» concluent des accords avec les commerçants pour que ceux-ci acceptent les cartes Access ou Visa et ensuite remboursent ces commerçants pour les transactions conclues en utilisant les cartes de crédit, en déduisant la commission convenue pour leur prestation.

Le Ministre a accepté les constatations de la MMC au sujet des acheteurs «merchant acquirers» et il a demandé au Directeur général de chercher à obtenir des entreprises en cause les engagements voulus. Il a décidé de poursuivre ses consultations au sujet de la recommandation de la MMC relative à la règle de la «non-discrimination». Par la suite, en décembre, il a annoncé qu'il demanderait au Directeur général de chercher à obtenir des entreprises en cause l'engagement d'abroger ce texte et qu'il préparait au titre de la loi sur la loyauté dans le commerce un décret afin d'exiger des «merchant acquirers» qu'ils publient et communiquent au Directeur général certains éléments d'information au sujet des commissions qu'ils imposaient aux détaillants pour le traitement des opérations utilisant les cartes de crédit. Les négociations relatives aux engagements concernant les activités des «merchant acquirers» étaient toujours en cours à la fin de l'année.

Dans le rapport sur les services de traversée de la Manche par ferry, publié en décembre, la MMC a conclu que la réalisation d'un projet de P&0 et de Sealink concernant la fourniture d'un service commun de transport de voitures par ferry pour les traversées les plus courtes de la Manche à compter de 1991 serait contraire à l'intérêt général. P&O et Sealink avaient soutenu que la mise en place de ce service commun était nécessaire, s'ils devaient concurrencer efficacement le tunnel sous la Manche. La MMC a conclu que ce projet était de nature à réduire gravement la concurrence et le Ministre a reconnu le bien-fondé de sa recommandation à ce sujet.

De nouveaux progrès ont été réalisés en ce qui concerne les mesures d'application consécutives à six rapports établis au cours du premier semestre de 1989 et dont il a été rendu compte dans le rapport du Royaume-Uni pour janvier-juin 1989. En ce qui concerne la fourniture de dérivés de l'opium, Macfarlan Smith Limited a souscrit à un engagement en vertu duquel elle continuerait à mettre sa liste de prix maximums à la disposition de sa clientèle. Des échanges de vues se poursuivent entre les Ministères et Macfarlan Smith Limited au sujet de diverses autres questions.

En ce qui concerne l'approvisionnement en bière, des mesures ont été prises en vue de l'application des décisions du Gouvernement faisant suite aux recommandations de la MMC visant à modifier sensiblement le régime des établissements sous exclusivité et exposé dans le rapport du Royaume-Uni pour janvier-juin 1989. En vertu des textes réglementaires arrêtés,

— tous les brasseurs ayant plus de 2 000 établissements sous exclusivité (soit les six plus grands brasseurs nationaux) sont tenus de libérer de tous liens d'exclusivité pour le 1er novembre 1992 la moitié du nombre de leurs établissements dépassant le seuil des 2 000 ;

— ces brasseurs devront, pour le 1er mai 1990, mettre fin à tous liens d'exclusivité en ce qui concerne le vin, les boissons alcoolisées, le cidre, les boissons non alcoolisées et les bières à faible teneur alcoolique et sans alcool ; et

— ils devront, pour le 1er mai 1990, autoriser leurs locataires ou emprunteurs sous exclusivité à se faire livrer par un autre fournisseur au moins un fût de bière.

En outre, un projet de loi, qui a été déposé devant le Parlement en décembre et qui avait à la fin de 1989 fait l'objet d'un deuxième examen à la Chambre des Communes, étendra le champ d'application du Landlord and Tenant Act (loi sur les relations entre propriétaires et locataires) de 1954 en donnant aux titulaires de licence et aux locataires la sécurité juridique en matière de location dont jouissent les autres locataires commerciaux.

Enfin, un texte réglementaire applicable à tous les brasseurs prévoit que, pour le 1er mai 1990, ils doivent veiller à ce que leurs emprunteurs puissent mettre fin à leur contrat de prêt moyennant un préavis n'excédant pas trois mois sans être pénalisés et doivent également publier des listes de prix de gros pour leur bière, en indiquant les prix maximums pour les différentes catégories de clients.

Le Ministre a demandé au Directeur général de surveiller l'application par les brasseurs des textes réglementaires et d'évaluer la mesure dans laquelle ils renforcent effectivement la concurrence. Il est à prévoir qu'un nouveau texte réglementaire qui doit permettre au Directeur général de recueillir des renseignements à cette fin sera arrêté et que le Directeur général fera connaître ses conclusions en 1993, soit une année après la mise en vigueur de toutes les dispositions des différents textes.

Dans son rapport sur le marché des prothèses pour membres inférieurs, la commission avait recommandé qu'InterMed Ltd cède une partie de ses activités en matière de prothèses pour membres inférieurs et le Ministre a accueilli favorablement sa recommandation. Néanmoins, le Directeur général a été prié d'examiner si le dessaisissement par InterMed restait nécessaire, compte tenu de l'évolution industrielle de nature à exercer des effets sur la situation de la concurrence. En août, le Directeur général a informé le Ministre qu'à son avis, à l'issue de la récente série de contrats relatifs aux services en matière de prothèses pour membres inférieurs, la position d'InterMed s'était affaiblie, et qu'il était désormais inutile de procéder au dessaisissement afin de rémédier aux effets négatifs constatés par la MMC. Il a cependant été convenu de réexaminer la situation en 1991.

La MMC a déjà rendu compte au cours de l'année des restrictions en matière de publicité édictées par les organismes professionnels des médecins agréés, des ingénieurs-conseils pour le bâtiment et les travaux publics et des ostéopathes soumis à des règles professionnelles, visés par le rapport du Royaume-Uni pour janvier-juin 1989. Les autorités se sont efforcées d'obtenir des organismes professionnels en cause qu'ils modifient leurs règlements ou directives interdisant le recours de ces professionnels à la publicité, conformément aux recommandations de la MMC. A la fin de 1989, plusieurs organismes professionnels avaient souscrit à des engagements de cette nature et des échanges de vues se poursuivaient avec les autres organismes.

Mesures de suivi et de surveillance au titre de la loi sur la concurrence et de la loi sur la loyauté dans le commerce

Des mesures ont également été prises au cours de la période considérée pour donner suite à des rapports antérieurs de la commission au titre de la loi sur la loyauté dans le commerce et de la loi sur la concurrence.

Fournitures de machines pour l'industrie de la chaussure — à la suite de l'établissement du rapport de la MMC pour 1973, British United Shoe Machinery Ltd (BUSM) a souscrit à un engagement relatif aux redevances afférentes à la résiliation des locations de machines et à une assurance relative à la vente de machines d'occasion. Il a été convenu de fournir des informations annuelles. En août, sur le conseil du Directeur général le Ministre a accepté de libérer le BUSM des obligations liées à l'assurance et à l'accord. L'engagement est toujours en vigueur.

La fourniture d'embrayages — à la suite de l'établissement du rapport de la MMC pour 1968, Automative Products plc (AP) a souscrit à l' engagement de ne pas imposer certaines restrictions à ses distributeurs et clients et de ne recommander qu'un prix de détail maximum. AP a également accepté de fournir annuellement des précisions sur son chiffre d'affaires, ses bénéfices et son capital exploité. En septembre, suivant le conseil du Directeur général le Ministre a accédé à la demande introduite par AP afin d'être relevée de ses obligations à cet égard. Les engagements restent inchangés.

British Telecom — en raison de l'évolution de la situation du marché, British Telecom (BT) a demandé a être relevée de certains engagements auxquels elle avait souscrit à la suite du rapport de la MMC de janvier 1986 au sujet de son acquisition d'une participation de 51 pour cent dans Mitel Corporation. Mitel est un grand fabricant de centraux locaux automatiques privés, dont BT est un important distributeur, et les engagements limitaient la mesure dans laquelle BT pouvait intégrer ses propres activités et celles de MITEL. Le Directeur général (en concertation avec le Directeur général des télécommunications) a conseillé au Ministre de relever BT de ses principaux engagements. D'autres engagements doivent être incorporés dans la licence d'exploitation de BT, qui est délivrée au titre de la loi de 1984 sur les télécommunications, et le Directeur général des télécommunications qui dirige l'Office des Télécommunications (OFTEL), en surveillera l'application et les mettra en vigueur dans le cadre de sa mission au titre de cette loi.

Fourniture de gaz

Le rapport du Royaume-Uni pour 1988 rendait compte de la recommandation de la MMC visant à obliger British Gas à ne pas assurer plus de 90 pour cent des livraisons de tout nouveau gisement de gaz appartenant au plateau continental du Royaume-Uni. Le Ministre avait demandé au Directeur général de consulter les intéressés au sujet de cette recommandation afin de le conseiller en 1989 au sujet d'un dispositif devant faciliter aux distributeurs autres que British Gas leur approvisionnement auprès des exploitants de nouveaux gisements. Le gouvernement a maintenant fixé un objectif de dix pour cent pour la fourniture de gaz provenant des nouveaux gisements par des fournisseurs autres que British Gas. Le Directeur général a été prié de chercher à obtenir un engagement de British Gas pour l'aider à atteindre cet objectif, notamment en acceptant de transporter le gaz fourni par des distributeurs concurrents. Un projet d'engagement de British Gas était à l'examen à la fin de l'année.

Conformément à cet engagement, la vente de deux gisements de gaz off-shore aux conditions susvisées a été annoncée. C'est ainsi que 90 pour cent du gaz en provenance du gisement Bruce et Beryl ont été vendus à British Gas, les 10 pour cent restants étant offerts sur le marché du Royaume-Uni par des distributeurs indépendants. A compter de 1993, année prévue pour le démarrage de la production, d'importantes quantités de gaz seront vendues sur le marché industriel et commercial par des distributeurs indépendants.

Simultanément, d'autres distributeurs potentiels s'apprêtaient à pénétrer dans le marché. Bien que les quantités qu'il sera possible de se procurer immédiatement à ces autres sources ne seront pas aussi importantes que les quantités provenant de Bruce et Beryl, il en résultera qu'à compter de 1990 une certaines quantité de gaz sera vendue par des distributeurs autres que British Gas.

En raison de cet état de choses, de nombreuses demandes ont été introduites pour le transport par le système de British Gas. Aucune autre directive concernant le «transport commun» (Common carriage) n'a été émise par le Directeur général des Approvisionnements Gaziers (DGGS), postérieurement à la directive évoquée dans le dernier rapport du Royaume-Uni. Néanmoins, il a examiné un grand nombre de demandes -- environ 350. Il procède aujourd'hui en faisant connaître à British Gas les décisions qu'il se propose de prendre et laissant aux parties le soin de négocier un contrat approprié entre elles-mêmes.

British Gas se charge aujourd'hui de négocier plusieurs contrats en vue du transport du gaz par des tiers. Les premières fournitures des distributeurs indépendants ont commencé en mars 1990 et un plus grand nombre de distributeurs entreront dans le marché ultérieurement au cours de 1990.

Entretemps, les barèmes de prix visés dans le dernier rapport ont été modifiés à la suite d'une série de critiques formulées par les consommateurs et le DGGS et plusieurs défauts des premiers barèmes étaient corrigés.

Télécommunications

Au cours de la période considérée, le Directeur général des Télécommunications (DGT) a donné avis au Ministre du commerce et de l'industrie au sujet de l'octroi de licences aux demandeurs de concessions d'exploitation de réseaux de communications privés (PCN). Les candidats agréés étaient des consortiums dont Mercury, British Aerospace et STC. Le DGT a également recommandé au Ministre d'autoriser le partage entre les concessionnaires de licences de l'infrastructure dans les régions plus faiblement peuplées, en vue de réduire le coût global de la fourniture de services de réseaux de communications privés.

Les sept exploitants spécialisés en service par satellite (SSSO) auxquels des licences ont été délivrées en 1988 ont reçu en 1989 l'autorisation de diffuser des émissions en Europe.

A la fin de 1989, un total d'autorisations pour 135 concessions d'exploitation de télévision câblée avait été annoncé. Les régions visées par ces concessions correspondaient à 68 pour cent de la population et la multiplication de ces concessions ouvrira la voie à une intensification considérable de la concurrence pour les services téléphoniques locaux.

B. *Fusions et concentration*

Récapitulation des opérations de fusion

En 1989, le Directeur général a donné un avis au Ministre pour 249 fusions, projets de fusion et participations et a répondu également à 32 consultations à caractère confidentiel, soit au total à 281 dossiers. Il n'est pas tenu compte dans ce chiffre des projets qui ont été abandonnés avant que le Directeur général ne formule sa recommandation, ni des projets, qui après examen, se sont révélés ne pas remplir les conditions exigées pour qu'il y ait enquête (au total 146 dossiers). Il n'est pas non plus tenu compte des fusions dans le secteur de la presse, pour lesquelles une procédure spéciale est prévue.

L'Office a étudié au total 427 dossiers contre 456 en 1988. Il s'est attaché dans chaque cas à déterminer les éventuels effets anticoncurrentiels de la fusion et les autres répercussions qu'elle pourrait avoir au regard de l'intérêt général. A la fin de l'année 49 autres dossiers étaient toujours à l'examen.

Statistiques

Le tableau 1 rend compte du nombre annuel de fusions au sujet desquelles l'Office a donné un avis au Ministre depuis 1979, ainsi que de l'actif brut total des sociétés absorbées.

Pour qu'une fusion soit soumise à examen, il faut qu'elle porte sur l'acquisition d'actifs bruts (immobilisés et circulants) d'une valeur supérieure ou égale à 30 millions de livres, ou qu'elle fasse passer à 25 pour cent au moins la part de marché détenue. Alors que le chiffre concernant la part de marché est resté inchangé depuis 10 ans, le seuil relatif à l'actif brut a été révisé à deux reprises, la dernière fois en juillet 1984 où il a été alors porté de 15 à 30 millions de livres. Le tableau 1 indique également les chiffres ajustés (en vue de l'établissement d'un certain ordre de comparaison avec les années antérieures à la révision). Il n'a pas été tenu compte des effets de l'inflation.

Un meilleur indicateur des tendances d'évolution de fusions au Royaume-Uni est donné par les statistiques recueillies par l'Office Central des Statistiques et publié dans le Business Bulletin: Acquisitions and Mergers. Les statistiques portent sur les fusions réalisées (alors que les chiffres de l'Office of Fair Trading se réfèrent essentiellement aux projets de fusion), mais elles ne couvrent pas le secteur financier (qui est pris en compte par l'Office of Fair Trading). Ces chiffres figurent dans le tableau ainsi que les statistiques de l'Office of Fair Trading pour les branches d'activités retenues dans le Business Bulletin.

Tableau 1 **Opérations de fusion 1979-1989**

Année	Projets entrant dans le champ d'application de la loi sur la loyauté dans le commerce – Nombre total d'opérations – Nombre		Montant des actifs absorbés (£ millions)		Industrie et commerce Nombre		Business Bulletin Industrie et commerce Nombre	Affaires relevant de la loi sur la loyauté dans le commerce exprimées en pourcentage des opérations industrielles et commerciales	
1979	257		13 140		220		534	41.2	
1980	182	(115)	22 289	(21 042)	141	(89)	469	30.0	(19.0)
1981	164	(105)	43 597	(42 537)	126	(79)	452	27.9	(17.5)
1982	190	(122)	25 939	(24 494)	144	(93)	463	31.1	(20.1)
1983	192	(129)	45 495	(44 275)	143	(104)	447	32.0	(23.3)
1984	259	(223)	80 688	(79 957)	200	(165)	568	35.2	(29.0)
1985	192		57 488		144		474	30.4	
1986	313		123 331		238		696	34.2	
1987	321		121 911		279		1 125	24.8	
1988	306		98 902		276		1 224	22.5	
1989	281		96 109		258		1 039	24.8	

Les chiffres entre parenthèses sont ceux qui auraient été enregistrés si le seuil de 30 000 millions de £ avait été appliqué au cours des années 1980-84. Le seuil avait été précédemment porté de 5 à 15 millions de £ le 10 avril 1980.

Source : Office of Fair Trading et Business Bulletin: Acquisitions and Mergers

Tableau 2 **Opérations de fusion en 1989 : importance de l'actif brut des sociétés absorbées**

Montant de l'actif (en millions de £)	Nombre	Total des actifs (en millions de £)	Montant moyen des actifs (en millions de £)
0-24.9	56	345	6.2
25-49.9	52	2 042	39.3
50-99.9	63	4 366	69.3
100-249.9	48	7 200	150.0
250-999.9	15	10 477	698.5
500-999.9	15	10 477	698.5
1 000 et plus	22	63 058	2 866.3
Total	281	96 109	342.0

Source : Office of Fair Trading.

Tableau 3 : **Opérations de fusion en 1989 : branche d'activité, nombre de fusions, importance de l'actif, et nationalité des sociétés absorbées**

Branche d'activité		Actifs (en millions £)	Moyenne des actifs (en millions £)	Sociétés étrangères Nombre de sociétés absorbées	Nombre de sociétés absorbantes
Agriculture, sylviculture et pêche	4	209	52	-	-
Charbon, pétrole et gaz naturel	9	6 263	696	4	2
Electricité, gaz et eau	3	72	24	-	-
Transformation des métaux et fabrication de produits métalliques	6	4 595	766	1	2
Traitement des minerais et fabrication à base de minerais	9	2 413	268	2	2
Chimie et fibres artificielles et synthétiques	12	4 069	339	7	6
Ouvrages en métal (non dénommés ailleurs)	11	3 848	350	1	2
Construction mécanique	27	2 786	103	9	9
Construction électrique	16	6 477	405	7	8
Véhicules	10	1 801	180	2	4
Fabrications d'instruments	7	1 105	158	3	2
Produits alimentaires, boissons et tabacs	20	14 574	729	4	7
Textiles	3	444	148	1	-
Ouvrages et vêtements en cuir	3	360	120	1	-
Bois d'oeuvre et meubles en bois	2	423	211	-	-
Papier, imprimerie et édition	14	1 435	102	2	5
Industries manufacturières diverses	6	1 412	235	2	2
Construction	4	344	86	-	1
Distribution	27	7 374	273	-	-
Hôtels, restauration et réparations	7	2 016	288	3	-
Transports et communications	7	2 360	337	2	2
Banques & établissements financiers	14	15 713	1 122	3	5
Assurances	7	8 177	1 168	1	4
Services financiers auxiliaires	2	100	50	-	1
Autres services fournis aux entreprises	33	4 680	142	6	13
Services divers	18	3 061	170	3	4
Total	281	96 109	342	64	82

Note au tableau 3 : 50 pour cent des projets de fusion examinés par l'Office en 1989 relevaient des six secteurs suivants :

Services commerciaux divers (33 projets) — Construction mécanique (27)
Distribution (27) — Alimentation, boissons et tabacs (20)
Services divers (18) ; et — Construction électrique (16).

Source : Office of Fair Trading.

Tableau 4 : **Projets de fusion par type d'intégration, en pourcentage du nombre total des fusions et de la valeur des actifs absorbés : 1970-1989**

	Horizontales Pourcentage		Verticales Pourcentage		Diversifiants Pourcentage	
	du nombre total	de la valeur	du nombre total	de la valeur	du nombre total	de la valeur
1970-74	73	65	5	4	23	27
1975	71	77	5	4	24	19
1976	70	66	8	7	22	27
1977	64	57	11	11	25	32
1978	53	67	13	10	34	23
1979	51	68	7	4	42	28
1980	65	68	4	1	31	31
1981	62	71	6	2	32	27
1982	65	64	5	4	30	32
1983	71	73	4	1	25	26
1984	63	79	4	1	33	20
1985	58	42	4	4	38	54
1986	69	75	2	1	29	25
1987	67	80	3	1	30	19
1988	58	45	1	1	41	54
1989	60	44	2	3	37	53

Notes au tableau 4. Il y a fusion horizonale lorsque les sociétés ont en commun une activité qui occupe la première ou deuxième place dans leurs propres activités, à moins que le chiffre d'affaires de l'activité commune ne constitue un pourcentage relativement faible du chiffre d'affaires total des sociétés fusionnées. Il y a fusion verticale lorsque les activités des sociétés venant au premier ou au second rang se situent à des stades différents de la production ou de la distribution d'un même produit. Les fusions qui ne sont ni horizontales ni verticales sont classées dans la catégorie des fusions dites «diversifiantes».

Source : Office of Fair Trading.

Exposé d'affaires importantes

Au cours du deuxième semestre de 1989, le Ministre a saisi la Commission des Monopoles et des fusions de sept projets au titre de la loi sur la loyauté dans le commerce de 1973, de sorte que le total de l'année est passé à 14 ; dans chaque cas, la Commission a été saisie conformément à l'avis du Directeur général. Les affaires dont la Commission a été saisie étaient les suivantes :

— le projet d'acquisition de Myson Group plc par Yale and Valor plc ;

— l'acquisition par Blue Circle Industries plc d'une participation de 29 pour cent dans Myson Group plc, et le projet d'acquisition du reste du capital de Myson Group plc par Blue Circle Industries plc ;
— le projet d'acquisition de Desoutter (Holdings) plc par Atlas Copco AB ;
— l'acqusition de National Tyre Service Limited par Michelin plc ;
— l'acquisition de HCA United Kingdom Limited par British United Provident Association Limited ;
— le projet d'acquisition de Trailerent Ltd par Tiphook plc ; et,
— le projet d'acquisition de C. Walker & Sons (Holdings) Limited par British Steel plc.

Le Ministre a également saisi la Commision du projet de fusion entre Lee Valley Water Company, Colne Valley Water Company et Rickmansworth Water Compagny au titre de la Loi de 1989 sur les eaux.

Dans toutes ces affaires, la Commission a été saisie en raison des préoccupations nées des incidences éventuelles de la fusion sur la concurrence, et, dans trois affaires, en raison de la relation verticale entre les parties à la fusion.

Rapports d'enquête sur les fusions

Six rapports sur les enquêtes effectuées par la Commission au sujet des fusions ont été publiés au cours de cette période, ce qui porte le total pour l'année à 13 (non compris les rapports sur les fusions de presse, au nombre de deux).

Dans deux des six affaires, la Commission a constaté que la fusion serait vraisemblablement préjudiciable à l'intérêt général.

Il s'agit de l'acquisition par Grand Metropolitan plc de William Hill Organisation Limited et l'acquisiton par Coats Viyella plc d'une participation dans Tootal Group plc.

Dans ces deux affaires, la Commission a recommandé un dessaisissement partiel précédant la fusion ; dans une affaire, il s'agissait de la cession de plusieurs maisons de pari dans certaines localités ou la concurrence serait sensiblement réduite à la suite de la fusion et, dans l'autre de la cession d'une partie des participations des sociétés fusionnées dans le secteur du fil à coudre à usage domestique et d'une participation dans le groupe Gutermann, un concurrent de Coats Viyella et de Tootal. Dans chaque cas, les sociétés en cause ont pris l'engagement de procéder à ces cessions.

III. Nouvelles études concernant la politique de la concurrence

A. Rapports de l'OFT (disponibles sur demande auprès de cet organisme)

Loi sur les services financiers [para. II.A.(iii)]

The Securities and Investments Board's interim disclosure rules for life assurance and unit trust commission. (Règles provisoires du Conseil des valeurs moblières et des placements pour la Commission de l'assurance-vie et des placements collectifs) (juillet 1989).

The Chicago Mercantile Exchange (août 1989).

Options Marknad London (novembre 1989).

Loi sur la concurrence [para. II.A.(v)]

West Yorkshire Road Car Company Limited; Fares Policy on certain routes between Bradford and Skipton (West Yorkshire Road Car Company Limited ; politique tarifaire sur certaines lignes entre Bradford et Skipton) (août 1989).

Highland Scottish Omnibuses Limited: local bus services in Inverness (Highland Scottish Omnibuses Limited; services locaux d'autobus à Inverness) (septembre 1989).

South Yorkshire Transport Limited : the registration and operation of service 74 between High Green and Sheffield (South Yorkshire Transport Limited: l'enregistrement et l'exploitation de la ligne 74 entre High Green and Sheffield) (octobre 1989).

B. Rapports de la MMC (disponible sur demande auprès de Her Majesty's Stationery Office)

Monopoles [para.II.A.(v)]

Services de cartes de crédit (CM 718, août 1989).

Services de transport par ferry de voitures à travers la Manche (CM 903, décembre 1989).

Loi sur la concurrence [para. 11.A.(v)]

Black and Decker (CM 805, octobre 1989).

Fusions [para. II.B.(iv)]

Grand Metropolitan plc et William Hill Organisation Ltd. (CM 776, août 1989).

Glynwed International et JB & S Lees Ltd. (CM 781, août 1989).

Monsanto Company et Rhône-Poulenc SA (CM 826, octobre 1989).

Coats Viyella plc et Tootal Group plc (CM 833, octobre 1989).

Yale and Valor plc et Myson Group plc (CM 915, décembre 1989).

Blue Circle Industries plc et Myson Group plc (CM 916, décembre 1989).

C. Autres publications officielles (disponibles auprès de Her Majesty's Stationery Office.)

Opening Markets; New Policy on Restrictive Trade Practices (L'ouverture de marchés ; nouvelle politique en matière de pratiques commerciales restrictives) (CM 727, juillet 1989).

D. Autres ouvrages consacrées a la politique de la concurrence (NB: Il s'agit uniquement ici d'une sélection.)

Ouvrages

BUTTON, K. et SWANN, D. (eds) (1989), *The Age of Regulatory Reform.* (L'âge d'or de la réforme de la réglementation), Oxford, Clarendon.

HUGUES, G. et VINES, D. (1989), *Deregulation and the Future of Commercial Television* (Déréglementation et l'avenir de la télévision commerciale) (Hume paper no. 12), Aberdeen University Press, Aberdeen.

POOLE, C.P. (1989), *US Airline Deregulation: The Lessons for the European Community* (La déréglementation des Compagnies aériennes américaines ; les leçons à en tirer par les Communautés européennes) (Government Economic Service Working Paper No. 109), Department of Transport, London.

TYSON, W.J. (1989), *A Review of the Second Year of Bus Deregulation* (Un bilan de la deuxième année de déréglementation des services de transport par autobus). Association of Metropolitan Authorities, Londres.

WHISH, R. (1989), *Competition Law* (Droit de la Concurrence). Deuxième édition, Butterworths.

WOOLCOOK, S. (1989), *European Mergers: National or Community Controls.* (Fusions eropéennes: contrôles nationaux ou communautaires) (Discussion paper No. 15). Royal Institute of International Affairs, Londres.

Articles

BUTTON, K. (1989), «Economic theories of regulation and the regulation of the United Kingdom's bus industry» (Théories économiques de la réglementation et la réglementation du secteur des transports par bus au Royaume-Uni), Antitrust Bulletin, automne, pp. 489-516.

FISHWICK, F. (1989), «Definition of monopoly power in the anti-trust policies of the United Kingdom and the European Community» (Définition du pouvoir monopolistique dans les politiques antitrust du Royaume-Uni et de la Communauté européenne), *Antitrust Bulletin*, automne, pp. 451-488.

MCGOWAN, F. & SEABRIGHT, P. (1989), «Deregulating European Airlines» (La déréglementation des Compagnies aérienes européennes), *Economic Policy*, octobre, pp. 283-344.

SUEDE

(1989)

I. Modifications apportées aux lois relatives à la concurrence et mesures adoptées ou envisagées

1. Nouvelles dispositions légales concernant le droit de la concurrence

Aucune modification n'a été apportée au droit de la concurrence en 1989.

2. Déclaration du médiateur chargé de la concurrence sur la déréglementation, les problèmes commerciaux, etc.

A la demande de divers ministères et administrations, le Médiateur chargé de la concurrence a fait connaître son avis sur une cinquantaine de rapports officiels d'enquêtes, des projets de lois, etc., ayant trait à la politique de la concurrence.

Dans ces communications au Gouvernement sur les projets de mesures anti-dumping visant les importations à faible prix des tuyaux d'écoulement en plastique et des planches en provenance d'Europe orientale, le Médiateur a insisté sur l'importance qu'il y a de maintenir, pour chaque produit, des conditions de concurrence sur le marché suédois lorsque l'on examine s'il y a lieu d'adopter des mesures de ce genre. Selon le Médiateur, il faut comparer des données équivalentes lorsqu'on calcule les prix unitaires pratiqués dans les différents pays pour déterminer les marges de dumping. Par ailleurs, il faut qu'il y ait concurrence sur le marché du pays avec lequel est effectuée la comparaison. Il faut considérer que les faibles coûts pratiqués dans le pays d'où proviennent les importations peuvent avoir un effet sur les prix.

Dans une lettre adressée au Gouvernement, le Médiateur a déclaré qu'il importait d'accroître la concurrence sur les services aériens intérieurs. Aujourd'hui, Scandinavian Airlines System (SAS) et Linjeflyg, transporteur intérieur dont la SAS est en partie propriétaire, sont autorisés à assurer la quasi-totalité des services aériens réguliers en Suède. Le Médiateur a proposé d'accorder des concessions parallèles pour assurer, à titre expérimental, la desserte d'itinéraires à forte densité de trafic. Pour justifier l'arrangement actuel, qui confère des droits d'exclusivité à SAS et Linjeflyg, on avait d'abord allégué que les bénéfices réalisés sur ces itinéraires pourraient être utilisés pour subventionner d'autres lignes non rentables mais indispensables dans l'optique du développement régional. Si la concurrence devait s'intensifier sur ces lignes à forte densité de trafic, il serait moins facile d'y réaliser des bénéfices importants. Dans la même lettre, le Médiateur a également proposé un modèle qui s'efforce de concilier le besoin de concurrence et les questions de politique régionale. Il s'agirait, notamment, de lancer des appels d'offre pour l'exploitation des lignes non rentables jugées souhaitables par le Gouvernement central pour des raisons de politique de développement régional.

L'industrie du taxi connaît des modifications profondes qui impliquent un contrôle des pouvoirs publics. C'est ainsi qu'à compter du 1er juillet 1990, les tarifs seront déréglementés, les critères de commodité et de nécessité ne serviront plus à apprécier les demandes de licences d'exploitation ; en outre, le ramassage et le transport des passagers ne sera plus soumis à une répartition géographique et les systèmes de commande et d'envoi des taxis n'auront plus à être avalisés par les pouvoirs publics. Pendant la période qui a précédé la déréglementation, le Médiateur s'est attaché, de diverses façons, à inciter les acheteurs des services de taxi financés par les pouvoirs publics à se tenir prêts à profiter des possibilités futures de la concurrence et à conclure leurs marchés de façon à stimuler cette concurrence. En plusieurs lieux, l'activité de taxi s'organise à partir de sociétés à responsabilité limitée qui fonctionnent comme des circuits ordinaires de vente et de centralisation des commandes. Ceci a donné lieu à des plaintes de la part des entreprises de taxi et d'autres entreprises qui considèrent que l'association avec une centralisation des appels est leur unique chance d'effectuer des transports financés par les pouvoirs publics alors même que cette association ne permet pas de présenter des offres compétitives. Les trajets financés par les pouvoirs publics, et particulièrement le transport des retraités handicapés et des malades qui doivent subir un traitement médical d'urgence, constituent l'une des principales sources de recettes des chauffeurs de taxi en Suède. Dans certains endroits, ces transports peuvent représenter jusqu'à 90 pour cent de leur revenu. Le Médiateur a écrit à plusieurs organismes, parmi lesquels la Fédération des taxis suédois afin que tout soit mis tout en oeuvre pour que les principales associations de taxi n'adoptent pas un comportement qui écarte les concurrents potentiels avant même que les marchés publics soient mis en adjudication.

De nombreux secteurs de l'industrie de transformation des produits alimentaires sont sous l'emprise des coopératives appartenant aux agriculteurs et font l'objet d'une réglementation très détaillée. Les produits agricoles sont très protégés contre la concurrence des importations et les prix sont fixés par l'administration, ceci en vue d'assurer à la Suède une certaine autonomie en ce qui concerne l'alimentation en cas de blocus. LAG, sigle suédois d'un groupe de travail parlementaire au sein du Ministère de l'agriculture, a soumis des propositions concernant une nouvelle politique alimentaire. Selon l'une d'entre elles, il s'agirait de déréglementer les marchés intérieurs des produits agricoles. Les droits de douane perçus sur les importations seraient abaissés à mesure que l'on parviendrait à des accords dans le cadre du GATT. Le Médiateur a entériné la déréglementation en accord avec les propositions du groupe de travail. La déréglementation nécessitera une plus plus grande surveillance de la part des autorités responsables dont l'objectif est d'introduire une concurrence réelle dans cette branche vitale de l'activité économique.

Comme on l'a indiqué dans le rapport pour 1988, le Gouvernement a nommé au début de 1989 une commission chargée d'étudier les modalités permettant de renforcer la politique de la concurrence. La commission a publié récemment un rapport intérimaire intitulé «La concurrence dans le secteur de l'alimentation». Il convient de voir dans ce rapport une adaptation des aspects juridiques de la concurrence au projet de nouvelle politique alimentaire évoquée plus haut. La commission propose d'interdire le partage du marché afin d'empêcher la division géographique des marchés et la fixation de contingents pour la production, la transformation ou la vente des produits d'alimentation. Par ailleurs, seraient interdites les pratiques permettant aux producteurs de stabiliser les prix intérieurs des matières premières ou de financer conjointement leurs pertes lorsque les matières premières sont vendues à l'exportation. Le Médiateur avait proposé d'interdire purement et simplement les fixations de prix et le partage du marché. Selon la commission, des exceptions à cette interdiction seront prévues pour les pratiques qui n'ont sur la concurrence qu'un effet limité. Du point de vue de la commission, les coopératives qui couvrent moins de 25 pour cent du marché national pourraient bénéficier d'une dérogation générale.

Au cours de 1989, le Médiateur a reçu un grand nombre de plaintes et de demandes d'information sur les règles qui s'appliquent aux importations parallèles d'automobiles. La plupart des plaintes visaient le système dit des certificats de fabrication. Ces certificats peuvent être délivrés par le constructeur ou par un concessionnaire. Ce certificat peut être utilisés par l'acheteur lorsqu'il procède à l'enregistrement et à l'agrément en Suède de son véhicule importé. Les demandeurs à l'origine des plaintes dont était saisi le Médiateur avaient allégué que les concessionnaires avaient empêché les importations parallèles de diverses façons, notamment en refusant de délivrer les certificats.

Selon le Médiateur, la simplification des règles applicables aux importations directes inciterait davantage les fabricants et les concessionnaires à aligner leurs prix sur les prix pratiqués dans les pays à partir desquels les importations directes sont autorisées. Au cours des discussions qu'il a eues avec l'Office national de la sécurité routière, le Médiateur a proposé que la Suède reconnaisse les vérifications de véhicules effectuées à l'étranger par des organismes officiels. Le Médiateur a également proposé d'obliger les fabricants/concessionnaires à délivrer les certificats.

Au cours de l'année, le Médiateur a eu également des entretiens avec l'Office national suédois pour la protection de l'environnement et avec l'Organisme de vérification des véhicules AB Svensk Bilprovning, en vue d'encourager l'élaboration pour les importations parallèles des règles simplifiées du point de vue des normes d'émission de gaz d'échappement.

En 1989, la déréglementation des télécommunications a elle aussi à nouveau progressé. Depuis le 1er juillet 1989, date à laquelle Televerket, organisme suédois responsable de ce secteur, a été finalement dessaisi de ce que l'on appelle le monopole des raccordements, le marché de tout le matériel de télécommunications qui doit être raccordé au réseau national est en principe libre. Pour être homologué, le matériel doit être testé et un prototype approuvé. La responsabilité de cette procédure qui incombait à Televerket a été transférée à un nouvel organisme central qui vient d'être mis en place.

Toutefois, dire qu'un marché est libre ne signifie pas que fonctionne un système de concurrence. Il faut déjà un certain temps pour que les fournisseurs puissent réadapter leur matériel complexe au réseau suédois -- ne serait-ce que les standards téléphoniques interurbains -- et pour obtenir l'agrément officiel. Le double rôle de Televerket en tant qu'administrateur du réseau et vendeur concurrent de standards téléphoniques place bon nombre de fournisseurs dans une situation inconfortable. Le Médiateur devra examiner de près cette question dans le courant des années 90.

Dans une autre communication, le Médiateur a donné son avis sur le rapport officiel de l'administration concernant les sociétés de service public opérant en dehors du secteur d'agences commerciales. A son avis, pour réduire les risques de subventions, il conviendrait de dissocier le plus possible les activités gérées par l'État qui sont exposées à la concurrence des autres activités d'agence administrative et de les organiser sous forme de société à responsabilité limitée.

Dans ses commentaires sur le rapport final de la Commission sur le marché du crédit, le Médiateur a critiqué diverses propositions notamment celle qui vise à restreindre la propriété des banques et celle qui exige l'agrément des sociétés dites de financement. De plus, le Médiateur a jugé fâcheux que certaines parties des propositions ne prennent pas suffisamment en compte les dispositions de la Communauté européenne déjà en vigueur ou envisagées.

II. Application de la législation et de la politique de concurrence

1. Action contre les pratiques anticoncurrentielles

Autorités chargées de la concurrence

Pendant l'année 1989, 437 affaires nouvelles ont été enregistrées par le Médiateur. Environ 25 pour cent d'entre elles ont été engagées à son initiative et pour un peu moins de 60 pour cent, il s'agissait de plaintes et de requêtes. Dans d'autres affaires, le Médiateur était prié de formuler des avis sur des rapports, des enquêtes officielles, des projets de loi etc. ayant trait à la concurrence.

a) La Cour du Marché

Entente sur les prix — appareils électriques

SEG, association professionnelle qui représente les grossistes de cette branche d'activité, communique à ses membres des prix conseillés pour divers éléments de matériel de fournitures électriques. Ces prix sont calculés sur la base des prix d'achat communiqués à SEG par les adhérents les plus importants. SEG dispose ainsi d'un prix d'achat moyen qu'il majore ensuite de façon à ménager, outre le prix d'achat, une marge bénéficiaire et une marge de remise. Les prix courants établis ainsi par cet organisme central sont communiqués à tous les membres qui les incorporent sans les modifier dans leurs prix. Des remises sont accordées sur les prix courants. Le Médiateur a saisi la Cour du Marché de cette affaire d'entente sur les prix à l'échelle d'une branche d'activité. Il soutenait notamment que cette entente avait pour effet de faire monter les prix et d'entraver l'efficacité sectorielle. Le Médiateur était surtout hostile au fait que les prix fixés par SEG étaient utilisés pour le calcul des soumissions dans les appels d'offres. Cette affaire a été jugée en décembre 1989. A la différence du Médiateur, la Cour du Marché n'a pas jugé que l'entente sur les prix avait eu des effets négatifs. Elle a déclaré que le Médiateur n'avait pu arguer d'aucun cas précis démontrant ces effets présumés négatifs. Par ailleurs, la Cour du Marché a jugé fondées les affirmations des grossistes en fournitures électriques selon lesquelles le système des prix faciliterait la transparence et les comparaisons de prix, qu'il aboutissait à des coûts-avantages et à une plus grande efficacité et, enfin, que les grossistes avaient très largement recours aux remises.

Refus d'approvisionnement — articles d'argenterie

En juin 1989, la Cour du Marché a jugé que le refus de GAB et Mema, les deux principales entreprises, d'approvisionner en articles d'argenterie Hedbergs Guld & Silver, un détaillant de Dalsjöfors qui pratiquait des prix réduits, avait des effets négatifs au sens de l'article 2 de la loi sur la concurrence. (Cette affaire a été évoquée dans le rapport de 1988.) Après négociation avec GAB et Mema, le Médiateur leur a enjoint de reprendre, à l'automne de 1989, leurs livraisons dans les mêmes conditions que celles dont bénéficient les autres revendeurs.

La décision de la Cour du Marché dans l'affaire GAB/Mema a eu un autre résultat, celui d'obliger plusieurs autres entreprises, qui avaient de la même manière refusé d'approvisionner Hedbergs, à reprendre leurs livraisons d'articles d'orfèvrerie, de verrerie et d'autres objets d'artisanat. La reprise des livraisons à Hedbergs a entraîné une diminution des marges pour les détaillants concurrents qui vendent les produits en cause.

b) Juridictions de droit commun

Interdiction des prix de vente imposés

Dans trois affaires jugées en 1989, les juridictions de droit commun ont condamné les dirigeants d'une société pour infraction à l'interdiction des prix de vente imposés prévue à l'article 13 de la loi sur la concurrence.

c) Affaires réglées par le Médiateur chargé de la concurrence

Bière : Accord de licence avec partage du marché

Le Médiateur a supprimé les dispositions concernant la protection des marchés intérieurs de boissons qui figuraient dans un accord de licence conclu entre la brasserie danoise Carlsberg et la brassière suédoise Falcon. En vertu de cet accord, Carlsberg accordait à Falcon le droit de fabriquer et de vendre de la bière en Suède sous la marque Carlsberg. L'accord interdisait à Falcon d'exporter vers le Danemark la bière ou des boissons alcoolisées sous sa propre marque ou d'autres marques, et également d'autoriser la fabrication de ces produits au Danemark ou d'intervenir de quelque autre façon dans les brasseries danoises. Aux termes du même accord, Carlsberg n'était pas autorisé à exporter bière et boissons alcoolisées vers la Suède. Le Médiateur avait déjà eu l'occasion d'intervenir contre des dispositions analogues figurant dans un accord conclu entre Pripps Bryggerier, entreprise suédoise et Tuborg, entreprise danoise.

Acier : attribution des contingents

La société suédoise Avesta a conclu, avec d'autres fabricants de bandes d'acier inoxydable implantés en Europe occidentale, un accord fixant des contingents pour les livraisons aux divers marchés, notamment ceux de Suède. Cet accord avait un certain rapport avec les mesures d'urgence prises par la Communauté Européenne dans le secteur sidérurgique. L'accord sur l'attribution des contingents a pris fin en octobre 1988. Selon le médiateur, l'application de l'accord pouvait aller à l'encontre de l'interdiction des soumissions concertées. Après qu'Avesta eut pris l'engagement de ne pas conclure d'arrangements similaires sans l'en avoir informé au préalable et en avoir examiné les raisons avec l'autorité responsable, le Médiateur a considéré que rien ne motivait de nouvelles poursuites.

Véhicules automobiles : interdiction de vendre des pièces de rechange qui ne soient pas d'origine

Un certain nombre de concessionnaires avaient conclu avec leurs revendeurs des contrats contenant des clauses qui interdisaient à ces derniers de vendre des pièces de rechange, appelées aussi pièces non d'origine, qui font concurrence avec les pièces vendues par le concessionnaire. Le Médiateur soutenait que ces dispositions avaient pour effet de restreindre la concurrence sur le marché des pièces de rechange pour automobiles. Volvo a supprimé à présent cette obligation dans les contrats conclus avec les revendeurs de voitures.

Peinture pour automobiles

Comme indiqué dans le Rapport annuel pour 1988, le Médiateur a supprimé l'entente sur les prix que les ateliers de peinture automobile pratiquaient depuis longtemps. Le groupe professionnel opérant dans ce domaine, l'Association suédoise des vendeurs de voiture et des ateliers, fournissait à ses membres une liste de prix conseillés pour les travaux de peinture. En 1989, le Médiateur s'était mis d'accord avec les compagnies d'assurance pour que ces dernières mettent fin à leur pratique d'achat en concertation et qu'elles concluent plutôt des contrats de travaux de peinture sur une base individuelle. A la fin de 1989, les cinq grandes compagnies d'assurance ont pris l'engagement d'en finir avec cette pratique. De ce fait, le Médiateur a réussi à annuler tout à la fois les pratiques de ventes communes et d'achats communs dans le secteur de la peinture automobile.

Niveau de prime commun : l'assurance-vie

Quatre compagnies d'assurance-vie avaient convenu d'appliquer un niveau de prime commun pour leurs polices d'assurance. On avait constaté que les primes étaient communes parce que ces assureurs partaient d'hypothèses identiques pour établir les formules de calcul.

La Loi suédoise sur les assurances stipule que ces formules doivent contenir des hypothèses sur la mortalité et autres mesures du risque, les taux d'intérêt et les dépenses d'exploitation. De plus, les formules doivent comporter des règles sur les majorations au titre de la sécurité ou pour événements imprévus.

L'application du système de calcul des primes ne signifie pas que ces hypothèses doivent être identiques pour toutes les compagnies d'assurance ni, en d'autres termes, que chaque compagnie d'assurance doive prélever la même prime.

De l'avis du Médiateur, les compagnies d'assurance-vie avaient contrevenu à l'interdiction des soumissions concertées. Toutefois, plusieurs faits laissaient entendre que le Médiateur devait invoquer son droit à refuser une action en justice. On rappellera en particulier que depuis longtemps l'Inspection des assurances, l'organe de réglementation dans ce domaine, n'ignore rien de cette pratique et que les formules de calcul des primes ont reçu l'agrément officiel des pouvoirs publics. Après que les quatre compagnies participantes aient annulé l'accord, le Médiateur a jugé qu'il n'y avait aucune raison d'engager de nouvelles poursuites.

2. *Fusions et concentration*

a) Statistiques sur les fusions et la concentration

Depuis 1989, l'Office national des prix et de la concurrence (SPK) a redéfini les seuils fixés pour l'enregistrement des acquisitions de sociétés. Selon les nouvelles modalités, les acquisitions ne seront enregistrées que si la société absorbée ou l'une de ses divisions d'exploitation :

— emploie 50 personnes ou plus à plein temps et exerce des activités dans l'industrie manufacturière ou dans le bâtiment et la construction, ou

— emploie 25 personnes ou plus à plein temps et exerce des activités dans les branches économiques suivantes : vente en gros, vente au détail, transport et communications, ou services à l'exclusion de la gestion immobilière.

Il n'est pas fixé de limite inférieure pour le nombre d'employés à plein temps dans les entreprises absorbées exerçant des activités dans les domaines économiques suivants : entreprises de service public (eau, gaz, électricité), banque et assurance. La même règle s'applique pour les sociétés de gestion immobilière sous la rubrique des services.

Au total, 336 acquisitions ont été enregistrées en 1989, contre 338 en 1988. Les entreprises ayant fait l'objet d'une acquisition en 1989 employaient 68 833 salariés, contre 239 674 en 1988. Vingt-sept d'entre elles comptaient plus de 500 salariés, contre 48 en 1988. En 1989, les acquisitions les plus importantes en termes d'effectifs sont intervenues dans les industries de services, la fabrication de pâtes et papiers, et produits du papier, l'impression et l'édition, les transports et les communications.

Au cours de l'année, 41 entreprises ont été acquises par des entreprises étrangères ou des entreprises suédoises à capitaux étrangers. L'année précédente, le nombre d'acquisitions par des entreprises étrangères s'était élevé à 39.

Les entreprises à capitaux finlandais et américains ont été les plus nombreuses des entreprises étrangères ayant effectué des acquisitions en 1989. Les firmes à capitaux finlandais ont acheté 10 entreprises employant 5 381 salariés, tandis que des entreprises à capitaux américains ont acheté six entreprises qui employaient 3 727 personnes.

b) Aperçu général des fusions tombant sous le coup des dispositions relatives au contrôle

La loi sur la concurrence ne contient pas de dispositions générales faisant obligation de notifier les fusions. Toutefois, le Médiateur peut ordonner aux entreprises qui procèdent souvent à des fusions ainsi qu'aux grandes entreprises, de l'informer de leur intention d'acquérir d'autres firmes. Dans plusieurs cas, des entreprises dominantes se sont engagées à notifier au préalable leurs projets d'acquisition.

Si, du fait d'une acquisition, une entreprise acquiert une position dominante sur le marché ou renforce celle qu'elle y détenait déjà, et s'il en résulte des effets préjudiciables à l'intérêt général, la fusion peut être interdite. Pour éviter tout risque d'effets dommageables, le Médiateur peut imposer certaines conditions qui lui permettront d'approuver l'acquisition ou de demander à la Cour du Marché de l'interdire.

c) Description des principales affaires

La Cour du marché

Matériels de bureau

Au cours de l'année, la Cour du Marché s'est prononcée sur une affaire d'acquisition, à savoir l'absorption par Esselte, un fournisseur suédois de matériel de bureau, d'AB Curt Enström et d'AB Carl Lamm, deux entreprises opérant dans le même secteur. Le Médiateur soutenait que l'acquisition conférait à Esselte une position dominante dans le secteur du matériel de bureau et dans ses divers sous-marchés. Dans ses considérants, le Médiateur faisait observer qu'Esselte s'approprierait des parts substantielles de marché dans certains secteurs de produits. De plus, la puissance d'Esselte aurait grandi à plusieurs niveaux dans la distribution de matériel de bureau, en particulier au niveau des ventes par le secteur de gros au secteur de détail. Le Médiateur citait également un certain nombre d'autres facteurs notamment qu'Esselte était une entreprise bien plus importante que ses concurrents, que sa puissance financière était bien supérieure et qu'elle rachetait systématiquement les entités plus petites menaçant de devenir des concurrents sérieux.

La Cour du Marché n'a pas jugé évident que la position commerciale d'Esselte dans les principales branches d'activités commerciales affectées par l'acquisition était de nature à permettre à Esselte d'agir sans avoir à se préoccuper des concurrents réels ou potentiels. En d'autres termes, il n'était pas avéré que l'acquisition d'Enström conférait à Esselte une position commerciale solide, ni qu'elle renforçait une position déjà dominante au sens de la Loi sur la concurrence. Par conséquent, on ne pouvait intervenir contre l'acquisition. Toutefois, la Cour du Marché a déclaré qu'à l'évidence, Esselte, première entreprise par ses dimensions, occupait une position particulière vis-à-vis des entreprises concurrentes pour ce qui est de la production et de la distribution de bon nombre d'articles de bureau. Par conséquent Esselte pouvait exercer une influence considérable sur l'évolution de la situation dans son secteur d'activité, ne serait-ce que sur le plan de la restructuration. En outre, des aspects essentiels de la concurrence pouvaient être menacés, notamment, comme le Médiateur l'avait signalé, si Esselte cherchait à exercer une influence encore plus dominante sur diverses fonctions de distribution. Dans ce cas, les conditions seraient réunies pour justifier une intervention par application des dispositions de la Loi sur la concurrence relatives à l'abus de position dominante.

Affaires réglées par le médiateur chargé de la concurrence

Industrie de la construction

En 1988, le Médiateur a examiné l'acquisition, par Nordstjernan, d'ABV, entreprise de construction. L'acquisition opérait une fusion entre ABV et JCC, autre entreprise de construction appartenant au groupe Nordstjernan. Cette fusion avait abouti à la création de la NCC Nordic Construction Company, seconde entreprise suédoise dans la construction contractuelle après Skanska. De fait, NCC était la plus grosse entité dans certains secteurs. Elle avait fait certaines déclarations et pris certains engagements, notamment celui de renoncer progressivement à sa collaboration dans les compagnies dont elle était conjointement propriétaire avec Skanska et de s'abstenir d'une collaboration de ce genre dans l'avenir, notamment par des consortiums avec Skanska, de façon à assurer désormais entre NCC et Skanska une situation de pleine concurrence. Par ailleurs, NCC a accepté de fournir des informations destinées à permettre au Médiateur de vérifier plus facilement tout projet d'acquisition future. Compte tenu de ces engagements et de ces explications, et étant donné par ailleurs les conditions de concurrence existant dans le secteur de la construction, le Médiateur a jugé que l'acquisition n'avait pas d'effets contraires au sens de la Loi sur la concurrence. De son côté Skanska a fait au Médiateur des déclarations similaires.

Portes

Comme on l'a indiqué dans le rapport de 1988-1989, le Médiateur, au printemps de 1989, a saisi la Cour du Marché de l'acquisition, par STORA, de Swedish Match, afin que la Cour du Marché examine si cette opération conférerait à STORA une position dominante sur le marché des portes en bois. L'acquisition donnerait à STORA une part de marché de plus de 50 pour cent. Par la suite, STORA a conclu un accord de vente concernant BorDörren, entreprise de fabrication de portes qui faisait partie du groupe STORA avant l'acquisition de Swedish Match. Dans la mesure où le résultat net aurait surtout consisté à réduire l'ampleur de la concentration sur le marché des portes, le Médiateur a jugé qu'il convenait de suspendre son action.

SUISSE

(juillet 1989 — juin 1990)

I. Législation et politique de la concurrence

1. Remarques générales sur la politique de la concurrence

Par rapport à la loi de 1962, la nouvelle loi sur les cartels, qui est entrée en vigueur en juillet 1986, renforce sensiblement l'importance à accorder à la concurrence. Lors de l'évaluation des limitations de la concurrence, une pondération accrue est aujourd'hui accordée à la concurrence par rapport à d'autres aspects d'ordre économique ou social qui pourraient les justifier. De plus, les sanctions qui ont été introduites dans la loi permettent maintenant à la Commission des cartels d'exercer ses fonctions avec plus d'efficacité. Lors de l'application de ces nouvelles dispositions, notamment dans ses enquêtes sur l'assurance-choses et sur les accords entre banques, la Commission a porté une attention accrue à la concurrence ; en cela elle a pleinement tenu compte du mandat législatif révisé.

2. L'application des nouvelles dispositions législatives

La mise en oeuvre de la nouvelle loi sur les cartels soulève quelques questions de procédure qui n'ont pas été fixées par le législateur. Parmi ces questions, on trouve la consultation, par les intéressés, du dossier que la Commission remet au ministre à l'appui d'une proposition de décision, ainsi que l'examen, avec les intéressés, de la practicabilité des recommandations (il ne s'agit pas de rechercher un compromis, mais d'éviter qu'on reproche ensuite à la Commission d'avoir omis des faits déterminants ou d'avoir mal formulé ses recommandations).

II. Mise en oeuvre de la législation et de la politique de la concurrence

A. Activité de la Commission des Cartels

1. Enquêtes

Le dernier rapport (1988-89) a décrit quatre importantes enquêtes publiées en début d'exercice (marché de l'assurance choses, accords entre banques, énergie de chauffage et les soumissions publiques). Dans le courant de 1989, la Commission a poursuivi plusieurs enquêtes importantes nécessitant des investigations étendues, notamment celle sur le marché du ciment. Trois nouvelles enquêtes ont été ouvertes ; elles portent sur l'assurance maladie, sur le marché du lait (centrales laitières) et sur les produits diététiques.

La procédure concernant l'enquête sur les banques — enquête qui avait tout particulièrement retenu l'attention du Comité du droit et de la politique de la concurrence de l'OCDE lors de sa réunion d'octobre 1989 (cf. Addendum au CLP(89)6/19) — s'est poursuivie. Il sied de relever que si les intéressés n'acceptent pas les recommandations, la Commission peut demander au ministre de les imposer par le moyen de «décisions» (forme de décret gouvernemental). La Commission a adressé au ministre une proposition relative aux quatre recommandations refusées par les banques. Au début de 1990, les banques ont libéralisé quelques-unes de leurs conventions ; elles ont fait valoir qu'elles ont ainsi répondu aux critiques de la Commission. La Commission a estimé que les assouplissements décidés par les banques n'étaient pas suffisants ; elle a donc maintenu sa proposition de prise de décision. En été 1990, le ministre a entendu les milieux bancaires concernés, ainsi que la Commission. Le 10 septembre 1990, il a pris la décision d'imposer l'application des quatres conventions. Pour deux d'entre elles, il a accordé un délai de mise en oeuvre de deux ans, cela pour permettre aux banques petites et moyennes de s'adapter aux conséquences de la décartellisation sur la structure de la branche. Ces décisions peuvent encore faire l'objet d'un recours devant le Tribunal fédéral.

2. *Enquêtes préalables*

Lorsqu'elle procède à des enquêtes préalables, la Commission des cartels joue en fait le rôle d'un médiateur pour de nombreuses affaires d'importance mineure. Dans la majorité des cas, un arrangement à l'amiable peut être trouvé. Dans certains cas, la Commission doit renvoyer les demandeurs au juge civil. Ces enquêtes représentent une importante source de renseignements sur les limitations de la concurrence pratiquées dans l'économie suisse. La Commission peut ainsi se prononcer plus efficacement sur les cas justifiant l'ouverture d'une enquête formelle.

En 1989, la Commission des cartels a mené 22 enquêtes préalables, dont quatre sur des cas de fusions. Elles portaient sur des domaines très divers, comme la distribution des médicaments, le matériel de pansements pour hôpitaux, les articles de papeterie et la distribution sélective des vélos-moteurs. Deux cas de fusions se rapportaient à la presse.

L'enquête sur les éléments de cuisine mérite une attention particulière : dans ce domaine, les normes suisses ne correspondent pas aux normes internationales pour ce qui est de la largeur des éléments (55cm au lieu de 60). La pénétration des fabricants étrangers sur le marché suisse s'en trouve entravée. La Commission des cartels a constaté que les normes suisses sont sensiblement plus anciennes que les normes ISO et DIN ; on ne peut ainsi pas prétendre que les fabricants suisses ont voulu défavoriser leurs concurrents étrangers. Elle a aussi constaté que le champ d'application des normes suisses est plus étendu, ce qui garantit la compatibilité de l'ensemble des éléments et des appareils de cuisine. La Commission attend le résultat de négociations en cours au niveau européen avant de poursuivre l'examen du cas. Si la largeur de 60cm devrait être confirmée, la Commission estime que les fabricants suisses devraient s'y conformer.

3. Fusions et concentrations

La Commission des cartels a fait preuve de réserve dans l'ouverture d'enquêtes préalables et d'enquêtes formelles en matière de fusions d'entreprises. Cette réserve se justifie par l'impossibilité d'imposer un démantèlement des entreprises une fois la fusion réalisée. La Commission a par ailleurs constaté, à l'expérience, que de nombreuses fusions sont dues à la concurrence étrangère. C'est pourquoi elle limite aujourd'hui ses interventions aux cas de fusions qui débouchent sur des entreprises qui dominent leur marché. Si des effets négatifs sont constatés, la Commission a la possibilité d'ouvrir à tout moment une enquête et, au besoin, de formuler des recommandations sur le comportement des entreprises.

4. Examen de projets de lois

La Commission des cartels s'est prononcée sur deux projets de lois (nouvelle loi sur la protection des marques et révision de la loi sur la surveillance des prix) et sur deux ordonnances (marché des oeufs et introduction des caisses de santé HMO, Health Maintenance Organisations, dans l'assurance maladie sociale).

Dans sa prise de position approfondie sur la protection des marques, la Commission s'est réjouie de l'extension de la notion de marque aux labels de services. Cela permet la prise en considération du secteur tertiaire dont l'importance ne cesse de croître. Mais la Commission a par ailleurs émis la crainte que l'extension de la protection des marques de haute renommée à toute catégorie de biens ou de services favorise l'apparition d'entreprises dominantes qui pourraient ainsi échapper à la loi sur les cartels. En outre, la Commission estime que chacun doit être habilité à faire usage d'une marque de garantie s'il remplit les conditions objectives y afférentes ; elle considère qu'une limitation aux membres d'une association représente une entrave à la concurrence.

B. Jurisprudence

La législation cartellaire suisse prévoit deux moyens d'action ; la voie civile (juge) et la voie administrative (Commission des cartels). La voie civile est relativement peu utilisée par les entreprises victimes d'une entrave à la concurrence. Les lésés préfèrent s'adresser à la Commission des cartels en faisant valoir que leur cas présente un intérêt général (la Commission n'ouvre une enquête que si cette condition est réalisée et pour autant qu'elle dispose des moyens nécessaires).

En 1989, un seul arrêt a été rendu en vertu de la législation cartellaire. Il s'agissait d'une demande de mesures provisionnelles présentée par une société hôtelière de Zurich contre le déclassement de son hôtel par l'Association suisse des hôteliers (en Suisse, le classement des hôtels est établi sur une base privée). Le Tribunal a refusé la demande. L'hôtelier a par la suite retiré sa demande quant au problème de fond.

III. Nouvelles études sur la politique de la concurrence

La Commission des cartels publie ses enquêtes, ses avis et ses rapports annuels dans les «Publications de la Commission suisse des cartels et du préposé à la surveillance des prix» (Publ. CCSPr). Ces publications contiennent également les décisions du ministre de l'économie relatives à l'application des recommandations et les jugements de tribunaux rendus en vertu de la loi sur les cartels. Pour 1989, leur contenu est le suivant:

Fascicule 1a/1989 : Surveillance des prix : Rapport annuel 1988

Fascicule 1b/1989 : Commission des cartels : Rapport annuel 1988

Fascicule 2/1989 : La situation de concurrence sur le marché suisse de l'énergie de chauffage

Fascicule 2/1989 : Les effets de portée nationale d'accords entre banques

Les principaux ouvrages et articles en matière de concurrence publiés en Suisse sont les suivants:

BANDYK Christoph, (1988), «Vertikale Integration als wettbewerbspolitisches Problem». *Dissertation St. Gallen*, Nr. 1066.

BERNET Benno, (1989), «Die schweizerischen PTT-Betriebe und ihre wettbewerbsrechtliche Stellung als Anbieter», insbesondere im *Bereich der Massenkommunikation. Schweizer Schriften zum Handels- und Wirtschaftsrecht*, Band 127. Zürich.

RUEY Claude, (1988), *Monopoles cantonaux et liberté économique*, Collection juridique romande, Lausanne.

SCHLUEP Walter R., (1989), «Ueber das innere System des neuen schweizerischen Wettbewerbsrechts». In: *Freiheit und Zwang, Festschrift für Hans Giger*, Bern.

SUTTER-Somm Karin, (1989), *Das Monopol im schweizerischen Verwaltungs- und Verfassungsrecht*, Basler Studien, Reihe B/26, Basel.

TSCHAENI Rudolf, (1989), *Unternehmensübernahmen nach Schweizer Recht. Ein Handbuch zu Uebernahmen, Fusionen und Unternehmenszusammenschlüssen.* Basel und Frankfurt a.M.

COMMISSION DES COMMUNAUTES EUROPEENNES

(1989)

I. Principaux faits nouveaux en ce qui concerne la législation et les politiques de la concurrence

A. Le contrôle des fusions

Le 21 décembre 1989, le Conseil a adopté la proposition de la Commission sur le contrôle des concentrations entre entreprises. Le règlement constituera une pierre de touche pour la politique de la concurrence et une contribution fondamentale au succès de la réalisation du marché intérieur. Le règlement est entré en vigueur le 21 septembre 1990. Il n'y aura pas d'examen rétroactif des fusions réalisées avant cette date.

Compte tenu de l'insuffisance des règles existantes au sujet de la concurrence pour la maîtrise de l'ensemble du phénomène de la concentration au niveau communautaire, la nécessité d'une réglementation dans ce domaine a été reconnue dès 1973 à la suite de l'arrêt rendu dans l'affaire Continental Can. Néanmoins, à cette époque, le Conseil n'a pas sérieusement examiné le nouveau projet de règlement. La Commission l'a saisi d'une mise à jour de la proposition en automne de 1987. Au cours de sa réunion du 30 novembre 1987, le Conseil a adopté une attitude généralement favorable au sujet des grandes lignes de l'orientation adoptée par la Commission.

Les progrès réalisés sur la voie du marché intérieur et le nouveau contexte politique ont donné un élan essentiel en faveur de l'approbation du règlement sur le contrôle des fusions. La logique du marché unique a incité les Etats membres à s'accorder à l'unanimité sur un système de contrôle des fusions au niveau communautaire pour les fusions à l'échelle communautaire.

Le contrôle des fusions est nécessaire pour des raisons tant économiques que politiques. Le processus de restructuration de l'industrie européenne est et restera à l'origine d'une vague de fusions. Bien qu'un grand nombre de ces fusions n'ait posé aucun problème du point de vue de la concurrence, il faut veiller à ce qu'à la longue elles ne mettent pas en péril le mécanisme de la concurrence, qui est de l'essence du marché commun et est indispensable à l'action visant à entraîner toutes les retombées liées au marché commun. Au surplus, il devient toujours plus manifeste que les réglementations nationales sont insuffisantes en tant qu'instrument de contrôle des fusions à l'échelle communautaire, principalement parce qu'elles sont limitées aux territoires respectifs des Etats membres en cause. A l'évidence, la législation communautaire doit s'appliquer pour le contrôle et l'examen des fusions de grande envergure, là où le marché de référence s'étend de plus en plus à la Communauté dans son ensemble ou à une grande partie de ce marché. Le nouveau règlement met en place également un système de contrôle pour les Etats membres qui sont dépourvus de dispositions spéciales dans ce domaine.

Le concept de base sous-jacent au règlement est l'établissement d'une distinction nette entre les fusions à l'échelle communautaire, dont la Commission est responsable, et les fusions dont l'incidence essentielle s'exerce sur le territoire d'un Etat membre, pour lequel les autorités nationales sont responsables. Par sa portée, le nouveau règlement vise les fusions ayant une dimension communautaire, qui sont définies d'après les trois critères suivants :

i) Un seuil d'au moins 5 milliards d'ECUs pour le chiffre d'affaires global à l'échelle mondiale de toutes les entreprises en cause. Ce chiffre tient compte de la puissance globale économique et financière des entreprises en cause dans une fusion. Dans le cas des institutions financières et des compagnies d'assurance, des critères spéciaux sont fixés ;

ii) Un seuil d'au moins 250 millions d'ECUs pour le chiffre d'affaires global à l'échelle communautaire de chacune d'au moins deux des entreprises en cause. C'est ainsi que seules les entreprises d'un niveau d'activités déterminé dans la Communauté sont visées par le règlement ;

iii) Un critère de transnationalité. Le contrôle communautaire ne s'applique pas si chacune des entreprises en cause réalise les deux-tiers de son chiffre d'affaires à l'intérieur d'un même Etat membre. Ce critère permet de faire échapper les fusions dont l'incidence est essentiellement nationale au régime du contrôle communautaire.

Toutes les fusions tombant dans le champ d'application du règlement seront évaluées compte tenu de critères clairement définis. L'idée de base est celle de «position dominante». La création ou le renforcement d'une position dominante sera tenu pour incompatible avec le marché commun si une concurrence effective est entravée sensiblement, que ce soit à l'intérieur du marché commun dans son ensemble ou dans une partie importante de ce marché ; en revanche, une fusion qui ne fait pas obstacle à une concurrence effective sera déclarée compatible avec le marché commun. L'opération d'évaluation tiendra compte des divers aspects de la concurrence. Ces aspects sont les suivants : la structure des marchés en cause, la concurrence effective et potentielle (à partir de l'intérieur et de l'extérieur de la Communauté), la position des entreprises en cause sur le marché, les possibilités de choix pour les tiers, les barrières à l'entrée, l'intérêt du consommateur et le progrès technico-économique. Cette liste globale sera utilisée pour l'évaluation de l'incidence d'une fusion sur la concurrence. Aux fins de l'application du règlement, une «concentration» se définit par l'acquisition du contrôle et elle vise tant les fusions que les acquisitions. La définition englobe les fusions partielles et les entreprises communes du type de la fusion, mais elle exclut la coordination des comportements d'entreprises restant indépendantes.

C'est afin de veiller à ce que le contrôle soit effectif et à ce que les entreprises bénéficient de la sécurité juridique, que les dispositions suivantes en matière de contrôle des fusions ont été prises :

i) Le principe de la notification préalable obligatoire par les entreprises en cause. Cette notification exerce un effet suspensif sur la concentration pendant une période de trois semaines (la suspension de la concentration peut être prorogée ou, dans certains cas, il peut y être renoncé). Néanmoins, la validité des transactions boursières ne sera pas affectée.

ii) La fixation de délais stricts à respecter par la Commission dans le cadre de sa procédure :

   — La Commission dispose d'un mois après la notification pour engager la procédure. Là où la Commission ne soulève aucune objection (ce qui sera probablement la règle générale), les parties recevront l'autorisation d'aller de l'avant dans le délai d'un mois ;

   — Quatre mois après que la procédure aura été engagée, la Commission doit statuer définitivement sur la concentration. Au cours de cette période, les parties sont libres de proposer des adaptations à la concentration de manière à éviter une décision négative.

iii) Les pouvoirs d'enquête de la Commission et les amendes prévues par le règlement sont similaires à ceux qui sont prévus pour les pratiques restrictives. En outre, la Commission peut demander la dissociation des entreprises ou des actifs illégalement fusionnés.

Le règlement est fondé sur le principe de l'exclusivité, mais quelques exceptions limitées sont prévues.

Les concentrations qui ne sont pas visées par le règlement communautaire sont en principe de la compétence des Etats membres ; néanmoins, le règlement donne à la Commission, en ce qui concerne les concentrations qui n'ont pas une dimension communautaire, le pouvoir de prendre des mesures sur la demande d'un Etat membre en cause, là où un problème concernant une position dominante se pose à l'intérieur du territoire de cet Etat membre.

Le transport aérien

S'inscrivant dans le premier train des mesures de libéralisation dans le secteur du transport aérien, le règlement (CEE) n° 3976/87 du Conseil a habilité la Commission a adopter pour une période limitée plusieurs dérogations globales aux règles régissant la concurrence. Il s'agissait de permettre l'introduction progressive des modifications nécessaires aux accords bilatéraux et multilatéraux entre les transporteurs aériens, de manière à les mettre en mesure de s'adapter progressivement aux conditions plus concurrentielles.

A l'origine, la Commission a arrêté trois règlements sur des dérogations globales dont l'expiration est prévue pour le 31 janvier 1991. Ces règlements semblent satisfaire à un besoin authentique de sécurité juridique parmi les transporteurs aériens et les divers opérateurs sur le marché, tout en les encourageant à renoncer à des accords antérieurs plus restrictifs.

Afin d'amplifier le mouvement en faveur de la libéralisation, la Commission se propose maintenant d'adopter un deuxième train de mesures qui lui permettront de poursuivre les objectifs des dérogations globales au-delà du 31 janvier 1991. C'est ainsi que la Commission a proposé que le Conseil arrête un règlement visant à lui conférer le pouvoir de maintenir les dérogations globales et d'en rectifier le contenu eu égard aux progrès réalisés dans la voie de la libéralisation.

La Commission a également proposé que le Conseil étende l'application des règles communautaires en matière de concurrence au transport aérien entre les Etats membres et les pays tiers et au transport aérien à l'intérieur des Etats membres. Dans son arrêt dans l'affaire Ahmed Saeed, la Cour de justice a confirmé la position qu'elle avait arrêtée dans l'affaire «Nouvelles Frontières» en ce qui concerne l'application de l'article 85 du traité CEE. Elle a en outre jugé que l'article 86 était directement applicable par les juridictions nationales, même en l'absence d'un règlement d'application au titre de l'article 87 ou d'un acte d'une instance nationale compétente ou de la Commission (au titre des articles 88 et 89 respectivement).

Il ressort de l'arrêt de la Cour que là où une compagnie aérienne en position dominante réussit, par des moyens autres que la concurrence normale, à fausser la concurrence, même sur une liaison intérieure ou sur une liaison entre un pays de la Communauté et un pays tiers, son comportement doit être tenu pour une exploitation abusive. La Cour a également jugé qu'un Etat membre viole ses obligations au titre du traité s'il approuve des tarifs qui enfreignent les articles 85 ou 86. Il en serait ainsi, par exemple, là où un accord sur une structure de prix uniformes découlerait de consultations qui n'ont pas fait l'objet d'une dérogation en application de l'article 85, paragraphe 3.

Etant donné qu'en ce qui concerne tant le transport aérien intérieur que le transport entre la Communauté et les pays tiers, la Commission n'est pas en mesure d'accorder une dérogation au titre de l'article 85, paragraphe 3, ni d'utiliser les procédures normales afin de statuer sur les exploitations abusives possibles d'une position dominante au titre de l'article 86, il existe aujourd'hui un climat d'insécurité nuisible, les transporteurs aériens ignorant quelles pratiques et quelles dispositions ils peuvent adopter légitimement sur les itinéraires en cause. Mêmes s'ils violent les règles par inadvertence, ils courent le risque d'être traduits devant les juridictions nationales et condamnés à des dommages-intérêts. En outre, les Etats membres sont confrontés à une insécurité comparable en approuvant les tarifs déposés par les transporteurs pour ces itinéraires. Afin de mettre en place un cadre présentant un caractère de sécurité juridique, la Commission s'efforce d'obtenir les pouvoirs d'habilitation nécessaires afin de définir les modalités d'application des articles 85 et 86 au transport aérien intérieur et extra-communautaire.

Assurances

Dans son arrêt dans l'affaire Verband der Sachversicherer contre Commission, la Cour a jugé que les articles 85 et 86 du traité CEE et que le règlement 17 s'appliquaient sans réserve au secteur des assurances. Depuis lors, la Commission a reçu quelque 300 notifications d'accords et de recommandations provenant d'assureurs et de leurs associations. Afin d'éviter d'être submergée par un afflux de notifications impossibles à gérer dans le cadre de procédures particulières, la Commission préconise une solution globale sous la forme d'un règlement prévoyant une dérogation collective.

Il ressort des notifications reçues jusqu'ici que plusieurs accords, décisions d'associations d'entreprises et pratiques concertées fréquemment constatés pourraient faire l'objet d'une dérogation. Il s'agit notamment de recommandations sur des tarifs préférentiels purs et des conditions générales types, d'accords sur la couverture commune de certains types de risques, d'accords sur le règlement des sinistres et sur l'essai et l'acceptation de dispositifs de sécurité et des registres des risques aggravés et des informations en la matière. Par conséquent, la Commission se propose d'obtenir l'accord du Conseil, en application de l'article 87 du traité CEE, sur l'adoption d'un règlement l'habilitant à fixer les conditions auxquelles ces accords, décisions d'associations d'entreprises et pratiques concertées pourraient être déclarés compatibles avec les dispositions de l'article 85. Ce n'est que sur la base d'une autorisation de ce type donnée par le Conseil que la Commission sera en mesure d'arrêter un règlement sur une dérogation globale. La Commission a décidé le 18 décembre 1989 de présenter au Conseil une proposition de règlement lui accordant cette autorisation. L'adoption du règlement permettrait de mettre en place un cadre juridique approprié qui donnerait aux assureurs suffisamment de liberté pour leur permettre de poursuivre une politique souple en matière contractuelle tout en leur donnant un maximum de sécurité juridique.

Télécommunications

La directive de la Commission du 26 juin, fondée sur l'article 90 du traité CEE, concerne la concurrence sur les marchés des services de télécommunications. La directive, qui a été annoncée en 1987 dans le livre vert sur le développement du marché commun des services et équipements de télécommunications, précise les services que les Etats membres peuvent réserver exclusivement aux organismes publics de télécommunications et ceux qui doivent être ouverts à la concurrence, de manière à éviter toute restriction à la concurrence qui ne soit pas justifiée par les exigences du service public. La procédure d'application de la directive est liée à l'adoption de la directive du Conseil sur «la mise en oeuvre de la fourniture d'un réseau ouvert (ONP)». Par conséquent, les deux directives seront notifiées simultanément aux Etats membres.

II. Principales décisions et mesures essentielles arrêtées par la commission

A. Application des articles 85 et 86 du traité

En 1989, la Commission a arrêté 15 décisions sur des questions de fond au titre des articles 85 et 86 du traité CEE. Les 13 décisions arrêtées en vertu de l'article

85 du traité CEE se répartissent comme suit : deux décisions d'interdiction accompagnées d'amendes, une décision d'interdiction non accompagnée d'amende, une attestation négative, six décisions de dérogation au titre de l'article 85, paragraphe 3 et trois décisions de rejet de plaintes. Les deux décisions arrêtées au titre de l'article 86 du traité CEE étaient des décisions de rejet de plaintes. En outre, 46 procédures, dont trois procédures faisant suite à la publication d'une communication en application de l'article 19, paragraphe 3 du règlement n° 17, ont été clôturées par l'envoi d'une lettre administrative. Les procédures concernaient des notifications qui n'avaient pas entraîné de décision officielle, les entreprises en cause se contentant d'une déclaration écrite sur la position de la direction générale de la concurrence. 382 autres affaires ont été réglées soit parce que les accords en cause n'étaient plus en vigueur (284), soit que la Commission ait jugé leur incidence trop faible pour justifier un complément d'examen (98). La Commission a également arrêté 15 décisions au titre des articles 65 et 66 du traité CECA.

Le 31 décembre 1989, 3.239 affaires étaient en instance (contre 3.451 le 31 décembre 1988), dont 2.669 étaient des demandes ou des notifications (206 ont été présentées en 1989), 359 des plaintes provenant d'entreprises (93 ont été déposées en 1989) et 211 des procédures engagées par la Commission de sa propre initiative (67 ont été engagées en 1989).

Accords horizontaux dans les secteurs industriels et commerciaux

Treillis soudés

La Commission a condamné 14 entreprises pour un total de 9 500 000 ECUs au motif qu'elles avaient participé de 1981 à 1985 à une série d'accords ou pratiques concertées entre les principaux producteurs de treillis soudés dans les six premiers pays membres (Allemagne, Belgique, France, Italie, Luxembourg et Pays-Bas) en vue de la fixation des prix ou de l'établissement de quotas de livraison et du partage des marchés. Le treillis soudé est largement utilisé dans l'industrie du bâtiment, dans le génie civil et dans de nombreux autres secteurs industriels. Les entreprises en cause, qui sont les principaux producteurs, représentaient 47 pour cent de la production totale en 1985.

En fixant le montant des amendes, la Commission a tenu compte de la durée relativement longue de la plupart des infractions (entre deux et cinq ans), de leur gravité et du fait qu'elles comportaient des pratiques telles que des interdictions à l'exportation, le cloisonnement des marchés et la fixation des prix, qu'elle avait déclarés illicites dans de nombreuses affaires antérieures. Néanmoins, la Commission a tenu compte du fait qu'à l'époque de la mise en oeuvre de l'entente, l'industrie passait par une période de crise et avait été confrontée à des difficultés tenant à une capacité excédentaire.

Accord de distribution

Coca-Cola

Le 19 décembre 1989, à la suite d'un engagement unilatéral auquel avait souscrit Coca-Cola Export Corporation (Coca-Cola Export), la Commission a clôturé la procédure qu'elle avait engagée en septembre 1987 au titre de l'article 86. Par son engagement, Coca-Cola s'obligeait à se conformer à ses obligations spéciales en ce qui concerne les boissons non alcoolisées à la saveur de coca et à mettre en oeuvre un programme de conformité concernant son comportement commercial dans la Communauté dans son ensemble.

La procédure a été engagée à la suite d'une plainte selon laquelle la filiale italienne de Coca-Cola Export avait conclu des accords de distribution avec un grand nombre de firmes italiennes, au titre desquels elle accordait un rabais de fidélité aux distributeurs qui ne vendaient pas des boissons non alcoolisées à la saveur de coca autres que le Coca-Cola. Le montant des rabais était fixé individuellement pour chaque distributeur. Les contrats comportaient fréquemment des clauses spécifiques étendant l'exclusivité à d'autres boissons.

La Commission a estimé que Export Italia détenait une position dominante sur le marché italien des boissons non alcoolisées à la saveur de coca et que les rabais de fidélité constituaient une infraction à l'article 86 du traité CEE, puisque leur effet était d'amener les distributeurs à ne vendre que du Coca-Cola et, par conséquent, d'empêcher les producteurs concurrents d'avoir accès à une part importante du marché italien des boissons non alcoolisées ayant la saveur de la coca.

Bien qu'elle ait nié qu'elle détenait une position dominante ou avait exploité abusivement une position dominante, Coca-Cola Export a accepté de modifier les accords conclus avec les distributeurs. Les accords modifiés, qui sont entrés en vigueur le 1er janvier 1988, ne prévoyaient plus de rabais de fidélité ni d'autres remises contestées par la Commission. Par conséquent, en octobre 1988, la Commission a informé Coca-Cola Export que les accords modifiés étaient compatibles avec les règles communautaires régissant la concurrence. L'engagement aura pour effet de veiller à ce que la concurrence sur le marché des boissons non alcoolisées dans la Communauté européenne soit renforcée dans l'intérêt tant des concurrents de Coca-Cola Export que des consommateurs dans leur ensemble.

Accords dans le secteur des services

Achat de films par les stations de télévision allemandes

En 1984, l'Association publique de télédiffusion en Allemagne (ARD) a conclu avec une filiale de la société américaine Metro-Goldwyn-Mayer/United Artists (MGM/UA) des accords sur les droits de télédiffusion et sur tous les nouveaux grands films à réaliser par MGM/UA de 1984 à 1988.

La Commission a contesté les accords, au motif que le nombre et la durée des droits d'exclusivité acquis par ARD rendait l'accès aux tiers anormalement difficile. Les organisations membres de l'ARD ont accepté de permettre l'octroi de licences d'exploitation de films à d'autres stations de télévision pour des périodes dénommées «fenêtres». Par «fenêtres», il faut entendre des périodes déterminées de suspension de l'exclusivité sur certains films accordée aux organismes membres de l'ARD et d'arrêt de l'exploitation par ces organismes de ces films. La durée des «fenêtres» varie de deux à huit ans. En outre, les organismes ARD accordent maintenant des licences dans l'ensemble du territoire visé par le contrat à d'autres stations de télévision tenant à présenter des versions non allemandes, ce qui était auparavant interdit au titre des accords.

Compte tenu des nouvelles possibilités d'accès par les tiers aux films, la Commission a dérogé en faveur des accords au titre de l'article 85, paragraphe 3. Sa décision est dans son genre la première à préciser que des accords relatifs à des droits d'exclusivité sur des programmes télévisés peuvent être incompatibles avec les règles communautaires en matière de concurrence, en raison du nombre et de la durée des droits et qu'une dérogation n'est possible que si des possibilités d'accès suffisantes sont ouvertes aux tiers.

Banques néerlandaises

A la suite d'une action de la Commission, plusieurs associations de banques néerlandaises ont renoncé en 1988 et en 1989 à une série d'accords prévoyant en particulier :

- des commissions minimales uniformes couvrant plusieurs services bancaires entre des banques et pour des clients privés et commerciaux ;
- des dates de valeur uniformes pour les opérations de débit et de crédit ;
- des taux de change et des marges uniformes pour les transactions en monnaies étrangères ;
- des commissions uniformes et des accords d'exclusivité pour les courtiers en monnaies étrangères en ce qui concerne certains services financiers.

Les banques en cause représentent plus de 90 pour cent du total des dépôts et des actifs des banques exerçant leurs activités aux Pays-Bas. La Commission avait objecté que les accords restreignaient la concurrence et ne pouvaient être exemptés au titre de l'article 85, paragraphe 3, notamment au motif qu'ils limitaient la possibilité des banques en cause de mettre au point leur propre politique commerciale et financière de manière autonome et qu'ils étaient discriminatoires dans la mesure où ils prévoyaient en outre l'établissement de commissions différentes dans certaines situations pour des services bancaires similaires.

Dans sa décision dans cette affaire, la Commission déclare que plusieurs accords techniques qui sont restés en vigueur ne tombaient pas dans le champ d'application de l'article 85, paragraphe 1, soit parce qu'ils ne restreignaient pas la concurrence ou ne la restreignaient pas sensiblement, soit parce qu'ils n'affectaient pas sensiblement les échanges entre Etats membres. Néanmoins, la décision ne prévoit aucune dérogation en faveur des accords sur les commissions bancaires. En ce qui concerne les accords sur les commissions afférentes aux services à la clientèle, la Commission confirme dans sa décision la position qu'elle avait prise dans des décisions antérieures, à savoir que les accords sur les commissions pour services entre banques ne doivent faire l'objet d'une dérogation que dans des cas exceptionnels, là où ils sont réellement nécessaires pour le succès de la mise en oeuvre de certaines formes de coopération entre plusieurs banques. Néanmoins, la décision ne concerne pas les accords sur les transactions électroniques et les cartes bancaires, sur lesquels la Commission réserve sa position.

Accords concernant les droits de propriété industrielle

Syntex — Synthelabo

A la suite d'une intervention de la Commission, le Syntex, une entreprise américaine de soins de santé, et Synthelabo, un fabricant français de divers produits pharmaceutiques et para-pharmaceutiques, ont modifié un accord de délimitation géographique conclu afin de régler le litige entre les deux entreprises sur la validité de leurs marques commerciales dans plusieurs pays membres de la Communauté. La Commission avait estimé que l'accord constituait une violation de l'article 85, paragraphe 1 du traité CEE.

En principe, les juridictions nationales ont habituellement le droit de statuer sur l'existence ou sur l'absence du risque de confusion entre différentes marques commerciales. Néanmoins, là où des particuliers signent des accords de délimitation et notamment lorsque ces accords partagent effectivement le marché commun en plusieurs territoires, la Commission doit avoir un droit d'intervention.

Après avoir examiné l'accord en cause, la Commission a estimé qu'aucun risque de confusion ne justifiait le cloisonnement des marchés. Une fois que l'accord a été modifié, la Commission a classé le dossier.

Exploitation abusive d'une position dominante

Gaz industriel

A l'issue d'une enquête et d'une procédure menées par la Commission dans le secteur du gaz indusriel, l'Air Liquide SA, AGA AB, Union Carbide, BOC Ltd., Air Products Europe Inc., Linde AG et Messer Griesheim GmbH, qui sont les principaux producteurs de gaz industriel dans le monde et sur les marchés européens, ont accepté chacune de modifier les clauses de leurs contrats de vente d'oxygène, d'azote et d'argon fournis en tubes et en vrac. En outre, l'Air Liquide, AGA, Linde et Messer ont dissous leurs filiales communes exerçant leurs activités dans ce secteur.

La Commission avait objecté que certaines des clauses des contrats de vente de gaz violaient l'article 85 et constituaient une exploitation abusive d'une position dominante, en violation de l'article 86. Elle a notamment critiqué la clause d'exclusivité obligeant la clientèle à satisfaire la totalité ou la plus grande partie de leurs besoins en gaz auprès d'un seul fournisseur et la durée des contrats, qui avait pour effet de lier client et fournisseur pour une longue période et de maintenir les positions établies.

Chacun des producteurs s'est engagé séparément et individuellement à modifier ses contrats. En outre, les entreprises ont accepté de dissocier leurs participations dans leurs filiales communes.

Fusion et concentrations

Plessey/GEC-Siemens

Le 1er septembre, la Commission a rejeté officiellement la plainte de Plessey plc, le fabricant britannique du secteur de l'électronique, suivant laquelle le projet d'absorption par GEC et Siemens constituait une infraction aux règles communautaires en matière de concurrence. Cette plainte concernait l'accord entre GEC et Siemens en vue de l'achat de Plessey, combiné avec des projets de gestion commune et/ou séparée de certains actifs.

La Commission a estimé que certains éléments de l'accord risquaient de constituer des restrictions sensibles à la concurrence au sens de l'article 85, paragraphe 1 du traité CEE, en particulier en ce qui concerne les télécommunications ou les circuits intégrés. Néanmoins, compte tenu des circonstances particulières de l'espèce, elle a estimé qu'une dérogation spéciale au titre de l'article 85, paragraphe 3 pouvait être envisagée en ce qui concerne ces éléments de l'accord. S'agissant des secteurs en cause, il était à prévoir que la transaction entraînerait des retombées sous la forme de progrès économiques et techniques, grâce à la mise en commun des ressources en matière de recherche et de développement sur des marchés où la hausse des coûts dans ce domaine était très forte et constante. En outre, plusieurs concurrents internationaux plus puissants que les entreprises en cause étaient présents sur les marchés. S'agissant des autres domaines visés par la plainte, c'est-à-dire les systèmes de contrôle du trafic et l'équipement de défense, la Commission n'a constaté aucune restriction sensible à la concurrence au sens de l'article 85, paragraphe 1.

La Commission a adopté la décision avec toute la célérité voulue à la suite du renouvellement de l'offre par GEC-Siemens en date du 17 août 1989, de sorte que Plessey a pu exercer son droit de recours. Le 16 avril, la Commission avait déjà annoncé qu'une procédure en bonne et due forme était engagée en vue de l'approbation de la transaction.

Carnaud-Metal Box, Pechiney-American Can

En février 1989, la Commission a annoncé qu'à la suite de l'examen de deux récentes fusions dans l'industrie européenne de l'emballage, c'est-à-dire Carnaud-Metal Box et Pechiney-American Can, elle ne s'opposerait pas aux deux fusions au motif qu'elles n'étaient pas de nature à constituer une exploitation abusive d'une position dominante. Une attention particulière a été prêtée au fait que plusieurs clients importants des entreprises en cause étaient de grosses sociétés détenant une position de force considérable sur le marché.

Néanmoins, compte tenu du degré de concentration dans l'industrie européenne de l'emballage métallique, la Commission suivra l'évolution du marché avec une vigilance particulière et examinera soigneusement toute autre opération de fusion dans les domaines où les entreprises en cause détiennent déjà de fortes positions sur le marché. Elle a attiré l'attention sur l'obligation des entreprises en position dominante de se garder de toute exploitation abusive sous forme d'un comportement discriminatoire ou d'un bradage des prix au détriment des petits acheteurs ou concurrents.

B. Application des articles 65 et 66 du traité CECA

Concentration dans l'industrie sidérurgique

Conformément à l'article 66 du traité CECA, la Commission a autorisé :

— Usinor/Sacilor SA à acquérir une participation minoritaire de 24.5 pour cent dans le capital de Lutrix SRL, à Brescia ;
— ASD plc, Leeds, (Royaume-Uni) la totalité du capital social de Welbeck International Ltd. ;
— British Steel plc, à Londres (Royaume-Uni) à acquérir la totalité du capital social de Bore Steel Group Ltd, Walsall (Royaume-Uni) ;
— United Engineering Steels Ltd, à Rotherham (UES) et Bird Group of Companies Ltd, à constituer une nouvelle société sous la dénomination Hyfrag Ltd ;
— United Engineering Steels Ltd, Rotherham (UES) et lemforder Metallwaren AG (Lemforder) à constituer une nouvelle société dénommée Special Products lemforder Ltd ;
— Usinor/Sacilor à acquérir une participation majoritaire de 70 pour cent dans une nouvelle holding dénommée Dillinger Hütte-Saarstahl AG.

Toutes les opérations susvisées n'exerceront pas d'incidence sensible sur l'état de la concurrence dans les marchés en cause. Dans la plupart des cas, une concurrence effective sera maintenue grâce à l'existence d'un nombre suffisant d'entreprises grandes ou petites.

Au surplus, la Commission a autorisé Mannesmannröhrenwerke AG, Klöckner Stahl Gmbh, Krupp Stahl AG, Lech Stahlwerke GmbH, Thyssen Stahl AG, Thyssen Edelstahlwerke AG et le Land de Bavière à constituer une nouvelle société dénommée «Neue Maxhütte Stahlwerke GmbH» ; et Krupp Stahl AG et Mannesmannröhrenwerke AG à constituer une entreprise commune sous le nom de «Hüttenwerke Krupp Mannesmann GmbH».

Ces opérations contribueront à la restructuration et au retour à la rentabilité de l'industrie communautaire de l'acier.

Concentrations dans l'industrie charbonnière

La Commission a autorisé les opérateurs du secteur du charbon Raab Karcher, Londres, une filiale en propriété exclusive de Raab Karcher, à Essen, à acquérir la totalité du capital émis de Cory Coal Trading Ltd. à Londres et Anglo United à acquérir la totalité du capital social de Coalite Group. Ces deux opérations n'auront aucun effet préjudiciable à la concurrence et même la renforceront sur les marchés en cause.

III. Principales affaires sur lesquelles la Cour de Justice a statué

A. Les pouvoirs de la Commission en ce qui concerne les demandes d'information

Les deux affaires en cause concernent l'enquête que la Commission a menée dans le secteur des thermoplastiques. Après avoir entrepris des enquêtes fondées sur l'article 14, paragraphe 3 du règlement du Conseil n° 17 du 6 février 1962 et demandé des informations au titre de l'article 11, paragraphe 1 de ce règlement, la Commission a demandé aux plaignants, par des décisions arrêtées en application de l'article 11, paragraphe 5, de répondre aux questions posées dans la demande d'informations. Les deux décisions ont fait l'objet d'un recours par les entreprises CdF Chimie et Solvay au titre de l'article 173 du traité CEE.

Bien que les décisions aient été partiellement annulées, les arrêts confirment la vaste portée des pouvoirs d'enquête de la Commission. La Cour a rejeté l'argument invoqué par les plaignants, suivant lequel, en arrêtant les décisions au titre de l'article 11, paragraphe 5 du règlement n° 17, la Commission avait usé illégalement de son pouvoir de demander des informations aux firmes faisant l'objet de l'enquête, au motif qu'il appartenait à la Commission d'apprécier si des informations étaient nécessaires afin d'être en mesure de constater une infraction aux règles en matière de concurrence. En l'espèce, la Cour a jugé que la Commission n'avait pas excédé les limites de son pouvoir d'appréciation. La Cour a ensuite examiné les questions auxquelles la Commission demandait aux plaignants de répondre. Elle a conclu que la plupart de ces questions, notamment celles qui se rapportaient aux réunions des producteurs, qui étaient simplement destinées à obtenir des éléments de fait sur l'organisation des réunions et sur les participants, ne soulevaient aucune objection.

Compte tenu de l'arrêt susvisé, il est clair que les entreprises n'ont pas le «droit au silence», et n'ont même pas le droit de refuser de répondre à une demande d'information, au motif que leurs réponses faciliteraient la mission de la Commission pour la démonstration de l'existence d'une infraction.

B. Pouvoirs d'enquête de la Commission

Dans l'affaire Hoechst AG contre Commission, Hoechst a refusé catégoriquement à plusieurs reprises de se soumettre à l'enquête au motif qu'il s'agissait d'une recherche inconciliable avec les droits de la défense et l'inviolabilité du domicile, dont la protection impliquait que l'enquête ne pouvait avoir lieu qu'en vertu d'une ordonnance judiciaire préalable. Ce n'est que le 2 avril 1987 que l'entreprise a cédé, après que la Commission ait demandé l'assistance du Bundeskartellamt, qui avait obtenu un mandat de recherche pour la Commission de l'Amtsgericht de Francfort. Entretemps, la Commission a infligé à Hoechst une astreinte de 1.000 ECUs par jour afin de la contraindre à se soumettre à l'enquête prescrite. Le montant définitif de l'astreinte à été fixé à 55.000 ECUs par décision de la Commission.

Dans l'affaire Dow Chemical, J. Betican Alcudia et EMP contre Commission, Dow Benelux a pour sa part formulé des critiques dirigées contre une décision d'enquête arrêtée par la Commission, mais ne s'est pas opposée à son exécution. En fait, elle a apporté son aide aux fonctionnaires de la Commission. Après que ces fonctionnaires leur eurent exposé oralement et par écrit dans leurs grandes lignes leurs droits et leurs devoirs, Alcudia et EMP non seulement n'ont plus rien objecté à l'enquête, mais y ont coopéré activement.

Dans ses arrêts, la Cour a eu la possibilité de se prononcer sur plusieurs points importants en ce qui concerne les pouvoirs de la Commission.

Le premier point concerne la mesure dans laquelle une décision d'enquête doit être motivée. Dans l'affaire Hoechst évoquée ci-dessus, la Cour a souligné que l'obligation de la Commission, en application de l'article 14, paragraphe 3, de spécifier l'objet et la finalité de l'enquête, constituait une protection fondamentale des droits de la défense des entreprises en cause. Il s'ensuivait que la portée de l'obligation de motiver les décisions d'enquête ne pouvait être limitée compte tenu d'éléments relatifs à l'efficacité de l'enquête. Sur ce thème, la Cour a jugé que, alors que la Commission n'était tenue ni de communiquer aux destinataires d'une décision d'enquête toutes les informations dont elle disposait au sujet d'infractions présumées ni de présenter une appréciation juridique rigoureuse de ces infractions, elle devait effectivement indiquer avec clarté les présomptions au sujet desquelles elle se proposait d'enquêter.

Le deuxième aspect concerne la mesure des pouvoirs d'enquête de la Commission au titre de l'article 14 du règlement n° 17. Ces pouvoirs d'enquête sont identiques, que l'enquête soit prescrite en vertu d'une décision ou d'une autorisation écrite ; néanmoins, les entreprises doivent se soumettre aux enquêtes ordonnées par la Commission. Dans ce dernier cas, au cas où une entreprise s'opposerait à une enquête, l'Etat membre en cause devrait apporter toute l'assistance nécessaire aux fonctionnaires de la Commission.

La Cour a d'abord souligné que le droit d'entrée dans les locaux des entreprises présentait une importance particulière. Ce droit, s'il devait être efficace, impliquait celui de rechercher certains éléments d'information encore inconnus ou non encore intégralement identifiés. En l'absence de ce droit, il serait impossible à la Commission d'obtenir les données nécessaires pour l'enquête si elle était confrontée à un refus de collaborer ou à une attitude d'obstruction de la part des entreprises en cause.

La Cour a donc clairement confirmé que les pouvoirs d'enquête au titre de l'article 14 ne se limitaient pas à une enquête passive de la part des fonctionnaires de la Commission, mais pouvaient comporter une recherche active d'éléments de preuve non entièrement connus à l'époque de l'exécution de cette recherche.

Dans le cas d'enquêtes menées avec le concours des entreprises en cause, les fonctionnaires de la Commission ont le droit de faire présenter les documents qu'ils demandent, d'entrer dans les locaux qu'ils désignent et de se faire montrer le contenu des meubles qu'ils indiquent. Néanmoins, ils ne peuvent forcer l'accès des locaux ou du mobilier ni contraindre le personnel de l'entreprise à leur permettre cet accès, pas plus qu'ils ne peuvent passer à des recherches sans y être autorisés par la direction de l'entreprise (voir l'arrêt Hoechst susvisé). Dans le cas des enquêtes se heurtant à l'opposition des entreprises en cause, les fonctionnaires de la Commission peuvent, sans le concours de l'entreprise, rechercher toutes les données nécessaires pour l'enquête avec l'assistance des autorités nationales (arrêt Hoechst).

Le troisième point concerne l'assistance à donner par les autorités nationales au cours des enquêtes.

La Cour a souligné qu'il appartenait à chaque Etat membre de fixer les conditions auxquelles l'aide des autorités nationales était apportée aux fonctionnaires de la Commission. A cet égard, les Etats membres sont tenus de veiller à l'efficacité de l'action de la Commission. C'était à la législation nationale qu'il appartenait de prévoir les dispositions procédurales nécessaires pour veiller au respect des droits des entreprises (arrêt Hoechst).

La Commission est donc tenue dans des affaires de cette nature de respecter les garanties procédurales fixées à cette fin par la législation nationale et doit veiller à ce que l'autorité compétente au titre du droit national dispose de tous les éléments de fait nécessaires pour lui permettre d'exercer son contrôle particulier. Néanmoins, la Cour a souligné que cette autorité, qu'elle soit ou non judiciaire, ne pouvait substituer sa propre appréciation du point de savoir si les enquêtes prescrites étaient nécessaires à celle de la Commission, dont les évaluations des points de fait et de droit n'étaient subordonnés qu'au contrôle de la légalité par la Cour de justice. Néanmoins, il appartenait effectivement à l'autorité nationale d'examiner, après avoir étabi le bien-fondé de la décision d'enquête, si les mesures restrictives envisagées n'étaient pas arbitraires ou excessives par rapport à l'objet de l'enquête et à veiller à ce que les règles prévues par la législation nationale soient respectées dans l'exécution des mesures en cause.

C. Application de l'article 85 à une entente nationale et effet sur les échanges entre les Etats Membres

Dans son arrêt Belasco, la Cour a rejeté tous les arguments invoqués par les plaignants à l'appui de leur recours dirigé contre la décision par laquelle la Commission avait constaté que l'entente nationale constituée par sept producteurs belges de revêtements bitumés avait enfreint l'article 85 du traité. L'accord a été exécuté sous la forme de réunions fédérales régulières des membres de l'entente et avec l'aide de leur association professionnelle, Belasco, du 1er janvier 1978 au 9 avril 1984.

Sur tous les points, la Cour a confirmé l'appréciation de la Commission en ce qui concerne l'objet et l'effet restrictif des diverses dispositions de l'accord. Bien que l'accord ait été conclu entre des producteurs d'un seul Etat membre et ne concernait que la commercialisation de produits dans cet Etat membre, la Commission avait estimé que, même si l'accord ne prévoyait aucune disposition spéciale visant à combattre la concurrence étrangère, l'accord risquait d'affecter les échanges entre les Etats membres. Puisque son objectif était de maintenir les parts de marché des parties, il risquait nécessairement d'affecter la possibilité des concurrents des autres Etats membres de développer leur chiffre d'affaires.

Ce point a été confirmé par la Cour. De l'avis de la Cour, le fait que l'accord n'avait pour objet que la commercialisation de produits dans un Etat membre unique n'impliquait pas que les échanges entre les Etats membres ne pouvaient être affectés. La Cour a jugé que, là où le marché était ouvert aux importations, les membres d'une entente nationale sur les prix ne pouvaient préserver leurs parts de marché que s'ils veillaient à leur protection contre la concurrence étrangère. La Cour a relevé à cet égard les dispositions spécifiques et les mesures arrêtées pour combattre la concurrence étrangère et elle a souligné que l'importance des parts du marché détenues impliquait que des mesures en ce sens pouvaient être rendues effectives. Par conséquent, bien que l'entente concernait la commercialisation de produits dans un seul Etat membre, la Cour a jugé que cette entente pouvait avoir une influence sensible sur les échanges intracommunautaires.

Enfin, dans cet arrêt, la Cour a examiné l'avis de la Commission sur le calcul du montant des amendes infligées. La Commission avait fondé son calcul sur le chiffre d'affaires total de chacune des entreprises en cause et sur son chiffre d'affaires provenant de l'offre de revêtements bitumés en Belgique et, dans le cas de Belasco, sur ses dépenses annuelles. La Commission avait également estimé que, parmi les éléments constitutifs du cartel, les restrictions relatives aux prix et au partage du marché et les mesures communes entre les concurrents se rangeaient parmi les violations les plus graves de la liberté de la concurrence.

IV. Statistiques et analyse sur les opérations financières dans la Communauté européenne

L'analyse ci-après porte sur les opérations financières menées dans l'industrie, la distribution, les banques et les assurances. Elle est basée sur les données publiées par la presse spécialisée concernant les opérations financières menées par les 1 000 premières entreprises industrielles de la Communauté et par les 500 premières du monde, ainsi que les opérations du secteur de la distribution, des banques et des assurances. La période étudiée s'étend de juin 1988 à juin 1989.

Le nombre total d'opérations s'est élevé à 1 122, soit une augmentation de 9.5 pour cent comparé à la période précédente.

Le nombre total de prises de contrôle (prises de participation majoritaires et fusions-absorptions) a été 666, contre 558 en 1987/88, ce qui représente une augmentation de 19 pour cent. Ceci résulte exclusivement de l'évolution dans l'industrie, où les prises de contrôle ont augmenté de 28 pour cent, tandis que dans les secteurs de services, le nombre d'opérations de concentration est resté quasi stable. L'évolution dans l'industrie était principalement imputable aux opérations communautaires, qui ont représenté 40 pour cent du total, contre 29 pour cent dans la période précédente.

Tableau 1 : **Opérations nationales, communautaires et internationales de prise de participation majoritaire et de fusion-absorption (a), de prise de participation minoritaire (b) et de création d'entreprises communes (c) dans la Communauté, 1988/89**

Secteur	Opérations nationales (1)			Opérations communautaires (2)			Opérations internationales (3)			Total			Total gén.
	(a)	(b)	(c)	(a)	(b)	(c)	(a)	(b)	(c)	(a)	(b)	(c)	
Industrie	233	102	56	197	37	36	62	20	37	492	159	129	780
Distribution	53	8	7	4	6	4	1	8	3	58	22	14	94
Banques	51	32	11	16	20	6	16	11	7	83	63	24	170
Assurances	15	9	8	8	13	5	10	7	3	33	29	16	78
TOTAL	352	151	82	225	76	51	89	46	50	666	273	183	1 122

Notes:

(1) Concernant des sociétés d'un seul et même Etat Membre

(2) Concernant des sociétés de différents Etats Membres

(3) Concernant des sociétés de différents Etats Membres et de pays tiers, avec incidence sur le marché commun.

Les principales constatations relatives à l'année 1988/89 sont les suivantes:

i) Le nombre d'opérations financières a continué à s'accroître : 70 pour cent ont concerné l'industrie, dont 63 pour cent ont été des prises de participation majoritaire. On notera en plus la tendance à la collaboration transfrontalière.

ii) Pour les prises de contrôle, les secteurs de la chimie, de l'alimentation, du papier, de la construction électrique et de la construction de machines représentent globalement 71 pour cent (contre 64 pour cent l'année précédente) de toutes les opérations.

iii) Les prises de contrôle se sont soldées par une hausse générale du chiffre d'affaires cumulé des entreprises concernées: si l'année précédente, une opération sur six représentait plus de 10 milliards d'Ecus, c'était le cas d'une sur cinq pour la période étudiée.

iv) L'accroissement global des opérations financières et le développement des prises de contrôle et des opérations transfrontalières avec la participation accrue des grandes entreprises industrielles permettent de conclure que le degré de concentration continuera en général à se renforcer. Si ce phénomène peut améliorer la compétitivité des entreprises communautaires sur les marchés tant communautaires qu'internationaux, il ne doit pas entraîner des restrictions de la concurrence à l'intérieur de la Communauté. Le règlement relatif au contrôle des concentrations est donc un instrument essentiel pour prévenir les risques que ces fusions représentent pour la concurrence.

V. Nouvelles études sur la politique de concurrence

A. Les entreprises conglomérales

L'organisation conglomérale d'une entreprise est moins fréquente en Europe qu'aux Etats-Unis et, dans la Communauté Européenne, elle se rencontre le plus souvent au Royaume-Uni. Dans deux situations, l'organisation conglomérale peut donner lieu à des effets anticoncurrentiels : les stratégies prédatoires et les stratégies d'abstention mutuelle.

Les organisations conglomérales peuvent, plus facilement que d'autres entreprises, avoir recours aux stratégies prédatoires, consistant à utiliser des réserves financières pour éliminer des concurrents dans certains secteurs de leur activité. Même si une firme conglomérale n'adopte pas une telle stratégie, le fait qu'elle dispose des moyens nécessaires peut suffire à discipliner des concurrents de taille plus réduite. Toutefois, les effets anticoncurrentiels de la stratégie d'abstention mutuelle pourraient être plus importants : des conglomérats présents ensemble dans une série de marchés différents peuvent être réticents à se faire concurrence mutuellement.

Le principal avantage comparatif dont disposent les conglomérats est d'ordre financier : le coût de leur capital est inférieur à celui des autres entreprises, en raison notamment de la réduction du niveau de risque liée à la diversification des activités.

En conclusion, il est constaté que les fusions conglomérales peuvent avoir des répercussions négatives sur l'intensité de la concurrence. Un contrôle sélectif des concentrations s'avère par conséquent nécessaire.

B. Les effets des entreprises communes sur la concurrence

L'impact de la création d'entreprises communes sur la concurrence a été plus particulièrement étudié dans le secteur de l'industrie chimique et pétrochimique : un accroissement sensible du nombre d'entreprises communes a été observé dans ce secteur. L'impact de la création de l'entreprise commune sur la concurrence dépend de facteurs multiples.

La constitution de filiales communes qui créent des liens horizontaux entre les sociétés parentes aboutit de manière plus probable à des effets anticoncurrentiels que dans le cas de relations conglomérales ou verticales. Les motivations à la base de l'accord, par exemple, le partage des risques liés à des activités de recherche-développement ou la rationalisation d'activités de production, sont également à prendre en considération dans cette analyse. Les caractéristiques sectorielles jouent également un rôle : l'accroissement rapide de la demande a pour effet de rendre moins probable une diminution de l'intensité de la concurrence à la suite de la création de la filiale commune. L'existence de surcapacités de production, la technologie utilisée, l'existence d'économie d'échelles sont également des critères importants. L'étude a ainsi abouti à l'établissement d'une check-list des éléments à prendre en compte dans l'analyse de cas concrets.

C. Les offres publiques d'achat hostiles du point de vue de la politique de concurrence

Du point de vue de la politique de concurrence, l'étude arrive notamment aux conclusions suivantes:

— Les marchés des capitaux des économies occidentales ne fonctionnent pas de manière parfaitement efficiente et le marché du contrôle des entreprises ne peut par conséquent remplir qu'imparfaitement ses fonctions de sélecction.

— Beaucoup d'études empiriques ont mis en évidence la rentabilité limitée des opérations de croissance externe ; on peut en déduire que ces opérations répondent également à d'autres motivations, par exemple, le besoin de prestige du management et la volonté d'accroître sa rémunération.

L'étude préconise également une limitation des modes de défense du management des sociétés cibles, qui peuvent avoir des effets anticoncurrentiels, ainsi que diverses mesures destinées à favoriser la transparence et l'efficacité du marché du contrôle des entreprises.

D. Autres études

D'autres études ont été terminées, parmi lesquelles : «L'évaluation des zones d'emploi», «Les répercussions des subventions aux exportations vers les pays tiers sur la concurrence intracommunautaire», et une étude sur «Les effets des aides d'Etat sur la concurrence intracommunautaire» dans le secteur automobile.

MAIN SALES OUTLETS OF OECD PUBLICATIONS
PRINCIPAUX POINTS DE VENTE DES PUBLICATIONS DE L'OCDE

ARGENTINA – ARGENTINE
Carlos Hirsch S.R.L.
Galería Güemes, Florida 165, 4° Piso
1333 Buenos Aires Tel. (1) 331.1787 y 331.2391
Telefax: (1) 331.1787

AUSTRALIA – AUSTRALIE
D.A. Book (Aust.) Pty. Ltd.
648 Whitehorse Road, P.O.B 163
Mitcham, Victoria 3132 Tel. (03) 873.4411
Telefax: (03) 873.5679

AUSTRIA – AUTRICHE
Gerold & Co.
Graben 31
Wien I Tel. (0222) 533.50.14

BELGIUM – BELGIQUE
Jean De Lannoy
Avenue du Roi 202
B-1060 Bruxelles Tel. (02) 538.51.69/538.08.41
Telefax: (02) 538.08.41

CANADA
Renouf Publishing Company Ltd.
1294 Algoma Road
Ottawa, ON K1B 3W8 Tel. (613) 741.4333
Telefax: (613) 741.5439
Stores:
61 Sparks Street
Ottawa, ON K1P 5R1 Tel. (613) 238.8985
211 Yonge Street
Toronto, ON M5B 1M4 Tel. (416) 363.3171

Les Éditions La Liberté Inc.
3020 Chemin Sainte-Foy
Sainte-Foy, PQ G1X 3V6 Tel. (418) 658.3763
Telefax: (418) 658.3763

Federal Publications
165 University Avenue
Toronto, ON M5H 3B8 Tel. (416) 581.1552
Telefax: (416) 581.1743

CHINA – CHINE
China National Publications Import
Export Corporation (CNPIEC)
P.O. Box 88
Beijing Tel. 403.5533
Telefax: 401.5664

DENMARK – DANEMARK
Munksgaard Export and Subscription Service
35, Nørre Søgade, P.O. Box 2148
DK-1016 København K Tel. (33) 12.85.70
Telefax: (33) 12.93.87

FINLAND – FINLANDE
Akateeminen Kirjakauppa
Keskuskatu 1, P.O. Box 128
00100 Helsinki Tel. (358 0) 12141
Telefax: (358 0) 121.4441

FRANCE
OECD/OCDE
Mail Orders/Commandes par correspondance:
2, rue André-Pascal
75775 Paris Cedex 16 Tel. (33-1) 45.24.82.00
Telefax: (33-1) 45.24.85.00 or (33-1) 45.24.81.76
Telex: 620 160 OCDE

OECD Bookshop/Librairie de l'OCDE :
33, rue Octave-Feuillet
75016 Paris Tel. (33-1) 45.24.81.67
(33-1) 45.24.81.81

Documentation Française
29, quai Voltaire
75007 Paris Tel. 40.15.70.00

Gibert Jeune (Droit-Économie)
6, place Saint-Michel
75006 Paris Tel. 43.25.91.19

Librairie du Commerce International
10, avenue d'Iéna
75016 Paris Tel. 40.73.34.60

Librairie Dunod
Université Paris-Dauphine
Place du Maréchal de Lattre de Tassigny
75016 Paris Tel. 47.27.18.56

Librairie Lavoisier
11, rue Lavoisier
75008 Paris Tel. 42.65.39.95

Librairie L.G.D.J. - Montchrestien
20, rue Soufflot
75005 Paris Tel. 46.33.89.85

Librairie des Sciences Politiques
30, rue Saint-Guillaume
75007 Paris Tel. 45.48.36.02

P.U.F.
49, boulevard Saint-Michel
75005 Paris Tel. 43.25.83.40

Librairie de l'Université
12a, rue Nazareth
13100 Aix-en-Provence Tel. (16) 42.26.18.08

Documentation Française
165, rue Garibaldi
69003 Lyon Tel. (16) 78.63.32.23

GERMANY – ALLEMAGNE
OECD Publications and Information Centre
Schedestrasse 7
D-W 5300 Bonn 1 Tel. (0228) 21.60.45
Telefax: (0228) 26.11.04

GREECE – GRÈCE
Librairie Kauffmann
Mavrokordatou 9
106 78 Athens Tel. 322.21.60
Telefax: 363.39.67

HONG-KONG
Swindon Book Co. Ltd.
13–15 Lock Road
Kowloon, Hong Kong Tel. 366.80.31
Telefax: 739.49.75

ICELAND – ISLANDE
Mál Mog Menning
Laugavegi 18, Pósthólf 392
121 Reykjavik Tel. 162.35.23

INDIA – INDE
Oxford Book and Stationery Co.
Scindia House
New Delhi 110001 Tel.(11) 331.5896/5308
Telefax: (11) 332.5993

17 Park Street
Calcutta 700016 Tel. 240832

INDONESIA – INDONÉSIE
Pdii-Lipi
P.O. Box 4298
Jakarta 12042 Tel. 583467
Telex: 62 875

IRELAND – IRLANDE
TDC Publishers – Library Suppliers
12 North Frederick Street
Dublin 1 Tel. 74.48.35/74.96.77
Telefax: 74.84.16

ISRAEL
Electronic Publications only
Publications électroniques seulement
Sophist Systems Ltd.
71 Allenby Street
Tel-Aviv 65134 Tel. 3-29.00.21
Telefax: 3-29.92.39

ITALY – ITALIE
Libreria Commissionaria Sansoni
Via Duca di Calabria 1/1
50125 Firenze Tel. (055) 64.54.15
Telefax: (055) 64.12.57

Via Bartolini 29
20155 Milano Tel. (02) 36.50.83

Editrice e Libreria Herder
Piazza Montecitorio 120
00186 Roma Tel. 679.46.28
Telefax: 678.47.51

Libreria Hoepli
Via Hoepli 5
20121 Milano Tel. (02) 86.54.46
Telefax: (02) 805.28.86

Libreria Scientifica
Dott. Lucio de Biasio 'Aeiou'
Via Coronelli, 6
20146 Milano Tel. (02) 48.95.45.52
Telefax: (02) 48.95.45.48

JAPAN – JAPON
OECD Publications and Information Centre
Landic Akasaka Building
2-3-4 Akasaka, Minato-ku
Tokyo 107 Tel. (81.3) 3586.2016
Telefax: (81.3) 3584.7929

KOREA – CORÉE
Kyobo Book Centre Co. Ltd.
P.O. Box 1658, Kwang Hwa Moon
Seoul Tel. 730.78.91
Telefax: 735.00.30

MALAYSIA – MALAISIE
Co-operative Bookshop Ltd.
University of Malaya
P.O. Box 1127, Jalan Pantai Baru
59700 Kuala Lumpur
Malaysia Tel. 756.5000/756.5425
Telefax: 755.4424

NETHERLANDS – PAYS-BAS
SDU Uitgeverij
Christoffel Plantijnstraat 2
Postbus 20014
2500 EA's-Gravenhage Tel. (070 3) 78.99.11
Voor bestellingen: Tel. (070 3) 78.98.80
Telefax: (070 3) 47.63.51

NEW ZEALAND
NOUVELLE-ZÉLANDE
Legislation Services
P.O. Box 12418
Thorndon, Wellington Tel. (04) 496.5652
Telefax: (04) 496.5698

NORWAY – NORVÈGE
Narvesen Info Center – NIC
Bertrand Narvesens vei 2
P.O. Box 6125 Etterstad
0602 Oslo 6 Tel. (02) 57.33.00
Telefax: (02) 68.19.01

PAKISTAN
Mirza Book Agency
65 Shahrah Quaid-E-Azam
Lahore 3 Tel. 66.839
Telex: 44886 UBL PK. Attn: MIRZA BK

PORTUGAL
Livraria Portugal
Rua do Carmo 70-74
Apart. 2681
1117 Lisboa Codex Tel.: (01) 347.49.82/3/4/5
Telefax: (01) 347.02.64

SINGAPORE – SINGAPOUR
Information Publications Pte
Golden Wheel Bldg.
41, Kallang Pudding, #04-03
Singapore 1334 Tel. 741.5166
Telefax: 742.9356

SPAIN – ESPAGNE
Mundi-Prensa Libros S.A.
Castelló 37, Apartado 1223
Madrid 28001 Tel. (91) 431.33.99
Telefax: (91) 575.39.98

Libreria Internacional AEDOS
Consejo de Ciento 391
08009 – Barcelona Tel. (93) 488.34.92
Telefax: (93) 487.76.59

Llibreria de la Generalitat
Palau Moja
Rambla dels Estudis, 118
08002 – Barcelona
(Subscripcions) Tel. (93) 318.80.12
(Publicacions) Tel. (93) 302.67.23
Telefax: (93) 412.18.54

SRI LANKA
Centre for Policy Research
c/o Colombo Agencies Ltd.
No. 300-304, Galle Road
Colombo 3 Tel. (1) 574240, 573551-2
Telefax: (1) 575394, 510711

SWEDEN – SUÈDE
Fritzes Fackboksföretaget
Box 16356
Regeringsgatan 12
103 27 Stockholm Tel. (08) 23.89.00
Telefax: (08) 20.50.21

Subscription Agency-Agence d'abonnements
Wennergren-Williams AB
Nordenflychtsvägen 74
Box 30004
104 25 Stockholm Tel. (08) 13.67.00
Telefax: (08) 618.62.32

SWITZERLAND – SUISSE
Maditec S.A. (Books and Periodicals - Livres et périodiques)
Chemin des Palettes 4
1020 Renens/Lausanne Tel. (021) 635.08.65
Telefax: (021) 635.07.80

Mail orders only - Commandes par correspondance seulement
Librairie Payot
C.P. 3212
1002 Lausanne Telefax: (021) 311.13.92

Librairie Unilivres
6, rue de Candolle
1205 Genève Tel. (022) 320.26.23
Telefax: (022) 329.73.18

Subscription Agency - Agence d'abonnement
Naville S.A.
38 avenue Vibert
1227 Carouge Tél.: (022) 308.05.56/57
Telefax: (022) 308.05.88

See also – Voir aussi :
OECD Publications and Information Centre
Schedestrasse 7
D-W 5300 Bonn 1 (Germany)
Tel. (49.228) 21.60.45
Telefax: (49.228) 26.11.04

TAIWAN – FORMOSE
Good Faith Worldwide Int'l. Co. Ltd.
9th Floor, No. 118, Sec. 2
Chung Hsiao E. Road
Taipei Tel. (02) 391.7396/391.7397
Telefax: (02) 394.9176

THAILAND – THAÏLANDE
Suksit Siam Co. Ltd.
113, 115 Fuang Nakhon Rd.
Opp. Wat Rajbopith
Bangkok 10200 Tel. (662) 251.1630
Telefax: (662) 236.7783

TURKEY – TURQUIE
Kültur Yayinlari Is-Türk Ltd. Sti.
Atatürk Bulvari No. 191/Kat. 13
Kavaklidere/Ankara Tel. 428.11.40 Ext. 2458
Dolmabahce Cad. No. 29
Besiktas/Istanbul Tel. 160.71.88
Telex: 43482B

UNITED KINGDOM – ROYAUME-UNI
HMSO
Gen. enquiries Tel. (071) 873 0011
Postal orders only:
P.O. Box 276, London SW8 5DT
Personal Callers HMSO Bookshop
49 High Holborn, London WC1V 6HB
Telefax: (071) 873 8200
Branches at: Belfast, Birmingham, Bristol, Edinburgh, Manchester

UNITED STATES – ÉTATS-UNIS
OECD Publications and Information Centre
2001 L Street N.W., Suite 700
Washington, D.C. 20036-4910 Tel. (202) 785.6323
Telefax: (202) 785.0350

VENEZUELA
Libreria del Este
Avda F. Miranda 52, Aptdo. 60337
Edificio Galipán
Caracas 106 Tel. 951.1705/951.2307/951.1297
Telegram: Libreste Caracas

YUGOSLAVIA – YOUGOSLAVIE
Jugoslovenska Knjiga
Knez Mihajlova 2, P.O. Box 36
Beograd Tel. (011) 621.992
Telefax: (011) 625.970

Orders and inquiries from countries where Distributors have not yet been appointed should be sent to: OECD Publications Service, 2 rue André-Pascal, 75775 Paris Cedex 16, France.

Les commandes provenant de pays où l'OCDE n'a pas encore désigné de distributeur devraient être adressées à : OCDE, Service des Publications, 2, rue André-Pascal, 75775 Paris Cedex 16, France.

Subscription to OECD periodicals may also be placed through main subscription agencies.

Les abonnements aux publications périodiques de l'OCDE peuvent être souscrits auprès des principales agences d'abonnement.

LES ÉDITIONS DE L'OCDE, 2 rue André-Pascal, 75775 PARIS CEDEX 16
IMPRIMÉ EN FRANCE
(24 92 02 2) ISBN 92-64-23728-3 - n° 46182 1992